U0691066

石油和化工行业"十四五"规划教材

试验设计及最优化

铁军　李纯 ◎ 编著

化学工业出版社

·北京·

内 容 简 介

《试验设计及最优化》以方差分析、回归分析原理及应用为基础，系统介绍了完全析因设计、部分析因设计、响应曲面设计、混料设计和计算机试验设计等方法的基本原理，并通过实际案例演示 JMP 软件中试验设计、数据分析及优化方法的具体实现，旨在帮助读者在理解基本原理的同时，快速掌握相关软件，并应用科学与工程研究中。

本书可作为材料、化工、冶金、机械及相关工程专业的本科生或研究生教材，也可供科研和工程技术人员参考使用。

图书在版编目（CIP）数据

试验设计及最优化 / 铁军，李纯编著. --北京 ：
化学工业出版社，2025. 4. --（石油和化工行业"十四
五"规划教材）. -- ISBN 978-7-122-47758-3

Ⅰ. O212.6

中国国家版本馆 CIP 数据核字第 2025JV7821 号

责任编辑：陶艳玲　　　　　　　　文字编辑：夏　慧　师明远
责任校对：赵懿桐　　　　　　　　装帧设计：关　飞

出版发行：化学工业出版社（北京市东城区青年湖南街 13 号　邮政编码 100011）
印　　装：河北延风印务有限公司
787mm×1092mm　1/16　印张 20½　字数 523 千字　2025 年 8 月北京第 1 版第 1 次印刷

购书咨询：010-64518888　　　　　售后服务：010-64518899
网　　址：http://www.cip.com.cn
凡购买本书，如有缺损质量问题，本社销售中心负责调换。

定　　价：68.00 元　　　　　　　　　　　　　版权所有　违者必究

前言

高效开展试验研究，减少试验误差的影响，节省资金和时间，获得正确有效的结果，是科学与工程研究人员必须解决的问题。本书以试验误差的方差分析为基础，介绍了有关试验组织、结果建模、因子评估及试验响应最优化的理论、方法和计算工具，通过实际案例练习，旨在强化学生对相关知识的理解及在实际课题研究中的应用能力，培养学生合理组织试验、根据试验结果正确建立数学模型、进行试验因子影响评估、进行试验响应最优化设计等研究工作的能力。通过本教材的课程学习，读者能够掌握正确开展试验研究的思路、方法和实施技术，大幅度提高研究效率、降低研究成本。

编者本着培养学生"建立思路—了解原理—熟悉方法—掌握工具"系列能力的目的并结合知识点的连贯性来组织本教材内容。首先介绍试验设计的基本概念，为试验设计形成一个概貌。试验设计包括试验的组织和试验数据的分析两个部分，因此试验设计的基础和核心内容是试验数据的统计处理方法、甄别因子效应的方差分析方法和对试验数据进行数学建模的回归分析方法，这些内容构成了本教材的第二部分。接着介绍经典的试验设计方法，包括用于主效应和交互效应评估的完全析因设计、为减少试验次数以进行主要因子筛选的部分析因设计、为实现最优化目的的响应曲面设计、描述总组成受控的混料设计等几种方法。针对计算机模拟在材料设计、制造和加工中的广泛应用，本教材专门介绍了计算机试验设计方法和数据建模方法，前者主要是拉丁超立方设计和均匀设计，后者将重点介绍响应曲面、高斯过程和神经网络回归建模方法。为了充分应用试验所建立的模型，在简要介绍多目标优化求解的基础上，重点介绍强大的刻画器应用，以及为了获得稳健因子变化的蒙特卡洛（Monte Carlo）模拟方法。

本教材共分为 11 章。首先介绍试验设计的诞生和发展历程、试验设计基本概念和术语，讨论了试验误差及其传递，以及试验设计的基本方法，为读者建立一个试验设计的基本框架。第 2 章到第 4 章是试验数据处理和数据建模的理论基础，介绍了试验数据的统计处理方法、方差分析和回归分析。第 5 章到第 7 章介绍经典的试验设计方法，从最基本的完全析因设计开始，进而依次介绍了用于因子筛选的部分析因设计和为了精细评估因子对响应的影响而进行的响应曲面设计。针对材料类专业存在典型的配方设计问题，在第 8 章介绍了混料设计方法。第 9 章专门针对计算机试验，介绍拉丁超立方设计和均匀设计两种国内外最常用的方法及其数据建模技术。第 10 章介绍了针对前述各章构建复杂的数学模型后，利用数学模型进行参数优化的方法。本教材避开复杂的试验数据手工计算处理，从第 2 章开始就利用计算机软件对所有示例进行自动计算，并在第 11 章介绍 JMP 软件的应用中，重点介绍相关的试验设计方法、数据建模和优化方法，同时也简单介绍了诸如 Design Expert 等其他常见专业试验设计软件和现有的相关网络资源。

为了强化学生对试验设计原理的理解和方法的掌握，教材融入了近 50 个应用案例的演示。这些案例取材于知网和 *Web of Science* 中材料、化工、机械等相关领域近 5 年公开发表的国内外学术论文，教材中通过数据参考文献的方式给出了具体的论文出处，便于读者查阅更具体的应用参考范例。

本书第 1～7 章、第 9 章由铁军编写，第 8 章、10 章和 11 章由李纯编写，铁军负责最后统稿，数据文件和其他电子资源由李纯制作整理。

作者虽然竭尽全力编写本书，但因水平所限，书中难免存在不足与疏漏之处，敬请读者不吝指正。

目录

第3章 方差分析 / 043

第4章 线性回归分析 / 065

第5章 完全析因试验设计 / 110

第 10 章 参数优化 / 266

第 11 章 JMP 应用基础 / 294

第 1 章

试验设计概论

1.1 试验设计及其发展历程

1.1.1 试验设计基本概念

在几乎所有的科学研究和工农业生产过程中，为了研究一个系统或过程的运行规律、优化工艺参数，研究人员都需要进行试验。如何做好试验是一个很重要的问题，试验工作做得好，试验次数不多，投入经费和精力较少，就能达到预期的目的；试验工作做得不好，会事倍功半，甚至劳而无功。做好一个试验需要做很多工作，其中有两部分工作是非常重要的，一是试验方案的设计，二是试验结果的数据分析。试验设计（design of experiments，DOE）是研究正确地设计试验计划和分析试验数据的理论和方法，通过改变过程的输入参数，观察其相应的输出参数的变化，从而获取关于这个过程的信息，确定各个输入参数的重要性以及各输入参数如何影响输出参数，实现最优化过程的目的。

试验设计是一系列试验及分析方法的集合，其通过有目的地改变一个系统的输入来观察输出的变化情况。图 1-1 给出一个试验系统过程模型，该系统可以看作是一个产品开发过程，也可以看作是一个生产过程。对于一个生产过程，一般是由一些机器、加工方法和操作人员组成的，目的是把输入原材料转变（加工）成某种输出产品。这种输出产品具有一些可以观察的特性参数，称为响应变量（例如产量、能耗、强度、硬度、杂质含量、成本等）。一些过程参数（x_1, x_2,…, x_p）是可控的，称为可控因子或输入变量，例如反应温度、压力等；而另一些过程参数（z_1, z_2,…, z_q）是不可控的，称为不可控因子或噪声变量，例如环境温度、湿度等。

针对图 1-1 所示过程模型，试验设计的主要目的是：

① 析因分析，识别哪些变量 x 对响应变量 y 有显著影响，确定关键因子；

② 参数优化，确定有显著影响的 x 设置在何处时，可使 y 达到期望值；

③ 减小变异，确定有影响的 x 设置在何处和怎样的范围时，可使 y 的变异最小。

试验设计是探究系统或过程如何运行的一种

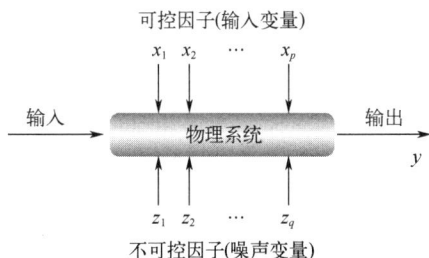

图 1-1 试验系统过程模型示意图

途径，在科学领域是探索未知的有效方法，在工程领域是改进制造过程性能的非常重要的手段。试验设计主要用途包括：

① 确定影响产品或工艺性能的主要因子，优化产品或工艺性能；
② 确定产品满足质量要求的工艺窗口；
③ 改进产品和工艺；
④ 确定响应变量随可控因子变化的灵敏度；
⑤ 减少试验成本、时间与资源。

在现代试验设计中，常常使用回归分析等数据统计处理方法来处理试验数据以获得关于过程的规律，因此试验设计属于统计试验设计，其最后的结果与常规数据的分析相同，但有本质的区别。常规数据分析属于被动分析，就是静观过程变化，通常是收集过程产生的数据来发现输入变量 x 与响应变量 y 之间的关系，如发现有问题，往往可能收集一段时间的数据，但是，对于能否解答目标问题是无法确定的。

试验设计是主动控制输入变量，并观察输入变量 x 对响应变量 y 的影响，通过精心设计的试验帮助人们充分认识事物。作为一种主动型工具，试验设计通过设计阶段设计出合理的工程参数，追求目标的极致，最大限度地满足需求。可见，试验设计具有以下特征：

① 用恰当的试验计划替代复杂的统计分析；
② 通过改变输入变量的设置进行全面系统的探索；
③ 以最少的费用获得明确的试验结果。

1.1.2　试验设计的发展历史

试验是人们认识自然规律、开发新技术和新产品、优化生产工艺、提高产品质量的重要手段。随着科学和技术的发展，试验涉及的因素越来越多，它们之间的关系也越来越复杂，特别是在现代科技的发展中，面对多因素、非线性、模型未知等复杂问题，仅凭经验已不能达到预期要求，于是产生了试验设计这门学科。设计一个试验主要涉及试验方案制订和试验数据分析两个环节，需要利用数学和统计学的方法来进行设计，所以试验设计是科学试验和统计分析方法相互交叉形成的一门学科。

现代试验设计是统计学在试验设计中的应用，其发展可分为四个阶段。

20 世纪 20 年代和 30 年代初期，Ronald A. Fisher 就职于英国伦敦附近的洛桑（Rothamsted）农业实验站，负责统计和分析实验站保存了近 60 年的农业试验数据。Fisher 发现肥料、种子、土壤等众多不确定因素能影响粮食生产试验过程的数据分析。通过与许多领域的科学家和研究者交流讨论，他总结出 3 个试验设计的基本原理：随机化、重复和区组化。Fisher 系统地将统计的思想和原理引入试验设计研究中，提出了析因设计概念和方差分析方法，标志着统计试验设计方法的诞生。从试验设计的诞生过程可见，其核心问题就是如何从试验结果中剔除随机误差的影响，探索过程本身的客观规律。

析因设计和方差分析在农业领域成功应用的同时，也被推广应用到工业领域。

1951 年，Box 和 Wilson 提出响应曲面法（response surface methodology，RSM），标志着试验设计发展到以利用试验设计实现过程最优化的第二阶段。他们发现，许多工业试验与对应的农业试验有两点根本不同：①响应变量通常可以被立即观测到，具有及时性（immediacy）；②试验者可以很快从一小组试验中得到用于规划下个试验的重要信息，具有序贯性（sequentiality）。在接下来的 30 年中，RSM 和其他设计技术在整个化学工业和流程工业中被广泛应用，且大多数用于研究和开发工作。然而，统计试验设计在工厂或生产制造过程中的应用还不是十分广泛，部分原因是对工程师或其他专家在基本的统计概念和方法上的培训力度不够，而且缺少用户友好的统计软件的支持。

20 世纪 70 年代后期，西方工业界开始注重质量提升，由此开启了统计试验设计发展的第三时期。田口玄一所做的工作使人们对试验设计的兴趣倍增，对试验设计应用的推广具有显著的影响。田口主张在试验设计中使用他提出的稳健参数设计，即：

① 使过程对环境因子或难以控制的其他因子不敏感；
② 使产品对元部件的变异不敏感；
③ 寻找过程变量的水平使均值达到目标值，同时减少围绕该值的变异。

田口特别推荐使用部分析因设计和其他正交设计以及一些新的统计方法去解决这些问题。他的工程概念和目标有充分的依据，但试验策略和数据分析方法却未得到同行的认可，引起广泛的争议，这种争议推动了试验设计在汽车、航空航天、电子、半导体等行业的应用。

针对田口试验方法的争议还推动了试验设计第四个时代的到来。这个时代的标志是将针对工业领域中试验问题的新方法（包括田口方法的替代）开发、试验设计计算机软件的功能提升和试验设计纳入本科生和研究生的正规教育中。此外，以拉丁超立方设计和均匀设计为代表的计算机试验设计方法也是这个阶段的发展成果。

试验设计的应用已经远远超出了最初起源的农业领域，科学和工程领域中也都有成功地采用统计设计的试验。近年来，在许多其他领域，包括商业服务、金融服务、政府运营等领域，设计性试验都得到了大量成功应用。

1.2　试验设计基本原理

为了有效地进行试验，必须用科学的方法来设计，即用统计设计方法设计试验过程，以便收集适合于用统计方法分析的数据，从而得出有效且客观的结论。当问题涉及受试验误差影响的数据时，统计方法是客观的分析方法。

1.2.1　试验基本要求

试验必须满足代表性、准确性和重演性三条基本要求。

（1）代表性

试验研究大多是抽样观察，试验研究的代表性决定着试验结果能否说明被研究的总体，也就是能否正确反映被研究对象的客观规律，它与试验研究的成败密切相关。

要提高试验的代表性，除了遵守随机抽样的原则外，还要密切注意试验条件及试验过程所采用各种措施的代表性。

（2）准确性

试验的准确性是指试验结果要能接近总体的特征数和分布规律。由于试验研究是抽样观察，所以在实际中常用试验的精确性来判断其准确性。试验的精确性是指试验误差要尽可能的小，试验的结果要能代表样本的特征数及分布规律。

（3）重演性

重演性就是指在相同的条件下重复试验，能获得相同的结果。试验如果没有重演性，就完全失去了推广与应用的意义。要保证试验的重演性，除了试验要有较高的代表性和准确性外，同时还要树立严谨的工作作风和实事求是的科学态度，整个试验过程必须要有详尽而完善的记载，试验资料绝不允许做任何主观的取舍或修改，对试验资料的整理和统计分析方法必须正确。

1.2.2　试验设计基本术语

在介绍试验设计的原理前，需要先掌握试验设计的基本术语。

（1）响应变量

在任何试验中，都必须选定一个或几个指标，用于判断所研究对象的优劣，这些试验指标称为响应（response）或响应变量。如在化学反应过程中通过产物质量的比较试验来考察各生产条件下的产量和转化率，产量和转化率就是响应；又如在材料制备过程中，欲判断几种材料的强度差异，材料的强度即可定为响应。

试验响应选择恰当与否，事关试验的成败，必须予以高度重视。

（2）试验因子

在试验中所研究的影响响应的某一参数称为因素或因子（factor），它是试验研究的对象。在试验中设定其他因子不变，有意识地改变某一因子，以考察其效果，这个因子就称为试验因子。如比较合金元素含量对强度的影响，元素含量就是试验因子。

探索一个因子对响应作用的试验称为单因子试验。探索多个因子对响应作用的试验称为多因子试验，这类试验一般可用因子的数目来命名，如2因子试验、3因子试验等。试验因子可用大写字母 A、B、C 等来表示，也可用带下标的 X 表示。

（3）因子水平

试验因子的具体取值代表因子所处的某种特定状态，称为因子水平，简称水平（level）。例如，研究温度、压力和催化剂对产量的影响试验，产量作为考察的指标，即响应，而温度、压力和催化剂作为3个因子，它们的取值分别是：600℃、800℃；1atm（101.325kPa）、3atm（303.975kPa）；甲催化剂、乙催化剂。对应该例，温度因子的水平是600℃和800℃，压力因子的水平为1atm和3atm，催化剂因子的水平是甲催化剂与乙催化剂，3个因子的水平数都是2。假如在试验中使用了5种催化剂，则催化剂因子的水平有5个。因子水平可以是定性的，如甲催化剂和乙催化剂；也可以是定量的，如600℃、800℃，1atm（101.325kPa）、3atm（303.975kPa）等。

（4）试验处理

在试验因子的给定水平下对试验对象进行的操作称为试验处理，简称处理（treatment）。在单因子试验中，就是在试验因子的某一水平进行操作，因此试验因子的一个水平就是一个处理。而在多因子试验中，是在各因子的某一水平组合下进行操作，一个水平组合就是一个处理。

在多因子试验中，如试验因子用大写字母 A、B、C 来表示，因子 A 可设置 a 个水平：A_1、A_2、…、A_a；因子 B 可设置 b 个水平：B_1、B_2、…、B_b；因子 C 可设置 c 个水平：C_1、C_2、…、C_c。如果是 A 和 B 的2因子试验，则水平组合 A_iB_j 称为一个处理，显然共有 ab 个处理。如果是 A、B 和 C 的3因子试验，则水平组合 $A_iB_jC_k$ 为一个处理，共有 abc 个处理。欲考察的因子及其水平愈多，则处理愈多。

1.2.3　试验设计原理

要满足试验的基本要求，需要正确地设计试验，设计时必须遵循 Fisher 提出的试验设计的三个基本原理，即随机化（randomization）、重复（replication）和区组化（blocking）。

（1）随机化

随机化是试验设计中使用统计方法的基础，它是指试验材料的配置和试验处理进行的次序都是随机确定的。统计方法要求观测值（或其误差）是独立分布的随机变量，随机化通常能使这一假定有效。把试验进行适当的随机化亦有助于平均化可能出现的外来因子的影响。例如，产量优化研究中，试验操作者的熟练程度、环境温度、原材料供应商等可能对试验过程有一定影响，但没有试验所考察的几个因子那样显著，则试验结论可能存在系统偏差，这个偏差将对试验结果产生影响，进而影响最后的结论。然而，通过随机地分配试验条件和试验进行的顺序就会弱化这种影响。

（2）重复

所谓重复，是指每个因子水平组合的独立重复，即在组合条件下进行多次试验。这样，当在某个组合（处理）下进行了 n 次试验，就说做了 n 次重复，这 n 个观测值中的每一个值都是按照随机次序进行的。

如果只进行一次试验，就无法估计随机误差。相反，通过重复的多次试验，试验者就能够得到一个试验误差估计。如果试验中没有系统误差，只有随机误差，则可通过多次重复观察间的相差程度来估计随机误差。如果用响应的样本均值（$\bar{Y}$）来估计试验中某一因子水平组合的响应的真值，则重复能够使试验者得到更精确的参数估计。例如：如果 σ^2 是单个观测值的方差，当有 n 次重复时，则样本均值的方差是 $\sigma_{\bar{Y}}^2 = \sigma^2/n$，从而增加了试验结论的可靠性。如两个水平组合间的比较，都用其相应的平均数来比较，当重复次数 n 合理的大时，平均数的误差就足够小，这样两个水平组合间的比较主要是真值和估计值间的比较，结论就会客观而可靠；当 $n=1$ 时，二者间的比较就成为各自的一次观测值间的比较，没有误差作相对的参照，就无法得出可靠的结论。因而，在试验中要设置重复，它可以减小随机误差，提高试验的精确度，增加结论的可靠性。

（3）区组化

在试验过程中经常会遇到可能影响试验响应而研究人员又不感兴趣的因子，称为讨厌因子，区组化可用于减少或消除讨厌因子带来的变异。例如，要在所有的测试中使用两批原材料，供货商不同可能造成原材料批次间的差异，如果研究人员对这种影响不是特别感兴趣，就可以将原材料的批次作为讨厌因子。区组化就是按讨厌因子的试验条件进行分组，讨厌因子的每个水平形成一个区组。因此，区组化是用来提高试验精确度的一种设计技术，使用它可以在感兴趣的因子之间进行比较。

采用随机化、重复和区组化三个基本原理安排所有试验单元，可使系统误差得到消除、分离，且控制减小了随机误差，从而可获得处理的真值和随机误差的无偏估计，可使试验得到客观的结论。三个基本原理的作用和关系如图 1-2 所示。

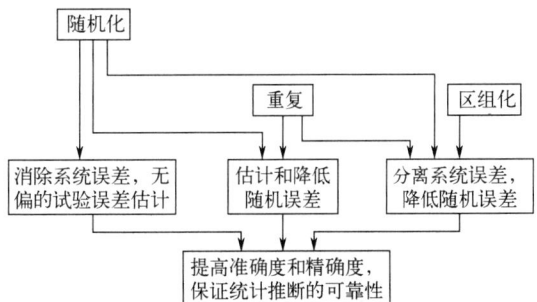

图 1-2　试验原理及其基本作用和关系

1.3 试验误差

减少试验误差对试验结果的影响是推动试验设计方法诞生的主要动力。正确认识试验中误差的来源及其特性非常重要。

1.3.1 试验误差分类

在试验过程中，试验环境、条件、设备、仪器、操作人员等，使得试验测量的数值与真值之间存在一定的差异，这就是误差。误差可以通过控制试验来减小，但不能完全消除，即误差的存在具有普遍性和必然性。在试验设计中应尽量控制误差，使其减小到最低程度，以提高试验结果的精确性。

按特点和性质，可以将误差分为三种：系统误差、随机误差和过失误差。

（1）系统误差

系统误差是由试验操作偏离测量规定的条件，或者测量方法不合适，按某一确定的规律所引起的误差。在相同试验条件下，多次测量同一量值时，系统误差的绝对值和符号保持不变，或者条件改变时按一定规律变化。例如，标准值的不准确、仪器刻度的不准确而引起的误差都是系统误差。

系统误差是由按确定规律变化的因素所造成的，这些误差因素是可以掌控的。具体来说，有 4 个方面的因素：

① 测量人员。由于测量人员的个人特点，在刻度上估计读数时，习惯偏向于某一方向。动态测量时，记录某一信号，有滞后的倾向等。

② 测量仪器装置。测量仪器装置结构设计原理存在缺陷，仪器零件制造和安装不正确，配件制造有偏差等。

③ 测量方法。采取近似的测量方法或近似的计算公式等引起的误差。

④ 测量环境。测量时的温度对标准温度有偏差，测量过程中温度、湿度等按一定的规律变化引起的偏差。

对系统误差的处理办法是发现和掌握其规律，然后尽量避免和减小。

（2）随机误差

在同一条件下，多次测量同一量值时，绝对值和符号以不可预测方式变化着的误差称为偶然误差，即对系统误差进行修正后，还出现的测量值与真实值的误差。例如，仪器仪表噪声、零部件摩擦、接触不良、温度和湿度等环境参数波动、电源电压的无规则波动、电磁干扰、振动、测量人员感官的无规则变化造成的读数不稳等，都会引起随机误差。随机误差的特点是在相同条件下，少量地重复测量同一个物理量时，误差有时大有时小，有时正有时负，没有确定的规律，且不可能预先测定。但是当测量次数足够多时，随机误差完全遵守概率统计的规律性。

（3）过失误差

在相同条件下，用同一测量仪器对同一量值进行多次重复测量，测量误差中明显离群的误差分量称为过失误差，也称粗大误差。例如，测量者在测量时读错了数、记错了数等。过失误差是完全可以避免的。

过失误差产生原因有：

① 测量人员的主观原因：操作失误或错误记录。

② 外界条件的客观原因：测量条件意外改变、受较大的电磁干扰，或测量仪器偶然失效等。

1.3.2　试验数据的精准度

误差的大小反映了试验结果的好坏。误差可能是由随机误差或系统误差单独造成的，也可能是两者的叠加。为了说明这一问题，引出了精密度、准确度和精确度这三个表示误差性质的术语。

（1）精密度

精密度反映了随机误差的大小，是指在一定的试验条件下，多次试验结果的彼此符合程度。如果试验数据分散程度较小，则说明是精密的。

试验数据的精密度是建立在数据用途基础之上的。对某种用途可能是很精密的数据，对另一用途可能却是不精密的。例如，1kg 对于工业铝电解槽每日 2000～4000kg 的出铝量来说非常精密，但对于实验室熔炼公斤级的合金试样则精密度就太差。

由于精密度表示随机误差大小，因此对于无系统误差的试验，可通过增加试验次数来达到提高数据精密度的目的。如果试验过程足够精密，则只需少量几次试验就能满足要求。

（2）准确度

准确度反映了系统误差的影响，指测量值与真值的接近程度，是在一定的试验条件下所有系统误差的综合，系统误差小则准确度高。

由于随机误差和系统误差是两种性质不同的误差，因此对于某一组试验数据而言，精密度高并不意味着准确度也高；反之，精密度不高，但当试验次数相当多时，有时也会得到高的准确度。精密度和准确度的区别和联系，可通过图 1-3 打靶的例子来说明。测量的数据集合均集中在很小的范围内，但其极限平均值（试验次数无穷多时的算术平均值）与真值相差较大，那么这组数据精密度高，准确度不高，见图 1-3（a）；如果测量的数据集合均集中在很大的范围内，且其极限平均值与真值相差非常小，那么这组数据精密度不高，准确度高，如图 1-3（b）所示；如果测量的数据集合均集中在很小的范围内，且其极限平均值与真值相差非常小，那么这组数据精密度和准确度都高，见图 1-3（c）。

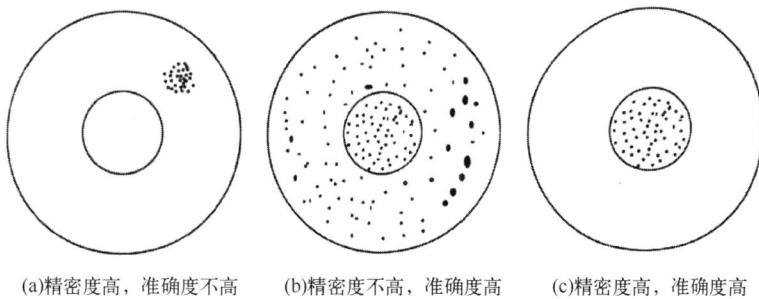

(a)精密度高，准确度不高　　(b)精密度不高，准确度高　　(c)精密度高，准确度高

图 1-3　精密度与准确度的关系

（3）精确度

精确度反映了系统误差和随机误差的综合，表示试验结果和真值的一致程度。图 1-3 中（a）和（b），分别反映了精密度高而准确度不高、精密度不高但准确度高的情况，此两种情况的精确度都不高；相反，图 1-3（c）的精密度和准确度都高，精确度也高。

1.3.3　坏值及其剔除

在实际测量中，由于随机误差的客观存在，得到的数据总存在一定的离散性。但也可能由于过失误差出现个别离散较远的数据，这种数据通常称为坏值或者可疑值。如果保留了这些数据，它们对测量结果的平均值的影响往往非常明显，故不能以其作为真值的估计值。反过来，如果把属于随机误差的个别数据当作坏值处理，也许可以报告出一个精确度较高的结果，但这是虚假的、不科学的。

对于可疑数据的取舍一定要慎重，一般处理原则如下：

① 在试验过程中，若发现异常数据，应停止试验，分析原因，及时纠正错误。

② 试验结束后，在分析试验结果时，如发现异常数据，则应先找出产生差异的原因，再对其进行取舍。

③ 在分析试验结果时，如不清楚产生异常值的原因，则应对数据进行统计处理，常用的方法包括 F 检验、t 检验等方法；若数据较少，则可重新做一些试验。

④ 对于舍去的数据，在试验报告中应注明舍去的原因和选用的统计方法。

总之，对待可疑数据要慎重，不能任意抛弃或修改。往往通过对可疑数据的考察，可以发现引起系统误差的原因，进而改进试验方法，有时甚至可得到新试验方法的线索。

1.4　常用试验设计及试验数据分析方法

1.4.1　常用试验设计方法

为了满足试验的要求，减少试验误差的干扰从而获得最佳的试验效果，必须按照试验设计的基本原理进行试验的组织安排。试验设计方法诞生了 100 多年，针对不同的需求，人们提出了很多方法，其中主要的试验设计方法包括：单次单因子设计、完全析因设计、部分析因设计、响应曲面设计、混料试验设计、空间填充试验设计等。下面简要概述这些方法的特点。

（1）单次单因子设计

单次单因子（one-factor-at-a-time，OFAT）设计方法是指在影响响应指标的多个因子中，需要知道某一因子的作用时，设法把其他因子的影响作用排除，即将其他因子固定在某一水平，单独试验和分析该因子的水平变化对响应指标的影响作用，然后再用同样的方法分析其他影响因子的作用。通过多组试验和综合分析，得到优化的试验条件。

以 3 因子 2 水平试验为例，单次单因子的试验过程如下：

① 先固定因子 A 在 A_1，固定因子 B 在 B_1，考察因子 C，试验方案为 $A_1B_1C_1$、$A_1B_1C_2$。假设试验结果为因子 C 的 2 水平较好，即 C_2 好，取 C 水平为 C_2。

② 再固定因子 A 在 A_1，固定因子 C 在 C_2，考察因子 B，即 $A_1B_1C_2$、$A_1B_2C_2$。假设试验结果为 B_1 水平好，设定 B 水平为 B_1。

③ 最后固定因子 B 在 1 水平，固定因子 C 在 2 水平，改变因子 A 的水平，即 $A_1B_1C_2$、$A_2B_1C_2$。假设试验结果为 A_2 好，那么可以得出结论是 $A_2B_1C_2$ 方案最好。

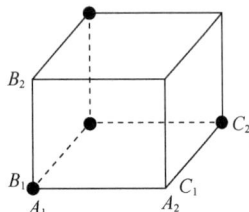

图 1-4　3 因子 2 水平的单次单因子试验设计

图 1-4 描述了 3 因子 2 水平的单次单因子试验设计中试验点的空间分布，立方体顶点上的圆点"●"对应水平组合点（亦

即试验点）。由图 1-4 可见，该方法中，各因子和水平参与试验的机会不均等，考察的因子水平仅限于局部区域，试验点不具代表性；如果不进行重复试验，试验误差就估计不出来，无法确定最佳分析条件精度，无法用数理统计方法对试验结果进行分析。单次单因子设计的主要缺点在于其没有考虑因子间可能存在的交互作用，交互作用会使一个因子与另一个因子不同水平的结合对响应指标产生不同的效应。而因子间的交互作用是非常普遍的，如果交互作用存在，那么单次单因子的策略产生的结果往往不理想。因此，单次单因子设计方法试验得到的结论未必可靠。

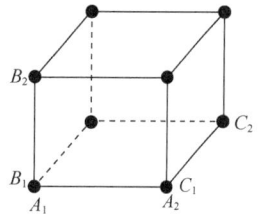

图 1-5　3 因子 2 水平完全析因试验设计

需要指出的是，绝大多数没有接触过试验设计的研究人员普遍采用单次单因子设计方法组织试验，这一点值得关注。

（2）完全析因设计

完全析因设计是把全部因子的每个水平构成的可能一切组合条件均逐一进行试验。同样地，以 3 因子 2 水平试验为例，对因子 A、B 和 C 的 2 个水平（1，2）进行全面试验，就要在水平组合 $A_1B_1C_1$、$A_1B_1C_2$、$A_1B_2C_1$、$A_1B_2C_2$、$A_2B_1C_1$、$A_2B_1C_2$、$A_2B_2C_1$、$A_2B_2C_2$ 下进行 8 次试验，如图 1-5 所示。

可见，m 个因子 n 个水平的全面试验总共需要做 n^m 次试验。通过完全析因试验，可以找出最好的试验结果。但全面试验费时费力，有时甚至不可能实现。譬如试验灯泡的寿命、炮弹的爆炸范围、材料的性能等，就不能全部拿来做试验。即使能试验，如 6 因子 3 水平的全面试验，要做 $3^6=729$ 次。因此除了一些比较简单的情况外，一般不采取全面试验法。

（3）部分析因设计

部分析因试验设计法是在分析完全析因试验设计方法的基础上，通过优化设计布局，确保每一个因子的各水平出现的次数相同，而且每一因子的每一水平与另一因子的所有水平都各仅有一次组合，即因子间具有正交性。部分析因试验设计的正交表均衡搭配的特点使得各个试验结果具有整齐可比性。通过正交试验及对试验结果进行方差分析，可以分清各试验因子对试验响应指标影响的主、次顺序及趋势，并可选出各试验因子中的较优水平和试验因子的较优组合。

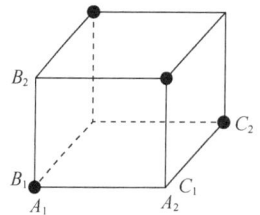

图 1-6　3 因子 2 水平部分析因试验设计

图 1-6 给出 3 因子 2 水平部分析因试验设计的试验点分布，它们在空间上是均衡的。

部分析因试验设计主要用于调查复杂系统（产品、过程）的某些特性或多个因子对系统（产品、过程）某些特性的影响，识别和筛选出系统中更有影响的因子及其影响的大小，以及因子间可能存在的相互关系，以促进产品的设计开发和过程的优化，控制或改进现有的产品或系统。

（4）响应曲面设计

响应曲面设计是利用合理的试验设计方法，通过试验得到一定数据，采用多元二次回归方程来拟合因子与响应之间的函数关系，通过对回归方程的分析来寻求最优工艺参数的方法。一般地，如图 1-7 所示，响应曲面设计是在析因设计试验点"●"的基础上，在所有因子 A、B 和 C 的轴上各增加 2 个轴点"■"和一定数量的中心点"★"来组织试验，以获得最优的试验组合数据来构建模型。

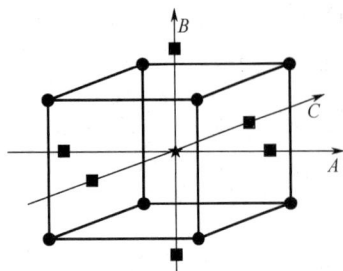

图 1-7 3 因子的响应
曲面设计

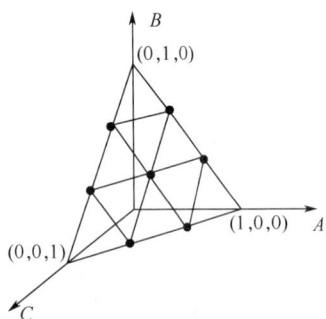

图 1-8 3 因子混料
试验设计

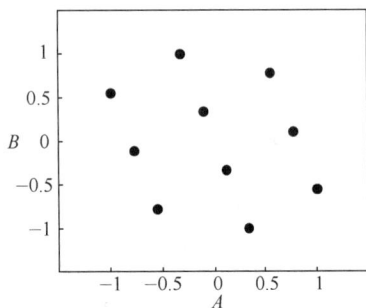

图 1-9 2 因子 10 次试验的
拉丁超立方设计

（5）混料试验设计

混料试验设计是解决科学和生产过程中各种成分比例与响应指标关系的试验组织方法。例如，某种不锈钢由铁、镍、铜和铬四种元素组成，研究人员希望获得每种元素所占比例与抗拉强度的数量关系。怎样试验就可以得到精度较好而且易于计算的回归方程？这是一种特殊的回归设计问题，试验响应指标，如不锈钢的抗拉强度，仅与各种成分，如铁、镍、铜和铬所占的百分比有关系，而与混料的总数量没有关系。3 因子混料试验设计的试验点分布如图 1-8 所示。

（6）空间填充试验设计

前述几种试验设计方法的目的是尽量减少试验过程中随机误差的影响，用于实体试验中。近年来，随着计算机技术的发展，特别是计算方法的日益成熟、计算能力的增强，基于计算机模拟的试验方法越来越受到重视，在科学和工程研究中扮演着越来越重要的角色。然而，与实体试验不同，计算机试验不存在随机误差，但存在影响因子多、因子变化范围大的问题。在此情况下，计算机试验设计优先考虑的是在整个因子空间中试验点分布的均匀性，以获得对研究空间区域的全面认识。空间填充试验设计被认为是最适合组织计算机试验的方法，其中最具代表性的是拉丁超立方设计和均匀设计。图 1-9 为一个 2 因子 10 次试验的拉丁超立方设计的例子，因子的变化区间为 [−1，+1]，可见试验点的分布与传统实体试验完全不同。

1.4.2 常用试验数据分析方法

分析和处理试验数据是试验设计与分析的重要组成部分，试验数据的正确处理关系到能否达到试验目的、得出明确结论。

试验数据分析通常建立在数理统计基础上。在数理统计中就是通过随机变量的观察值（试验数据）来推断随机变量的特征，例如分布规律和数字特征。数理统计以概率论为理论基础，根据试验或观察所得的数据，对研究对象的客观规律作出合理的估计和判断。常用的试验数据分析方法主要有直观分析方法、方差分析方法、因子-响应关系趋势图分析方法和回归分析方法等几种。

（1）直观分析方法

直观分析方法是通过对试验结果的简单计算，直接分析比较确定最佳效果。直观分析主要是解决以下两个问题：

① 确定因子最佳水平组合。该问题归结为找到各因子分别取何水平时，所得到的试验结

果会最好。这一问题可以先计算出每个因子每一个水平的试验指标值的总和与平均值，通过比较来确定最佳水平。

② 确定影响试验响应指标的因子的主次地位。该问题可以归结为将所有影响因子按其对试验响应指标的影响大小进行排序。解决这一问题需采用极差法，极差的大小反映了试验中各个因子对试验响应指标影响的大小。极差大表明该因子对试验结果的影响大，是主要因子；反之，极差小表明该因子对试验结果的影响小，是次要因子或不重要因子。

值得注意的是，根据直观分析得到的主要因子不一定是影响显著的因子，次要因子也不一定是影响不显著的因子，因子影响的显著性需通过方差分析确定。

直观分析方法的优点是简便、工作量小。缺点是没有考虑试验误差的影响，判断因子效应的精度差，不能给出试验误差大小的估计，在试验误差较大时往往可能造成误判。因此，直观分析方法在传统的正交设计应用中用得较多。在使用软件进行方差分析后，解决了烦琐的计算问题，直观分析方法已被弃用。

（2）方差分析方法

简单说来，把试验数据的变异分解为各个因子的变异和误差变异，然后对它们的平均变异进行比较，这种方法称为方差分析方法。方差分析的要点是把试验数据总的变异分解成两部分，一部分反映因子水平变化引起的变异，另一部分反映试验误差引起的变异，亦即把试验数据总的离差平方和 SS_T 分解为各个因子引起的离差平方和 SS_1、SS_2、$\cdots$、SS_N 与反映偶然性的误差平方和 SS_E，并计算比较它们的平均离差平方和，以找出对试验数据有决定性影响的因子（即显著或高度显著因子），作为进行定量分析判断的依据。

方差分析方法的优点主要是能够充分地利用试验所得数据估计试验误差，可以将各因子对试验响应指标的影响从试验误差中分离出来，是一种定量分析方法，可比性强，分析判断因子效应的精度高。

（3）因子-响应关系趋势图分析方法

计算各因子各个水平的响应指标平均值，采用因子的水平作为横坐标，各水平的响应指标平均值作为纵坐标，绘制因子-响应关系趋势图，找出各因子水平与试验响应指标间的变化规律。

因子-响应关系趋势图分析方法的主要优点是简单、计算量小、试验结果直观明了。

（4）回归分析方法

回归分析方法是用来寻找试验因子与试验响应指标之间是否存在函数关系的一种方法。一般多元线性回归方程的表示式如下：

$$y = \beta_0 + \beta_1 x_1 + \cdots + \beta_p x_p \tag{1-1}$$

在试验过程中，试验误差越小，则各因子 x_i 变化时，得出的考察指标 y 越精确。因此利用最小二乘法原理，列出正规方程组并求解，求出回归方程的系数，代入式（1-1）即可得到回归方程。关于所建立的回归方程是否有意义，需要进行统计假设检验。

回归分析方法的主要优点是应用数学方法对试验数据去粗取精，去伪存真，从而得到反映事物内部规律的特性。

在试验数据处理过程中，可以根据需要选用不同的试验数据分析方法，也可以同时采用几种分析方法。

1.5　应用试验设计策略

为了使用统计方法设计和分析试验，需要对所研究的问题究竟是什么以及如何收集数据等有一个清晰的认识。应用试验设计的一般步骤如下：

① 明确试验目的；
② 选择响应变量；
③ 选择因子、水平和范围；
④ 选择试验设计；
⑤ 进行试验；
⑥ 分析试验数据；
⑦ 作出结论和建议。

（1）明确试验目的

试验目的是试验设计首先要考虑的问题，对其应当深入了解，认真分析，提出试验目的及预期效果，避免盲目性。

（2）选择响应变量

在选择响应变量时，应确保这个指标变量确实会给所研究的过程提供有用的信息，所以响应变量应为定量变量。通常取测量特性的平均值或标准差（或两者）为响应变量。响应变量可以为一个、两个或两个以上。在选择响应变量时，注意响应变量对因子变化的灵敏度问题，如果过于灵敏，因子的轻微变化就可能会导致大的波动，而如果灵敏度太差，可能难以评估因子水平的影响。

（3）选择因子、水平和范围

每一个具体的试验，由于试验目的的不同或者试验条件的限制，通常只选取所有影响因子中的某些因子进行试验，在试验过程中，改变这些因子的水平而让其他因子保持不变。但是，为了保证结论的可靠性，在选取因子时应把所有影响较大的因子选入试验。另外，某些因子之间还存在交互作用，故影响较大的因子还应包括那些单独变化水平时效果不显著，而与其他因子同时变化水平时交互作用显著的因子，这样试验结果才具有代表性。如果设计试验时漏掉了影响较大的因子，那么只要这些因子水平改变，结果就会改变。因此，设计试验时应该把所有影响较大的因子选入试验。但是，过多的因子会导致试验次数呈指数函数增加，增加试验负担。因此，因子的选择也要根据试验目的和具体的条件来确定。

当选择了试验因子后，就该选择这些因子变化的范围及其特定水平，还必须考虑如何将这些因子控制在所希望的水平数值上。研究人员必须确定每个因子的变化范围以及每个因子使用多少个水平。当试验目的是因子筛选或过程刻画时，通常应选择较少的因子水平数。一般地，在因子筛选研究中两个水平是较好的选择。

（4）选择试验设计

进行试验有两个基本目的：一是明确哪些因子变量 x 显著地影响着响应变量 y；二是找出 y 与 x 的关系式，进而找出 x 取什么值时将会使 y 达到最佳值。

根据试验目的可以选择析因设计和回归设计。析因设计的目的是确定在相当多的因子中，哪些因子 x 对响应变量 y 的影响不显著，应予以删除，哪些因子 x 显著地影响着响应变量 y，应予以保留，从而筛选出重要因子，所以经常把进行因子筛选的试验设计成"筛选设计"。

回归设计的目的是确定 y 与 x 间的关系式，找出 y 对于 x 的回归方程。由于这种试验的目的是针对回归关系的，因此这种试验设计也被称为回归设计（regression design），比如响应曲面设计。

这两类设计也有相通之处。一方面，筛选因子的方法其实也是先建立一个 y 与 x 间的简单线性回归方程，然后根据各项系数的显著性来筛选。这里需要注意的是，试验设计中所说的"线性"与通常数学概念中的"线性"有所不同：在试验设计中，"线性"指的是在回归方程中除了可以包含各自变量的一次项外，还允许包含两个或多个自变量的乘积项，如可以含有 x_1x、$x_1x_2x_3$ 等；而通常数学概念中的"线性"是不允许包含这些项的。在建立了线性回归方程后，除了可以判断变量是否显著外，也可以求最大值、最小值等最佳值以及达到此最佳值的因子变量的最佳设置。总之，筛选因子也是通过建立回归方程来实现的。另一方面，建立了回归方程，特别是建立了含平方项的响应曲面方程后，可以在方程中判断是否有效应不显著的因子，可以删除它们，从而达到筛选因子的目的。因此，析因设计和回归设计间有相通之处：它们都要建立回归方程，但析因设计只要线性的，回归设计一般是指二阶的。总的说来，筛选设计的要求较粗糙，试验次数较少；建立回归曲面方程要求细致得多，试验次数要大增。

在选择试验设计时，通常是根据比较、筛选、优化与稳健等几种目的来选择。选择试验设计的基本思路是：首先在开始阶段进行因子筛选，选出显著因子；然后对少数的关键因子进行优化，验证试验结果，求得统计上的支持；再扩大试验的规模；最后应用到实际生产中。具体地说通过以下三个步骤完成：

① 用部分析因设计法进行因子的筛选。最开始，情况不是很清楚，考虑到影响响应变量的因子个数可能较多（大于或等于5），这时应在较大的试验范围内先进行因子的筛选。通常应使用部分析因试验设计法，这样获得的结果可能较为粗糙，但试验次数可以大大减少，并能达到筛选因子的目的。

② 用完全析因设计法对因子效应和交互效应进行全面的分析。当因子被筛选到小于或等于5个之后，就可以在稍小范围内进行完全析因试验设计，以获得全部因子效应和交互效应的准确信息，并进一步筛选因子，直到因子个数一般不超过3个。

③ 用响应曲面设计法确定回归关系并求出最优设置。当因子个数不超过3个时，就有条件采用更为细致的响应曲面设计分析方法，在包含最优点的一个较小区域内，对响应变量拟合一个二次方程，从而得到试验区域内的最优点。

以上所说的是典型步骤。在实际工作中，可能跳过某个环节，也可能在某个步骤上反复进行好几次。总之，试验要不断地筛选因子、不断地调整试验的范围和因子水平的选择，经过几轮试验后最终才能达到试验的总目标。

（5）进行试验

进行试验时，需要仔细监控试验的过程以确保每个处理都按计划做完。在这个阶段，试验程序中的错误通常会破坏试验的有效性，而预先计划是成功的关键。一般认为进行试验前，需要做少数试验或尝试性试验，这些试验可以提供关于试验材料一致性的信息，研究人员能够检查测量系统，对试验误差有一个粗略估计。如果必要，可以借此机会重新审视在第（1）步到第（4）步中所作的选择决定。

（6）分析试验数据

分析试验数据时应该用统计方法，以便结果和结论都是客观的，而不是主观臆断的。如果试验设计正确，并且按设计执行了，则可利用现成的专业软件来分析数据。目前，许多软件，如 JMP，已经将试验设计与数据分析方法无缝集成。在数据的分析和解读中，简单的图解法起着重要的作用。统计分析中的假设检验和置信区间估计非常有助于分析试验数据，能够根据模型来给出许多试验的结果，残差分析和模型适用性检测也是非常重要的分析方法。

（7）作出结论和建议

分析完试验数据之后，需要作出有关试验结果的真实结论，并推荐一种处理方法。这时候，图解法常常比较有用，特别是在介绍成果时更是如此。另外，还需要进行跟踪试验与确认试验以证实试验结论的正确性。

练习

1. 简述试验设计的发展历程和特点。
2. 试验设计的目的和用途是什么？
3. 简述误差的分类及其产生原因。
4. 简述试验设计基本原理。
5. 简述常用试验设计方法及其特点。
6. 简述试验数据的处理方法。
7. 简述试验设计的策略。
8. 解释术语：（1）响应变量；（2）因子；（3）因子水平；（4）准确度；（5）精确度；（6）随机化；（7）区组化。

第2章

试验数据的统计处理方法

2.1 试验数据的描述性分析

试验研究一般是在不同的因子水平（或水平组合）下进行测量，获得相应的响应变量数值，试验人员需要对响应变量数值的分布特性进行观察。另外，还经常对某一水平下的响应变量进行多次重复测量，用多次测量结果的平均值来代表该水平下的真实值，并评估这些值的变化区间，以评估和减少随机误差的影响。从本质上来说，这些处理测量数据的操作就是为了评估数据的集中性和离散性。所谓集中性，就是以某一数值为中心而分布的性质，常用的统计特征数主要有平均数、中位数、众数等。所谓离散性就是变量在趋势上分散集中的变异性质，其统计特征数一般有残差、极差、方差、标准差和变异系数等。集中性和离散性反映了测量数据的分布特性。

2.1.1 试验数据的集中性

一般用平均数来描述数据的集中性。平均数分为数值平均数和位置平均数。根据不同的计算需求，数值平均数有算术平均数、加权平均数、几何平均数等，但应用最广泛的是算术平均数。在本书中，除特别指出外，平均数即指算术平均数。

设试验进行了 n 次测量，获得响应变量 X 的数据集 x_1，x_2,$\cdots$, x_n，其平均数用 $\bar{x}$ 表示，定义如下：

$$\bar{x} = \frac{1}{n}(x_1 + x_2 + \cdots + x_n) = \frac{1}{n}\sum_{i=1}^{n} x_i \qquad (2\text{-}1)$$

式（2-1）定义的平均数容易受远离中心的极端数据的影响，为此人们也用位置平均数来描述数据的集中性，位置平均数包括中位数和众数。

中位数（median）是将数据集 x_1，x_2,$\cdots$, x_n 按从小到大的顺序排列，在整个数列中处于中间位置的数。其定义为：

$$M = \begin{cases} x_{\left(\frac{n+1}{2}\right)} & n\text{为奇数} \\[2mm] \dfrac{x_{\left(\frac{n}{2}\right)} + x_{\left(\frac{n}{2}+1\right)}}{2} & n\text{为偶数} \end{cases} \qquad (2\text{-}2)$$

中位数是位置平均数，不受极端值的影响，在具有个别极大值或极小值的分布数列中，中位数比算术平均数更具有代表性。但是，由于中位数只考虑居中位置，对信息利用不充分，当样本量较小时数值不太稳定。因此对于对称分布的数据，一般优先考虑使用平均数，只有当平均数不能使用时才用中位数加以描述。

众数（mode）指的是样本数据中出现频次最大的数，不受极端值影响。

2.1.2 试验数据的离散性

研究人员不仅关注数据的集中趋势，同时也关注数据的分散特性，也称为数据的变异趋势。描述数据离散性的统计量有方差、标准差、变异系数、极差、四分位间距等。

（1）方差、标准差和变异系数

对于数据集 x_1，x_2，$\cdots$，x_n，用方差 s^2 表示数据的变异程度，其定义为：

$$s^2 = \frac{1}{n-1}\sum_{i=1}^{n}(x_i - \overline{x})^2 \tag{2-3}$$

由于 s^2 与变量 x 的量纲不同，无法进行比较，所以按式（2-4）定义标准差 s：

$$s = \sqrt{\frac{1}{n-1}\sum_{i=1}^{n}(x_i - \overline{x})^2} \tag{2-4}$$

式（2-3）、式（2-4）中，$\overline{x}$ 是由式（2-1）定义的平均值；$(x_i - \overline{x})$ 表示测量值 x_i 与平均值 $\overline{x}$ 的偏离程度；$(n-1)$ 为方差 s^2、标准差 s 的自由度。自由度是指当以样本的统计量来估计总体的参数时，样本中独立或能自由变化的数据个数。自由度等于独立变量数减去其衍生变量数。s^2 和 s 必须用到平均数 $\overline{x}$ 来计算，其在抽样完成后已确定，所以大小为 n 的样本中只要 $(n-1)$ 个数确定了，第 n 个数就只有一个能使样本符合 $\overline{x}$ 的数值。也就是说，样本中只有 $(n-1)$ 个数可以自由变化，只要确定了这 $(n-1)$ 个数，方差也就确定了。这里，平均数 $\overline{x}$ 就相当于一个限制条件，由于加了这个限制条件，样本标准差和方差的自由度就为 $(n-1)$。

当需要对不同量纲或不同数量级的响应指标变量的变异程度进行比较时，可以利用变异系数（coefficient of variation，CV），其定义为：

$$CV = \frac{s}{\overline{x}} \times 100\% \tag{2-5}$$

从方差、标准差和变异系数的定义可见，它们反映了变量的数据值偏离中心的程度，或离散程度，它们的值越大，则测量得到的数据点越分散，变异越大；反之，数据点越集中，变异越小。

（2）分位数、四分位数和四分位间距

参照中位数 M 的定义，把变量 x 的测试数据集 x_1，x_2，$\cdots$，x_n 按从小到大的顺序排列，按照 10 等分、100 等分等方式将其进行分组，则可以得到对应任何等分点的数值。一般地，常用四等分的方法来划分数组，其中位于第四分之一（25%）、第四分之二（50%）和第四分之三（75%）位置的数值分别定义为第一四分位数（Q_1）、第二四分位数（Q_2）和第三四分位数（Q_3），并将第三四分位数与第一四分位数的差值定义为四分位间距（inter-quartile range，IQR）：

$$IQR = Q_3 - Q_1 \tag{2-6}$$

四分位间距既排除了两侧极端值的影响，又能够反映较多数据的离散程度，是当方差、标准差不适用时用来描述离散程度较好的指标。

第二四分位数 Q_2 即为中位数 M。另外，除四分位间距和标准差外，有时也使用极差来描述数组的分散程度，其定义为最大值与最小值的差值。显然，极差最容易受到极端值的影响。

一般还用数据分布的峰度和偏度来描述数据的分布特性，但实际使用很少，此外就不再介绍。

2.1.3　试验数据分布的图形化描述与计算实现

前述公式虽然并不复杂，但实际应用时并不直观，利用图 2-1 所示直方图和箱线图可以直观地表达上述测量数据集的集中性与离散性，利于初步比较和分析数据的特性。

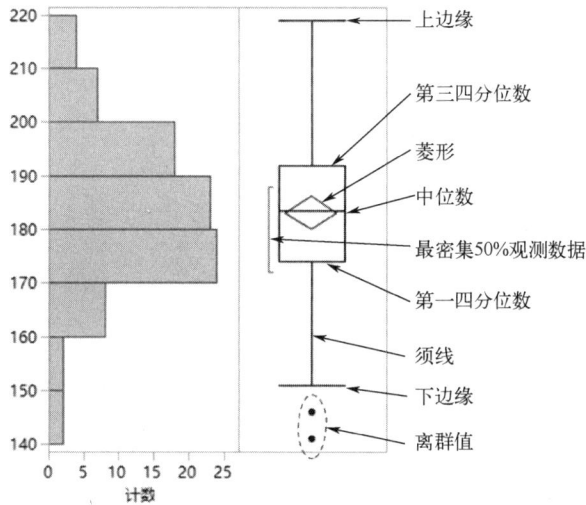

图2-1　表征数据离散性与集中性的直方图和箱线图

在图 2-1 中，直方图和箱线图集成在一起，共用一个纵向数值坐标轴。左侧为直方图，其在整个极差区间对连续变量均匀分组，组的区间大小称为组距。将数据分配到相应组中，每组为一个水平直方条，组中的数据数量作为直方条的长度。建立直方图时，纵轴表示数据的测量等级，横轴刻度表示数据的数量，图中直方条的位置和高度就表示位于该组的数据的数量。例如图 2-1 中，以 10 为组距进行分组，在 140~150 组的数据数量最少，仅有 2 个数；在 170~180 组的数据数量最多，有 24 个数。有时，用每组的数据个数量除以所有数据数量，则每个直方条就表示该区间的数据所占比例或者概率。另外，也经常用横轴表示数据等级，纵轴表示数据的数量或者概率。

图 2-1 中的右侧部分是箱线图。箱线图能同时描述数据集的几个重要特征，比如中心、范围、对称性的偏离和偏离大多数数据的"离群值"。第一四分位数与第三四分位数之间构成一个"箱"，表示该部分集中了 50%的样本数据。箱中的水平线代表中位数。箱中的菱形包含平均值以及平均值的上下 95%置信区间：菱形左右顶点连线对应的水平线就是平均数，菱形的上下顶点分别代表平均值的上下 95%置信区间。下边缘、上边缘对应的数据分别是 $Q_1 - 1.5IQR$ 和 $Q_3 + 1.5IQR$。一般认为，在上下边缘之外的数据，就属于离群值。

下面举例说明测量数据在 JMP 中的直方图、箱线图表示及其具体的各项特征计算值。

【**例2-1**】金昌市是我国的镍都，为我国经济和国防建设提供了宝贵的金属镍。文献[1]采用生物浸出方法处理金昌高镁型硫化镍矿，通过试验设计方法进行了 30 次试验，研究了矿石颗粒粒度、硫酸添加量、矿浆浓度和细菌接种量 4 个参数对镍浸出率（Y_1，%）、铜浸出率（Y_2，%）、钴浸出率（Y_3，%）、镁浸出率（Y_4，%）和溶液中铁的浓度（Y_5，g/L）的影响，以开发出一套最佳的选择性浸出有价金属生产工艺。试验数据存储于 sample2-1.jmp 中。以镍浸出率（Y_1）、钴浸出率（Y_3）与铁浓度（Y_5）数据为例，解答下列问题。

（1）试用直方图、箱线图描述全部测量数据的集中性与离散性，并给出具体的数值。

（2）试用直方图、箱线图描述中心点重复试验测量数据的集中性与离散性，并与（1）中所得数据进行比较。

解：

（1）点击 JMP 数据表的"分析-分布"菜单命令，选取 Y_1、Y_3 和 Y_5 作为分析目标，得到图 2-2 所示的镍、钴两种金属的浸出率和铁浓度的描述性统计分析结果报表。

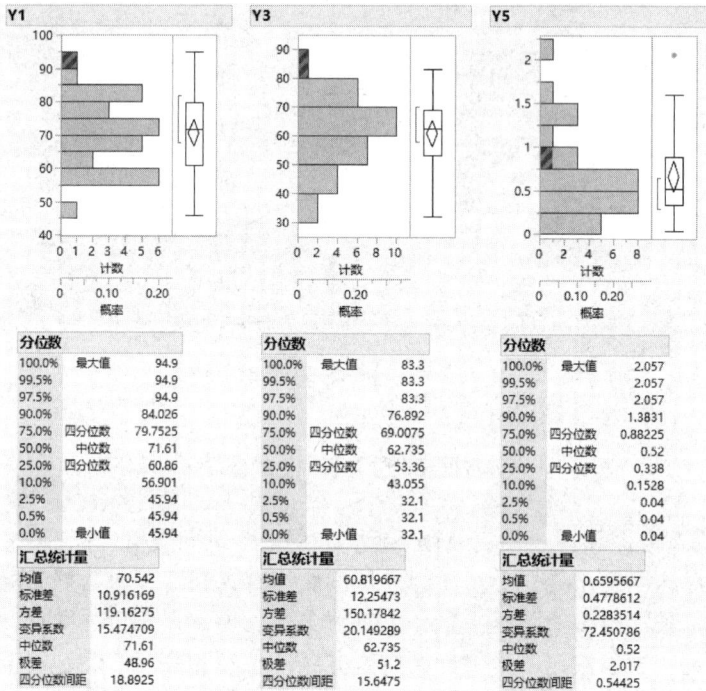

图2-2 生物浸出试验响应变量的描述性统计分析

在图 2-2 中，以直方图、箱线图和数据列表方式给出了试验测得的镍和钴的浸出率、铁浓度及具体的均值、标准差等计算结果。直方图和箱线图直观地给出各响应变量的数值区间及分布状况，比如镍的浸出率在 45%～95% 之间，平均值为 70% 左右，50% 的数据在浸出率为 60%～80% 之间，浸出率在 55%～60% 之间数据出现的次数最多，为 6 次，最大值在浸出率 90%～95% 组，仅有 1 次；钴的浸出率在 30%～85% 之间，平均值为 60% 左右，50% 的数据在浸出率为 55%～70% 之间，最大值在浸出率 80%～90% 区间，也仅有 1 次；而铁的浓度在 0～2g/L 之间，主要分布在 1.5g/L 以下，但存在一个应该引起关注的偏大的离群值，是否是浸出液受到铁的污染，或者记录的数据出现笔误。

在"分位数"栏里列出了同时以百分数表示的最大值、最小值、第一四分位数、第三四分位数、中位数等，具体数值分别为：镍浸出率94.9%、45.9%、60.9%、79.8%、71.6%；钴浸出率83.3%、32.1%、53.4%、69.0%、62.7%；铁浓度2.057g/L、0.040g/L、0.338g/L、0.882g/L、0.520g/L。

在"汇总统计量"栏给出了均值、标准差、方差、变异系数及四分位间距等，都是准确的具体计算结果：镍浸出率70.5%、10.9%、119.2%、15.5%、18.9%；钴浸出率60.8%、12.3%、150.2%、20.1%、15.6%；铁浓度0.660g/L、0.478g/L、0.228g/L、72.4g/L、0.544g/L。变异系数的计算表明，镍和钴的浸出率变异系数分别为15.5%、20.1%，铁浓度的离散变异系数为72.4%；铁浓度的绝对数值虽然小，但其离散程度远大于镍和钴的浸出率，说明其离散性大得多。

JMP在一个报表中给出的直方图、箱线图均是联动的，比如图2-2中，当用鼠标选中镍浸出率的最大值（90%～95%）的直方条时，其上用深色斜条表示选中状态，在钴浸出率、铁浓度的图中对应的直方条上也显示选中状态，深色斜条的长度对应选中数据的个数（或比例），表明此时钴浸出率也是最大值（80%～90%），而铁浓度为0.75～1g/L，数据个数只有1。

（2）图2-2中给出的镍、钴浸出率与铁浓度的数据表现出较大的离散性，这是由于试验数据主要是在改变参数的条件下测得的。在30次试验中，共有6次试验参数完全相同的中心点试验，将24条其他试验行进行隐藏、排除操作，得到图2-3所示4个参数完全一样的试验结果数据分布。可见标准差、方差、变异系数和四分位间距相比图2-2中均减小了，这说明试验因子的改变对镍、钴浸出率和铁浓度均有很大的影响。

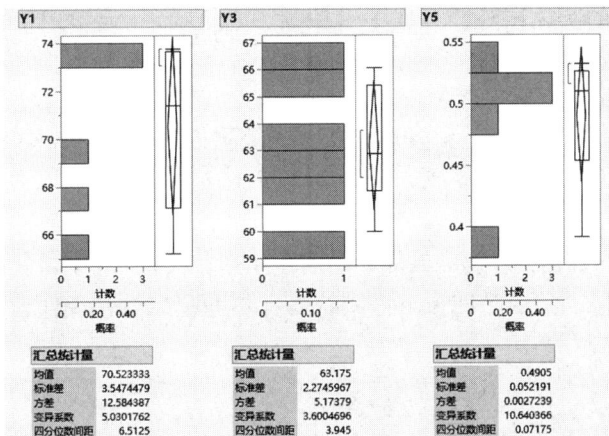

图2-3　中心点的试验响应变量分布

对比图2-2和图2-3，虽然中心点响应的标准差或变异系数等指标已经很小，但直方图仍然是发散的。这一方面是由于存在不可控的随机误差影响，6次相同因子参数下的试验测量结果不尽相同。另一方面则是由于组距设置问题，例如图2-3中Y_1的组距为1%，而图2-2中对应的Y_1组距为5%，图2-3放大了差异：钴的浸出率分布为6个不同的数据区间；镍的浸出率和铁的浓度分布为4个区间，其中都有3个数据集中在一个区域，但实际上也是不同的。如图2-4所示，3个数据之间有细微的差距：镍浸出率为73.06%、73.61%、73.77%，铁浓度为0.504g/L、0.516g/L和0.524g/L。

	Y1	Y3	Y5
1	65.21	59.99	0.516
2	73.77	65.22	0.475
3	73.06	66.08	0.524
4	73.61	63.76	0.504
5	69.71	61.99	0.392
6	67.78	62.01	0.532

图2-4　中心点的试验测量数值

显然，可以肯定，在其他试验点上，只要进行多次重复的试验，也会得到与在中心点试验相似的数据特性。

2.2　随机变量分布

前面用数值和图形方法来描述了试验测量数据的集中和离散特征信息。然而，试验测量的本质是在试验总体中进行的一个抽样过程，是通过相对小的样本数据对研究对象作出结论，存在不确定性。通过给数据指定概率模型后，就能量化不确定性的程度，并可通过选择或修正样本量来得到不确定性的容许水平。本节将介绍主要使用到的概率模型及其应用。

2.2.1　随机变量

图 2-3、图 2-4 所示的中心点的试验测量数据表明，即使矿石颗粒粒度、硫酸添加量、矿浆浓度和细菌接种量 4 个参数完全相同，响应变量重复测量值也均存在一定的差别。这是由于在试验过程中不可控制的随机因素的影响，比如试验温度的改变、分析仪器的轻微变化等。像例 2-1 这样，即使每次都用相同的条件方式，一个试验也会产生不同的结果，就称其为随机试验。在随机试验中，测量值在重复测量过程中是变化的，称为随机变量（random variable）。几乎所有的实体试验都存在不可控制的随机噪声因素的干扰，因此试验响应变量都是随机变量。

试验过程中，测量值通常用变量来表示，如 X、Y 等。试验完成后，用小写字母来表示随机变量的测量值，比如 $x=65.21\%$。重复试验得到的测量值，比如第一次测量得到 $x_1 = 65.21\%$，第二次得到 $x_2 = 73.77\%$，第三次得到 $x_3 = 73.06\%$ 等，这些数据都可以用上一节中介绍的描述方法来表征。

通常，试验测量的数据为实数，如镍和铜的浸出率、铁的浓度。试验测量数据理论上可以达到任意精度，但实际上，经常四舍五入到认为合理的位数。这种代表测量值的随机变量称为连续随机变量。

在一些测量中，可能会记录到一些有限制的测量值。例如，每日加工工件的数量或不合格产品的数量，测量值就限定在整数。也有可能记录的是比例数，例如每日产品中的合格率、缺陷率，测量值就是分数，但仍然是实数轴上的离散点。当测量值是实数轴上的离散点，随机变量称为离散随机变量。

连续随机变量的取值范围是一个实数区间，离散随机变量的取值范围是一组有限（或者可数无限）的实数。有时，随机变量实际上是离散的，但是因为可能值的极差太大，把它们当作连续随机变量来分析就简单得多。例如产品的合格率或者不合格率，由于产品的总数、合格或不合格产品的数量是有限的，所以合格率或不合格率是离散随机变量，但是假设合格率为一个连续随机变量，处理起来就方便很多。

2.2.2　分布函数和概率密度函数

在对随机变量进行测量时，测量结果的具体取值是随机的，事先不能确定。随机变量也不是单个数，而是具有一定概率分布（probability distribution）的一群数，随机变量以一定的概率（probability）取值。

在工程中，通常用概率密度函数 $f(x)$ 来描述连续随机变量 X 的概率分布。X 在实数 a 和 b 之间的概率 $P(a < X < b)$ 由图 2-5 所示的 $f(x)$ 从 a 到 b 的积分决定：

$$P(a < X < b) = \int_a^b f(x) \, dx \qquad (2\text{-}7)$$

式中，概率密度函数 $f(x)$ 具有如下两条性质：

$$f(x) \geqslant 0$$

$$\int_{-\infty}^{\infty} f(x) = 1$$

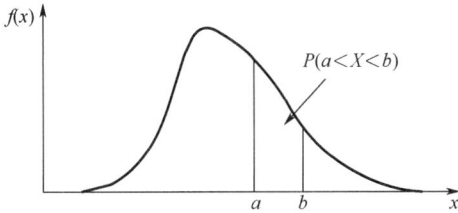

图 2-5　由 $f(x)$ 下面的面积确定的概率

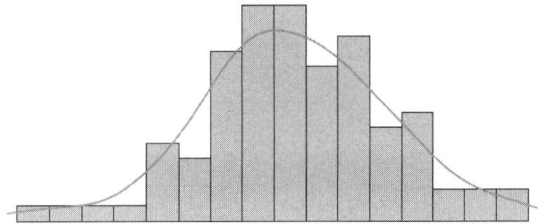

图 2-6　直方图近似表示概率密度函数

直方图是概率密度函数的近似，如图 2-6 所示。对于直方图的每个区间，每一条的面积等于测量值在此区间上的比例，比例是测量值落入某一区间的概率估计。类似地，任意一个区间在 $f(x)$ 下面的面积等于测量值落入这个区间的真正概率。

可见，概率密度函数是把概率与随机变量联系起来的简单描述。只要 $f(x)$ 非负，以及 $\int_{-\infty}^{\infty} f(x) dx = 1$，$0 \leqslant P(a < X < b) \leqslant 1$，概率是完全有限的。$X$ 的值不存在，则概率密度函数为 0，在没有具体定义的地方，概率密度函数也假定为 0。

$f(x)$ 是用来计算表示概率的面积，这里 X 被假定为区间 $[a, b]$ 上的一个值。在例 2-1 中，用 X 表示中心点的重复测量中镍的浸出率，X 的结果在 $[73\%, 74\%]$ 之间的概率是 X 的概率密度函数在这个区间上的积分。X 的结果在 $[73.5\%, 73.8\%]$ 之间的概率是相同概率密度函数 $f(x)$ 在该区间上的积分。适当地选择 $f(x)$ 的形式，就能把概率与任意随机变量联系起来。

根据式（2-7）的定义，X 在某一点 x 的概率为

$$P(X = x) = \int_x^x f(x) dx = 0$$

根据这个结果，连续随机变量 X 取任意个别值的概率为零。因此在计算概率时，不必考虑区间 $[a, b]$ 的开闭情况，即有

$$P(a < X \leqslant b) = P(a \leqslant X \leqslant b) = P(a \leqslant X < b) = P(a < X < b)$$

还可以用分布函数（或称累积分布函数）来描述随机变量，表示 X 小于等于 x 的概率：

$$F(x) = P(X \leqslant x) = \int_{-\infty}^x f(u) du \qquad -\infty < x < +\infty$$

该式意为分布函数 $F(x)$ 在 x 处的值等于随机变量 X 取值小于或等于 x 的概率 $P(X \leqslant x)$，或表示 X 取值落入区间 $(-\infty, x]$ 的概率。显然，$x = -\infty$ 时，$F(x) = 0$；$x = +\infty$ 时，$F(x) = 1$。$F(x)$ 与 $f(x)$ 之间的关系见图 2-7。

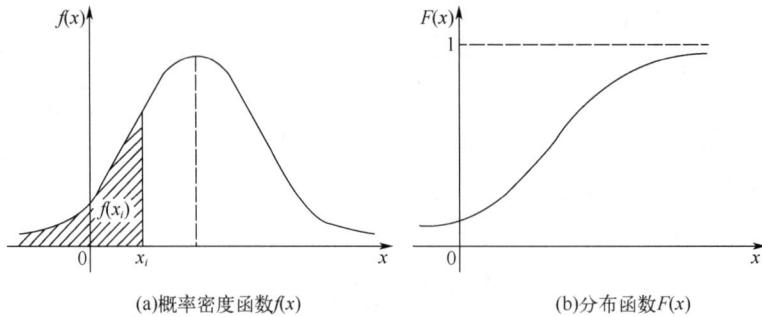

(a)概率密度函数$f(x)$ (b)分布函数$F(x)$

图2-7 连续型随机变量的概率密度函数和分布函数

$F(x)$可用来计算区间概率：

$$P(a < X < b) = \int_a^b f(x)\mathrm{d}x = \int_{-\infty}^b f(x)\mathrm{d}x - \int_{-\infty}^a f(x)\mathrm{d}x = F(b) - F(a)$$

2.2.3 随机变量的均值与方差

和用均值和方差来汇总样本数据一样，也能用 X 的均值和方差来表征它的概率分布。对于样本数据 x_1，x_2，…，x_n，样本均值公式（2-1）可以写成

$$\overline{x} = \frac{1}{n}x_1 + \frac{1}{n}x_2 + \cdots + \frac{1}{n}x_n$$

也就是说，$\overline{x}$ 用相同的权重或概率 $1/n$ 作为每一个测量值 x_i 的乘数。同样地，随机变量 X 的均值用概率模型来给 X 的可能取值附上权重。X 的均值或者期望记为 μ 或 $E(X)$，定义为

$$\mu = E(X) = \int_{-\infty}^{\infty} xf(x)\mathrm{d}x \tag{2-8}$$

式（2-8）中的积分与计算 $\overline{x}$ 的求和意义类似。

对于样本数据 x_1，x_2，…，x_n，样本的方差是数据离散程度的汇总，按照同样的方式定义随机变量 X 的方差，以描述 X 可能取值的离散程度。将式（2-3）变为

$$s^2 = \frac{1}{n-1}(x_1 - \overline{x})^2 + \frac{1}{n-1}(x_2 - \overline{x})^2 + \cdots + \frac{1}{n-1}(x_n - \overline{x})^2$$

也就是说，s^2 用了相同的权重 $1/(n-1)$ 作为偏离的平方 $(x_i - \overline{x})^2$ 的乘数。随机变量 X 的方差是对 X 可能取值的离散程度的测度。X 的方差，记为 σ^2 或 $V(X)$，计算公式为

$$\sigma^2 = V(X) = \int_{-\infty}^{\infty} (x - \mu)^2 f(x)\mathrm{d}x \tag{2-9}$$

$V(X)$ 用权重 $f(x)$ 作为每个可能的离差平方 $(x - \mu)^2$ 的乘数。$V(X)$ 中的积分相当于计算 s^2 时的求和。利用积分的性质和 μ 的定义能得到

$$V(X) = \int_{-\infty}^{\infty} (x - \mu)^2 f(x)\mathrm{d}x$$

$$= \int_{-\infty}^{\infty} x^2 f(x)\mathrm{d}x - 2\mu \int_{-\infty}^{\infty} xf(x)\mathrm{d}x + \int_{-\infty}^{\infty} \mu^2 f(x)\mathrm{d}x$$

$$= \int_{-\infty}^{\infty} x^2 f(x)\mathrm{d}x - \mu^2$$

记

$$E(x^2) = \int_{-\infty}^{\infty} x^2 f(x)\mathrm{d}x$$

则有

$$V(X) = E(x^2) - \mu^2$$

2.2.4　常用的连续随机变量的分布形式

在试验中，观测响应变量所获得的数据其实是某个随机变量的一个样本。数据处理的任务就是根据测得的样本或样本的某个统计量的值来推断物理量的真值，因而需要了解被测随机变量的分布及其统计量的分布。试验设计中常用的分布形式有正态分布、χ^2 分布、t 分布和 F 分布。

（1）正态分布

如果影响某一随机变量的因素很多，因素的影响可以叠加，而每一个因素都不起决定性作用，则该随机变量就近似地服从正态分布（normal distribution），也称为高斯分布。试验过程中，试验人员往往无法控制大量随机因素而产生随机误差，因此在一定的试验条件下，对某物理量测量多次，其测得值的分布服从正态分布。事实上，很多类型的随机变量都近似地服从正态分布，如人的身高、体重，产品长宽高、质量等指标，材料的强度，灯泡的寿命等。

正态分布的概率密度函数 $f(x)$ 是

$$f(x) = \frac{1}{\sigma\sqrt{2\pi}}\exp\left[\frac{-(x-\mu)^2}{2\sigma^2}\right] \quad (-\infty < x < +\infty) \tag{2-10}$$

分布函数 $F(x)$ 是

$$F(x) = \frac{1}{\sigma\sqrt{2\pi}}\int_{-\infty}^{x}\exp\left[\frac{-(u-\mu)^2}{2\sigma^2}\right]\mathrm{d}u \tag{2-11}$$

当随机变量 X 服从正态分布，可以证明

$$E(X) = \int_{-\infty}^{\infty} xf(x)\ \mathrm{d}x = \int_{-\infty}^{\infty} \frac{x}{\sigma\sqrt{2\pi}}\exp\left[\frac{-(x-\mu)^2}{2\sigma^2}\right]\mathrm{d}x = \mu$$

$$V(X) = \int_{-\infty}^{\infty}(x-\mu)^2 f(x)\ \mathrm{d}x = \int_{-\infty}^{\infty}\frac{(x-\mu)^2}{\sigma\sqrt{2\pi}}\exp\left[\frac{-(x-\mu)^2}{2\sigma^2}\right]\mathrm{d}x = \sigma^2$$

所以，正态分布的随机变量 X 的期望值和方差分别是 μ 和 σ^2 时，记为 $X \sim N(\mu,\sigma^2)$。

正态分布的概率密度曲线 $f(x)$ 是单峰对称曲线，曲线峰值在 $x = \mu$ 处。正态分布参数中，期望值 μ 决定分布的位置，而方差 σ^2 决定分布的分散程度。σ^2 越小，概率密度曲线 $f(x)$ 越尖锐，表明随机变量 X 的分布集中在 μ 附近；反之，σ^2 越大，概率密度曲线 $f(x)$ 越平坦，表明随机变量 X 的分布比较分散，如图 2-8 所示。

图 2-9 给出了正态分布的一些有用特性。对于任意的正态随机变量 $X \sim N(\mu,\sigma^2)$，根据图 2-9 展示的 $f(x)$ 的对称性，$P(X < \mu) = P(X > \mu) = 0.5$。$f(x)$ 给实轴上的每个区间都指定了一个概率，但是概率密度函数随着 x 与 μ 的距离变远而减小。也就是说，对于服从正态分布的

测试数据，落在 $\mu \pm \sigma$ 之内的数据约占 68.2%，落在 $\mu \pm 2\sigma$ 之内的数据约占 95.4%，落在 $\mu \pm 3\sigma$ 之内的数据约占 99.7%，而落在 $\mu \pm 3\sigma$ 之外的只有 0.3%。据此可以推断，在单次测试中，测量值落在 $\mu \pm 3\sigma$ 之外的可能性只有 0.3%，数据可视为异常数据。

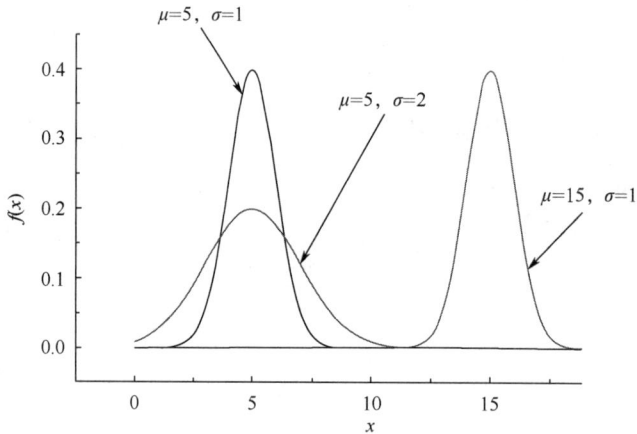

图2-8　不同期望值与标准差下的概率密度曲线

$$P(\mu - \sigma < X < \mu + \sigma) = 0.682$$
$$P(\mu - 2\sigma < X < \mu + 2\sigma) = 0.954$$
$$P(\mu - 3\sigma < X < \mu + 3\sigma) = 0.997$$

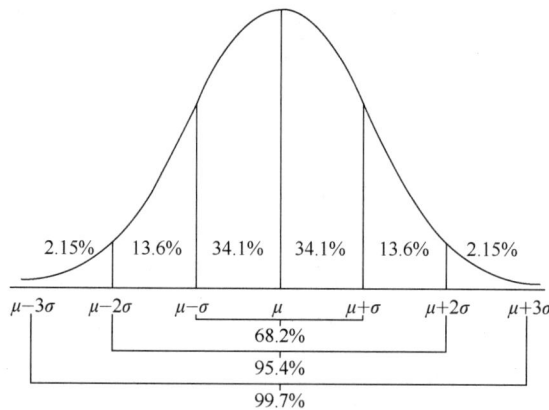

图2-9　正态分布中的数据分布概率

特别地，期望值 $\mu = 0$ 和方差 $\sigma^2 = 1$ 的正态分布称为标准正态分布（standard normal distribution）。标准正态分布又称为 Z 分布，满足标准正态分布的随机变量也常记为 Z，其概率密度函数 $\phi(z)$ 和分布函数 $\varPhi(z)$ 分别是

$$\phi(z) = \frac{1}{\sqrt{2\pi}} \exp\left(-\frac{z^2}{2}\right) \quad (-\infty < z < +\infty) \qquad (2-12)$$

$$\varPhi(z) = P(Z \leqslant z) = \frac{1}{\sqrt{2\pi}} \int_{-\infty}^{z} \exp\left(-\frac{u^2}{2}\right) \mathrm{d}u \qquad (2-13)$$

根据正态分布函数的特性，若 $X \sim N(0, \sigma^2)$，则 $P(-3\sigma < X < 3\sigma) = P(|X| < 3\sigma) = 0.997$，或者 $P(|X| > 3\sigma) = 0.003$，也就是说测量数据落在区间 $(-3\sigma, 3\sigma)$ 之外的可能性只有 0.3%。

同样，也用分位数来描述连续分布的随机变量，分位数指的就是连续分布函数中的一个点，这个点对应概率 $P(0 < p < 1)$。随机变量 X 或它的概率分布的分位数 Z_α，是指满足条件 $P(X \geqslant Z_\alpha) = \alpha$ 的实数。

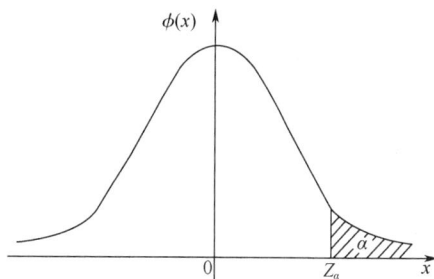

图 2-10　标准正态分布的 α 分位点

设随机变量 X 服从标准正态分布，即 $Z \sim N(0,1)$。对于给定正数 α，若点 Z_α 满足条件

$$P(X > Z_\alpha) = \frac{1}{\sqrt{2\pi}} \int_{Z_\alpha}^{\infty} \exp\left(-\frac{x^2}{2}\right) \mathrm{d}x \tag{2-14}$$
$$= \alpha \quad (0 < \alpha < 1)$$

则称点 Z_α 为标准正态分布的上 α 分位点，如图 2-10 所示。式（2-14）意为随机变量 X 取值大于 Z_α 的概率为 α。由图 2-10 可以看出，概率密度曲线上点 Z_α 右方阴影部分的面积为 α。

由于标准正态分布的概率密度曲线关于 $x = 0$ 对称分布，因此有

$$Z_\alpha = |-Z_\alpha|$$
$$P(X < -Z_\alpha) = \alpha$$

于是点 $-Z_\alpha$ 也称为标准正态分布的下 α 分位点。显然有

$$P(|X| > Z_\alpha) = P(X > Z_\alpha) + P(X < -Z_\alpha) = 2\alpha$$

故而

$$P(|X| > Z_{\alpha/2}) = 2P(X > Z_{\alpha/2}) = 2P(X < -Z_{\alpha/2}) = \alpha$$

也就是说，随机变量 X 小于 $-Z_{\alpha/2}$ 的概率为 $\alpha/2$，大于 $Z_{\alpha/2}$ 的概率也是 $\alpha/2$。称满足条件

$$P(|X| > Z_{\alpha/2}) = \alpha \tag{2-15}$$

的点 $Z_{\alpha/2}$ 为标准正态分布的双侧 α 分位点。

分位点在后面的参数检验中频繁用到，是一个很重要的概念。这里以标准正态分布为例介绍分位数，它适用于其他任何连续分布的随机变量，所以在后面的 t 分布、F 分布中将继续讨论。

（2）χ^2 分布

设 X_1，X_2，…，X_n 是 n 个相互独立的、服从标准正态分布的随机变量，定义新的随机变量 Y 为：

$$Y = X_1^2 + X_2^2 + \cdots + X_n^2 = \sum_{i=1}^{n} X_i^2 \tag{2-16}$$

则 Y 所服从的分布为自由度为 n 的 χ^2 分布，记为 $Y \sim \chi_n^2$。参数 n 表示构成 χ^2 分布中独立变量的个数，即样本容量。χ^2 分布的数学期望值和方差分别为 n 和 $2n$。

χ^2 分布是 t 分布和 F 分布的基础。当 $n \to +\infty$ 时，χ^2 分布趋于正态分布。

（3）t 分布

设 X 和 Y 是相互独立的随机变量，且 $X \sim N(0,1)$，$Y \sim \chi_n^2$，则称新的随机变量

$$t = \frac{X}{\sqrt{Y/n}} \tag{2-17}$$

所服从的分布为自由度为 $n-1$ 的 t 分布，记为 $t \sim t_{n-1}$。t 分布的数学期望值和方差分别为 0 和 $n/(n-2)$。

设 $f(t)$ 为 t_{n-1} 分布的概率密度函数。对于给定的正数 $\alpha(0 < \alpha < 1)$，称满足条件

$$P(t > t_{\alpha,n-1}) = \int_{t_{\alpha,n-1}}^{\infty} f(t)\mathrm{d}t = \alpha$$

的点 $t_\alpha(n)$ 为 $t(n)$ 分布的上 α 分位点，如图 2-11 所示。

t 分布的概率密度函数曲线关于 $t=0$ 对称分布，因此有

$$t_{\alpha,n-1} = |-t_{\alpha,n-1}|$$

双侧 α 分位点 $t_{\alpha/2}$ 是指满足下式的数值点：

$$P(|t| > t_{\alpha/2}) = \alpha$$

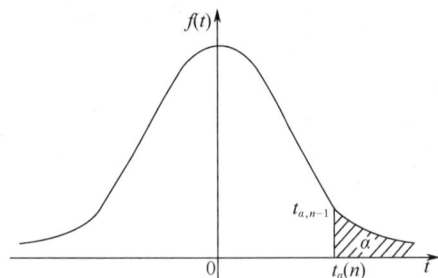

图 2-11　$t(n)$ 分布的上 α 分位点

t 分布是一种重要的随机变量分布形式，也称为学生分布，在检验测量数据的系统误差以及当测量次数较少（小于 30 次）的情况下估计误差极限时经常用到。当 $n \to +\infty$ 时，t 分布趋于标准正态分布。

（4）F 分布

设 X 和 Y 是相互独立的随机变量，自由度分别为 m 和 n，且 $X \sim \chi^2(m)$，$Y \sim \chi^2(n)$，则称新的随机变量

$$F = \frac{X/m}{Y/n} \tag{2-18}$$

所服从的分布为自由度为（m，n）的 F 分布，记为 $F_{(m,n)}$。

F 分布的数学期望值和方差分别为：

$$E(F) = \frac{n}{n-2} \qquad (n > 2)$$

$$V(F) = \frac{2n^2(m+n-2)}{m(n-2)^2(n-4)} \qquad (n > 4)$$

设 $f(x)$ 为 $F_{(m,n)}$ 分布的概率密度函数。对于给定的 $\alpha(0 < \alpha < 1)$，称满足条件

$$P(F_{(m,n)} > F_{\alpha,(m,n)}) = \int_{F_{\alpha,(m,n)}}^{\infty} f(x)\mathrm{d}x = \alpha$$

的点 $F_{\alpha,(m,n)}$ 为 $F_{(m,n)}$ 分布的上 α 分位点，如图 2-12 所示。

F 分布是一种重要的分布，在统计假设检验、方差分析和回归分析中经常应用。

2.2.5　正态概率图

在试验测试中，一般先假设测试数据服从正态分布，然后在此假设的基础上，利用 F 检

验和 t 检验进行方差分析和回归分析，因此检验测试数据是否服从正态分布是非常重要的。

对于数据分布，常用直方图进行描述，这种直方图可以估计总体的概率密度。但是，组距对直方图的形态有很大影响：组距太小，每组频数较少，直方图反映的总体概率密度的形态会有较大的波动性；组距太大，直方图则不能有效反映总体概率密度的形态。另外，当样本数据少时，直方图上经常会出现明显的波动。因此，从直方图上判断样本数据分布是否近似于某种类型的分布是比较困难的。

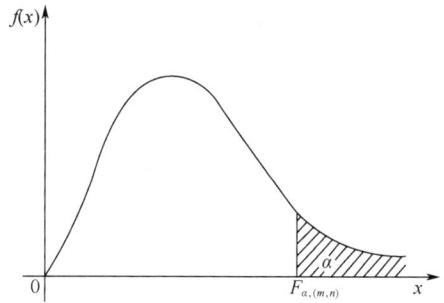

图 2-12　　$F_{\alpha,(m,n)}$ 分布的上 α 分位点

判断数据是否为正态分布最有用的办法是利用正态概率图（normal probability plot）。以正态分布 $N(\mu,\sigma^2)$ 为例说明其正态概率图的作法。对于样本观察值 x_1, x_2,$\cdots$, x_i,$\cdots$, x_n，设其次序统计量的值是 $x_{(1)}$, $x_{(2)}$,$\cdots$, $x_{(j)}$,$\cdots$, $x_{(n)}$，计算它们的累积概率 $(j-0.5)/n$。变量值标在纵坐标上，横坐标上列出 $(j-0.5)/n$，则由以下点形成的散点图就构成了正态概率图，也称为正态分位数图：

$$\left(x_{(j)}, \ \frac{j-0.5}{n}\right) \ j=1,2,\cdots, \ n$$

若样本数据近似于正态分布，则在正态概率图上这些点近似地在直线

$$y=\sigma x+\mu$$

上，此直线的斜率是标准差 σ，截距是均值 μ。所以，利用正态概率图可以做直观的正态性检验。若正态概率图上的点近似地在一条直线上，可以认为样本数据来自正态总体。

图 2-13 为 JMP 给出的正态概率图（正态分位数图），其中纵轴为变量值，上横轴显示正常分位数刻度，下横轴显示每个值的经验累积概率，虚线显示 Lilliefors 置信区间。当数据点均分布在虚线内斜线两侧时，表明测量数据服从正态分布。

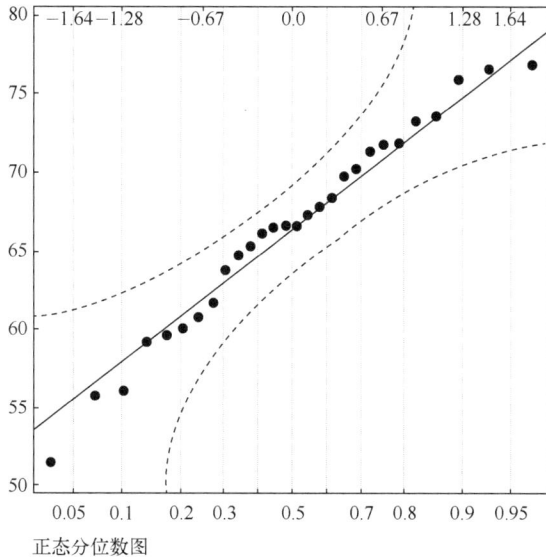

图 2-13　JMP 的正态分位数图

2.3 参数估计

试验测定的物理量往往是某个随机变量的概率分布中的参数，比如均值或者方差。实际工作中总是根据样本的数据，对随机变量的总体作出推断。物理量真值的参数估计与统计推断的任务，就是根据试验中获得的随机样本估计随机变量总体的分布参数，并推断这种估计值的误差。参数估计时，一般假定总体分布函数形式为已知，只是参数未知。

参数估计分为点估计与区间估计两种。点估计是指用样本值去估计一个参数，如假设总体 X 服从正态分布，即 $X \sim N(\mu, \sigma^2)$，用样本平均值 $\bar{x}$ 来估计参数 μ，用样本方差 s^2 作参数 σ^2 的估计。

一般地，用点估计得出的参数估计值不一定与参数真值相等，总是有些偏差。这样，就需要估计参数的取值范围，并给出该范围内包含该参数真值的可信程度，这就是区间估计问题。

设总体 X 的分布含有一个未知参数 θ，δ_{L} 和 δ_{U} 是由样本 $x_1, x_2, \cdots, x_n$ 确定的两个统计量，且 $\delta_{\mathrm{L}} < \delta_{\mathrm{U}}$。如果随机区间 $[\delta_{\mathrm{L}}, \delta_{\mathrm{U}}]$ 包含 θ 的概率为给定值 $(1-\alpha)$ $(0 < \alpha < 1)$，即 $P(\delta_{\mathrm{L}} \leqslant \theta \leqslant \delta_{\mathrm{U}}) = 1 - \alpha$，则称 $[\delta_{\mathrm{L}}, \delta_{\mathrm{U}}]$ 是 θ 的置信度为 $(1-\alpha)$ 的置信区间（confidence interval），δ_{L} 为置信下限（lower confidence limit），δ_{U} 为置信上限（upper confidence limit）。置信度 $(1-\alpha)$ 也称为置信概率或置信水平（confidence level），α 称为显著性水平（significance level），即 θ 落在随机区间 $[\delta_{\mathrm{L}}, \delta_{\mathrm{U}}]$ 外的概率。

对于正态分布参数的区间估计问题，通常的方法是寻找一个统计量，它必须是正态样本和被估参数的函数，同时它的分布又不依赖于任何未知参数，则可以利用该统计量对参数值作出有确定概率意义的推断，求出一定置信水平下参数的置信区间。

设某一物理量 $X \sim N(\mu, \sigma^2)$，对其进行 n 次测量，得到一个观测样本为 $x_1, x_2, \ldots, x_n$ 的数据集。假定观测值中没有系统误差，则

$$x_i = \mu + \varepsilon_i \ (i = 1, 2, \cdots, n)$$

式中，μ 是物理量的真值；ε_i 是随机误差。一般来说，随机误差是相互独立的、服从正态分布的随机变量，因而可以运用随机变量的方法来处理，显然有

$$f(\varepsilon) = \frac{1}{\sigma\sqrt{2\pi}} \exp\left(\frac{-\varepsilon^2}{2\sigma^2}\right)$$

$$E(\varepsilon) = \int_{-\infty}^{+\infty} \varepsilon f(\varepsilon) \, \mathrm{d}\varepsilon = 0$$

$$V(\varepsilon) = \int_{-\infty}^{+\infty} \varepsilon^2 f(\varepsilon) \, \mathrm{d}\varepsilon = \sigma^2$$

2.3.1 总体标准差的估计

在对某物理量进行多次测量过程中，根据每次测量的精度是否相同，把测量区分为等精度测量和不等精度测量两类。等精度测量是指测试者采用相同的测试方法、相同的测量仪器，在相同的测试条件下对同一物理量进行多次重复测量。而不等精度测量是指在不同的测试条件下，用不同的测量仪器、不同的测试方法进行测量与对比。譬如测量条件变化、使用的仪器类型及精度不同、测量时间和试验条件不同、不同试验者试验技术水平高低不同等均可导

致不同测量结果的精度不同。在例 2-1 中，中心点的 6 次试验测量可以认为是等精度测量，而其他 24 次试验测量则由于条件互不相同，显然是不等精度测量。

下面以等精度测量讨论总体标准差 σ 的估计问题。

在一定条件下进行一系列等精度测量时，由于随机误差的存在，等精度测量中每个测得值 x_i 一般都不相同，它们围绕着测量数据的算术平均值 $\bar{x}$ 有一定的分散度，可以用方差 σ^2 或标准差 σ 作为这些观测值离散程度的评定标准。若 σ 的数值小，则说明测量值之间的离散度小，测量数据的可靠性大，测量的精密度高；反之，测量的精密度就低。

在进行等精度测量时，虽然测量误差是随机的，但总体随机误差的标准误差是唯一确定的。可以将标准差 σ 理解为随机误差 $\varepsilon_i (i=1, 2, \cdots, n)$ 统计平均值的极限，即

$$\sigma = \lim_{n \to \infty} \sqrt{\frac{1}{n} \sum_{i=1}^{n} \varepsilon_i^2}$$

由于真值未知，测量的随机误差也未知，因而上式并不能用来求取 σ，只能采用估计的方法来求取 σ 值。

当测量次数 n 无限大时，测量总体的方差 σ^2 由式（2-19）求出。

$$\sigma^2 = \frac{1}{n} \sum_{i=1}^{n} (x_i - \bar{x})^2 \tag{2-19}$$

其中 $\bar{x}$ 为等精度测量的随机样本的均值，按式（2-20）计算。

$$\bar{x} = \frac{1}{n} \sum_{i=1}^{n} x_i \tag{2-20}$$

但实际测量时，试验和测量次数 n 总是有限的，因此也无法用式（2-19）计算 σ^2。

对于有限次的试验和测量，用随机样本的方差 s^2 代替总体方差 σ^2，用随机样本标准差 s 估计总体标准差 σ，计算公式分别为式（2-21）与式（2-22）。

$$s^2 = \frac{1}{n-1} \sum_{i=1}^{n} (x_i - \bar{x})^2 \tag{2-21}$$

$$s = \sqrt{\frac{1}{n-1} \sum_{i=1}^{n} (x_i - \bar{x})^2} \tag{2-22}$$

随机样本的方差 s^2 通常简称样本方差，随机样本的标准差 s 简称样本标准差。

特别强调的是，虽然式（2-20）、式（2-21）和式（2-22）与式（2-1）、式（2-3）和式（2-4）形式完全相同，但式（2-20）、式（2-21）和式（2-22）指的是等精度测量的随机变量的均值、方差与标准差的计算，而式（2-1）、式（2-3）和式（2-4）是指对任意数据集的描述。

由式（2-21）可知，s 本身也是一个随机量，用其标准差 s_s 来表征估计 σ 的精度。当总体 X 服从正态分布，即 $X \sim N(\mu, \sigma^2)$ 时，有

$$s_s = \sqrt{V(s^2)} = \frac{S}{\sqrt{2n}} \tag{2-23}$$

上式表明，s 的标准差随测量次数增大而减小。如 $n=5$ 时，$\sigma_s = 0.32s$；$n=10$ 时，$\sigma_s = 0.22s$；$n=50$ 时，$\sigma_s = 0.1s$。

对于任意分布的随机变量 X，如其数学期望值和标准差已知，且分别为 μ 和 σ，则随机

变量 $\overline{x}$ 的数学期望值和标准差 $\sigma_{\overline{x}}$ 分别为 μ 和 $\sigma/\sqrt{n}$。通常情况下，总是假设随机变量 X 服从正态分布 $X \sim N(\mu, \sigma^2)$，这时 $\overline{x}$ 服从正态分布 $\overline{x} \sim N(\mu, \sigma^2/n)$。

通常用样本均值的标准差 $s_{\overline{x}}$ 作为总体均值的标准差 $\sigma_{\overline{x}}$ 的估计值。

$$s_{\overline{x}} = \frac{s}{\sqrt{n}} = \sqrt{\frac{1}{n(n-1)}\sum_{i=1}^{n}(x_i - \overline{x})^2} \tag{2-24}$$

2.3.2 总体均值的估计

被测物理量的总体均值即真值 μ 其实就是随机变量 X 的数学期望值，是无限次独立的等精度测量的算术平均值，即

$$\mu = \lim_{n \to \infty} \frac{1}{n}\sum_{i=1}^{n} x_i$$

一般情况下，被测量的真值 μ 不可知。

实际试验中进行有限次测量，只能得到测量样本的算术平均值 $\overline{x}$，其按式（2-20）计算。一般将 $\overline{x}$ 作为 μ 的估计值。正态样本的算术平均值 $\overline{x}$ 的分布依然服从正态分布，其数学期望值为 μ，方差是单次测量值方差的 $1/n$。可见，算术平均值比单次测量值更接近真值。

设随机变量 X 服从正态分布 $X \sim N(\mu, \sigma^2)$，置信度为 $(1-\alpha)$。测量过程中总体方差可能已知，也可能未知。下面给出在总体方差已知和未知的两种不同情形下，计算随机变量 X 的总体均值 μ 的估计值及其置信区间的方法。

（1）总体方差 σ^2 已知的情形

$\overline{x}$ 服从正态分布 $\overline{x} \sim N(\mu, \sigma^2/n)$，则

$$\frac{\overline{x} - \mu}{\sigma/\sqrt{n}} \sim N(0,1)$$

$N(0,1)$ 不依赖于任何参数。取对称的分位点 $\pm Z_{\alpha/2}$，有

$$P\left(\left|\frac{\overline{x} - \mu}{\sigma/\sqrt{n}}\right| \leqslant Z_{\alpha/2}\right) = 1 - \alpha$$

$$P\left(\overline{x} - \frac{\sigma}{\sqrt{n}}Z_{\alpha/2} \leqslant \mu \leqslant \overline{x} + \frac{\sigma}{\sqrt{n}}Z_{\alpha/2}\right) = 1 - \alpha$$

这样，置信度为 $(1-\alpha)$ 时，μ 的置信区间为

$$\left[\overline{x} - \frac{\sigma}{\sqrt{n}}Z_{\alpha/2}, \overline{x} + \frac{\sigma}{\sqrt{n}}Z_{\alpha/2}\right] \tag{2-25}$$

根据图 2-9 可知，在标准正态分布中，例如取置信度 $(1-\alpha)$ 为 0.682 时，μ 的置信区间为 $\left[\overline{x} - \dfrac{\sigma}{\sqrt{n}}, \overline{x} + \dfrac{\sigma}{\sqrt{n}}\right]$；取置信度为 0.954 时，$\mu$ 的置信区间为 $\left[\overline{x} - 2\dfrac{\sigma}{\sqrt{n}}, \overline{x} + 2\dfrac{\sigma}{\sqrt{n}}\right]$。注意这里 0.682 和 0.954 分别对应正态分布中的区间 $[\mu - \sigma, \mu + \sigma]$ 和 $[\mu - 2\sigma, \mu + 2\sigma]$ 的概率值。

（2）总体方差 σ^2 未知的情形

实际测量中，被测量的标准差 σ 往往未知，而是用样本标准差 s 作为 σ 的估计值，用样本

均值标准差 $s_{\bar{x}}$ 作为总体均值标准差 $\sigma_{\bar{x}}$ 的估计值。

由于

$$\frac{\bar{x} - \mu}{s / \sqrt{n}} \sim t_{n-1}$$

$t(n-1)$ 分布中不含未知参数，则

$$p\left(\left|\frac{\bar{x} - \mu}{s / \sqrt{n}}\right| \leqslant t_{\alpha/2, n-1}\right) = 1 - \alpha$$

即

$$P\left(-t_{\alpha/2, n-1} \leqslant \frac{\bar{x} - \mu}{s / \sqrt{n}} \leqslant t_{\alpha/2, n-1}\right) = 1 - \alpha$$

因此有

$$P\left(\bar{x} - \frac{s}{\sqrt{n}} t_{\alpha/2, n-1} \leqslant \mu \leqslant \bar{x} + \frac{s}{\sqrt{n}} t_{\alpha/2, n-1}\right) = 1 - \alpha$$

上式表明，在区间 $\left[\bar{x} - \frac{s}{\sqrt{n}} t_{\alpha/2, n-1}, \bar{x} + \frac{s}{\sqrt{n}} t_{\alpha/2, n-1}\right]$ 内包含真值 μ 的概率为 $(1-\alpha)$。因此，对于正态样本，μ 的置信度为 $(1-\alpha)$ 的置信区间为

$$\left[\bar{x} - \frac{s}{\sqrt{n}} t_{\alpha/2, n-1}, \bar{x} + \frac{s}{\sqrt{n}} t_{\alpha/2, n-1}\right] \tag{2-26}$$

当自由度趋于无穷大时，t 分布趋于标准正态分布。因此，在总体方差 σ^2 未知的情形下，当测量次数较多时，一般 $n \geqslant 30$，可用样本均值的标准差 $s_{\bar{x}}$ 代替总体均值的标准差 $\sigma_{\bar{x}}$，按正态分布计算测量结果；但若测量次数较少，如测量次数 $n < 30$ 时，则应该利用 t 分布来计算置信区间。如果不考虑测量次数的大小，统一按正态分布处理，则当测量次数较少时，得出的置信区间偏小。

【例2-2】差示扫描量热法（DSC）是一种热分析方法，是在程序控制温度下，测量被测试样与参比物的功率差与温度关系的一种较新的技术。在实际操作中 DSC 具有快速、方便、试样用量少等特点，在测量物质熔点和相变潜热方面应用较多。文献[2]用 DSC 法测定了苯甲酸标准品的熔点，在 1℃/min 的升温速率下，苯甲酸标准品标称熔点为（123.37±0.20）℃。测量数据为（℃）：123.6，124.1，122.4，123.9，122.6，123.6，122.7，122.5，123.6，122.4。数据文件为 sample2-2.jmp，试根据测量数据估计苯甲酸熔点的均值、置信区间、方差和标准差。

解：本例是在相同条件下进行的 10 次重复测量，测量得到的数据应该服从正态分布。利用正态分位数图对数据的分析表明，苯甲酸熔点测量数据基本分布在虚线内的斜线两侧，表明所有数据服从正态分布，如图 2-14 所示。

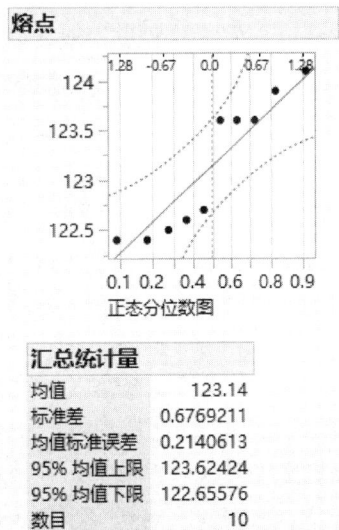

熔点

汇总统计量	
均值	123.14
标准差	0.6769211
均值标准误差	0.2140613
95% 均值上限	123.62424
95% 均值下限	122.65576
数目	10

图2-14 苯甲酸熔点测量数据的分析

在温度测量数据服从正态分布假设成立的前提下，就可以用式（2-20）、式（2-22）来估算苯甲酸的熔点均值、标准差，在总体方差未知的情况下，按照式（2-24）估算苯甲酸的均值标准差，按式（2-26）估算95%置信度下的均值置信区间。在图2-14汇总统计量栏中，分别给出了熔点数据的平均值为123.1℃，标准差为0.7℃，均值标准差为0.2℃，在95%的置信度下，均值下限和上限分别为122.6℃和123.6℃。按DSC法测量数据估算的苯甲酸熔点123.1℃与苯甲酸的标称熔点123.37℃很接近，95%的测量数据所位于的置信区间[122.6℃，123.6℃]包括了标称熔点的误差区间[123.17℃，123.57℃]。均值标准差约为样本均值的0.2%，意味着已经得到了相对精确的熔点温度的点估计值。

2.4 假设检验

在例2-2中，由于存在不可避免的试验误差，用DSC法测得的苯甲酸熔点均值为123.1℃，与标准样的标称熔点122.37℃很接近，但是在绝大多数情况下不会完全相等。由试验测量数据推断得到的苯甲酸的熔点在统计上是否等于标称熔点，或者说由试验测量数据推断的熔点与标称熔点之间的差异在统计上是否显著，需要通过假设检验方法来确认。

假设检验（hypothesis testing）又称为显著性检验（significance testing），可分为参数假设检验和非参数假设检验。参数假设检验是指对总体分布中未知参数的假设检验，而非参数假设检验是指对总体分布函数形式或总体分布性质的假设检验。这里只介绍参数假设检验。

假设检验的做法一般是针对所研究的实际问题先提出一种看法，称为原假设，然后在原假设成立的条件下，分析抽样所发生的事件是否是一个小概率事件。若是小概率事件，则根据小概率原理拒绝原假设；若不是小概率事件，则不能拒绝原假设，而只能接受原假设。这时支持原假设并不是表明原假设绝对正确，只能说明根据现有样本不足以推翻原假设。小概率的大小可由事先给定的显著性水平确定。

2.4.1 假设检验的基本步骤

通常，假设检验过程包含以下基本步骤，即：

（1）提出原假设 H_0 和对立假设 H_1

一般把需要有充分的理由才能否定的结论作为原假设，而把不能轻易接受的结论作为对立假设。对立假设也称为备择假设。对于参数假设检验，对立假设又分为双侧对立假设和单侧（右侧或左侧）对立假设。

（2）确定显著性水平 α 以及样本容量 n

当待检验的参数落在一定范围内，接受 H_0，该范围称为接受域；该范围之外称为拒绝域。拒绝域一般按 P（拒绝$H_0|H_1$为真）$=\alpha$ 来确定，α 是事先设定的显著性水平，即小概率，$0<\alpha<1$。如果检验值落入拒绝域，H_0 仍有可能成立，只是其成立的概率为 α。一般由于 α 显著地小于1，因此认为 H_0 不成立。拒绝了原假设 H_0 后，对立假设 H_1 也不一定成立，只是暂时接受了对立假设而已。显然，这种情况下拒绝 H_0 可能会犯错误，而犯错误的概率为 α。这种错误称为弃真错误、第一类错误或检验的损失，显著性水平 α 就是犯弃真错误的概率。但是，当参数落在接受域内时，认为 H_0 成立又可能会犯纳伪错误，也称为第二类错误或检验的污染。

（3）确定检验统计量

统计假设检验中所用的统计量与区间估计中的统计量相同。检验统计量应包含待检验的参数，并且不包含任何未知的参数。当原假设 H_0 为真时，该统计量服从一个不含任何未知参数的分布，在给定的显著性水平 α 下通过分位点确定临界值。

（4）确定检验拒绝域

对立假设形式不同，拒绝域形式也不一样。假设检验问题的关键在于选择适当的检验统计量和拒绝域的形式。

（5）结论

在假设检验的最后，应明确指出原假设成立与否。

对比假设检验和区间估计的基本步骤可知，从统计量分布的概率密度曲线考虑，区间估计是取 α 分位点内侧的 $(1-\alpha)$ 部分，而假设检验的拒绝域是取 α 分位点外侧的 α 部分。

2.4.2　单个正态总体均值的假设检验

设总体 X 服从正态分布 $X \sim N(\mu, \sigma^2)$。样本均值为 $\bar{x}$，样本方差为 s^2，置信度为 $(1-\alpha)$。

对于样本均值 $\bar{x}$ 与总体均值 μ 有无显著性差异的检验问题，原假设可设为 $\bar{x}$ 与 μ 无显著差异，即二者相等，用 H_0：$\bar{x} = \mu$ 表示。对立假设可设为 $\bar{x}$ 与 μ 有显著差异，用 H_1：$\bar{x} \neq \mu$ 表示。

由于样本均值 $\bar{x}$ 是总体均值 μ 的一致最小方差无偏估计量，因而在一般情况下 $|\bar{x} - \mu|$ 的值应很小，即在 H_0 成立时 $|\bar{x} - \mu|$ 应很小，而 $|\bar{x} - \mu|$ 很大则是一个小概率事件。

在统计分析上，通常是确定一个临界值 c，当 $|\bar{x} - \mu| \leqslant c$ 时，认为原假设可以接受，而超出这个临界值时就拒绝原假设，即

$$P(|\bar{x} - \mu| > c) = \alpha \tag{2-27}$$

称 $|\bar{x} - \mu| > c$ 为 H_0 的拒绝域，$|\bar{x} - \mu| \leqslant c$ 为 H_0 的接受域。将式（2-27）改写为

$$P\left(\left| \frac{\bar{x} - \mu}{\sigma / \sqrt{n}} \right| > \frac{c}{\sigma / \sqrt{n}} \right) = \alpha$$

当总体方差 σ^2 已知时，$\bar{x} \sim N\left(\mu, \dfrac{\sigma^2}{n} \right)$，$\dfrac{\bar{x} - \mu}{\sigma / \sqrt{n}} \sim N(0,1)$，定义检验统计量

$$Z = \frac{\bar{x} - \mu}{\sigma / \sqrt{n}} \tag{2-28}$$

$$Z_\alpha = \frac{c}{\sigma / \sqrt{n}} \tag{2-29}$$

则 $Z \sim N(0,1)$，$Z_{\alpha/2}$ 为对应显著水平 α 下的临界值。式（2-27）就转变为

$$P(|Z| > Z_{\alpha/2}) = \alpha \tag{2-30}$$

α 的值通常很小，一般取 $\alpha = 0.05$。根据式（2-30），在显著水平 α 下，如果式（2-28）定义的 Z 值落入 $|Z| > Z_{\alpha/2}$，则是小概率事件，有充分的理由拒绝原假设。相反，如果 Z 值落

入 $|Z| \leq Z_{\frac{\alpha}{2}}$，对应的概率则是（$1-\alpha$），即是大概率事件，没有理由拒绝原假设。

上面讨论的是双侧假设检验的问题。对于单侧假设检验，原假设不变，仍为 $H_0: \bar{x} = \mu$。右侧假设检验的对立假设为 $H_1: \bar{x} > \mu$，左侧假设检验的对立假设为 $H_1: \bar{x} < \mu$。此时右侧检验的拒绝域是 $Z > Z_\alpha$，左侧检验的拒绝域是 $Z < -Z_\alpha$。

当总体方差 σ^2 未知时，可用样本方差 s^2 代替总体方差 σ^2。定义检验统计量

$$t = \frac{\bar{x} - \mu}{s / \sqrt{n}} \tag{2-31}$$

t 统计量服从自由度为（$n-1$）的 t 分布，即 $t \sim t_{n-1}$。

同理，当假设检验为双侧、右侧和左侧时，原假设 H_0 相应的拒绝域分别为 $|t| > t_{\alpha/2, n-1}$，$t > t_{\alpha, n-1}$ 和 $t < -t_{\alpha, n-1}$。

上述讨论表明，当总体方差 σ^2 已知时用 Z 检验，当总体方差 σ^2 未知时用 t 检验。在计算过程中，通过式（2-28）或式（2-31）计算 Z 或 t，从 Z 分布表或者 t 分布表中查到对应显著水平下的 Z_α（$Z_{\alpha/2}$）或 $t_{\alpha, n-1}$（$t_{\alpha/2, n-1}$），根据其位于接受域或拒绝域，从而决定是接受还是拒绝原假设。

然而，利用 Z 检验或者 t 检验的方法不能给出样本平均值是刚刚落在拒绝域里还是远远地落到拒绝域里，这涉及 H_0 证据的力度。为此，现在通过软件处理数据，一般采用 P 值方法，而且不用再查找相应的数据分布表格。P 值越小，H_0 的证据越有力。当 P 值足够小，就可以拒绝原假设，支持对立假设。一般地，$P > 0.05$，检验结果不显著，无法拒绝原假设；$0.01 < P \leq 0.05$，检验结果显著，有理由拒绝原假设；$P \leq 0.01$，检验结果非常显著，有绝对充分的理由拒绝原假设。

【例2-3】在例2-2中，根据 DSC 测量的 10 个数据推断出苯甲酸的熔点为 123.1℃，试用假设检验的方法判断其与标称的 123.37℃是否相等。

解：现已证明，测量的温度数据服从正态分布，在不知道总体方差的情况下采用 t 检验方法。JMP 中这种单样本的均值检验在分布报表中分析。在图 2-14 中熔点前的红色三角下拉菜单中执行"检验均值"菜单命令，打开图 2-15（a）"检验均值"对话框，在"指定假设均值"文本框输入标称熔点温度，得到图 2-15（b）的假设检验分析结果。

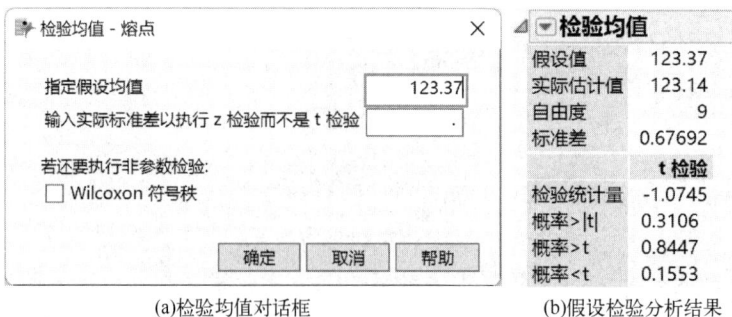

图2-15 标称熔点 t 检验输出结果

检验均值	
假设值	123.37
实际估计值	123.14
自由度	9
标准差	0.67692

	t 检验
检验统计量	-1.0745
概率>|t|	0.3106
概率>t	0.8447
概率<t	0.1553

（a）检验均值对话框　　　　（b）假设检验分析结果

检验均值 - 熔点

指定假设均值　　　123.37

输入实际标准差以执行 z 检验而不是 t 检验

若还要执行非参数检验：
☐ Wilcoxon 符号秩

确定　取消　帮助

在 JMP 中，t 检验报表同时给出了双侧、右侧和左侧假设检验的结果。在图 2-15（b）中，首先给出了假设值（输入的值）、样本的实际估计值、自由度及样本的标准差，然后在下面的

"t 检验" 栏中，先给出了检验统计量为 -1.0745，是根据式（2-31）计算的。从 t 分布表可以查到， $t_{0.025,9} = 2.262$ ， $t_{0.05,9} = 1.833$ ，显然满足

$$|t| = 1.0745 < t_{0.025,9} = 2.262$$

和

$$t = -1.0745 > -t_{0.05,9} = -1.833$$

与双侧检验的 $t_{0.025,9}$ 相比，则左侧检验的 $-t_{0.05,9}$ 与 t 的距离更短，表明在 $\alpha = 0.05$ 的显著水平下，根据左侧 t 检验，t 均位于接受域内，即原假设成立，在统计上样本熔点均值 123.17℃ 与标称熔点 123.37℃ 相等。

图 2-15（b）的检验统计量下分别给出了概率>$|t|$、概率>t 和概率<t 的值，它们分别表示双侧检验、右侧检验和左侧检验的对立假设，如表 2-1 所示。

表2-1　JMP中的均值假设检验项目及意义

显示项目	原假设 H_0	对立假 H_1	P 值
概率>$|t|$	$\bar{x} - \mu = 0$	$\bar{x} - \mu \neq 0$	$P(|t| > t_{\alpha/2,n-1})$
概率>t	$\bar{x} - \mu = 0$	$\bar{x} - \mu > 0$	$P(t > t_{\alpha,n-1})$
概率<t	$\bar{x} - \mu = 0$	$\bar{x} - \mu < 0$	$P(t < -t_{\alpha,n-1})$

在读取图 2-15（b）的三个 P 值时，根据具有最小 P 值的项来进行判断。结合表 2-1，可见概率<t 具有最小值 0.1553，是左侧检验的结果，大于显著水平 $\alpha = 0.05$ ，表明无法拒绝原假设 H_0: $\bar{x} - \mu = 0$ ，也就是说根据试验结果推断的熔点温度与标称的熔点温度在统计上是相等的。

假如在图 2-15（a）中输入指定假设均值分别为 122.6℃ 和 123.6℃，分别得到图 2-16 所示均值检验结果。

(a)指定假设均值为122.6℃的检验结果　　(b)指定假设均值为123.6℃的检验结果

图2-16　不同假设值下的 t 检验输出结果

根据图 2-16（a），对应右侧检测的概率>t 项具有最小值 0.0163*，该值小于 0.05，用红色字体显示数值，在右上角标注星号"*"，表明该项具有显著性，拒绝原假设（H_0: $\bar{x} - \mu = 0$）而接受对立假设（H_1: $\bar{x} - \mu > 0$），即从统计上说，样本均值高于输入的值。

根据图 2-16（b），对应左侧检验的概率<t 项具有最小值 0.0301*，该值也小于 0.05，也用红色字体显示数值，右上角标注星号"*"，表明该项具有显著性，拒绝原假设（H_0: $\bar{x} - \mu = 0$）而接受对立假设（H_1: $\bar{x} - \mu < 0$），即从统计上说，样本均值低于输入的值。

从图 2-16 还可以看出，样本均值 123.17℃ 与 122.6℃ 的距离（0.57℃）大于与 123.6℃ 的距离（0.43℃），所以对应的 P 值也更小，说明使用 P 值来判断原假设具有更好的效果。

如果已知样本方差，则在图 2-15（a）的对话框中输入标准差，进行 Z 检验分析即可，报表界面与图 2-15（b）和图 2-16 相似。

本节介绍的单个正态总体均值的假设检验方法对应单因子单一水平比较试验测试的数据分析，其充分考虑了随机误差的干扰，可用于比较试验测量结果与某预定值的差异性。JMP 的输出报表同时给出双侧、右侧与左侧假设检验的概率值，通过选定具有最小概率值项来判定，不仅能够给出对原假设的证据力度，还避免了选择哪种检验方式的纠结。

2.4.3　两个正态总体均值差的检验

设总体 X_1 和总体 X_2 相互独立，且均服从正态分布，$X_1 \sim N(\mu_1, \sigma_1^2)$，$X_2 \sim N(\mu_2, \sigma_2^2)$。对应的样本容量分别为 n_1 和 n_2，样本均值和样本方差分别为 $\bar{x}_1$、s_1^2 和 $\bar{x}_2$、s_2^2，检验 μ_1 和 μ_2 是否相等。

检验问题的原假设为 H_0: $\mu_1 = \mu_2$，双侧检验对立假设为 H_1: $\mu_1 \neq \mu_2$，此时拒绝域的形式为 $|\bar{x}_1 - \bar{x}_2| > c$。右侧检验对立假设为 H_1: $\mu_1 > \mu_2$，左侧检验对立假设为 H_1: $\mu_1 < \mu_2$。下面分两种情形讨论。

（1）σ_1^2 和 σ_2^2 已知

定义检验统计量 Z

$$Z = \frac{(\bar{x}_1 - \bar{x}_2) - (\mu_1 - \mu_2)}{\sqrt{\dfrac{\sigma_1^2}{n_1} + \dfrac{\sigma_2^2}{n_2}}}$$

临界值 $c = Z_{\alpha/2}\sqrt{\dfrac{\sigma_1^2}{n_1} + \dfrac{\sigma_2^2}{n_2}}$。当原假设 H_0 为真时，$Z \sim N(0,1)$，双侧检验的拒绝域是 $|\bar{x}_1 - \bar{x}_2| > Z_{\alpha/2}\sqrt{\dfrac{\sigma_1^2}{n_1} + \dfrac{\sigma_2^2}{n_2}}$（即 $|Z| > Z_{\alpha/2}$），右侧检验的拒绝域是 $(\bar{x}_1 - \bar{x}_2) > Z_{\alpha}\sqrt{\dfrac{\sigma_1^2}{n_1} + \dfrac{\sigma_2^2}{n_2}}$（即 $Z > Z_{\alpha}$），左侧检验的拒绝域是 $(\bar{x}_1 - \bar{x}_2) < -Z_{\alpha}\sqrt{\dfrac{\sigma_1^2}{n_1} + \dfrac{\sigma_2^2}{n_2}}$（即 $Z < -Z_{\alpha}$）。

（2）σ_1^2 和 σ_2^2 未知，但 $\sigma_1^2 = \sigma_2^2$

此时，采用 t 检验法。t 统计量服从自由度为（$n_1 + n_2 - 2$）的 t 分布，其定义为

$$t = \frac{(\bar{x}_1 - \bar{x}_2) - (\mu_1 - \mu_2)}{S_w\sqrt{\dfrac{\sigma_1^2}{n_1} + \dfrac{\sigma_2^2}{n_2}}}$$

式中 $s_w = \sqrt{\dfrac{(n_1-1)s_1^2 + (n_2-1)s_2^2}{n_1+n_2-2}}$。

临界值 $c = t_{\alpha/2, n_1+n_2-2} s_w \sqrt{\dfrac{1}{n_1} + \dfrac{1}{n_2}}$。

当原假设 H_0 成立时，$t \sim t_{n_1+n_2-2}$，双侧检验的拒绝域为 $|\bar{x}_1 - \bar{x}_2| > t_{\alpha/2, n_1+n_2-2} s_w \sqrt{\dfrac{1}{n_1} + \dfrac{1}{n_2}}$（即 $|t| > t_{\frac{\alpha}{2}}$），右侧检验的拒绝域为 $(\bar{x}_1 - \bar{x}_2) > t_{\alpha, n_1+n_2-2} s_w \sqrt{\dfrac{1}{n_1} + \dfrac{1}{n_2}}$（即 $t > t_\alpha$），左侧检验的拒绝域为 $(\bar{x}_1 - \bar{x}_2) < -t_{\alpha, n_1+n_2-2} s_w \sqrt{\dfrac{1}{n_1} + \dfrac{1}{n_2}}$（即 $t < -t_\alpha$）。

【例2-4】预浸料树脂含量是影响树脂基复合材料成型工艺及制件性能、质量的关键特性参数，目前广泛使用溶洗法测试。用该方法测试时，可用"浸泡溶洗"和"超声溶洗"两种方式。文献[3]分别用"浸泡溶洗"和"超声溶洗"两种方法测试稳定生产的预浸料产品的树脂含量，试验测试包括4批次，每批次有3个试样，每个试样分成2组，全部共有24个测量数据，如表2-2所示。解答下列问题。

（1）超声溶洗和浸泡溶洗两种方法的试验数据是否服从正态分布。

（2）用双样本等方差 t 检验方法对两组数据进行分析，判定两种溶洗方法结果有无差异。

表2-2　两种溶洗方法预浸料树脂含量测试结果　　　　单位：%

批次	方法	
	超声溶洗	浸泡溶洗
B1	33.9,　33.7,　33.8	33.5,　33.5,　33.2
B2	36.9,　37.2,　36.9	36.9,　37.1,　36.7
B3	39.4,　39.4,　39.5	39.5,　39.6,　39.6
B4	40.9,　40.5,　40.3	40.8,　40.1,　40.5

解：本例的研究目标是考察浸泡溶洗和超声溶洗两种方法对树脂含量的影响，因此首先将数据按超声溶洗和浸泡溶洗分组，并进行正态性检测，由正态分位数图可知两组数据均服从正态分布。在等方差的条件下，以方法为因子 X（包含"浸泡溶洗"和"超声溶洗"两种值）、树脂含量为响应 Y 打开单因子分析报表，在报表的"方法-含量"单因子分析前的红色菜单中，选择 t 检验命令，得到单因子方差分析报表输出结果，如图2-17所示。

由图2-17可见，在报表的 t 检验栏中，首先给出了检验的方式为"浸泡-超声"，表示两个总体的均值差 $\bar{x}_1 - \bar{x}_2$；第二行表示假定浸泡溶洗与超声溶洗两组数据的方差相等。再下面分三栏，第一栏给出统计信息，包括差值（均值差）、差值标准差、差值置信上限与下限、置信度；第二栏给出了 t 检验结果，包括检验统计量 t 比（−0.102）、自由度（22）以及双侧检验概率>|t|、右侧检验概率>t 和左侧检验概率<t，与单样本的输出形式完全一样；第三栏给出 t 检验分布图，以 0 对称，竖线表示差值，深色阴影部分表示左侧检验的概率值，浅色阴影部分表示右

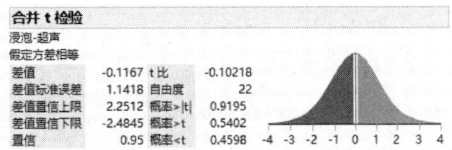

图2-17　等方差 t 检验的输出结果

侧检验的概率值。

同理。根据概率值最小的项判断，左侧检验概率$<t$为0.4598，远大于0.05，表明无法拒绝原假设H_0：$\mu_1 = \mu_2$，也就是浸泡溶洗与超声溶洗的效果相同。

本节介绍的两个正态总体均值差的检验方法适用于单因子两水平比较试验的数据处理，对于单因子两个以上水平试验的数据分析，将在下一章方差分析中介绍。

2.4.4　比对试验的均值比较

配对检验，又称逐对比较法，通过对配对的试验对象进行比对试验，得到一批成对的测量值。通过检验成对观测值的差值是否来自均值为0的分布总体，从而判断成对测量值间有无系统误差。配对检验常用于人员比对、设备比对、方法比对、条件比对等比对试验，其目的是检验不同人员、设备、方法及条件针对某特定项目的测试结果是否存在差异性，以验证某项检测能力或识别试验条件（水平）的影响。

令(x_{11}, x_{21})，(x_{12}, x_{22})，$\cdots$，(x_{1n}, x_{2n})表示X_1和X_2的n对观测值，假设X_1所代表总体的均值和方差是μ_1和σ_1^2，X_2所代表总体的均值和方差是μ_2和σ_2^2。定义每对观测值的差异为$d_i = d_{1i} - d_{2i}$（$i=1, 2,\cdots, n$），假设d_i服从正态分布，均值为

$$\mu_d = E(X_1 - X_2) = E(X_1) - E(X_2) = \mu_1 - \mu_2$$

方差为σ_d^2，于是检验关于μ_1与μ_2差异的假设将通过对μ_d进行单样本检测来完成。具体来说，检验H_0：$\mu_1 - \mu_2 = 0$与对立假设H_1：$\mu_1 - \mu_2 \neq 0$，等价于检验H_0：$\mu_d = 0$和H_1：$\mu_d \neq 0$。检验统计量为

$$t = \frac{\bar{d}}{s_d / \sqrt{n}}$$

$\bar{d}$为d_i的均值。原假设成立时，$t \sim t_{n-1}$，假设检验为双侧、右侧和左侧时，原假设H_0相应的双侧、右侧和左侧拒绝域分别为$|t| > t_{\alpha/2,n-1}$、$t > t_{\alpha,n-1}$和$t < -t_{\alpha,n-1}$。

【例2-5】陶土是陶器原料，主要由高岭石、水白云母、蒙脱石、石英和长石组成，具有优异的抗冻融特性、良好的吸声作用和透气性、透水性和耐风化、耐腐蚀性。文献[4]通过对某陶土样品中铁、铝、钙、镁的氧化物含量及烧失量等五项指标的内部实验室测试（标记为N）和外部实验室测试（标记为W）进行配对样本t检验，对比两个实验室的检测结果是否存在系统误差，以期准确把控陶土属性，更好地开发利用。sample2-5.jmp为试验测量的数据。以Fe_2O_3与Al_2O_3测试数据为例，解答下列问题。

（1）分析两个实验室的测试数据差是否符合正态分布。

（2）检验两个实验室测试的Fe_2O_3和Al_2O_3含量是否存在差异。

解：

（1）测量数据包括18组样品在内（N）外（W）两个实验室进行的五项指标检测数据。这里以Fe_2O_3和Al_2O_3含量的检测结果为例介绍分析结果和过程。

配对样本试验的t检验前提是样本差值d_i服从正态分布，所以需先对两个实验室测量的Fe_2O_3和Al_2O_3含量求差并验证其正态分布特性。在数据表中增加两列N-W_Fe_2O_3、N-W_Al_2O_3，在列对话框的"列属性"下拉菜单里选择"公式"命令，点击"编辑公式"按钮打开编辑公式对话框，编辑公式为N_Fe_2O_3-W_Fe_2O_3，完成N-W_Fe_2O_3的定义，如图2-18所示，

在表中自动计算出相应的差值列。按同样方式完成 N-W_Al₂O₃ 的定义。

图2-18　在列对话框中定义 Fe₂O₃ 差值列

执行"分析-分布"命令，对话框中选择 N-W_Fe₂O₃ 和 N-W_Al₂O₃ 两列作为 Y，在分布报表中设置显示如图 2-19 所示 Fe₂O₃ 与 Al₂O₃ 差值的正态分位数图，所有差值数据均在 Lilliefors 置信区间的虚线内斜线的两侧，表明差值服从正态分布。

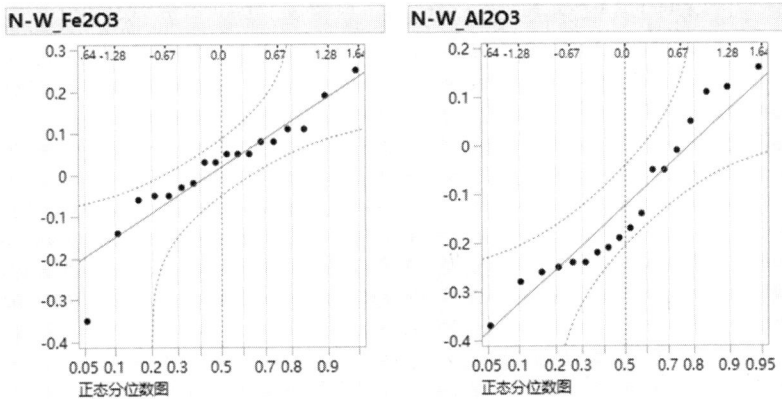

图2-19　Fe₂O₃ 和 Al₂O₃ 含量差值的正态分位数图

（2）执行"分析-专业建模-配对"命令，在对话框中选择 N_Fe₂O₃ 和 W_Fe₂O₃ 作为 Y 配对响应，给出如图 2-20（a）所示的配对报表，其给出了用 W_Fe₂O₃ 与 N_Fe₂O₃ 差值的配对检验结果。其分为两栏，左边栏给出 W_Fe₂O₃ 与 N_Fe₂O₃ 的均值分别为 4.562% 和 4.581%，均值差 −0.0183%，差值的均值标准差 0.0308%，以及 95% 置信度下的上下限等信息。右边栏直接给出了 t 值为 −0.595，自由度为 17，后面分别列出概率>$|t|$、概率>t 和概率<t 的值：0.5599、0.7200、0.2800。同样地，根据最小概率值项来进行判断，在概率<t 的左侧检测结果 0.2800 远大于 0.05，表明没有理由拒绝原假设 H_0，即内部实验室与外部实验室测量的 Fe₂O₃ 含量在统计上没有差别。

同样，选择 N_Al₂O₃ 与 W_Al₂O₃ 进行配对分析，得到图 2-20（b）所示配对报表，与图 2-20（a）不同的是，概率>$|t|$、概率>t 和概率<t 三项值分别为 0.0037*、0.0018*、0.9982，前两

项的值不仅小于 0.05，同时还小于 0.01，因此数值显示为浅色，同样也在右上角标"*"标识，表明检验结果非常显著；概率 $>t$ 具有最小值，右侧假设检验表明，有绝对充分的理由拒绝原假设 H_0，即内部实验室与外部实验室检测的 Al_2O_3 含量在统计上非常显著不同，外部实验室的检测结果高于内部实验室。

差值: W_Fe2O3-N_Fe2O3		
W_Fe2O3	4.56222	t比	-0.59466
N_Fe2O3	4.58056	自由度	17
均值差	-0.0183	概率>|t|	0.5599
标准误差	0.03083	概率>t	0.7200
95% 上限	0.04671	概率<t	0.2800
95% 下限	-0.0834		
数目	18		
相关性	0.99691		

差值: W_Al2O3-N_Al2O3		
W_Al2O3	14.8583	t比	3.364446
N_Al2O3	14.7339	自由度	17
均值差	0.12444	概率>|t|	0.0037*
标准误差	0.03699	概率>t	0.0018*
95% 上限	0.20248	概率<t	0.9982
95% 下限	0.04641		
数目	18		
相关性	0.99899		

(a)   (b)

图2-20 Fe_2O_3（a）、Al_2O_3（b）检测结果的配对检验输出结果

2.4.5 两个正态总体方差比的检验

设总体 X_1 和总体 X_2 相互独立，且 $X_1 \sim N(\mu_1, \sigma_1^2)$，$X_2 \sim N(\mu_2, \sigma_2^2)$，对应的样本容量分别为 n_1 和 n_2，样本均值和样本方差均已知，分别为 $\bar{x}_1$、s_1^2 和 $\bar{x}_2$、s_2^2。

原假设 H_0：$\sigma_1^2 = \sigma_2^2$。由于样本方差 s_1^2 和 s_2^2 分别是总体方差 σ_1^2 和 σ_2^2 的最小方差无偏估计量，因而在 H_0 成立时，s_1^2 / s_2^2 应接近于 1。也就是说，在 H_0 成立的假设下，s_1^2 / s_2^2 过大和过小都是一个小概率事件。

定义检验统计量：

$$F = \frac{s_1^2 / \sigma_1^2}{s_2^2 / \sigma_2^2}$$

根据式（2-16）χ^2 分布的定义，$(n_1 - 1)s_1^2 / \sigma_1^2$ 是自由度为 $(n_1 - 1)$ 的 χ^2 随机变量，$(n_2 - 1)s_2^2 / \sigma_2^2$ 是自由度为 $(n_2 - 1)$ 的 χ^2 随机变量，根据式（2-18）F 分布随机变量的定义，有

$$F = \frac{s_1^2 / \sigma_1^2}{s_2^2 / \sigma_2^2} = \frac{[(n_1 - 1)s_1^2 / \sigma_1^2] / (n_1 - 1)}{[(n_2 - 1)s_2^2 / \sigma_2^2] / (n_2 - 1)}$$

所以在原假设成立时，$F = s_1^2 / s_2^2 \sim F_{(n_1 - 1, n_2 - 1)}$。

在双侧检验的情况下，H_0：$\sigma_1^2 = \sigma_2^2$，H_1：$\sigma_1^2 \neq \sigma_2^2$，拒绝域在两侧。若 $F \leqslant F_{1-\alpha/2, (n_1-1, n_2-1)}$ 或 $F \geqslant F_{\alpha/2, (n_1-1, n_2-1)}$ 时，则拒绝原假设 H_0；若 $F_{1-\alpha/2, (n_1-1, n_2-1)} < F < F_{\alpha/2, (n_1-1, n_2-1)}$ 时，则接受原假设 H_0。

在右侧检验的情况下，H_0：$\sigma_1^2 = \sigma_2^2$，H_1：$\sigma_1^2 > \sigma_2^2$，拒绝域在右侧。若 $F \geqslant F_{\alpha, (n_1-1, n_2-1)}$，则拒绝 H_0；若 $F < F_{\alpha/2, (n_1-1, n_2-1)}$，则接受 H_0。

在左侧检验的情况下，H_0：$\sigma_1^2 = \sigma_2^2$，H_1：$\sigma_1^2 < \sigma_2^2$，拒绝域在左侧。若 $F \leqslant F_{1-\alpha, (n_1-1, n_2-1)}$，则拒绝 H_0；若 $F > F_{1-\alpha, (n_1-1, n_2-1)}$，则接受 H_0。

在对方差进行检验时，一般将较大的样本方差作为分子，这样样本方差之比即检验统计量将远大于 1，所以在实际的方差检验应用中，多用右侧检验。

【例2-6】金属铝是以氧化铝为原料，以熔融冰晶石电解质为溶剂在电解槽中生产出来的。400kA预焙铝电解槽为当前主要槽型之一，其共有48个阳极，A、B两侧各24个。理论上要求每个阳极承载相同的电流，即阳极之间的电流均匀分布。但实际生产过程中，阳极之间的电流分布不均匀，特别是由于阳极的消耗，几乎每天要更换两个阳极，新更换的阳极最初都不导电，该位置原来的阳极承载的阳极电流被重新分配到其他阳极上，这会显著改变阳极电流的分布。文献[5]利用光纤电流传感器测量了更换阳极前后阳极电流的变化，给出更换阳极端24个阳极的电流，如表2-3所示，测量数据存储在文件sample2-6.jmp中。试根据测量数据判断更换阳极前后电解槽A、B两侧各12个阳极电流的方差与均值是否相同。

表2-3　电解槽更换阳极A05、A06前后阳极电流数据　　　　　　单位：A

阳极组编号	A 侧		B 侧	
	换极前	换极后	换极前	换极后
1	8687	10242	9564	8523
2	8075	9461	9870	10384
3	8212	11019	8081	8975
4	8383	9154	8552	9494
5	7906	48	8784	9033
6	7524	499	8121	8326
7	8362	9159	8467	8660
8	8398	9025	8757	9276
9	7951	8475	8198	8459
10	9447	10493	8331	8823
11	8364	8986	7600	8247
12	8132	8893	7611	8132

解：通过行选择命令选定换极后的阳极电流数据，再通过菜单命令"行—隐藏和排除"，选定的换极后数据被排除计算。正态分位数图表明，A、B两侧的阳极电流数据均服从正态分布。执行"分析—以 X 拟合 Y"命令，选择部位到 X，因子，阳极电流到 Y，响应，在报表窗口中选择"部位—阳极电流"单因子分析前的红色三角形菜单中"不等方差"命令，得到图2-21所示的方差检验输出结果。

由图2-21可见，输出结果中首先给出A、B两侧的标准差比较图和具体的数据项，A侧标准差为472A，B侧标准差为687A。在其下给出的五种检验方法中，一般主要看Levene和 F 双侧检验，它们的 P 值分别为0.2460和0.2287，远大于0.05，表明无法拒绝原假设 H_0：$\sigma_1^2 = \sigma_2^2$，即A、B两侧阳极电流数据的方差在统计上是相等的。即使以双侧检验的 F 值来判断，$F_{0.025,(11,11)} = 3.48$，$F_{0.975,(11,11)} = 1/3.48 = 0.287$，可见 $F_{0.975,(11,11)} < F = 2.119 < F_{0.025,(11,11)}$，位于原

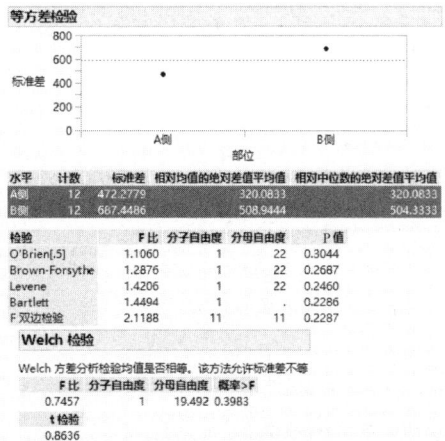

图2-21　换极前A、B两侧阳极电流的方差检验输出结果

假设的接受域，接受原假设H_0。

在方差相同的情况下，进行 A、B 两侧均值的检验，实际是一个双样本的均值检验，在该报表窗口"部位—阳极电流"单因子分析前的红色三角形菜单中选择 t 检验命令，得到图 2-22 所示的均值检验结果，最小 t 值 0.1992（远大于 0.05）对应的右侧 t 检验结果表明，无法拒绝 A、B 侧电流均值相等的原假设，即 A、B 两侧的阳极电流均值是相等的。

图2-22　换极前A、B侧阳极电流均值检验结果

练习

1. 简述数据的集中性、离散性及相关的定义。

2. 根据例 2-1，对铜浸出率（Y_2）、镁浸出率（Y_4）进行分析：

（1）用直方图、箱线图描述全部测量数据的集中性与离散性，并给出具体的数值。

（2）用直方图、箱线图描述中心点重复试验测量数据的集中性与离散性，给出具体的数值，并与（1）中所得数据进行比较。

3. 设随机变量 X 服从正态分布，给出 X 的概率密度函数，并推导 X 的期望值和方差。

4. 已知 $X \sim N(\mu, \sigma^2)$，计算 $P(X - \mu < 3\sigma)$ 和 $P(X - \mu > 3\sigma)$ 的值。

5. 简述 χ^2 分布、t 分布和 F 分布的定义和主要特性。

6. 简述参数估计、置信区间、置信水平和显著水平。

7. 例 2-2 的相关文献[2]中，同时用毛细管法测量了苯甲酸的熔点，结果为（℃）：124.4，122.4，122.5，123.6，122.6，122.4，122.5，122.8，123.1，122.4，试根据这些测量数据估计毛细管法测量得到的苯甲酸熔点的均值、置信区间、方差和标准差，并与图 2-14 的 DSC 法测量结果进行比较。

8. 根据第 7 题提供的毛细管法测量的苯甲酸熔点数据，用假设检验的方法判断其与标称熔点 123.37℃是否相等。

9. 根据例 2-2 的 DSC 法测量的数据和第 7 题给出的毛细管法测量的数据，用双样本等方差 t 检验方法对两组数据进行分析，判定两种测量方法所得结果有无差异。

10. 应用比对试验均值比较方法分析例 2-5 的 sample2-5.jmp 中 CaO、MgO 含量和烧失量的内外实验室测试数据是否存在差异，以及存在何种差异。

11. 表 2-3 中的数据表明，阳极 A05、A06 由于为新阳极，与正常电极相比，其几乎没有电流通过，视为异常数据予以剔除。试分析换极后 A 侧 10 个阳极、B 侧 12 个阳极电流数据的方差与均值是否相同。

第3章

方差分析

3.1 单因子试验的方差分析

在上一章的假设检验中，已经介绍了单因子单水平、单因子两水平均值比较的假设检验，当总体方差未知时采用 t 检验的方法实现。本章将介绍单因子两个以上水平试验和多因子试验中评价因子对响应影响的方法，即方差分析方法。

方差分析（analysis of variance，ANOVA）是 Fisher 于 1923 年提出的，它广泛应用于科学试验结果的数据分析。方差分析是一类特定情况下的统计假设检验，它能够对影响试验指标的各主要因子造成的变异进行定量描述。试验的目的是考察因子变化对试验结果的影响，但在试验中总是存在随机因子的干扰，随机因子和考察因子总是混杂在一起作用于试验结果，通过方差分析就可以将这两类因子造成的变异、波动从混杂中分离开来，分别给予定量描述，从而确定因子对试验指标的影响程度。

3.1.1 方差分析基本思想

考察单因子 A 的试验水平变化对响应 Y 的影响。设因子 A 在 a 个水平 A_1，A_2，$\cdots$，A_a 上各进行 n_1，n_2，$\cdots$，n_a 次独立试验，得到试验响应 Y 的 a 组共 $n(n = n_1 + n_2 + \cdots + n_a)$ 个观测值，如表 3-1。

表 3-1　因子 A 的 a 个水平试验数据记录表

因子 A 的水平	Y 的观测值				
A_1	y_{11}	$\cdots$	y_{1j}	$\cdots$	y_{1n_1}
$\vdots$	$\vdots$	$\vdots$	$\vdots$	$\vdots$	$\cdots$
A_i	y_{i1}	$\cdots$	y_{ij}	$\cdots$	y_{in_2}
$\vdots$	$\vdots$	$\vdots$	$\vdots$	$\vdots$	$\cdots$
A_a	y_{a1}	$\cdots$	y_{aj}	$\cdots$	y_{an_a}

由于试验因子水平的变化，以及试验过程中随机误差的影响，观测值发生变异。方差分析的基本思想是，将所有测量值间的总变异按照其变异来源分解为多个部分，然后进行比较，评价某个因子引起的变异是否具有统计学意义。

方差分析认为，不同水平均值间的变异基本来源有两个：

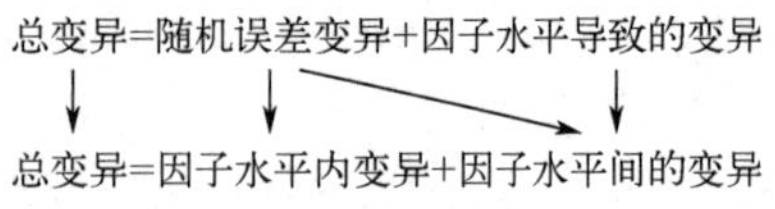

总变异=随机误差变异+因子水平导致的变异

总变异=因子水平内变异+因子水平间的变异

图3-1　方差分析原理

① 随机误差，如测量误差造成的变异，称为水平内变异。

② 试验条件，即因子的不同水平造成的变异，称为水平间变异。

方差分析原理如图 3-1 所示。

随机误差引起的水平内变异和试验条件变化引起的水平间变异用相应变异的平方和表示以进行对比分析。

3.1.2　方差分析模型

为了对表 3-1 中的试验数据进行定量分析，需先建立相应的数学模型。

将表 3-1 中的观测值用如下线性模型来描述：

$$y_{ij} = \mu_i + \varepsilon_{ij} \quad \begin{cases} i = 1, 2, \cdots, a \\ j = 1, 2, \cdots, n_i \end{cases} \tag{3-1}$$

式中，y_{ij} 是第 i 水平第 j 次试验的观测值；μ_i 是第 i 水平下试验的均值，称为水平均值；ε_{ij} 是随机误差分量，它合并了试验测试中各种偶然因素引起的变异。式（3-1）称为均值模型（means model），它将某一水平下的测量数据用水平均值与一个随机误差的和表示。

定义

$$\mu = \frac{1}{a} \sum_{i=1}^{a} \mu_i$$

为总平均值，令

$$\delta_i = \mu_i - \mu \quad i = 1、2、\cdots、a$$

为第 i 个水平的效应，亦有 $\sum_{i=1}^{a} \delta_i = 0$，于是式（3-1）变为

$$y_{ij} = \mu + \delta_i + \varepsilon_{ij} \quad \begin{cases} i = 1、2、\cdots、a \\ j = 1、2、\cdots、n_i \end{cases} \tag{3-2}$$

式（3-2）称为效应模型（effects model），因子水平变化对响应的影响通过效应项 δ_i 的大小来表示。

为了利用式（3-1）和式（3-2）来分析表 3-1 中因子水平变化和随机误差对观测值变化的贡献，即对试验数据进行方差分析，首先需进行下面三个假定：

① 假定所有观测值 y_{ij} 相互独立；

② 假定个体误差项服从正态分布；

③ 假定个体误差的方差在不同水平之间是相同的。

独立试验满足了假定①，假定②表明 $\varepsilon_{ij} \sim N(0, \sigma^2)$，假定③要求表中各水平的观测值总体的方差相等，即

$$\sigma_1^2 = \sigma_2^2 = \cdots = \sigma_a^2 = \sigma^2 \tag{3-3}$$

方差分析的任务就是在上述假定下检验均值模型中各水平的 μ_i 是否相等，或者是效应模型中的各水平效应 δ_i 是否等于 0，即有

原假设 H_0：$\mu_1 = \mu_2 = \cdots = \mu_a$；

对立假设 H_1：$\mu_i \neq \mu_j$，至少有一对这样的 i、j。

也等价于下面的假设

原假设 H_0：$\delta_1 = \delta_2 = \cdots = \delta_a = 0$；

对立假设 H_1：$\delta_i \neq 0$，至少有一个 i。

换句话说，当所有 μ_i 都相等，或者所有 δ_i 都接近于零，则证明原假设 H_0 成立，因子 A 对 Y 的影响不大；当存在某 δ_i 的绝对值较大时，H_0 不成立，H_1 成立，A 对 Y 的影响大。检验两个以上水平均值 μ_i 是否相等的有效方法就是方差分析。

3.1.3　方差分析步骤

对表 3-1，用 $\bar{y}_i$ 表示 i 水平的 n_i 个观测值的平均数，$\bar{y}$ 为全部观测值的平均数，即：

$$\bar{y}_i = \frac{1}{n_i} \sum_{j=1}^{n_i} y_{ij}$$

$$\bar{y} = \frac{1}{n} \sum_{i=1}^{a} \sum_{j=1}^{n_i} y_{ij} = \frac{1}{a} \sum_{i=1}^{a} \bar{y}_i$$

（1）总变异平方和的分解

将数据总变异性用总变异平方和来度量：

$$SS_{\mathrm{T}} = \sum_{i=1}^{a} \sum_{j=1}^{n_i} (y_{ij} - \bar{y})^2 \tag{3-4}$$

将其进行变换，可得：

$$\sum_{i=1}^{a} \sum_{j=1}^{n_i} (y_{ij} - \bar{y})^2 = \sum_{i=1}^{a} \sum_{j=1}^{n_i} [(y_{ij} - \bar{y}_i) + (\bar{y}_i - \bar{y})]^2$$

$$= \sum_{i=1}^{a} \sum_{j=1}^{n_i} (y_{ij} - \bar{y}_i)^2 + \sum_{i=1}^{a} \sum_{j=1}^{n_i} (\bar{y}_i - \bar{y})^2 + 2\sum_{i=1}^{a} \sum_{j=1}^{n_i} (y_{ij} - \bar{y}_i)(\bar{y}_i - \bar{y})$$

由于

$$\sum_{j=1}^{n_i} (y_{ij} - \bar{y}_i) = \sum_{j=1}^{n_i} y_{ij} - n_i \bar{y}_i = \sum_{j=1}^{n_i} y_{ij} - n_i \frac{1}{n_i} \sum_{j=1}^{n_i} y_{ij} = 0$$

则

$$\sum_{i=1}^{a} \sum_{j=1}^{n_i} (y_{ij} - \bar{y}_i)(\bar{y}_i - \bar{y}) = \sum_{i=1}^{a} \bar{y}_i \sum_{j=1}^{n_i} (y_{ij} - \bar{y}_i) - \bar{y} \sum_{i=1}^{a} \sum_{j=1}^{n_i} (y_{ij} - \bar{y}_i) = 0$$

所以有

$$\sum_{i=1}^{a} \sum_{j=1}^{n_i} (y_{ij} - \bar{y})^2 = \sum_{i=1}^{a} \sum_{j=1}^{n_i} (y_{ij} - \bar{y}_i)^2 + \sum_{i=1}^{a} \sum_{j=1}^{n_i} (\bar{y}_i - \bar{y})^2$$

$$= \sum_{i=1}^{a} \sum_{j=1}^{n_i} (y_{ij} - \bar{y}_i)^2 + n \sum_{i=1}^{a} (\bar{y}_i - \bar{y})^2 \tag{3-5}$$

式（3-5）表明，用总变异平方和来度量一组数据的总变异性可以分解为水平平均值与总平均值之差的平方和再加上在水平内部的观测值与水平平均值之差的平方和。式（3-5）就是方差分析的公式。

令

$$SS_A = n\sum_{i=1}^{a}(\overline{y}_i - \overline{y})^2$$

$$SS_E = \sum_{i=1}^{a}\sum_{j=1}^{n_i}(y_{ij} - \overline{y}_i)^2$$

则有

$$SS_T = SS_E + SS_A \tag{3-6}$$

式中，SS_A 是各水平的平均值与总平均值的差的平方和，称为水平间变异平方和；SS_E 是水平内的观测值与其所在水平的平均值的差的平方和，称为水平内变异平方和或误差平方和。

可见，SS_A 的数值代表了因子 A 的 α 个水平的相互偏离程度，即因子水平的影响作用效果，同时也包含了误差的影响；而 SS_E 的数值代表了各水平中观测值的相互偏离程度，即随机误差的影响。通过式（3-6），可以将试验结果中的误差影响有效地表达出来。

（2）显著性检验

因为 $\varepsilon_{ij} \sim N(0, \sigma^2)$，所以有

$$y_{ij} \sim N(\mu_i, \sigma^2)$$

$$\overline{y}_i \sim N\left(\mu_i, \frac{\sigma^2}{n_i}\right), \ i = 1, 2, \cdots, \ k$$

$$\overline{y} \sim N\left(\mu, \frac{\sigma^2}{n}\right)$$

水平间变异平方和 SS_A 与误差平方和 SS_E 的期望值分别为

$$E(SS_A) = \sum_{i=1}^{a}n_i\delta_i^2 + (a-1)\sigma^2$$

$$E(SS_E) = \sum_{i=1}^{a}(n_i - 1)\sigma^2 = (n-a)\sigma^2$$

故有

$$E\left(\frac{SS_A}{a-1}\right) = \sigma^2 + \frac{1}{a-1}\sum_{i=1}^{1}n_i\delta_i^2$$

$$E\left(\frac{SS_E}{n-a}\right) = \sigma^2$$

当 H_0 成立时，即当 $\delta_1 = \delta_2 = \cdots = \delta_a = 0$ 时，有下式成立

$$E\left(\frac{SS_A}{a-1}\right) = E\left(\frac{SS_E}{n-a}\right) = \sigma^2$$

否则

$$E\left(\frac{SS_A}{a-1}\right) > E\left(\frac{SS_E}{n-a}\right)$$

定义统计量

$$F_A = \frac{SS_A/(a-1)}{SS_E/(n-1)} = \frac{MS_A}{MS_E} \tag{3-7}$$

式中，MS_A 为平均变异平方和；MS_E 为平均误差平方和。

显然，当 H_0 不成立时，F_A 有增大的趋势，所以其可以作为检验 H_0 的统计量。

根据 SS_A 和 SS_E 的定义，当 H_0 成立时，$\frac{MS_A}{\sigma^2} \sim \chi_{a-1}^2$，$\frac{MS_E}{\sigma^2} \sim \chi_{n-a}^2$，所以 F_A 服从自由度为 $(a-1, n-a)$ 的 F 分布。用下标"0"标识原假设 H_0 成立下计算得到的 F_A 值，即

$$F_{A0} = \frac{SS_A/(a-1)}{SS_E/(n-a)} = \frac{MS_A}{MS_E} \sim F_{(a-1,n-a)}$$

当 H_0 不成立而对立假设成立时，式（3-7）的分子期望值就大于分母期望值。因此，如果统计量值很大，就应该拒绝 H_0，这表明 H_0 的检验是 F 分布的右侧检验。对于给定的显著水平 α，由 F 分布临界值表查出 $F_{\alpha,(a-1,n-a)}$ 的值，如果

$$F_{A0} > F_{\alpha,(a-1,n-a)}$$

或者

$$P(F_A > F_{A0}) \leqslant \alpha$$

就拒绝 H_0。使用 $P(F_A > F_{A0})$ 值还可以判断显著程度。一般地，显著水平 $\alpha = 0.05$，当 $P > 0.05$ 时，无法拒绝原假设，因子 A 对测量结果无显著影响；当 $P \leqslant 0.05$ 时，拒绝原假设，因子 A 对测量结果有显著影响；当 $P \leqslant 0.01$ 时，拒绝原假设，因子 A 对测量结果影响非常显著。

（3）方差分析表

将上面的分析结果列成表 3-2 所示的方差分析表，大多数计算机软件都是按照该表或类似形式给出方差分析结果。在 JMP 中，对于 P 值小于 0.05 的项，都用红色字体及*进行标记，以醒目标识该项的显著性。

表 3-2　单因子方差分析表

方差来源	自由度	平方和	均方	F 比	$P(F_A > F_{A0})$
因子 A	$a-1$	SS_A	$MS_A = \dfrac{SS_A}{a-1}$	$F_{A0} = \dfrac{MS_A}{MS_E}$	
误差 E	$n-a$	SS_E	$MS_E = \dfrac{SS_E}{n-a}$		
总和 T	$n-1$	SS_T			

3.1.4　残差分析与模型适用性检验

方差分析公式（3-5）给出的观测值变异性的分解式是一个纯代数关系式，而利用这一分解法来正式地检验因子水平均值之间没有变异是需要满足一定的假定条件的。具体地说，这

些假定条件是观测值能够用式（3-2）的效应模型 $y_{ij} = \mu + \delta_i + \varepsilon_{ij}$ 来恰当地描述，误差服从正态独立分布，均值为零，方差为未知的常数 σ^2。如果这些假定条件有效，则方差分析是检验水平均值没有变异这一假设的一种较为理想的方法。

然而，在实际中，这些假定条件可能不完全成立，因此，在这些假定条件的有效性尚未核实之前就依靠方差分析，通常是不明智的。是否违背了这些基本假定和模型的适合性，可以利用残差检测来进行分析。

水平 i 的观测值 j 的残差定义为

$$e_{ij} = y_{ij} - \hat{y}_{ij} \tag{3-8}$$

式中，$\hat{y}_{ij}$ 是由模型给出的对应于 y_{ij} 的一个估计值，称为预测值或者拟合值，由下式得出

$$\hat{y}_{ij} = \hat{\mu} + \hat{\delta}_i = \overline{y} + (\overline{y}_i - \overline{y}) = \overline{y}_i$$

该式表明，第 i 个水平任一观测值的估计值恰好是对应水平的平均值。

残差检验是任一方差分析不可缺少的部分。如果模型是适合的，则残差是无定形的。也就是说，它们没有明显的模式。通过研究残差，可以发现模型是否适合，基本假定是否符合。本部分将说明如何利用残差的图形分析来进行模型诊断检测，以及如何处置几种常见的反常现象。

（1）正态性假设检验

可以利用残差直方图检验正态性假设。如果满足关于误差的 $N(0, \sigma^2)$ 假定，则此直方图就应该类似于取自中心在零点处的正态分布的样本。但是，对于小样本，经常会出现明显的波动，所以直方图上偏离正态性的出现并不一定意味着严重违背正态性假定，但直方图上对于正态性的严重偏离则有严重违背正态性假定的可能，并需要进行进一步的分析。

在方差分析中，构造残差的正态概率图是正态性检验更直接、更有效的方法。如果潜在的误差分布是正态的，则残差的正态概率图像图 2-13 所示呈直线状。当残差数据点均分布在虚线表示的置信区间内斜线两侧时，表明测量数据服从正态分布。

（2）独立性检验

依照收集数据的时间顺序（试验次序）画出残差图用于检测残差之间的相关性（即试验数据的独立性）。具有正残差和负残差的趋势表明了正/负相关性，而这说明不符合误差的独立性假定（independence assumption）。在收集数据时要尽可能地避免这一问题的发生，随机化组织实施试验是获得独立性的一个重要步骤。

有时，试验者的技巧可能会在试验进程中改变，或者所研究的过程可能"漂移"或变得更加不稳定，这经常会导致误差方差随时间而改变，这种情况常使得残差关于时间的图形在一边比另一边更为伸展。

（3）方差齐性检验

误差方差为常数（即方差齐性）是方差分析的基本假设。如果模型是正确的并且满足假定的条件，则残差应该是无定形的。检测方差齐性的简单方法是画出残差与预测值的关系图，该图不应显现出任何明显的模式。

当预测值-残差图形上检测出非常数的方差，比如观测值的方差会随着观测值数量的增加而增加，则违反了方差的齐性假定。方差不等的问题在实际中经常出现，而且通常与非正态响应变量有关。通常的处理方案是应用数据变换，然后再对变换后的数据进行方差分析。关于数据变换方法将在下一章介绍。

【例3-1】 AISI 1040钢广泛应用于加工成动力传动轴、齿轮和汽车曲轴，但产品可能在循环加载期间失效，从而造成生产损失。文献[6]研究了热处理和喷丸处理对 AISI 1040钢的抗拉强度、屈服应力、伸长率和硬度等力学特性的影响。试验中，未处理样品（WT）作为标样，与淬火和回火样品（QT）、喷丸样品（SP）以及淬火-回火-喷丸组合处理样品（QT-SP）一起各取三个试样进行测量，结果见表3-3，保存在文件 sample3-1.jmp 中。以 AISI1040钢的抗拉强度为例，试用方差分析方法分析各种处理方法对其是否影响，哪种处理方法的效果最好，并检验方差模型的残差是否满足正态性和方差齐性的假定。

表3-3　AISI1040钢拉伸与硬度试验结果

处理方法	屈服强度 /MPa	抗拉强度 /MPa	伸长率/%	洛氏硬度 （HRC）
WT	280,300,290	560,570,540	17,16,18	16,17,15
QT	354,364,375	624,634,645	12,11,10	23,25,28
SP	345,334,322	655,644,621	13,14,15	22,21,20
QT-SP	390,420,410	660,690,680	10,8,9	28,32,30

解：利用方差分析方法比较四种处理方法对抗拉强度的影响，原假设是四种处理方法的抗拉强度相等，对立假设是至少一种处理方法的抗拉强度不等。

在 JMP 中，执行菜单命令"分析"→"以 X 拟合 Y"，选择处理方法为 X，因子，抗拉强度为 Y，响应，在"处理方法-抗拉强度"单因子分析前的红色三角下拉菜单中选择"均值/方差分析"命令，得到图3-2所示方差分析面板。

与表3-3对应，方差分析面板给出了方差来源、自由度、平方和、均方、F 比和概率值，即 $f_A = 3$、$SS_A = 22908.9$、$MS_A = 7636.3$、$F_{A0} = 34.8$、$P(F_A > F_{A0}) < 0.0001^*$。特别关注的是 F_{A0} 和 $P(F_A > F_{A0})$ 的值。F_{A0} 的值可以用来与选定显著水平下的 F_α 进行比较，以判断原假设 H_0 是位于拒绝域还是接受域，但需要查询相关的 F 分布表来确定；但 $P(F_A > F_{A0})$ 的值<0.0001 则非常直观地表示有非常充分的证据拒绝 H_0，即四种对 AISI 1040钢的处理方法得到的抗拉强度至少有一种处理方法是不同的，对 AISI 1040钢的处理是有效的。

图3-2中"方差分析"面板下的"单因子方差分析均值"面板中给出各水平（即处理方法）下的均值等信息。显然，未处理的均值 $\overline{y}_{WT} = 556$，三种处理方法的均值分别是 $\overline{y}_{QT} = 634$、$\overline{y}_{QT-SP} = 676$、$\overline{y}_{SP} = 640$，均明显比未处理的标样高，特别是 QT-SP 联合方法具有最高的均值，即具有最好的效果。但这三种处理方法与标样之间是否有统计上的显著性，以及三种处理方法之间是否存在显著变异，可以通过彼此之间的成对比较来进行检验。

在"处理方法-抗拉强度"单因子分析前的红色三角下拉菜单中选择"比较均值"→"每

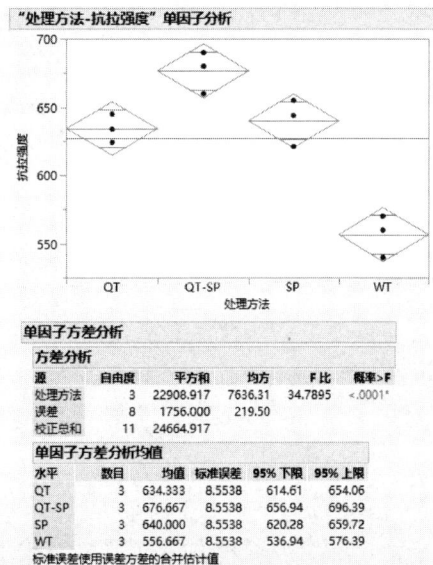

图3-2　处理方法对抗拉强度影响的方差分析

队,Student t"命令,即用 t 检验的右侧检验方法来对各水平下的均值进行两两比较,其原假设是两两相等,对立假设是被减项大于减数项,得到图 3-3 所示结果。

均值比较
使用 Student t 比较每对
差值排序报表

水平	-水平	差值	差值标准误差	置信下限	置信上限	P值	
QT-SP	WT	120.0000	12.09683	92.1047	147.8953	<.0001*	
SP	WT	83.3333	12.09683	55.4380	111.2287	0.0001*	
QT	WT	77.6667	12.09683	49.7713	105.5620	0.0002*	
QT-SP	QT	42.3333	12.09683	14.4380	70.2287	0.0081*	
QT-SP	SP	36.6667	12.096B3	8.7713	64.5620	0.0163*	
SP	QT	5.6667	12.09683	-22.2287	33.5620	0.6520	

图3-3 各处理方法之间成对比较的均值检验结果

图 3-3 中各项 t 检验给出的 P 值项意义为 $P(t > t_0)$,当其小于 0.05 时表示原假设位于拒绝域,即有充分的证据拒绝原假设而接受对立假设。图 3-3 中列出的两种水平之间的均值检验结果,从差值上来看是从大到小顺序排列的,从 P 值来看是从小到大顺序排列的,即差值最显著的在最前面。从列出的结果可以看出,QT-SP 处理与 WT 之间的变异最为显著,因为其有远小于 0.0001 的最小 P 值,即拒绝 QT-SP 方法与 WT 方法(标样)均值相等的原假设,也表明 QT-SP 方法具有最好地显著增加抗拉强度的效果。除最后一项 SP 与 QT 比较的 P 值为 0.6520 远大于 0.05,表明二者之间没有显著的变异外,其他各项之间均有显著变异。

在进行完上述分析后,还需要通过残差分析以检验方差分析模型的三个假定。在"处理方法-抗拉强度"单因子分析前的红色三角下拉菜单中选择"保存"→"保存残差"命令、"保存"→"保存预测值"命令,则分别在 JMP 数据表中自动增加两列:抗拉强度中心化的依据:样品和抗拉强度 均值的依据:样品,前者即为残差(与均值的差值),后者即为均值,将它们分别重新命名为残差和预测值,在表视图下执行菜单"分析"→"分布"命令,可以在分布报表中得到图 3-4(a)所示的残差的正态分位数图,表明残差服从正态分布。而以预测值为横轴、残差为纵轴,得到图 3-4(b)所示的残差-预测值图,残差与预测值之间没有表现出任何相关性,表明残差具有方差齐性,即在各水平下残差的方差相等的假设成立。

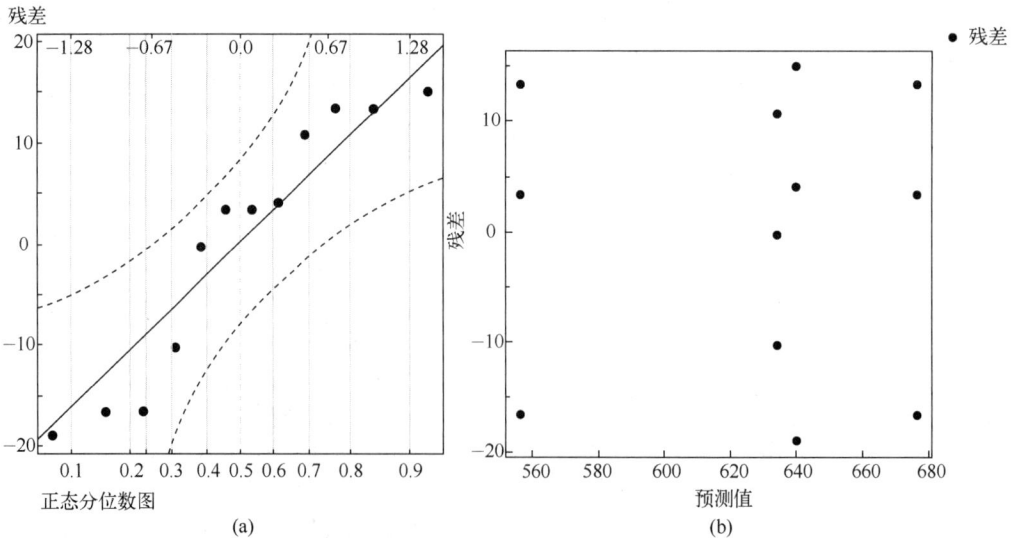

图3-4 残差的正态分位数图(a)和残差-预测值图(b)

由于文献没有给出试验进行的顺序，所以这里无法进行独立性假设的检验。

3.2 双因子试验的方差分析

大多数试验要求考察两个或更多因子的效应，例如可能需要研究固溶温度和固溶时间对某合金力学性能的影响等，此时影响试验指标的因子不止一个，需要对多个因子的效应进行研究。有时各个因子孤立地起作用，也有时除了要考察各个因子的单独作用外，还需考察因子间不同水平互相搭配联合起来共同所起的作用，此种作用称为因子间的"交互作用"（interaction）。因子间的"交互作用"常用符号"×"表示，如因子 A 和 B 的交互作用记为" $A \times B$ "，为了简单起见直接记为" AB "。某些情况下，交互作用可能比因子的单独作用更重要。

双因子试验通常采用交叉分组的方式安排试验。设因子 A 和 B 处于平等地位，A 和 B 对试验结果的影响是独立的。因子 A 有 a 个水平，因子 B 有 b 个水平。A 和 B 的每个水平 A_i 与 B_j 组成一组试验条件 A_iB_j，把因子 A、B 的每个水平都搭配到，于是共有 $N = ab$ 组不同的试验条件 A_iB_j（$i = 1, 2, \cdots, a$；$j = 1, 2, \cdots, b$）。

双因子交叉分组试验的方案安排一般见表 3-4，表中的每一行表示在因子 A 的同一水平下的试验结果，每一列表示在因子 B 的同一水平下的试验结果。

根据因子间有无交互作用，双因子试验又可分为无交互作用的双因子析因试验和有交互作用的双因子析因试验两类，下面分别讨论。

表3-4　双因子交叉分组试验方案

A 因子	B 因子				
	B_1	$\cdots$	B_j	$\cdots$	B_b
A_1	A_1B_1	$\cdots$	A_1B_j	$\cdots$	A_1B_b
$\vdots$	$\vdots$	$\vdots$	$\vdots$	$\vdots$	$\cdots$
A_i	A_iB_1	$\cdots$	A_iB_j	$\cdots$	A_iB_b
$\vdots$	$\vdots$	$\vdots$	$\vdots$	$\vdots$	$\cdots$
A_a	A_aB_1	$\cdots$	A_aB_j	$\cdots$	A_aB_b

3.2.1 无交互作用的双因子试验方差分析

设因子 A 和 B 之间不存在交互作用。在每个试验条件 A_iB_j 下只做一次试验，获得一个结果值 y_{ij}，称为无重复试验。假设试验是完全随机化进行的，无重复试验的全部 ab 个试验结果数据见表 3-5。

表 3-5　无交互作用双因子试验结果

A 因子	B 因子				
	B_1	$\cdots$	B_j	$\cdots$	B_b
A_1	y_{11}	$\cdots$	y_{1j}	$\cdots$	y_{1b}

A 因子	B 因子				
	B_1	$\cdots$	B_j	$\cdots$	B_b
$\vdots$	$\vdots$	$\vdots$	$\vdots$	$\vdots$	$\cdots$
A_i	y_{i1}	$\cdots$	y_{ij}	$\cdots$	y_{ib}
$\vdots$	$\vdots$	$\vdots$	$\vdots$	$\vdots$	$\cdots$
A_a	y_{a1}	$\cdots$	y_{aj}	$\cdots$	y_{ab}

（1）方差分析模型及其假设检验

对于表 3-5 的无重复无交互作用的双因子交叉分组试验结果，类似式（3-2），可以写成如下效应模型：

$$y_{ij} = \mu + \delta_i + \gamma_j + \varepsilon_{ij} \quad \begin{cases} i = 1, 2, \cdots, a \\ j = 1, 2, \cdots, b \end{cases} \tag{3-9}$$

式中，δ_i 为因子 A 在第 i 个水平 A_i 下的主效应；γ_j 为因子 B 在第 j 个水平 B_j 下的主效应。

显然，有

$$\sum_{i=1}^{a} \delta_i = 0$$

$$\sum_{j=1}^{b} \gamma_j = 0$$

同样假定误差 ε_{ij} 相互独立，且 $\varepsilon_{ij} \sim N(0, \sigma^2)$。

对因子 A，原假 H_{0A}：$\delta_1 = \delta_2 = \cdots = \delta_a = 0$。对立假设 H_{1A}：至少有一个 $\delta_i \neq 0$。

对因子 B，原假设 H_{0B}：$\gamma_1 = \gamma_2 = \cdots = \gamma_b = 0$。对立假设 H_{1B}：至少有一个 $\gamma_j \neq 0$。

若检验结果拒绝原假设 H_{0A} 和 H_{0B}，则接受对立假设 H_{1A} 和 H_{1B}，说明因子 A、B 的不同水平对试验结果有显著影响；若检验结果接受原假设 H_{0A} 和 H_{0B}，则说明因子 A 与 B 的不同水平对试验结果无显著影响；若检验结果只接受原假设 H_{0A} 和 H_{0B} 中的一个，比如拒绝 H_{0A} 而接受 H_{0B}，则说明因子 A 的不同水平对试验结果有显著影响，而因子 B 的不同水平对试验结果没有显著影响。

（2）离差平方和分解

仿照单因素方差分析方法，作平方和及自由度的分解。

先作如下定义：

$$\bar{y}_i = \frac{1}{b} \sum_{j=1}^{b} y_{ij}$$

$$\bar{y}_j = \frac{1}{a} \sum_{i=1}^{a} y_{ij}$$

$$\bar{y} = \frac{1}{ab} \sum_{i=1}^{a} \sum_{j=1}^{b} y_{ij}$$

总变异的和

$$SS_T = \sum_{i=1}^{a}\sum_{j=1}^{b}(y_{ij}-\overline{y})^2$$

$$= \sum_{i=1}^{a}\sum_{j=1}^{b}[(y_{ij}-\overline{y}_i-\overline{y}_j+\overline{y})+(\overline{y}_i-\overline{y})+(\overline{y}_j-\overline{y})]^2$$

$$= \sum_{i=1}^{a}\sum_{j=1}^{b}(y_{ij}-\overline{y}_i-\overline{y}_j+\overline{y})^2+b\sum_{i=1}^{a}(\overline{y}_i-\overline{y})^2+a\sum_{j=1}^{b}(\overline{y}_j-\overline{y})^2$$

$$+2\sum_{i=1}^{a}\sum_{j=1}^{b}(y_{ij}-\overline{y}_i-\overline{y}_j+\overline{y})(\overline{y}_i-\overline{y})+2\sum_{i=1}^{a}\sum_{j=1}^{b}(y_{ij}-\overline{y}_i-\overline{y}_j+\overline{y})(\overline{y}_j-\overline{y})$$

$$+2\sum_{i=1}^{a}\sum_{j=1}^{b}(\overline{y}_i-\overline{y})(\overline{y}_j-\overline{y})$$

$$= \sum_{i=1}^{a}\sum_{j=1}^{b}(y_{ij}-\overline{y}_i-\overline{y}_j+\overline{y})^2+b\sum_{i=1}^{a}(\overline{y}_i-\overline{y})^2+a\sum_{j=1}^{b}(\overline{y}_j-\overline{y})^2$$

令

$$SS_A = n\sum_{i=1}^{a}(\overline{y}_i-\overline{y})^2$$

$$SS_B = a\sum_{j=1}^{b}(\overline{y}_j-\overline{y})^2$$

$$SS_E = \sum_{i=1}^{a}\sum_{j=1}^{b}(y_{ij}-\overline{y}_i-\overline{y}_j+\overline{y})^2$$

则有

$$SS_T = SS_A + SS_B + SS_E$$

同样，SS_A、SS_B 和 SS_E 分别代表因子 A、因子 B 水平间的变异平方和和误差平方和，各平方和的自由度分别是：

$$f_T = ab-1$$

$$f_A = a-1$$

$$f_B = b-1$$

$$f_E = f_T - f_A - f_B = (a-1)(b-1)$$

（3）显著性检验

同理，检验原假设 H_{0A} 成立的统计量为：

$$F_A = \frac{SS_A/f_A}{SS_E/f_E} = \frac{SS_A/(a-1)}{SS_E/[(a-1)(b-1)]} = \frac{MS_A}{MS_E}$$

检验原假设 H_{0B} 成立的统计量为：

$$F_B = \frac{SS_B/f_B}{SS_E/f_E} = \frac{SS_B/(b-1)}{SS_E/[(a-1)(b-1)]} = \frac{MS_B}{MS_E}$$

在 H_{0A} 成立的条件下，$F_{A0} \sim F_{[a-1,(a-1)(b-1)]}$ ；在 H_{0B} 成立的条件下，$F_{B0} \sim F_{[b-1,(a-1)(b-1)]}$ 。对于给定的显著性水平 α，由 F 分布表查出 $F_{\alpha,[a-1,(a-1)(b-1)]}$ 和 $F_{\alpha,[b-1,(a-1)(b-1)]}$ 值。若 $F_{A0} > F_{\alpha,[a-1,(a-1)(b-1)]}$，则拒绝原假设 H_{0A}，即认为因子 A 对指标的影响显著，否则不显著；若 $F_{B0} > F_{\alpha,[b-1,(a-1)(b-1)]}$，则拒绝原假设 H_{0B}，即认为因子 B 对指标的影响显著，反之不显著。

同样地，使用概率是最理想的判断方法。一般地，$P(F_A > F_{A0}) > 0.05$ 时，无法拒绝原假设，因子 A 对测量结果无显著影响；当 $P(F_A > F_{A0}) \leqslant 0.05$ 时，拒绝原假设，因子 A 对测量结果有显著影响；当 $P(F_A > F_{A0}) \leqslant 0.01$ 时，有绝对充分的理由拒绝原假设，因子 A 对测量结果影响非常显著。对因子 B 的显著性判断亦是如此。

（4）方差分析表

将上述分析结果列为方差分析表，如表 3-6 所示。

表3-6 双因子方差分析表（无交互作用）

方差来源	自由度	平方和	均方	F 比	$P(F > F_0)$
因子 A	$a-1$	SS_A	$MS_A = \dfrac{SS_A}{a-1}$	$F_{A0} = \dfrac{MS_A}{MS_E}$	
因子 B	$b-1$	SS_B	$MS_B = \dfrac{SS_B}{b-1}$	$F_{B0} = \dfrac{MS_B}{MS_E}$	
误差 E	$(a-1)(b-1)$	SS_E	$MS_E = \dfrac{SS_E}{(a-1)(b-1)}$		
总和 T	$ab-1$	SS_T			

在 JMP 中，方差分析表给出的是模型式（3-9）的显著性检验结果，而各因子的显著性检验另列在单独的效应检验表中。在多因子试验条件下，模型的自由度为各因子（包括交互作用项）的自由度之和，变异平方和亦为各因子（包括交互作用项）的变异平方和之和。以不含交互作用的双因子试验为例，用下标 M 表示模型，模型的方差分析表中各项的定义如下：

$$f_M = f_A + f_B = a + b - 2$$

$$SS_M = SS_A + SS_B = b\sum_{i=1}^{a}(\bar{y}_i - \bar{y})^2 + a\sum_{j=1}^{b}(\bar{y}_j - \bar{y})^2$$

$$MS_M = \frac{SS_A + SS_B}{f_A + f_B} = \frac{b\sum_{i=1}^{a}(\bar{y}_i - \bar{y})^2 + a\sum_{j=1}^{b}(\bar{y}_j - \bar{y})^2}{a + b - 2}$$

$$F_{M0} = \frac{MS_M}{MS_E}$$

模型检验对应的假设为：

$$H_{0M}: \quad \delta_i = 0 \text{且} \gamma_j = 0 \begin{cases} i = 1, 2, \cdots, a \\ j = 1, 2, \cdots, b \end{cases}$$

$$H_{1M}: \quad \delta_i \neq 0 \text{和/或} \gamma_j \neq 0 \begin{cases} i = 1, 2, \cdots, a \\ j = 1, 2, \cdots, b \end{cases}$$

显然，当因子 A 和因子 B 只要有一个显著时，模型就显著；当因子 A 和因子 B 都不显著时，模型就不显著。换句话说，当模型显著时，因子 A 和因子 B 至少有一个显著；而当模型不显著，因子 A 和因子 B 都不显著。

3.2.2 有交互作用的双因子试验方差分析

因子间的交互作用常常是不容忽视的。当试验的目的不只是寻求较优配方或工艺，而且还要弄清楚各个因子对试验指标的影响时，就需要考虑因子间的交互作用。此时，在表 3-5 的每个试验条件 A_iB_j 下，试验都重复进行 n 次（$n \geq 2$），第 k 次试验结果用 $y_{ijk}(k=1,2,\cdots,n)$ 表示，全部试验共进行 $N=abn$ 次，共得到 N 个试验数据结果，见表 3-7。

（1）方差分析模型及检验假设

方差分析时需考虑交互作用的效应，此时双因子重复交叉分组试验的效应模型为

表 3-7 双因子重复交叉分组试验结果

A 因子	B 因子				
	B_1	$\cdots$	B_j	$\cdots$	B_b
A_1	$y_{111},y_{112},\cdots,y_{11n}$	$\cdots$	$y_{1j1},y_{1j2},\cdots,y_{1jn}$	$\cdots$	$y_{1b1},y_{1b2},\cdots,y_{1bn}$
$\vdots$	$\vdots$	$\vdots$	$\vdots$	$\vdots$	$\cdots$
A_i	$y_{i11},y_{i12},\cdots,y_{i1n}$	$\cdots$	$y_{ij1},y_{ij2},\cdots,y_{ijn}$	$\cdots$	$y_{ib1},y_{ib2},\cdots,y_{ibn}$
$\vdots$	$\vdots$	$\vdots$	$\vdots$	$\vdots$	$\cdots$
A_a	$y_{a11},y_{a12},\cdots,y_{a1n}$	$\cdots$	$y_{aj1},y_{aj2},\cdots,y_{ajn}$	$\cdots$	$y_{ab1},y_{ab2},\cdots,y_{abn}$

$$y_{ijk} = \mu + \delta_i + \gamma_j + (\delta\gamma)_{ij} + \varepsilon_{ijk} \begin{cases} i=1,2,\cdots,a \\ j=1,2,\cdots,b \\ k=1,2,\cdots,n \end{cases}$$

式中，ε_{ijk} 是试验的随机误差项，相互独立且 $\varepsilon_{ijk} \sim N(0,\sigma^2)$；$(\delta\gamma)_{ij}$ 是因子 A 和 B 的交互作用效应，记为 $A \times B$ 或 AB。显然有

$$\sum_{i=1}^{a} \delta_i = 0$$

$$\sum_{j=1}^{b} \gamma_j = 0$$

$$\sum_{i=1}^{a}\sum_{j=1}^{b} (\delta\gamma)_{ij} = 0$$

此时，考察 A、B、AB 对指标影响是否显著的问题，即为检验下列假设是否成立的问题：

H_{0A}：$\delta_1 = \delta_2 = \cdots = \delta_a = 0$。 H_{1A}：$\delta_1, \delta_2, \cdots, \delta_a$ 至少有一个不为零。

H_{0B}：$\gamma_1 = \gamma_2 = \cdots = \gamma_b = 0$。 H_{1B}：$\gamma_1, \gamma_2, \cdots, \gamma_b$ 至少有一个不为零。

H_{0AB}：$(\delta\gamma)_{11} = (\delta\gamma)_{12} = \cdots = (\delta\gamma)_{ab} = 0$。 H_{1AB}：$(\delta\gamma)_{11}, (\delta\gamma)_{12}, \cdots, (\delta\gamma)_{ab}$ 至少有一个不为零。

（2）离差平方和分解

定义

$$\overline{y}_i = \frac{1}{bn} \sum_{j=1}^{b} \sum_{k=1}^{n} y_{ijk}$$

$$\overline{y}_j = \frac{1}{an} \sum_{i=1}^{a} \sum_{k=1}^{n} y_{ijk}$$

$$\overline{y}_{ij} = \frac{1}{abn} \sum_{i=1}^{a} \sum_{j=1}^{b} \sum_{k=1}^{n} y_{ijk}$$

总离差平方和为

$$SS_T = \sum_{i=1}^{a} \sum_{j=1}^{b} \sum_{k=1}^{n} (y_{ijk} - \overline{y})^2$$

$$= \sum_{i=1}^{a} \sum_{j=1}^{b} \sum_{k=1}^{n} [(y_{ijk} - \overline{y}_{ij}) + (\overline{y}_{ij} - \overline{y}_i - \overline{y}_j + \overline{y}) + (\overline{y}_i - \overline{y}) + (\overline{y}_j - \overline{y})]^2$$

$$= \sum_{i=1}^{a} \sum_{j=1}^{b} \sum_{k=1}^{n} (y_{ijk} - \overline{y}_{ij})^2 + bn \sum_{i=1}^{a} (\overline{y}_i - \overline{y})^2 + an \sum_{j=1}^{b} (\overline{y}_j - \overline{y})^2$$

$$+ n \sum_{i=1}^{a} \sum_{j=1}^{b} (\overline{y}_{ij} - \overline{y}_i - \overline{y}_j + \overline{y})^2$$

令

$$SS_A = bn \sum_{i=1}^{a} (\overline{y}_i - \overline{y})^2$$

$$SS_B = an \sum_{j=1}^{b} (\overline{y}_j - \overline{y})^2$$

$$SS_{AB} = n \sum_{i=1}^{a} \sum_{j=1}^{b} (\overline{y}_{ij} - \overline{y}_i - \overline{y}_j + \overline{y})^2$$

$$SS_E = \sum_{i=1}^{a} \sum_{j=1}^{b} \sum_{k=1}^{n} (y_{ijk} - \overline{y}_{ij})^2$$

于是有

$$SS_T = SS_A + SS_B + SS_{AB} + SS_E$$

相应的自由度为

$$f_T = f_A + f_B + f_{AB} + f_E = abn - 1$$

$$f_A = a - 1$$

$$f_b = b - 1$$

$$f_{AB} = (a-1)(b-1)$$

$$f_E = ab(n-1)$$

（3）显著性检验

检验假设 H_{0A}、H_{0B}、H_{0AB} 均成立的统计量分别为

$$F_A = \frac{SS_A / f_A}{SS_E / f_E} = \frac{SS_A / (a-1)}{SS_E / ab(n-1)} = \frac{MS_A}{MS_E}$$

$$F_B = \frac{SS_B / f_B}{SS_E / f_E} = \frac{SS_B / (b-1)}{SS_E / ab(n-1)} = \frac{MS_B}{MS_E}$$

$$F_{AB} = \frac{SS_{AB} / f_{AB}}{SS_E / f_E} = \frac{SS_{AB} / [(a-1)(b-1)]}{SS_E / ab(n-1)} = \frac{MS_{AB}}{MS_E}$$

在 H_{0A}、H_{0B}、H_{0AB} 均成立的条件下，$F_{A0} \sim F_{[a-1,ab(n-1)]}$、$F_{B0} \sim F_{[b-1,ab(n-1)]}$ 和 $F_{AB0} \sim F_{[(a-1)(b-1),ab(n-1)]}$。对于给定的显著性水平 α，由 F 分布表查出 $F_{\alpha,[a-1,ab(n-1)]}$、$F_{\alpha,[b-1,ab(n-1)]}$ 和 $F_{\alpha,[(a-1)(b-1),ab(n-1)]}$ 的值。将计算得到的 F_0 值与 F_α 值比较，当 $F_0 > F_\alpha$ 时，对应的原假设位于拒绝域；而当 $F_0 < F_\alpha$ 时，则对应的原假设位于接受域。同样地，使用 $P(F > F_0)$ 的值来判断更为方便，方法同前。

（4）方差分析表

上述分析过程列为表 3-8 所示方差分析表。

表 3-8　考虑交互作用的双因子方差分析表

方差来源	自由度	平方和	均方	F 比	$P(F > F_0)$
因子 A	$a-1$	SS_A	$MS_A = \dfrac{SS_A}{a-1}$	$F_{A0} = \dfrac{MS_A}{MS_E}$	
因子 B	$b-1$	SS_B	$MS_B = \dfrac{SS_B}{b-1}$	$F_{B0} = \dfrac{MS_B}{MS_E}$	
交互作用 AB	$(a-1)(b-1)$	SS_{AB}	$MS_{AB} = \dfrac{SS_{AB}}{(a-1)(b-1)}$	$F_{AB0} = \dfrac{MS_{AB}}{MS_E}$	
误差 E	$ab(n-1)$	SS_E	$MS_E = \dfrac{SS_E}{ab(n-1)}$		
总和 T	$abn-1$	SS_T			

模型的显著性检验分析与未考虑交互作用的类似。同理，只有当因子 A、B 和交互作用 AB 的影响均不显著时，方差模型才不显著。

比较表 3-6 与表 3-8 就会发现，表 3-6 中的误差项与表 3-8 中的交互作用项的自由度是相同的，如果既要考虑交互作用的影响，且在每个水平组合条件下的试验没有重复，即 $n=1$，则表 3-8 中的误差项是不存在的，而且会发现此时表征交互作用的 SS_{AB} 的表达式与未考虑交互作用下表征误差的 SS_E 相同。换句话说，在每个水平组合下只做 1 次试验测量，实际是将交互作用项响应视为误差项来进行方差分析的。在双因子试验中，如果要通过方差分析估计交互作用的效应，必须进行重复试验，即使只在一个水平下进行重复测试（比如在中心点进行重复测试），也能够以该点的误差估计来进行各因子效应和交互效应的方差分析。

同样地，在 JMP 的方差分析表中只给出模型的显著性 F 检验，各因子的显著性检验亦在效应项中给出，推导同前。

【例3-2】在地下矿物开采过程中，不仅会产生极多的废石及尾砂，而且在开采区会形成空洞，导致地表塌陷沉降，影响周边环境。采用充填法进行地下开采，有利于安全开采，减少开采活动对环境造成的污染，符合绿色矿山建设的要求。膏体充填法是一种有前景的填充方法。文献[7]中为研究某新建铅锌矿全尾砂膏体充填的最优配比，进行了"两因素四水平"的全尾砂膏体充填配比试验，探究了灰砂比和料浆浓度对料浆流动性能（坍落度、稠度和分层度）及充填体强度性能（抗压强度、弹性模量、内聚力和泊松比）的影响，试验结果如表 3-9 所示，相关数据保存在 sample3-2.jmp 中。试利用方差分析方法探索灰砂比和料浆浓度对料浆流动性能和填充体强度性能的影响。

表 3-9　充填料浆流动性能和充填体强度性能试验结果

灰砂比	浓度	坍落度 /cm	稠度 /cm	分层度 /cm	抗压强度 /MPa	弹性模量 /GPa	内聚力 /MPa	泊松比
1∶4	0.7	28.21	12.774	1.262	4.862	0.347	1.086	0.218
1∶4	0.73	27.761	11.716	1.149	5.752	0.393	1.276	0.221
1∶4	0.76	23.952	9.279	0.598	6.341	0.44	1.378	0.246
1∶4	0.79	20.052	5.133	0.265	7.362	0.608	1.77	0.233
1∶6	0.7	28.352	12.951	1.368	1.352	0.092	0.217	0.167
1∶6	0.73	27.552	12.336	1.135	1.561	0.127	0.435	0.173
1∶6	0.76	26.055	9.856	0.651	2.341	0.154	0.745	0.199
1∶6	0.79	22.442	7.233	0.495	3.841	0.314	1.106	0.192
1∶10	0.7	28.929	13.577	1.418	0.497	0.034	0.097	0.143
1∶10	0.73	27.372	12.184	1.322	0.544	0.052	0.14	0.152
1∶10	0.76	25.111	10.312	1.084	0.923	0.082	0.42	0.172
1∶10	0.79	23.435	8.956	0.544	1.362	0.147	0.626	0.165
1∶20	0.7	28.955	13.678	1.681	0.213	0.015	0.039	0.118
1∶20	0.73	27.919	12.955	1.397	0.436	0.024	0.054	0.126
1∶20	0.76	25.497	11.455	0.978	0.896	0.043	0.089	0.147
1∶20	0.79	20.138	8.98	0.896	1.253	0.084	0.19	0.139

解：以料浆的坍落度和充填体的抗压强度为例，用方差分析方法探讨灰砂比和料浆浓度对其的影响。由于 2 个因子各 4 个水平的组合试验在每个水平组合下只进行了单次测量，所以只能分析这 2 个因子的影响。

（1）灰砂比和料浆浓度对表征料浆流动特性之一的坍落度的影响

对因子灰砂比（A），用 $\delta_i(i=1,2,3,4)$ 表示 4 个水平的效应；对因子料浆浓度（B），用 $\gamma_j(j=1,2,3,4)$ 表示 4 个水平的效应。

模型检验的原假设 H_{0M}：$\delta_1 = \delta_2 = \delta_3 = \delta_4 = \gamma_1 = \gamma_2 = \gamma_3 = \gamma_4 = 0$。对立假设 H_{1M}：至少有一个 $\delta_i \neq 0$ 或 $\gamma_j \neq 0$。

因子 A 检验的原假设 H_{0A}：$\delta_1 = \delta_2 = \delta_3 = \delta_4 = 0$。对立假设 H_{1A}：至少有一个 $\delta_i \neq 0$。

因子 B 检验的原假设 H_{0B}：$\gamma_1 = \gamma_2 = \gamma_3 = \gamma_4 = 0$。对立假设 H_{1B}：至少有一个 $\gamma_j \neq 0$。

对应的检验统计量为：

$$F_M = \frac{SS_M / f_M}{SS_E / f_E} = \frac{MS_M}{MS_E}$$

$$F_A = \frac{SS_A / f_A}{SS_E / f_E} = \frac{MS_A}{MS_E}$$

$$F_B = \frac{SS_B / f_B}{SS_E / f_E} = \frac{MS_B}{MS_E}$$

在JMP中，执行菜单命令"分析"→"拟合模型"，在拟合模型对话框中，选择坍落度为Y；添加灰砂比和料浆浓度到构建模型效应框，点击"运行"按钮，得到图3-5（a）所示报表。

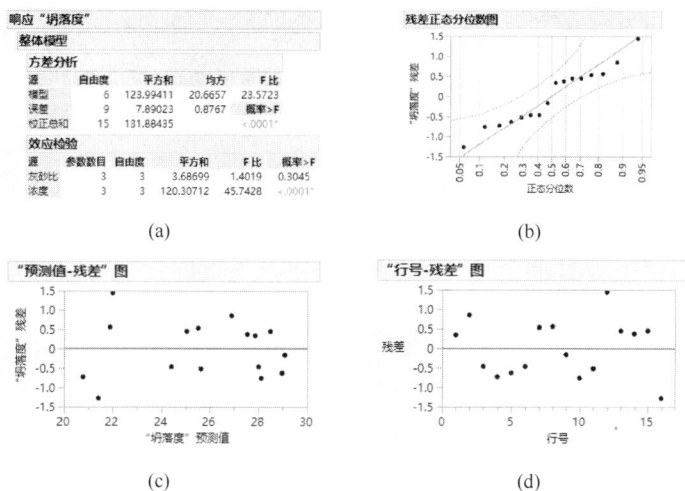

(a)

(b)

(c)

(d)

图3-5　灰砂比与料浆浓度对坍落度影响的方差分析

从图3-5（a）可见，方差分析报表分为两个部分：对模型的方差分析和对因子的效应检验。从对模型的方差分析栏中得知，$SS_T = 131.88$，$f_T = 15$；$SS_E = 7.89$，$f_E = 9$，$MS_E = 0.88$；$SS_M = 123.99$，$f_M = 6$，$MS_M = 20.67$；$F_{M0} = 23.57$，$P(F_M > F_{M0}) < 0.0001^*$。模型对应的$P(F_M > F_{M0}) < 0.0001^*$，表明用式（3-9）的效应模型描述试验数据是非常显著的，也意味着灰砂比与料浆浓度两个因子中至少有一个是显著的。

在效应检验栏中详细列出了两个因子灰砂比与料浆浓度的F检验结果。同理，由图3-5（a）可得：$f_A = 3$，$SS_A = 3.69$，$F_{A0} = 1.40$，$P(F_A > F_{A0}) = 0.3045$；$f_B = 3$，$SS_B = 120.31$，$F_{B0} = 45.74$，$P(F_B > F_{B0}) < 0.0001^*$。由于$P(F_A > F_{A0}) = 0.3045 > 0.05$，无法拒绝原假设，在0.05的显著水平下，灰砂比不显著，即灰砂比对坍落度的影响不显著。相反，$P(F_B > F_{B0}) < 0.0001^*$，有非常充分的理由拒绝原假设，表明料浆浓度对坍落度的影响非常显著。两个因子中有一个显著，所以模型也显著。

在图3-5（a）的响应"坍落度"前红色菜单中分别选择行诊断→标绘"正态分位数-残差"图、行诊断→标绘"预测值-残差"图、行诊断→标绘"行号-残差"图，分别得到模型残差的正态分位数图3-5（b）、预测值-残差图3-5（c）和行号-残差图3-5（d），各自表明残差的正态性假设、残差方差齐性假设和试验独立性假设是合理的。

在JMP中，2个因子以上的方差分析操作均按此操作进行。

（2）灰砂比和料浆浓度对表征充填体强度特性之一的抗压强度的影响

这里的假设与上面一样，即原假设中灰砂比和料浆浓度的4个效应均为0，对立假设则其中至少有1个响应不为0。在JMP中里选择抗压强度为Y，图3-6给出灰砂比与料浆浓度对抗压强度影响的方差分析结果。

从图3-6（a）中分别得到模型和两个因子的自由度、变异平方、平均变异平方和检验统

计量 F_0 的值，可以简单地从最后给出的 $P(F > F_0)$ 值判断出抗压强度的效应模型是非常显著的 [$P(F_M > F_{M0}) < 0.0001^*$]，而因子灰砂比 [$P(F_A > F_{A0}) < 0.0001^*$]、料浆浓度 [$P(F_B > F_{B0}) = 0.0010^*$] 对抗压强度的影响也都非常显著，且因子灰砂比对抗压强度的影响比料浆浓度的影响显著性更强。图3-6的（b）、（c）和（d）表明误差的正态性与方差齐性、试验独立性的假设均是合理的。

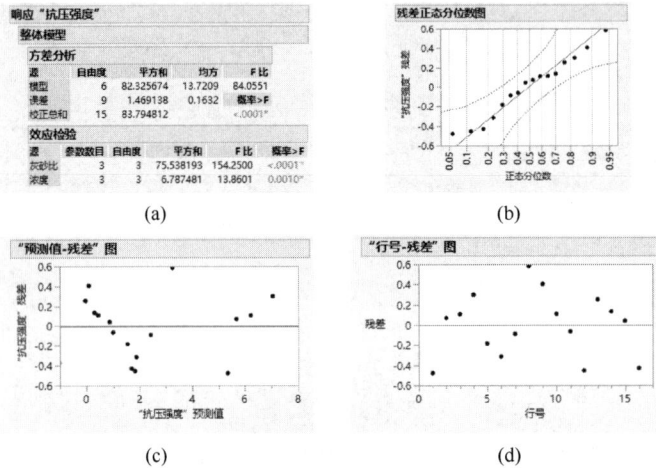

（a）

（b）

（c）

（d）

图3-6　灰砂比与料浆浓度对抗压强度影响的方差分析

特别提示：本章的所有示例均是为了演示响应在因子的水平或水平组合下的均值比较，所以在 JMP 中所有数值型因子数据均定位为名义型，而不是常规的连续型。具体是在列定义对话框中，建模类型选择名义型即可。

3.3　多因子试验的方差分析

3.3.1　多因子试验方差分析表

多因子试验具有多个变化因子，每个因子又具有若干水平。因此多因子析因试验分析过程比单因子、双因子试验要复杂得多。下面以三因子试验为例，说明多因子全析因试验的方差分析方法。

设影响某试验指标的因子有 3 个，分别用 A、B 和 C 表示，每个因子对应的水平数分别为 a、b 和 c。进行不同因子的水平组合，则共有 abc 个不同的水平组合。三因子试验的试验方案和安排见表3-10。

表3-10　三因子试验方案

因子 A	因子 B	因子 C				
		1	…	k	…	c
1	1	$A_1B_1C_1$	…	$A_1B_1C_k$	…	$A_1B_1C_c$
	⋮	⋮	…	⋮	…	⋮

因子 A	因子 B	因子 C				
		1	...	k	...	c
1	j	$A_1B_jC_1$	...	$A_1B_jC_k$	...	$A_1B_jC_c$
	$\vdots$	$\vdots$	...	$\vdots$	...	$\vdots$
	b	$A_1B_bC_1$	...	$A_1B_bC_k$	...	$A_1B_bC_c$
i	1	$A_iB_1C_1$	...	$A_iB_1C_k$	...	$A_iB_1C_c$
	$\vdots$	$\vdots$	...	$\vdots$	...	$\vdots$
	j	$A_iB_jC_1$	...	$A_iB_jC_k$	...	$A_iB_jC_c$
	$\vdots$	$\vdots$	...	$\vdots$	...	$\vdots$
	b	$A_iB_bC_1$	...	$A_iB_bC_k$	...	$A_iB_bC_c$
a	1	$A_aB_1C_1$	...	$A_aB_1C_k$	...	$A_aB_1C_c$
	$\vdots$	$\vdots$	...	$\vdots$	...	$\vdots$
	j	$A_aB_jC_1$	...	$A_aB_jC_k$	...	$A_aB_jC_c$
	$\vdots$	$\vdots$	...	$\vdots$	...	$\vdots$
	b	$A_aB_bC_1$	...	$A_aB_bC_k$	...	$A_aB_bC_c$

设在每个水平组合下重复试验 n 次（ $n>2$ ）。参照前面所述的双因子试验的方差分析模型，三因子试验的方差分析模型可以写为

$$y_{ijkl} = \mu + \delta_i + \gamma_j + \lambda_k + (\delta\gamma)_{ij} + (\delta\lambda)_{ik} + (\gamma\lambda)_{jk} + (\delta\gamma\lambda)_{ijk} + \varepsilon_{ijkl} \quad \begin{cases} i=1,2,\cdots,a \\ j=1,2,\cdots,b \\ k=1,2,\cdots,c \\ l=1,2,\cdots,n \end{cases} \quad (3\text{-}10)$$

式中， μ 是在所有水平组合下的全部试验指标均值即总体均值， δ 、 γ 和 λ 分别表示因子 A 、 B 和 C 的主效应， $\delta\gamma$ 、 $\delta\lambda$ 和 $\gamma\lambda$ 分别表示因子 A 与 B 、 A 与 C 、 B 与 C 的交互效应， $\delta\gamma\lambda$ 表示因子 A 、 B 、 C 三个因子之间的交互效应， ε 是试验的随机误差项。

参照前面双因子试验的方差分析，多因子试验条件下的总变异平方和同样可以分解为各因子变异的平方和、因子间交互作用平方和与随机误差平方和，即

$$SS_T = SS_A + SS_B + SS_C + SS_{AB} + SS_{AC} + SS_{BC} + SS_{ABC} \quad （3\text{-}11）$$

最后可以得到表 3-11 所示的三因子试验的方差分析表。

表 3-11 三因子试验方差分析表

方差来源	自由度	平方和	均方	F 比	$P(F>F_0)$
因子 A	$a-1$	SS_A	$MS_A = \dfrac{SS_A}{a-1}$	$F_{A0} = \dfrac{MS_A}{MS_E}$	
因子 B	$b-1$	SS_B	$MS_B = \dfrac{SS_B}{b-1}$	$F_{B0} = \dfrac{MS_B}{MS_E}$	
因子 C	$c-1$	SS_C	$MS_C = \dfrac{SS_C}{c-1}$	$F_{C0} = \dfrac{MS_C}{MS_E}$	
交互作用 AB	$(a-1)(b-1)$	SS_{AB}	$MS_{AB} = \dfrac{SS_{AB}}{(a-1)(b-1)}$	$F_{AB0} = \dfrac{MS_{AB}}{MS_E}$	

方差来源	自由度	平方和	均方	F 比	$P(F > F_0)$
交互作用 AC	$(a-1)(c-1)$	SS_{AC}	$MS_{AC} = \dfrac{SS_{AC}}{(a-1)(c-1)}$	$F_{AC0} = \dfrac{MS_{AC}}{MS_E}$	
交互作用 BC	$(b-1)(c-1)$	SS_{BC}	$MS_{BC} = \dfrac{SS_{BC}}{(b-1)(c-1)}$	$F_{BC0} = \dfrac{MS_{BC}}{MS_E}$	
交互作用 ABC	$(a-1)(b-1)$ $(c-1)$	SS_{ABC}	$MS_{ABC} = \dfrac{SS_{ABC}}{(a-1)(b-1)(c-1)}$	$F_{ABC0} = \dfrac{MS_{ABC}}{MS_E}$	
误差 E	$abc(n-1)$	SS_E	$MS_E = \dfrac{SS_E}{abc(n-1)}$		
总和 T	$abcn-1$	SS_T			

同理，只有当因子 A、B、C 和它们之间各交互作用的影响均不显著时，方差模型才不显著。另外，当每个水平下的重复试验次数 $n=1$ 时，即只进行 1 次测量，则不能用方差分析方法评估表 3-10 中列出的 3 个因子效应、3 个双因子交互效应和 1 个三因子交互效应。但是，正如第 6 章将会介绍的效应有序原则所指出的，一般会忽略三因子及三因子以上的交互效应，所以把三因子及三因子以上的交互效应视为误差项，可以评估主效应、双因子交互效应。在有重复试验的情况下，通常也会将三因子及三因子以上的交互效应并入误差项来处理。

【例3-3】抛光是对工件表面施加塑性变形，以提高表面质量的方法。抛光过程中，在抛光工具上施加超声振动可显著改善抛光样品的表面粗糙度，提高硬度和疲劳寿命。文献[8]研究了6061 铝合金和 AISI1045 钢板在超声波辅助球磨抛光过程后的表面硬度（V）、表面粗糙度（μm）效果，考查超声辅助（有、无）、抛光道数（1、3、5）和抛光进料速率（1000、3000、5000）（mm/min）3 个因子的影响，共进行了全因子 16 次试验，结果列于表 3-12 中，试验条件及结果保存在 sample3-3.jmp 文件中。以铝合金的硬度为例，分析三个因子及因子交互作用的影响。

表 3-12　铝合金和钢板的超声波辅助球磨抛光试验及结果

超声辅助	道数	进料速率 / （mm/min）	铝合金硬度 /V	钢硬度 /V	铝合金粗糙度 /μm	钢板粗糙度 /μm
无	1	1000	106	181	0.264	1.209
无	1	3000	109	193	0.314	1.455
无	1	5000	113	197	0.34	1.541
无	3	1000	109	188	0.233	1.01
无	3	3000	113	192	0.285	1.3
无	3	5000	116	195	0.297	1.46
无	5	1000	119	201	0.195	0.772
无	5	3000	122	208	0.242	1.121
无	5	5000	127	214	0.243	1.233
有	1	1000	125	181	0.21	0.914
有	1	3000	118	216	0.257	1.18
有	1	5000	115	217	0.267	1.32
有	3	1000	131	227	0.176	0.696
有	3	3000	121	216	0.218	1.01

续表

超声辅助	道数	进料速率 /（mm/min）	铝合金硬度 /V	钢硬度 /V	铝合金粗糙度 /μm	钢板粗糙度 /μm
有	3	5000	119	212	0.219	1.11
有	5	1000	156	242	0.238	1.09
有	5	3000	136	237	0.283	1.31
有	5	5000	136	221	0.307	1.39

解：由于该抛光试验是在所有因子水平组合条件下进行的单次试验，所以可以用方差分析方法评估超声辅助（表示为 A）、抛光道数（表示为 B）和进料速率（表示为 C）三个因子的独立效应和它们之间的交互效应。

所有的原假设均是假设效应模型中的效应项等于 0，对应的对立假设为其中某个效应项不等于 0。图 3-7、图 3-8 分别为 JMP 给出的模型、3 个因子及其交互作用对铝合金硬度、粗糙度的影响的分析结果。

对于铝合金硬度，由图 3-7 的"方差分析"栏可见，$P(F_M > F_{M0}) = 0.0026^*$，表明描述硬度的效应模型非常显著；在"效应检验"栏中，$P(F_A > F_{A0}) = 0.0004^*$、$P(F_B > F_{B0}) = 0.0005^*$、$P(F_C > F_{C0}) = 0.0838$、$P(F_{AB} > F_{AB0}) = 0.0514$、$P(F_{AC} > F_{AC0}) = 0.0046^*$、$P(F_{BC} > F_{BC0}) = 0.5160$。在 0.05 的显著水平下，超声辅助、抛光道数两个因子非常显著，进料速率很不显著；交互作用中，超声辅助 × 进料速率非常显著，超声辅助 × 道数、道数 × 进料速率不显著。根据概率值的大小确定影响显著性由强到弱排序，顺序为：超声辅助＞道数＞超声辅助 × 进料速率＞超声辅助 × 道数＞进料速率＞道数 × 进料速率。

响应"铝合金硬度"

方差分析

源	自由度	平方和	均方	F比
模型	13	2510.9444	193.150	28.9724
误差	4	26.6667	6.667	概率>F
校正总和	17	2537.6111		0.0026*

效应检验

源	参数数目	自由度	平方和	F比	概率>F
超声辅助	1	1	840.5000	126.0750	0.0004*
道数	2	2	1122.1111	84.1583	0.0005*
进料速率	2	2	65.4444	4.9083	0.0838
超声辅助*道数	2	2	91.0000	6.8250	0.0514
超声辅助*进料速率	2	2	366.3333	27.4750	0.0046*
道数*进料速率	4	4	25.5556	0.9583	0.5160

图 3-7 超声辅助、道数、进料速率及其交互作用对铝合金硬度的影响

响应"铝合金粗糙度"

方差分析

源	自由度	平方和	均方	F比
模型	13	0.03236022	0.002489	28.9822
误差	4	0.00034356	0.000086	概率>F
校正总和	17	0.03270378		0.0026*

效应检验

源	参数数目	自由度	平方和	F比	概率>F
超声辅助	1	1	0.00314689	36.6391	0.0038*
道数	2	2	0.00429511	25.0039	0.0055*
进料速率	2	2	0.01183411	68.8920	0.0008*
超声辅助*道数	2	2	0.01294711	75.3713	0.0007*
超声辅助*进料速率	2	2	0.00003344	0.1947	0.8304
道数*进料速率	4	4	0.00010356	0.3014	0.8639

图 3-8 超声辅助、道数、进料速率及其交互作用对铝合金粗糙度的影响

通过残差图的分析，模型的误差正态性、误差齐性及试验的独立性假设均是成立的。具体的分析可以参照例 3-2 自行进行。

3.3.2 基于变异贡献率的方差分析

多因子方差分析推导及例子表明，在利用方差分析判断因子及其交互作用对响应的影响时，先是将总变异分解为各因子变化引起的变异、因子间交互作用变化引起的变异与误差，然后将因子（及其交互作用）变化引起的平均变异与误差的平均变异进行比较，在假设因子的效应可以忽略的原假设下比值服从 F 分布，据此推断在某一显著水平（比如 $\alpha = 0.05$）下该因子对响应的影响是否显著。该方法所基于的数据推导严谨，理论正确，成为近代工业、农业及其他领域科学技术试验数据分析的基础。

但是，应该注意到，实际计算得到的结果取决于试验测量数据，更具体地说，更多地取决于试验过程中因子水平的变化范围。所以，得出的所有"影响显著""影响不显著"均是在"试验因子的变化范围"内得到的，而这个变化范围是由试验者根据经验或需求来选择的。这种选择与研究对象的现行条件（如生产过程的工艺参数变化区间）密切相关，也与试验者的认知有关。一方面，较小的因子变化范围导致的响应变异也会相对较小；试验范围如果处于响应平缓部分，响应的变异也会相对较小。另一方面，在做检验分析时，是将因子引起的变异与误差进行比较，所以误差本身的大小对检验结果也有显著影响。一些成熟的测试系统，可能试验过程中存在的不确定随机因素已被尽可能地抑制，使得误差项的相对量较小，进而可以容易地分辨出因子的变异显著性。但是也会存在一些试验系统中不可控因素多、变异大、影响显著的情况，造成相对于研究因子引起的变异较小，即所谓信噪比小的情况，因子的作用效果反而不能突显出来。

鉴于这两种实际情况的存在，特别是对一些较新的研究对象，完全采用 F 值或者概率值来判断显著性显然是不完全适宜的。针对这种信噪比较低的情况，可以根据式（3-11）所进行的分解结果，采用单项变异平方和 SS_i $(i=A, B, \cdots)$ 在总变异平方和 SS_T 中的相对大小，即贡献率（contribution percentage，CP）来进行比较：

$$CP = \frac{SS_i}{SS_T} \times 100\% \, (i = A, B, \cdots) \qquad (3\text{-}12)$$

式中，下标 i 代表 A、B 等因子及其交互作用项。

具体地说，为了从多个因子或因子的交互作用中筛选出较重要的项，根据式（3-12）计算值从大到小进行排序，选择贡献率 CP 值较大的项，它们是相对重要的因子（交互作用）项。具体选择多少项比较合适，这要根据具体的课题和经验来确定。一个可参照的方法是把贡献率 CP 值数列之间差值相差较大的间隔作为选择因子的依据，间隔之前的确定为较重要的因子项。

练习

1. 叙述方差分析的原理。
2. 简述单因子方差分析的均值模型和效应模型。
3. 简述方差分析的三个基本假定。
4. 简述单因子方差分析的原假设和对立假设。
5. 解释总变异平方和、水平间变异平方和与误差平方和，并给出表达式。
6. 给出单因子方差分析表。
7. 叙述残差检验的内容。
8. 用方差分析方法分析例 3-1 中各种处理方法对 AISI 1040 钢的屈服强度、伸长率和洛氏硬度是否有影响，哪种处理方法的效果最显著，并检验方差模型的残差是否满足正态性和方差齐性的假定。
9. 简述多因子方差分析中模型与因子原假设及对立假设的异同。
10. 试述多因子方差分析中模型显著性与因子显著性的关系。
11. 根据表 3-9，利用方差分析方法探索灰砂比和料浆浓度对稠度、分层度、弹性模量、内聚力和泊松比的影响。
12. 根据表 3-12，分析三个因子及因子的交互作用对铝合金粗糙度、钢板硬度和钢板粗糙度的影响。

第4章

线性回归分析

4.1　回归分析概述

在科学和工程领域，经常会遇到各种变量（variable），如材料的力学性能指标、化学成分、工艺参数、试验条件和试验结果等。客观上这些变量之间存在一定的关系，如钢的化学成分中碳和锰含量越高，则钢的抗拉强度就越高，伸长率就越低；拉力试样标距越长，伸长率也就越低。这些变量之间不存在一一对应的关系，但它们之间确实相互联系、相互依存、相互制约。当其中一个或多个变量变化时，其他一些变量也会随之变化。这些变量间的关系大致可以分成两种类型：一类是确定性关系，即函数关系；另一类是相关关系。

具有确定性关系的变量，变量之间存在着函数关系，表现为某一变量发生变化时，另一变量有确定的值与之相对应；两个变量间，可以唯一地由一个量来确定另一个量。

回归分析（analysis of regression）是研究变量间关系的一种常用统计方法。通过回归分析，可以对具有相关关系的变量间的变化规律进行量化分析，确定变量间的函数关系。回归分析广泛应用于试验数据处理、建立经验公式、制定生产规范、探索新配方与新工艺、优化生产质量控制与预测以及建立自动控制的数学模型等各个方面，是一种行之有效的数学方法。

进行回归分析的目的之一是预测和控制被测参数，即知道变量 x 值的范围，便可预测出变量 y 值的范围；要求 y 值在某范围内时，可以通过控制 x 值的范围来实现。因此在进行回归试验时，要将变量分为因变量和自变量。一般将易于测量或控制的量作为自变量，另一个不易控制或测量的量作为因变量。譬如合金的化学成分比合金性能易于控制，因此一般以合金成分来控制其性能，即以化学成分为自变量，合金性能为因变量。回归分析时，通常是测试因变量，而将自变量保持在一定的已知水平上。因此在试验设计数据的处理中，将因子变量作为自变量，响应变量作为因变量。在本书中，自变量与因子变量、因变量与响应变量混合使用。

因变量与自变量之间的函数关系一经建立，就确定了因变量如何随自变量而变化的相关关系。但变化的原因及内在本质需从专业角度进行探索。

按照涉及的自变量个数，回归分析可分成一元回归和多元回归两大类；按照自变量和因变量之间的关系是线性的还是非线性的，回归分析可分为线性回归（或直线回归）与非线性回归（或曲线回归）两类。在回归分析中，只有一个自变量的称为一元回归，有两个或两个以上自变量的称为二元回归或多元回归。只包括一个自变量和一个因变量，且二者的关系是线性的，这种回归分析称为一元线性回归分析。如果回归分析中包括两个或两个以上的自变量，且因变量和自变量之间是线性关系，则称为多元线性回归分析。

建立回归数学模型是对试验数据进行回归分析的首要任务，反映变量间相互关系的数学解析表达式就是要建立的回归数学模型。因此，建立回归数学模型主要有两个内容：一是确定函数形式，二是求公式系数。

以单个因子变量 x 为例，假设 x 在区间 $[a,b]$ 内，响应变量 y 与 x 间存在函数关系，即 $y=f(x)$。建立变量 y 和 x 间的回归数学模型，就是要寻找一个函数 $\hat{y}=\varphi(x)$，使在试验范围 $[a,b]$ 内，函数 $\hat{y}=\varphi(x)$ 与 $y=f(x)$ 最为接近，即真实函数 $y=f(x)$ 与所选的函数 $\hat{y}=\varphi(x)$ 的全部差值 $y-\hat{y}$ 的平方和，应比选用任何其他任何数学模型时都小，即

$$\int_a^b (y-\hat{y})^2 \mathrm{d}x \Rightarrow \min \tag{4-1}$$

设在给定的一系列 $x_i(i=1,2,\cdots,n)$ 时，测得因变量 $y_i(i=1,2,\cdots,n)$，得到一组试验数据列 (x_i, y_i)。由于真实函数 $y=f(x)$ 是未知的，所以可以认为该组试验数据是 $y=f(x)$ 的测定值。同时由于受到随机测试误差的影响，实际测试值 y_i 产生波动，从而与理论计算值 Y 出现差异。对于数据列 (x_i, y_i)，式（4-1）等价于：

$$\sum_{i=1}^n (y_i-\hat{y}_i)^2 \Rightarrow \min$$

式中，$\hat{y}_i$ 是在自变量 x_i 下，利用回归数学模型计算得到的因变量的值，即变量 y_i 的理论估计值或回归值。显然，$(y_i-\hat{y}_i)$ 是试验测量值与回归值的偏差，$\sum_{i=1}^n (y_i-\hat{y}_i)^2$ 为偏差平方和，用 Q 表示，则

$$Q=\sum_{i=1}^n (y_i-\hat{y}_i)^2 \tag{4-2}$$

显然，偏差平方和 Q 最小时的回归数学模型就是所要求取的回归数学模型。也就是说，一组测试数据列，利用"最小二乘法"（method of least squares）原理可找到变量间的最佳近似函数。

利用多项式可以拟合任何形式的曲线，因此一般假定回归模型的形式为多项式。在实际的科研或生产工作中，除了可根据试验数据的图示结果确立数学模型的具体类型外，通常还可利用专业知识结合理论推导来确定数学模型，而且可通过一定的变换将数学模型转换成多项式的形式。这样，建立回归数学模型的问题便转化为根据试验数据确定多项式系数即回归系数（regression coefficient）的问题。因此建立回归数学模型的关键就是根据实测数据估计回归系数的问题。最小二乘法就是使含有随机误差的各实测值与回归值的偏差平方和 Q 的值达到最小，从而估计回归系数的方法。利用测量数据估计回归系数、建立回归模型是典型的参数估计问题。

4.2　一元线性回归分析

一元回归分析是一种确定因变量 y 和自变量 x 之间函数关系的方法。如果两变量之间的关系是线性的，则称为一元线性回归分析（simple linear regression），建立的回归方程称为一元线性回归方程。

由于自变量与因变量之间呈线性关系，因此通过测试所得的 n 对数据 (x_i, y_i) $(i=1,2,\cdots,n)$ 的试验点在平面坐标上可近似表示为一条直线。一元线性回归分析的统计模型（linear statistical model）为

$$y_i = \beta_0 + \beta_1 x_i + \varepsilon_i \quad (i = 1, 2, \cdots, n) \tag{4-3}$$

式中，β_0、β_1 为待定系数，常称为回归系数（regression coefficient）；ε_i 表示每次试验的随机误差。一般假定 ε_i 是一组相互独立、服从标准正态分布 $\varepsilon_i \sim N(0, \sigma^2)$ 的随机变量。

当用一个确定的函数关系式近似表达此数学模型时，其一元线性回归方程为

$$\hat{y} = \hat{\beta}_0 + \hat{\beta}_1 x \tag{4-4}$$

因此，建立一元线性回归方程的问题就是如何确定式（4-4）中的回归系数 $\hat{\beta}_0$ 和 $\hat{\beta}_1$ 的问题。

4.2.1　回归方程的建立

利用最小二乘法确定式（4-4）中的回归系数 $\hat{\beta}_0$、$\hat{\beta}_1$。将式（4-4）代入式（4-2），有

$$Q = \sum_{i=1}^{n} [y_i - (\hat{\beta}_0 + \hat{\beta}_1 x_i)]^2 \tag{4-5}$$

求算使式（4-5）中的 Q 值达到最小的一组 $\hat{\beta}_0$、$\hat{\beta}_1$ 值，只需将式（4-5）分别对 $\hat{\beta}_0$ 和 $\hat{\beta}_1$ 求偏导并使其结果等于零便可。

这样，回归系数 $\hat{\beta}_0$、$\hat{\beta}_1$ 就是满足方程组

$$\begin{cases} \dfrac{\partial Q}{\partial \hat{\beta}_0} = 0 \\ \dfrac{\partial Q}{\partial \hat{\beta}_1} = 0 \end{cases} \tag{4-6}$$

的一组解。式（4-6）可进一步写为

$$\begin{cases} \dfrac{\partial Q}{\partial \hat{\beta}_0} = -2\sum_{i=1}^{n}(y_i - \hat{\beta}_0 - \hat{\beta}_1 x_i) = -2\left(\sum_{i=1}^{n} y_i - n\hat{\beta}_0 - \hat{\beta}_1 \sum_{i=1}^{n} x_i \right) = 0 \\ \dfrac{\partial Q}{\partial \hat{\beta}_1} = -2\sum_{i=1}^{n}(y_i - \hat{\beta}_0 - \hat{\beta}_1 x_i) x_i = -2\left(\sum_{i=1}^{n} x_i y_i - \hat{\beta}_0 \sum_{i=1}^{n} x_i - \hat{\beta}_1 \sum_{i=1}^{n} x_i^2 \right) = 0 \end{cases}$$

对上式进一步整理，可得

$$\begin{cases} n\hat{\beta}_0 + \hat{\beta}_1 \sum_{i=1}^{n} x_i - \sum_{i=1}^{n} y_i = 0 \\ \hat{\beta}_0 \sum_{i=1}^{n} x_i + \hat{\beta}_1 \sum_{i=1}^{n} x_i^2 - \sum_{i=1}^{n} x_i y_i = 0 \end{cases}$$

解上面的方程组，得到回归系数 $\hat{\beta}_0$、$\hat{\beta}_1$ 分别为

$$\hat{\beta}_0 = \overline{y} - \frac{\sum_{i=1}^{n}(x_i - \overline{x})(y_i - \overline{y})}{\sum_{i=1}^{n}(x_i - \overline{x})^2} \overline{x} \tag{4-7}$$

$$\hat{\beta}_1 = \frac{\sum_{i=1}^{n}(x_i - \overline{x})(y_i - \overline{y})}{\sum_{i=1}^{n}(x_i - \overline{x})^2} \qquad (4-8)$$

4.2.2　回归方程检验

由通过最小二乘法估计得到的数学表达式（4-7）和式（4-8）可知，只要给出了 n 组数据 (x_i, y_i)（$i = 1, 2, \cdots, n$），就可以估计出 $\hat{\beta}_0$ 与 $\hat{\beta}_1$ 的值，从而写出回归方程。但回归方程对于数据组的拟合是否具有意义？即 x 的变化是否一定引起 y 的变化？或者说 y 与 x 一定相关吗？拟合程度好还是不好？y 与 x 之间一定是线性的吗？要回答这些问题，需要进行检验。如果通过检验发现模型存在缺陷，就必须重新设定模型和估计参数。

（1）F 检验

对回归方程进行 F 检验的目的就是验证因子变量 x 的变化是否引起响应变量 y 的变化，即 y 与 x 的相关性，也即是模型式（4-3）的显著性问题。为了与上一章的方差分析相区别，把上一章对均值进行 F 检验的方法称为效应模型的方差分析法，本章的 F 检验方法称为回归模型的方差分析法。

为此，检验的原假设和对立假设为：

原假设 H_0：$\beta_1 = 0$，即 y 与 x 无关；

对立假设 H_1：$\beta_1 \neq 0$，即 y 与 x 相关。

如果原假设成立，意味着响应变量 y 的变化与 x 的改变无关，x 的变异不会引起 y 的显著变化，y 与 x 不具有显著的相关性，即回归模型式（4-3）不具有显著性；反之，如果原假设被拒绝，则表示 y 与 x 具有显著的相关性，x 的变异会引起 y 的显著变化，回归模型式（4-3）具有显著性。

参照方差分析的 F 检验方法进行回归方程的 F 检验。

自变量 x 的取值为 $x_1, x_2, \cdots, x_n$ 时，对应因变量 y 的观察值为 $y_1, y_2, \cdots, y_n$，得到一组数据 (x_i, y_i)（$i = 1, 2, \cdots, n$）。设因变量 y 的 n 个观察值的算术平均值为 $\overline{y}$，则每个观察值的变异为 $(y_i - \overline{y})$。显然，因变量 y 的总变异平方和 SS_T 为

$$SS_T = \sum_{i=1}^{n}(y_i - \overline{y})^2 \qquad (4-9)$$

测量值中 n 个实测值 y_i 间存在变异的原因有两个：一个是自变量 x 取不同值 x_i 时，引起 y_i 之间的变异；另一个是试验误差、非线性关系或其他影响 y 值的因素在试验过程中引起的差异。这里先不考虑非线性关系或其他影响。这两方面的综合影响，造成了总变异平方和 SS_T。在以上两个原因中，总是希望第一个原因是主要的，而第二个原因是次要的。将总变异平方和 SS_T 进行分解，即可看出以上两个原因在总变异平方和中各占多大比例。

设变量 y_i 的回归值为 $\hat{y}_i$，变异 $(y_i - \overline{y})$ 可以改写为

$$(y_i - \overline{y}) = (y_i - \hat{y}_i) + (\hat{y}_i - \overline{y})$$

则

$$SS_T = \sum_{i=1}^{n} [(y_i - \hat{y}_i) + (\hat{y}_i - \overline{y})]^2$$

$$= \sum_{i=1}^{n} [(y_i - \hat{y}_i)^2 + 2(y_i - \hat{y}_i)(\hat{y}_i - \overline{y}) + (\hat{y}_i - \overline{y})^2]$$

$$= \sum_{i=1}^{n} (y_i - \hat{y}_i)^2 + 2\sum_{i=1}^{n} (y_i - \hat{y}_i)(\hat{y}_i - \overline{y}) + \sum_{i=1}^{n} (\hat{y}_i - \overline{y})^2$$

因为

$$\sum_{i=1}^{n} (y_i - \hat{y}_i)(\hat{y}_i - \overline{y}) = \sum_{i=1}^{n} [\hat{y}_i(y_i - \hat{y}_i) - \overline{y}(y_i - \hat{y}_i)]$$

$$= \sum_{i=1}^{n} [\hat{y}_i(y_i - \hat{y}_i)] - \overline{y}\sum_{i=1}^{n} (y_i - \hat{y}_i)$$

$$= 0$$

所以有

$$SS_T = \sum_{i=1}^{n} (y_i - \hat{y}_i)^2 + \sum_{i=1}^{n} (\hat{y}_i - \overline{y})^2 \qquad (4\text{-}10)$$

令

$$SS_R \doteq \sum_{i=1}^{n} (\hat{y}_i - \overline{y})^2$$

$$SS_E = \sum_{i=1}^{n} (y_i - \hat{y}_i)^2$$

则式（4-10）变为

$$SS_T = SS_R + SS_E \qquad (4\text{-}11)$$

式中，SS_R 为各回归值与实测值的算术平均值的变异平方和，是由 x 和 y 间存在相关关系，自变量 x 取不同值时，导致因变量 y 的变化所引起的，因此称 SS_R 为回归平方和。SS_E 为各实测值与回归值的偏差平方和 Q，它的大小反映了试验误差对变量 y 观测结果的影响，也是总变异平方和中去掉回归平方和后的剩余部分，因此又称为剩余平方和。因回归系数 β_0、β_1 正是在 Q 最小的条件下得到的，因此 SS_E 也是观察值 y_i 与回归值 $\hat{y}_i$ 之间的偏差中最小的一个平方和。

由式（4-11）可见，总变异平方和是由回归平方和 SS_R 与剩余平方和 SS_E 两部分组成的。如果 SS_R 越大，SS_E 就越小，表明总变异平方和主要由回归平方和组成，是由 x 和 y 间的相关关系引起的，两变量间相关性越高，回归方程的效果越好。

F 检验是在对总变异平方和进行分解的基础上，检验回归方程是否真正相关的一种方法。方差是反映观测数据波动的量度。为克服测试次数 n 对偏差的影响，将回归平方和与剩余平方和分别除以各自的自由度，得到各自的平均变异平方和，即方差：

$$MS_R = \frac{SS_R}{f_R} \qquad (4\text{-}12)$$

$$MS_E = \frac{SS_E}{f_E} \qquad (4-13)$$

式中，f_R 为回归平方和的自由度；f_E 为剩余平方和的自由度。二者之和为总变异平方和的自由度 f_T，即 $f_T = f_R + f_E$ 且 $f_T = n - 1$。f_R 与自变量的数目相等，对于一元线性回归 $f_R = 1$。剩余平方和的自由度 $f_E = f_T - f_R = n - 2$。

要判断回归方程的显著性，只需比较回归方差 MS_R 与剩余方差 MS_E 的大小即可。定义统计量 F_R：

$$F_R = \frac{MS_R}{MS_E} = \frac{SS_R / f_R}{SS_E / f_E} = \frac{SS_R}{SS_E / (n-2)} \qquad (4-14)$$

已知 $E(SS_E / f_E) = E(MS_E) = \sigma^2$。在原假设 H_0 成立时，$E(SS_R) = E(MS_R) = \sigma^2$，即平均回归平方和就是平均误差平方和，此时根据式（4-14）的定义有

$$F_{R0} = \frac{MS_R}{MS_E} \sim F_{f_R, f_E} \qquad (4-15)$$

于是，根据计算得到的 F_{R0} 与某一显著水平 α 下的 $F_{\alpha,(f_R, f_E)}$ 进行比较，当 $F_{R0} \geqslant F_{\alpha,(f_R, f_E)}$ 时，位于拒绝域，即拒绝原假设 H_0 而接受对立假设 H_1，即因变量 y 与变量 x 相关，回归模型是显著的。同样地，利用概率值 $P(F_R > F_{R0})$，当 $P(F_R > F_{R0}) \leqslant \alpha$ 时，不仅可以检验回归模型的显著性，而且还可以判断其显著程度。

在实际进行回归分析计算时，对回归方程显著性的 F 检验也在方差分析表中进行。一元线性回归模型方差分析表的形式见表 4-1。关于回归方程的显著性判断同因子试验的均值检验方差分析。

表 4-1　一元线性回归模型方差分析表

方差来源	自由度	平方和	均方	F 比	$P(F > F_0)$
回归模型 R	1	SS_R	$MS_R = SS_R$	$F_R = \dfrac{MS_R}{MS_E}$	
误差 E	$n-2$	SS_E	$MS_E = \dfrac{SS_E}{n-2}$		
总和 T	$n-1$	SS_T			

（2）决定系数

在式（4-11）中，将因变量的总变异平方和 SS_T 分解为回归平方和 SS_R 与误差平方和 SS_E，通常关注 SS_R 和 SS_E 在 SS_T 中所占比例。SS_R / SS_T 表示因变量方差中能被回归模型解释的比例，相应地 SS_E / SS_T 表示因变量方差中不能被回归模型解释的比例。定义决定系数 R^2 为

$$R^2 = \frac{SS_R}{SS_T} = 1 - \frac{SS_E}{SS_T} \qquad (4-16)$$

显然，$0 \leqslant R^2 \leqslant 1$。$R^2$ 值越大，说明数据点越接近回归模型式（4-3），即数据点越靠近回归直线，回归拟合效果越好。极端地，当 $R^2 = 1$ 时，所有数据点都在回归直线上。

（3）失拟检验

失拟检验（lack of fit）可用来判断回归模型线性假设的合理性。

在回归分析中通过安排重复试验，可以弄清影响 y 的因素除 x 外，是否还有不可忽视的其

他因素。如果除 x 的影响外，还有其他未控制的、不可忽视的影响因素掺杂（包括交互作用、x 的高次项等），则此回归方程的拟合效果不好，称为失拟。此时，即使假设检验的结果是"回归方程有显著性"，也仅能说明 x 对 y 有影响，并不能表明当前线性模型对试验数据拟合得好。

失拟检验的假设：

H_0：y 与 x 是线性关系；

H_1：y 与 x 是非线性关系。

失拟检验通过对残差的分析来实现。

残差由两部分组成：一部分是随机的，即使模型拟合得再好，它也消除不了，称为随机误差或纯误差；另一部分与模型有关，模型合适，这部分的值就小，模型不合适，这部分的值就大，称为失拟误差。

失拟检验就是以失拟误差对纯误差的相对大小来作判断的：如果失拟误差显著地大于纯误差，那么就放弃模型；如果失拟误差并不显著地大于纯误差，那么就可以保留该模型。

假定在自变量 x 的第 i 个水平 x_i 处有 n_i 个响应的观测值，$i = 1, 2, \cdots, m$，用 y_{ij} 表示在 x_i 处的响应的第 j 个观测值，$j = 1, 2, \cdots, n_i$，共有 $\sum\limits_{i=1}^{m} n_i = n$ 个观测值。记 e_{ij} 为第 ij 个残差：

$$e_{ij} = y_{ij} - \hat{y}_i = (y_{ij} - \overline{y}_i) + (\overline{y}_i - \hat{y}_i)$$

式中，$\overline{y}_i$ 为 x_i 处 n_i 个观测值的平均值；$(y_{ij} - \overline{y}_i)$ 表示 x_i 处的纯误差（pure error）；$(\overline{y}_i - \hat{y}_i)$ 表示 x_i 处拟合值与均值的偏差，称为失拟误差（lack of fit）。上式两边平方并对 i 和 j 求和，得到

$$\sum_{i=1}^{m}\sum_{j=1}^{n_i} e_{ij}^2 = \sum_{i=1}^{m}\sum_{j=1}^{n_i}(y_{ij} - \overline{y}_i)^2 + \sum_{i=1}^{m} n_i(\overline{y}_i - \hat{y}_i)^2$$

其左边即为残差平方和 SS_E，右边两项是纯误差的平方和 SS_{PE} 和失拟平方和 SS_{LF}，即有

$$SS_{PE} = \sum_{i=1}^{m}\sum_{j=1}^{n_i}(y_{ij} - \overline{y}_i)^2$$

$$SS_{LF} = \sum_{i=1}^{m} n_i(\overline{y}_i - \hat{y}_i)^2$$

$$SS_E = SS_{PE} + SS_{LF}$$

可见，SS_{LF} 是在每个 x_i 水平上的拟合值 $\hat{y}_i$ 与相应响应均值 $\overline{y}_i$ 偏差平方的加权和，其权重系数即为 n_i。如果拟合值 $\hat{y}_i$ 靠近相应的响应平均值 $\overline{y}_i$，就存在有力的证据表明回归函数是线性的；相反，如果 $\hat{y}_i$ 与 $\overline{y}_i$ 有很大偏差，那么回归函数很有可能不是线性的。因为 x 有 m 个水平，且模型在估计 p 个参数时损失了 p 个自由度，故 SS_{LF} 有（$m-p$）个自由度。所以定义检验的统计量为

$$F_{LF} = \frac{SS_{LF} / (m-p)}{SS_{PE} / (n-m)} = \frac{MS_{LF}}{MS_{PE}}$$

MS_{PE} 的期望值是 σ^2。如同方差分析的变异分解里因子水平变异中包含随机误差一样，失拟误差也自然地包含纯误差，所以 MS_{LF} 的期望值是

$$E(MS_{LF}) = \sigma^2 + \frac{\sum_{i=1}^{m} n_i [E(y_i) - (\beta_0 + \sum_{j=1}^{p} \beta_j x_{ij})]^2}{m-1}$$

如果真实的回归函数是线性的，那么 $E(y_i) = \beta_0 + \sum_{j=1}^{p} \beta_j x_{ij}$，上式的第 2 项为零，此时 $E(MS_{LF}) = \sigma^2$。然而，若回归函数不是线性的，则 $E(y_i) \neq \beta_0 + \sum_{j=1}^{p} \beta_j x_{ij}$，于是 $E(MS_{LF}) > \sigma^2$。因此，如果真实的回归函数是线性的，即原假设成立，则此时的统计量 F_{LF0} 服从 $F_{(m-p,n-m)}$ 分布，即

$$F_{LF0} = \frac{SS_{LF} / (m-p)}{SS_{PE} / (n-m)} = \frac{MS_{LF}}{MS_{PE}} \sim F_{(m-p,n-m)} \tag{4-17}$$

为了检验拟合是否不足，先计算检验统计量 F_{LF0} 的值，若 $F_{LF0} > F_{\alpha,(m-p,n-m)}$，则 F_{LF0} 位于拒绝域，对应地存在 $P(F > F_{LF0}) < \alpha$，拒绝原假设，因此认为回归函数应该是非线性的，当前的拟合存在失拟问题。如果存在失拟问题，则需要放弃原来确定的模型，寻找建立一个更合适的模型，包括数据变换，向模型中添加交互项、高次项等。

相反，如果 $F_{LF0} \leqslant F_{\alpha,(m-p,n-m)}$，则 F_{LF0} 位于接受域，对应地存在 $P(F > F_{LF0}) > \alpha$，接受原假设，因此认为回归函数是线性的。在接受线性假设后，通常把 MS_{LF} 和 MS_{PE} 合并起来估计 σ^2。

4.2.3 回归方程的回归预测与置信区间

求得因子变量 x 与响应变量 y 之间的回归方程后，若方程拟合良好，那么它在一定程度上反映了两变量之间的内在规律，可以利用方程进行预测。

回归模型为

$$y = \beta_0 + \beta_1 x + \varepsilon$$

预测问题就是在任意给定 x_0 时，推断 y_0 的值大致在什么范围内。可以将 $\hat{y} = \hat{\beta}_0 + \hat{\beta}_1 x$ 作为 $y_0 = \beta_0 + \beta_1 x_0 + \varepsilon_0$ 的一个点估计值，亦可以作一个区间估计，即在一定的显著水平 α 下，寻找一个小范围 $\delta(\delta > 0)$，使实际观测值以 $1-\alpha$ 的概率落入区间 $(\hat{y}_0 - \delta, \hat{y}_0 + \delta)$ 内，即

$$P(\hat{y}_0 - \delta < y_0 < \hat{y}_0 + \delta) = 1 - \alpha$$

或

$$P(|y_0 - \hat{y}_0| < \delta) = 1 - \alpha$$

已知 $(y_0 - \hat{y}_0)$ 服从正态分布，且

$$E(y_0 - \hat{y}_0) = E(y_0) - E(\hat{y}_0) = 0$$

$$E(y_0 - \hat{y}_0)^2 = \sigma^2 \left[1 + \frac{1}{n} + \frac{(x_0 - \bar{x})^2}{\sum_{i=1}^{n} (x_i - \bar{x})^2} \right]$$

即

$$(y_0 - \hat{y}_0) \sim N\left(0, \sigma^2 \left[1 + \frac{1}{n} + \frac{(x_0 - \overline{x})^2}{\sum\limits_{i=1}^{n}(x_i - \overline{x})^2}\right]\right)$$

由于 $(y_0 - \hat{y}_0)$ 与 SS_E 相互独立，所以有

$$\frac{(y_0 - \hat{y}_0)^2 \bigg/ \left[1 + \dfrac{1}{n} + \dfrac{(x_0 - \overline{x})^2}{\sum\limits_{i=1}^{n}(x_i - \overline{x})^2}\right]}{SS_E / (n-2)} \sim F_{1,n-2}$$

由此可求出

$$\delta = \sqrt{F_{\alpha,(1,n-2)} \frac{SS_E}{n-2} \left[1 + \frac{1}{n} + \frac{(x_0 - \overline{x})^2}{\sum\limits_{i=1}^{n}(x_i - \overline{x})^2}\right]} \tag{4-18}$$

y_0 在 $(1-\alpha)$ 的置信度下的置信区间为 $(\hat{y}_0 - \delta < y_0 < \hat{y}_0 + \delta)$。

当 $x_0 \to \overline{x}$，n 较大时，式（4-18）可简化为

$$\delta = \sqrt{F_{\alpha,(1,n-2)} \frac{SS_E}{n-2}} \tag{4-19}$$

式（4-19）表明，y 的置信区间不仅与 α 和 n 有关，而且还与观测点 x_0 有关。当 x_0 靠近 $\overline{x}$ 时，δ 就小，区间就越小；当 x_0 远离 $\overline{x}$ 时，δ 就大，区间就越大。所以 $\delta = \delta(x_0)$ 是一个函数。作出 $\hat{y}_1 = \hat{y} - \delta(x)$，$\hat{y}_2 = \hat{y} + \delta(x)$ 的图形，可以发现 $\hat{y}_1$ 和 $\hat{y}_2$ 把回归直线夹中间，两头呈喇叭形，如图 4-1 所示。

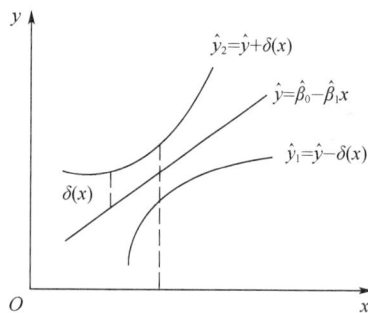

图4-1　预测值的置信区间

【例4-1】硬度和抗拉强度是金属材料的两种重要性质。通常，硬度和抗拉强度的测量都是破坏性的，因此不适用于生产现场的在线检测。而韦氏硬度是一种非损伤性检测，它是指用一定形状的硬钢压针，在标准弹簧试验力作用下压入试样表面，用压针的压入深度确定材料硬度，定义 0.01mm 的压入深度为一个韦氏硬度单位。特别是韦氏硬度与抗拉强度之间存在良好的线性关系，在生产现场可以通过对金属材料的韦氏硬度进行在线检测，进而在线估计出材料的抗拉强度，提高产品质量，降低企业物理性能检测成本和提高工作效率。表 4-2 列出了文献[9]测量的 6005A-T6、6063-T5 铝合金的韦氏硬度与抗拉强度数据。以 6005A-T6 为例，解答下列问题：

（1）用图形展示 6005A-T6 铝合金的韦氏硬度与抗拉强度之间的相关关系；

（2）建立韦氏硬度与抗拉强度之间的模型；

（3）对模型进行显著性检验、失拟检验；

（4）利用模型进行回归预测和置信区间预测。

表 4-2　铝合金的韦氏硬度与抗拉强度测量值

序号	合金	韦氏硬度/HW	抗拉强度/MPa
1	6005A-T6	13	286
2	6005A-T6	14	290
3	6005A-T6	13	286
4	6005A-T6	14	294
5	6005A-T6	15.5	310
6	6005A-T6	14	296
7	6005A-T6	16	313
8	6005A-T6	15	301
9	6005A-T6	14.5	293
10	6005A-T6	15	307
11	6005A-T6	13	279
12	6063-T5	11.5	234
13	6063-T5	13	263
14	6063-T5	13	266
15	6063-T5	12.5	261
16	6063-T5	12	249
17	6063-T5	12	252
18	6063-T5	16	322

解：

（1）在 JMP 中新建表并录入表 4-2 中 6005A-T6 铝合金的测量数据，点击"图形"→"图形生成器"命令打开图形生成器窗口，将抗拉强度和韦氏硬度分别拖拽到 Y 轴和 X 轴，并点击图上的"拟合线"图标和图形控制面板中的"完成"按钮，得到图 4-2 所示的抗拉强度随韦氏硬度变化图。可见抗拉强度与韦氏硬度之间具有良好的线性相关性。

（2）在表视图中点击"分析"→"以 X 拟合 Y"，将抗拉强度拖拽到 Y，响应，韦氏硬度拖拽到 X，因子，点击"确定"后在打开的报表窗口中选择"二元拟合"，在以"韦氏硬度"拟合"抗拉强度"前的红色三角菜单中点击"拟合线"命令，给出图 4-3（a）所示回归分析报表。由图 4-3（a）可见，最上面的散点图形与图 4-2 相似，用红色线表示拟合直线；在"参数估计值"面板中列出截距、韦氏硬度的系数值，分别对应式（4-7）和式（4-8）的两个参数，即 $\hat{\beta}_0 = 153$，$\hat{\beta}_1 = 10.0$，对应地给出的拟合模型为：

$$抗拉强度 = 153 + 10.0 \times 韦氏硬度$$

图 4-3（a）中的"拟合汇总"面板列出的 R 方值为 0.9130，接近 1，表明拟合模型能够解释 91% 的测量数据，测量数据具有很好的线性度。

（3）在图 4-3（a）中，"方差分析"面板中列出对模型的方差分析表，其中列出

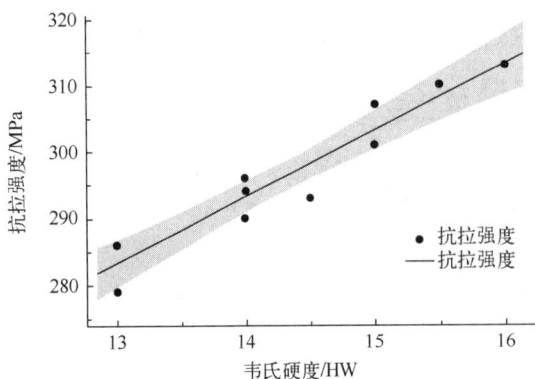

图4-2　抗拉强度随韦氏硬度变化图

了模型项、误差项和校正总和项的自由度、平方和、均方和 F 比及概率>F 的值。对照表 4-1 可知，$F_0 = 1067$，$P(F > F_0) < 0.0001 \ll 0.05$，所以高度显著，拒绝原假设，表明抗拉强度随韦氏硬度的变化而变化，或者说韦氏硬度变化时抗拉强度也显著发生变化。此外从面板中可以读出各项数据，例如 $SS_T = 1169$，$SS_R = 1067$，$SS_E = 102$，$MS_R = 1067$，$MS_E = 11$ 等。

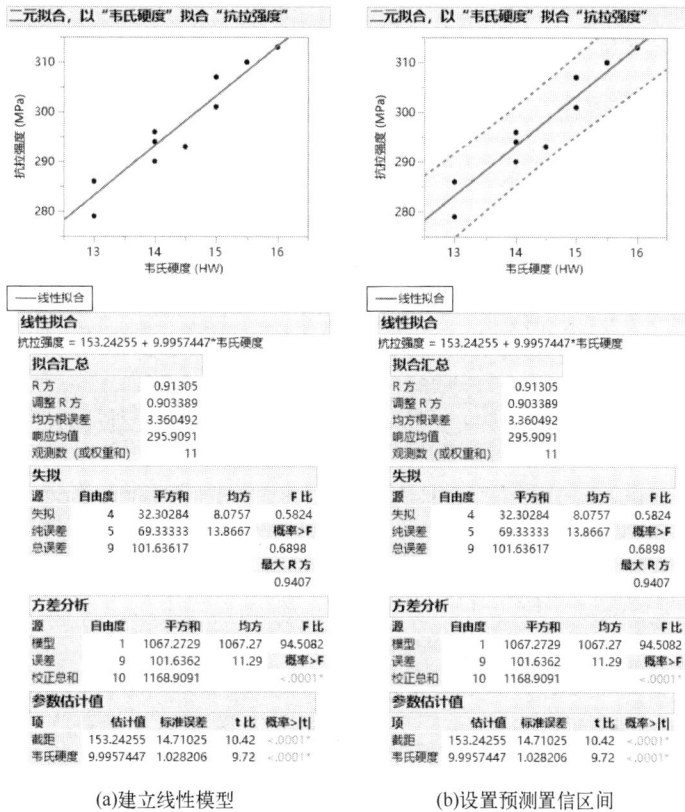

(a)建立线性模型　　　　　　　　(b)设置预测置信区间

图4-3　抗拉强度与韦氏硬度测量数据的回归报表

应该指出的是，在图 4-3（a）的"参数估计值"面板中不仅给出了参数的值，同时也给出了对应参数的 t 检验结果。相应的原假设是参数 β_1 值等于零，韦氏硬度项的 t 检验结果与方差分析的 F 检验结果是一致的，因为模型中只有韦氏硬度一个变量，其系数的 t 检验显著，模型才会显著，反之亦然；截距参数 $\hat{\beta}_0$ 的检验结果表示该参数是否可以为零，如果 t 检验不显著，则在模型中是可以忽略截距的。

图 4-3（a）中的"失拟"面板给出的是用线性模型描述测量数据是否合理的检验。由于在一些点上存在重复测量值，因此能够给出模型的失拟检验结果。同样，从该面板中可以得到失拟平方和 $SS_{LF} = 32.3$，纯误差平方和 $SS_{PE} = 69.33$，对应的均方分别为 $MS_{LF} = 8.07$，$MS_{PE} = 13.9$。更值得关注的是 $F_{LF0} = 0.5824$，$P(F > F_{LF0}) = 0.6898 > 0.05$，表明无法拒绝当前模型为线性的原假设，不存在失拟问题，即用当前的线性模型描述测量数据是合适的。

（4）在图 4-3（a）中散点图上显示的拟合线即为按照回归方程绘出的回归预测值，分别点击图中"-拟合线"前红色三角菜单命令"单值置信曲线""着色单值置信带"，则在该散点图上给出预测值的 95%置信区间并着色为浅红色，如图 4-3（b）所示。如果关心具体的数值，点击图中"-拟合线"前红色菜单命令"保存预测值""单值置信线公式"，则在数据表中自动增加三个计算列："抗拉强度"预测值、95%单值下限：抗拉强度和95%单值上限：抗拉强度，如图4-4所示，它们的值分别与图4-3（b）中散点图的拟合线、上下置信线对应。对于图4-3（b）和图4-4，可以这样理解：以韦氏硬度为15的合金为例，样本的测量值分别为301MPa和307MPa，模型预测值为303MPa，但按照模型，在95%的置信度下，测量数值在(295,311)范围内都是合理的。换句话说，抽样验证模型正确性时，只要韦氏硬度为15的合金的抗拉强度在（295，311）范围内，在95%的置信度下，就证明该模型是正确的。

韦氏硬度/HW	抗拉强度/MPa	"抗拉强度"预测值	95%单值下限：抗拉强度	95%单值上限：抗拉强度
13	286	283.18723404	274.71333745	291.66113063
14	290	293.18297872	285.21768882	301.14826863
13	286	283.18723404	274.71333745	291.66113063
14	294	293.18297872	285.21768882	301.14826863
15.5	310	308.17659574	299.73905237	316.61413912
14	296	293.18297872	285.21768882	301.14826863
16	313	313.17446809	304.27590938	322.07302679
15	301	303.1787234	295.0605349	311.29691191
14.5	293	298.18085106	290.2232832	306.13841892
15	307	303.1787234	295.0605349	311.29691191
13	279	283.18723404	274.71333745	291.66113063

图4-4　数据表中增加对应试验值的预测值、预测置信区间

4.3　多元线性回归分析

如果影响响应变量 y 的因子不止一个，而是多个，就要进行多元回归分析。假设响应变量 y 与 p 个因子变量 x_1, x_2, $\cdots$, x_p 相关，称模型

$$y = \beta_0 + \beta_1 x_1 + \beta_2 x_2 + \cdots + \beta_p x_p + \varepsilon \qquad (4\text{-}20)$$

为有 p 个回归变量的多元线性回归模型，参数 $\beta_j (j = 1, 2, \cdots, p)$ 为回归系数。参数 β_j 表示在 x_j 每改变一个单位而其余自变量 $x_k (k = 1, 2, \cdots, p, k \neq j)$ 保持不变时响应 y 的期望改变量。

4.3.1　回归方程的建立

多元线性回归模型中，通常也用最小二乘法来估计回归系数。设有 $n > p$ 个响应的观测值 y_1, y_2, $\cdots$, y_n，每一个因子变量也有相应的设定值，用 x_{ij} 表示变量 x_j 的第 i 个设定值或水平，数据如表4-3所示。假定模型中误差项 ε 满足 $E(\varepsilon) = 0$，方差 $V(\varepsilon) = \sigma^2$，且 ε_i 是独立的随机变量。

表4-3　多元线性回归数据

y	x_1	$\cdots$	x_j	$\cdots$	x_p
y_1	x_{11}	$\cdots$	x_{1j}	$\cdots$	x_{1p}
$\vdots$	$\vdots$		$\vdots$		$\vdots$
y_i	x_{i1}	$\cdots$	x_{ij}	$\cdots$	x_{ip}
$\vdots$	$\vdots$		$\vdots$		$\vdots$
y_n	x_{n1}	$\cdots$	x_{nj}	$\cdots$	x_{np}

可以用表 4-3 中列出的观测值写出式（4-20）的模型

$$y_i = \beta_0 + \beta_1 x_{i1} + \beta_2 x_{i2} + \cdots + \beta_p x_{ip} + \varepsilon_i, \quad i = 1, \ 2, \ \cdots, \ n \tag{4-21}$$

式（4-21）的标量形式的最小二乘法处理过程比较烦琐，下面以矩阵形式给出最小二乘法估计回归系数的推导过程。将式（4-21）用矩阵形式表示如下

$$\boldsymbol{y} = \boldsymbol{X\beta} + \boldsymbol{\varepsilon} \tag{4-22}$$

其中

$$\boldsymbol{y} = \begin{bmatrix} y_1 \\ y_2 \\ \vdots \\ y_n \end{bmatrix}, \quad \boldsymbol{X} = \begin{bmatrix} 1 & x_{11} & x_{12} & \cdots & x_{1p} \\ 1 & x_{21} & x_{22} & \cdots & x_{2p} \\ \vdots & \vdots & \vdots & \cdots & \vdots \\ 1 & x_{n1} & x_{n2} & \cdots & x_{np} \end{bmatrix}, \quad \boldsymbol{\varepsilon} = \begin{bmatrix} \varepsilon_1 \\ \varepsilon_2 \\ \vdots \\ \varepsilon_n \end{bmatrix}$$

要求得最小二乘估计量 $\hat{\boldsymbol{\beta}}$，只要使

$$Q = \sum_{i=1}^n \varepsilon_i^2 = \boldsymbol{\varepsilon}' \boldsymbol{\varepsilon} = (\boldsymbol{y} - \boldsymbol{X}\hat{\boldsymbol{\beta}})' (\boldsymbol{y} - \boldsymbol{X}\hat{\boldsymbol{\beta}})$$

取极小值，即最小二乘估计量必须满足

$$\frac{\partial Q}{\partial \hat{\boldsymbol{\beta}}} = -2\boldsymbol{X}'\boldsymbol{y} + 2\boldsymbol{X}'\boldsymbol{X}\hat{\boldsymbol{\beta}} = 0$$

或

$$\boldsymbol{X}'\boldsymbol{X}\hat{\boldsymbol{\beta}} = \boldsymbol{X}'\boldsymbol{y}$$

上式两边乘以 $\boldsymbol{X}'\boldsymbol{X}$ 的逆，于是 $\boldsymbol{\beta}$ 的最小二乘估计量为

$$\hat{\boldsymbol{\beta}} = (\boldsymbol{X}'\boldsymbol{X})^{-1}\boldsymbol{X}'\boldsymbol{y} \tag{4-23}$$

所拟合的回归模型是

$$\hat{\boldsymbol{y}} = \boldsymbol{X}\hat{\boldsymbol{\beta}} \tag{4-24}$$

其标量形式为

$$\hat{y}_i = \hat{\beta}_0 + \sum_{i=1}^p \hat{\beta}_0 x_{ij}, \quad i = 1, \ 2, \ \cdots, \ n \tag{4-25}$$

实际观测值 $\boldsymbol{y}$ 与按式（4-22）计算得到的相应拟合值 $\hat{\boldsymbol{y}}$ 的差即为残差，用 $\boldsymbol{e}$ 表示，是 n 阶向量：

$$\boldsymbol{e} = \boldsymbol{y} - \hat{\boldsymbol{y}} \tag{4-26}$$

为了估计回归方差，考虑残差平方

$$SS_E = \sum_{i=1}^n (y_i - \hat{y}_i)^2 = \sum_{i=1}^n e_i^2 = \boldsymbol{e}'\boldsymbol{e}$$

代入 $\boldsymbol{e} = \boldsymbol{y} - \hat{\boldsymbol{y}} = \boldsymbol{y} - \boldsymbol{X}\hat{\boldsymbol{\beta}}$，得到

$$SS_E = (\boldsymbol{y} - \boldsymbol{X}\hat{\boldsymbol{\beta}})' (\boldsymbol{y} - \boldsymbol{X}\hat{\boldsymbol{\beta}}) = \boldsymbol{y}'\boldsymbol{y} - 2\hat{\boldsymbol{\beta}}'\boldsymbol{X}'\boldsymbol{y} + \hat{\boldsymbol{\beta}}'\boldsymbol{X}'\boldsymbol{X}\hat{\boldsymbol{\beta}}$$

由于 $\boldsymbol{X}'\boldsymbol{X}\hat{\boldsymbol{\beta}} = \boldsymbol{X}'\boldsymbol{y}$，所以

$$SS_E = \mathbf{y}'\mathbf{y} - \hat{\boldsymbol{\beta}}'\mathbf{X}'\mathbf{y} \tag{4-27}$$

由式（4-27）确定的误差平方或残差平方有（$n-p$）个自由度，因此有

$$E(SS_E) = \sigma^2(n-p)$$

所以 σ^2 的一个无偏估计是

$$\sigma^2 = \frac{E(SS_E)}{(n-p)} \tag{4-28}$$

4.3.2 多元回归方程的假设检验

在多元线性回归问题中，也必须通过模型参数的假设检验来度量模型式（4-20）的有效性。本节的假设检验中，也要求模型误差 ε 服从均值为零、方差为 σ^2 的独立的正态分布，即 $\varepsilon \sim N(0, \sigma^2)$。由此可知，观测值 y_i 服从均值为 $\beta_0 + \sum_{j=1}^{p}\beta_j x_j$、方差为 σ^2 的独立正态分布。

（1）回归方程的显著性检验

同样，多元线性回归方程的显著性检验可用于判断因子变量 $x_1, x_2, \cdots, x_p$ 的变化导致响应变量 y 的变化。相应的假设是：

原假设 H_0：$\beta_1 = \beta_2 = \cdots = \beta_p = 0$；

对立假设 H_1：$\beta_j \neq 0$，至少有一个 j。

在原假设成立的情况下，由于所有的系数均为零，表明各因子变量的任何改变都不会引起响应的变化。而拒绝原假设 H_0 意味着，回归变量 $x_1, x_2, \cdots, x_p$ 中至少有一个变量对模型有显著影响，即因子变量的变化必然会导致响应变量的显著变化。检验方法是方差分析法。与一元线性回归模型的方差分析类似，先将总平方和 SS_T 分解为回归模型引起的平方和（简称回归平方和）SS_R 与残差（或误差）引起的平方和 SS_E，即

$$SS_T = SS_R + SS_E$$

若原假设 H_0 成立，则 $SS_R / \sigma^2 \sim \chi_p^2$，$\chi_p^2$ 的自由度即为模型中回归变量个数 p，可以证明，$SS_E / \sigma^2 \sim \chi_{n-p-1}^2$，且 SS_R 与 SS_E 相互独立。因此，有

$$F_{R0} = \frac{SS_R / p}{SS_E / (n-p-1)} = \frac{MS_R}{MS_E} \sim F_{(p, n-p-1)} \tag{4-29}$$

在某一显著水平 α 下，若 $F_{R0} > F_{[\alpha, (p, n-p-1)]}$，或者 $P(F_R > F_{R0}) \leqslant \alpha$，则拒绝原假设 H_0。对应的多元回归模型的方差分析表见表 4-4。

表 4-4　多元回归模型方差分析表

方差来源	自由度	平方和	均方	F 比	$P(F > F_0)$
回归模型 R	p	SS_R	$MS_R = \dfrac{SS_R}{p}$	$F_R = \dfrac{MS_R}{MS_E}$	
误差 E	$n-p-1$	SS_E	$MS_E = \dfrac{SS_E}{n-p-1}$		
总和 T	$n-1$	SS_T			

式（4-27）已经给出误差平方和，同样也能得到回归平方和

$$SS_R = \hat{\boldsymbol{\beta}}' \boldsymbol{X}' \boldsymbol{y} - \frac{\left(\sum\limits_{i=1}^{n} y_i\right)^2}{n}$$

总变异平方和

$$SS_T = \boldsymbol{y}' \boldsymbol{y} - \frac{\left(\sum\limits_{i=1}^{n} y_i\right)^2}{n}$$

（2）决定系数

在一元线性回归中定义的决定系数 R^2 在多元线性回归中也可用来描述回归拟合效果，但在这里不再是简单度量两个变量之间的线性关系，而是一个因变量 y 和多个自变量 x_1, x_2, $\cdots$, x_p 的线性关系，定义也同式（4-16）：

$$R^2 = \frac{SS_R}{SS_T} = 1 - \frac{SS_E}{SS_T}$$

R^2 用于度量在模型中使用回归变量 $x_1, x_2, \cdots, x_p$ 而造成的 y 变异性的减少量，该值越接近 1，说明相对误差越接近 0，回归效果越好。但是，具有大 R^2 值的回归模型并不意味着它一定是好的模型。在模型中增加一个变量，不管它是否统计显著，总会增大 R^2 的值。于是，可能会发生这样的情况，一个模型有大的 R^2 值，而用它对新的观测进行预测或求响应期望的估计值时效果却很差。为此，一般采用修正的 R^2_{adj} 统计量，其定义为

$$R^2_{\text{adj}} = 1 - \frac{SS_E / (n - p - 1)}{SS_T / (n - 1)} = 1 - \frac{n-1}{n-p-1}(1 - R^2) \qquad (4\text{-}30)$$

从定义可见，R^2_{adj} 实际是利用自由度对 R^2 进行了修正。这样，当模型中增加变量时，R^2_{adj} 统计量并不总是增加的。相反，如果增加了不必要的项，R^2_{adj} 的值就会减小。如果 R^2 与 R^2_{adj} 有极大的不同，模型中很可能含有不显著的项。

（3）回归系数的假设检验

在一元线性回归中，回归系数显著性检验与回归方程显著性检验是等价的，即如果回归模型显著，则回归系数一定显著，反之亦然。而在多元线性回归中，这两种检验是不等价的。多元线性回归方程的 F 检验显著，是说明响应变量 y 对因子变量 x_1, x_2, $\cdots$, x_p 整体的线性回归效果是显著的，但不等于 y 对每个自变量的效果都显著。反之，某个或某几个自变量的系数不显著，回归方程的显著性 F 检验仍有可能是显著的。

各回归系数的假设检验可用于判定回归模型中每个回归变量的重要性。通过检验回归系数，在模型中添加一些变量或者删去模型中的一些变量，模型可能会更为有效。

检验任意一个回归系数的显著性，比如 β_j，假设如下：

H_0：$\beta_j = 0$；

H_1：$\beta_j \neq 0$。

$j = 1, 2, \cdots, p$。显然，利用 t 检验的方法就可以完成对 β_j 的显著性检验，所以检验的统

计量为

$$t_j = \frac{\beta_j}{\sqrt{\hat{\sigma}^2 C_{jj}}}$$

C_{jj} 是 $(X'X)^{-1}$ 对应 β_j 的对角元素。当原假设 H_0 成立时，

$$t_{j0} = \frac{\beta_j}{\sqrt{\hat{\sigma}^2 C_{jj}}} \sim t_{n-p-1} \qquad (4\text{-}31)$$

这样，在显著水平 α 时，当 $\left|t_{j0}\right| > t_{\left(\frac{\alpha}{2}, n-p-1\right)}$，亦即 $P\left(t_j > \left|t_{j0}\right|\right) \leqslant \alpha$ 时，则拒绝原假设。如果无法拒绝原假设，表示可以从模型中删去变量 x_j；但是如果拒绝原假设，则表示 x_j 的影响是显著的，不能从模型中删除。截距 β_0 的检验同上，当 β_0 不显著，则可以从模型中予以剔除。

许多进行回归分析的软件程序对每个模型参数均给出了 t 检验结果，在例 4-1 中也看到 JMP 给出系数的 t 检验。但是也有一些软件用 F 检验的方法来进行系数项的检验，而 JMP 同时也给出对各变量的效应检验中用的是 F 检验，二者结果是相同的。

因子变量的效应检验是将回归平方和 SS_R 分解为各个因子独立变化导致的回归平方和之和，用如下方式进行估计。y 对自变量 x_1, x_2, $\cdots$, x_p 线性回归的残差平方和为 SS_E，回归平方和为 SS_R。在剔除掉 x_j 后，用 y 对其余的（$p-1$）个自变量作回归，记所得的残差平方和为 $SS_{E(j)}$，回归平方和为 $SS_{R(j)}$，则自变量 x_j 对回归的贡献为 $\Delta SS_{R(j)} = SS_R - SS_{R(j)}$，称为 x_j 的偏回归平方和。由此构造偏 F 统计量

$$F_{(j)} = \frac{\Delta SS_{R(j)} / 1}{SS_E / (n-p-1)}$$

当原假设 H_0：$\beta_j = 0$ 成立时，有

$$F_{(j)0} = \frac{\Delta SS_{R(j)} / 1}{SS_E / (n-p-1)} \sim F_{(1, n-p-1)} \qquad (4\text{-}32)$$

这样，当 $F_{(j)0} > F_{[\alpha, (1, n-p-1)]}$，亦即 $P\left(F_{(j)} > F_{(j)0}\right) \leqslant \alpha$ 时，拒绝原假设。此 F 检验与 t 检验是一致的，可以证明 $F_{(j)} = t_j^2$。

多元线性回归模型的失拟检验与一元线性回归模型一样，用来诊断模型的线性假设合理性。

4.3.3　多元回归方程的回归预测与置信区间

常常需要对回归系数 β 以及回归模型中其他感兴趣的量构造置信区间估计，这些置信区间的推导过程需要假设误差 ε 服从均值为零、方差为 σ^2 的正态分布，与前面的模型检验中的假设相同。

（1）单个回归系数的置信区间

因为最小二乘估计量 $\hat{\beta}$ 是观测的线性组合，所以，$\hat{\beta}$ 服从均值为 β、协方差矩阵为 $\sigma^2(X'X)^{-1}$ 的正态分布。故统计量

$$\frac{\hat{\beta}_j - \beta_j}{\sqrt{\hat{\sigma}^2 C_{jj}}} \sim t_{n-p}, \quad j = 1, 2, \cdots, p$$

因此，回归系数 β_j 的 $(1-\alpha)$ 置信区间是

$$\hat{\beta}_j - t_{\left(\frac{\alpha}{2}, n-p\right)}\sqrt{\hat{\sigma}^2 C_{jj}} \leqslant \beta_j \leqslant \hat{\beta}_j + t_{\left(\frac{\alpha}{2}, n-p\right)}\sqrt{\hat{\sigma}^2 C_{jj}} \qquad (4\text{-}33)$$

（2）平均响应的置信区间

在特定点如 $\boldsymbol{x_0} = (x_{01}, x_{02}, \cdots, x_{0p})'$ 的响应均值的置信区间。在该点的平均响应为

$$\boldsymbol{\mu_{y|x_0}} = \boldsymbol{\beta_0} + \boldsymbol{\beta_1} \boldsymbol{x_{01}} + \boldsymbol{\beta_2} \boldsymbol{x_{02}} + \cdots + \boldsymbol{\beta_p} \boldsymbol{x_{0p}} = \boldsymbol{x_0' \beta}$$

在该点的平均响应的估计为

$$\hat{y}(\boldsymbol{x_0}) = \boldsymbol{x_0' \hat{\beta}}$$

因为 $E[\hat{y}(\boldsymbol{x_0})] = E(\boldsymbol{x_0' \hat{\beta}}) = \mu_{y|x_0}$，所以这个估计量是无偏的。$\hat{y}(\boldsymbol{x_0})$ 的方差为

$$V[\hat{y}(\boldsymbol{x_0})] = \hat{\sigma}^2 \boldsymbol{x_0'} (\boldsymbol{X'X})^{-1} \boldsymbol{x_0}$$

因此，在点 $\boldsymbol{x_0}$ 处的平均响应的 $(1-\alpha)$ 置信区间是

$$\hat{y}(\boldsymbol{x_0}) - t_{\left(\frac{\alpha}{2}, n-p\right)}\sqrt{\hat{\sigma}^2 \boldsymbol{x_0'}(\boldsymbol{X'X})^{-1}\boldsymbol{x_0}} \leqslant \mu_{y|x_0} \leqslant \hat{y}(\boldsymbol{x_0}) + t_{\left(\frac{\alpha}{2}, n-p\right)}\sqrt{\hat{\sigma}^2 \boldsymbol{x_0'}(\boldsymbol{X'X})^{-1}\boldsymbol{x_0}} \quad (4\text{-}34)$$

（3）新响应观测的预测

回归模型可用于预测响应 y 关于回归变量的特定点，如 $\boldsymbol{x_0} = (x_{01}, x_{02}, \cdots, x_{0p})'$ 的观测 y_0，可用公式 $\hat{y}(\boldsymbol{x_0}) = \boldsymbol{x_0' \hat{\beta}}$ 计算得到，y_0 的 $(1-\alpha)$ 预测区间为

$$\hat{y}(\boldsymbol{x_0}) - t_{\left(\frac{\alpha}{2}, n-p\right)}\sqrt{\hat{\sigma}^2[1 + \boldsymbol{x_0'}(\boldsymbol{X'X})^{-1}\boldsymbol{x_0}]} \leqslant y_0 \leqslant \hat{y}(\boldsymbol{x_0}) + t_{\left(\frac{\alpha}{2}, n-p\right)}$$
$$\sqrt{\hat{\sigma}^2[1 + \boldsymbol{x_0'}(\boldsymbol{X'X})^{-1}\boldsymbol{x_0}]} \qquad (4\text{-}35)$$

注意式（4-34）与式（4-35）的区别。在点 $\boldsymbol{x_0} = (x_{01}, x_{02}, \cdots, x_{0p})'$ 处预测新观测和估计平均响应时，如果该点位于原有观测范围之外，必须谨慎地推断，这是因为模型在原有的数据范围内拟合得很好，但在该范围之外可能就不能很好地拟合了。

4.3.4　编码值与真实值之间的转换

建立多元回归方程时，由于各因子量纲、取值区间不同，比如温度值可以高达 $1000℃$，而比例值最大为 1，所以一般先将这些因子编码后再进行回归分析。所谓编码（coding），就是将该因子所取的低水平设定编码（code）值取为 -1，高水平设定编码值取为 1，中心水平定为 0。经过理论分析后发现，将因子变量进行编码后有很多好处。

① 编码后的回归方程中，自变量及交互效应项的各系数可以直接比较，系数绝对值大的效应比系数绝对值小的效应更重要、更显著。众所周知，根据自变量原始数据得到的回归方程中的回归系数是有单位的。在 $y = a + bx$ 中，b 的单位是 $[y]/[x]$。显然，x 更换单位后，其系数也会更换。如果自变量不止一个，多个自变量间含义不同，量纲也不同，其回归系数之间显然不具有可比性。如果进行编码后，每个自变量都化为无量纲的 $[-1, 1]$ 间的数据，这时

各自变量间有相同的"尺寸"，各系数之间就可以比较了。

② 编码后的回归方程内各项系数的估计量间是不相关的。很明显，x_1 与 x_1x_2 之间是相关的，它们的回归系数的估计量之间也是相关的。比如，在回归方程中，保留 x_1x_2 项及删除此项时，x_1 的回归系数肯定要发生变化，这点造成了使用中的诸多不便。一旦将自变量全部编码，就没有这个问题了，删除或增加某项，对于其他项的回归系数将不会产生任何影响。

③ 在自变量编码后，多元回归方程中的常数项（或称"截距"）就有了具体的物理意义。编码值"-1"与"1"的中心点恰好为"0"，而将全部自变量以"0"代入方程得到的响应变量预测值则恰好是截距值。因此，截距值是全部试验结果的平均值，也是全部试验范围中心点上的预测值。

用编码数据得到的回归方程是重要的，但用原始数据得到的回归方程是有意义的。假设真实值的高水平值为 H，低水平值为 L，则中心值 $M=(H+L)/2$，半间距 $D=(H-L)/2$，真实值与编码值之间的换算如下：

$$编码值 = (真实值 - M)/D$$

或

$$真实值 = M + D \times 编码值$$

因子变量的编码处理给解释方程和系数提供了方便，但不会影响回归模型的方差分析及系数的显著性检验。在软件 JMP 中，通过在列定义对话框的列属性中选择"编码"命令，将列进行编码处理即可；如果试验方案是采用 JMP 进行设计的，则默认将所有因子变量进行编码处理。

【例4-2】激光熔覆技术是一种先进的表面改性技术，常用于磨损零部件的再制造，其具有快速加热、冷却的特点。在高能激光束作用下，可迅速将基体表面加热到 10^5K（99726.85℃）以上，同时冷却速率高达 $10^6 \sim 10^7$K/s（999726.85~9999726.85℃/s），因此制备的涂层晶粒细小，组织致密，且熔覆层与基体可形成冶金结合，整体性能良好。文献[10]研究激光熔覆激光功率（P，kW）、扫描速率（V_s，mm/s）和送粉速率（V_f，g/s）三个工艺参数与单道熔覆层的高度（H，mm）、宽度（W，mm）和熔池深度（D，mm）三个宏观形貌之间的关系，以实现对 WC-Co50 复合熔覆层形貌的预测，为牙轮钻头的修复提供参考。根据表 4-5 列出的试验数据，以熔覆层高度 H 为例，解答下列问题。

（1）描述熔覆层高度 H 与三个工艺参数的相关关系；

（2）建立熔覆层高度 H 与参数之间的模型；

（3）对模型进行显著性检验，比较因子（三个工艺参数）之间的显著性。

解：

（1）利用 JMP 的图形生成器，可以得到图 4-5 所示熔覆层高度随激光功率 P、扫描速度 V_s 和送料速度 V_f 之间的散点图。由图 4-5 可见，高度 H 与 P、V_f 和 V_s 之间具有良好的线性相关性，但 P 对 H 的影响不明显，而 H 与 V_s 是负相关，即随着 V_s 的增大，H 减小；相反，H 与 V_f 是正相关，即 H 随 V_f 的增大而增大。

需要特别指出的是，在图 4-5 中，各图上均存在距离拟合线较大的分散点，这是由于多变量的关系中，某一变量的图中仅反映当前变量对响应目标的影响，离散点越大，表明存在其他影响较大的变量参数。如果散点图非常接近拟合线，则表明当前变量的影响特别显著。

表 4-5 熔覆试验及结果

序号	工艺参数			熔覆层形貌参数		
	激光功率 P/kW	扫描速率 $V_s/(mm/s)$	送料速率 $V_f/(g/s)$	高度 H/mm	宽度 W/mm	深度 D/mm
1	2.2	6	0.375	3.29	0.55	0.51
2	2.2	7	0.5	3.11	0.65	0.32
3	2.2	8	0.625	3.05	0.52	0.36
4	2.4	7	0.625	3.11	0.89	0.3
5	2.4	8	0.375	3.25	0.51	0.41
6	2.4	6	0.5	3.36	0.86	0.5
7	2.6	8	0.5	3.4	0.67	0.52
8	2.6	6	0.625	3.51	0.85	0.57
9	2.6	7	0.375	3.45	0.7	0.64
10	2	7	0.5	3.02	0.65	0.14
11	2.4	7	0.5	3.25	0.7	0.47
12	2.8	7	0.5	3.4	0.67	0.6
13	3.2	7	0.5	3.57	0.72	0.75
14	2.4	5	0.5	3.32	0.96	0.59
15	2.4	9	0.5	3.15	0.29	0.5
16	2.4	11	0.5	2.98	0.38	0.23
17	2.4	7	0.25	3.33	0.51	0.5
18	2.4	7	0.75	2.91	1.01	0.26
19	2.4	7	1	2.84	1.29	0.11

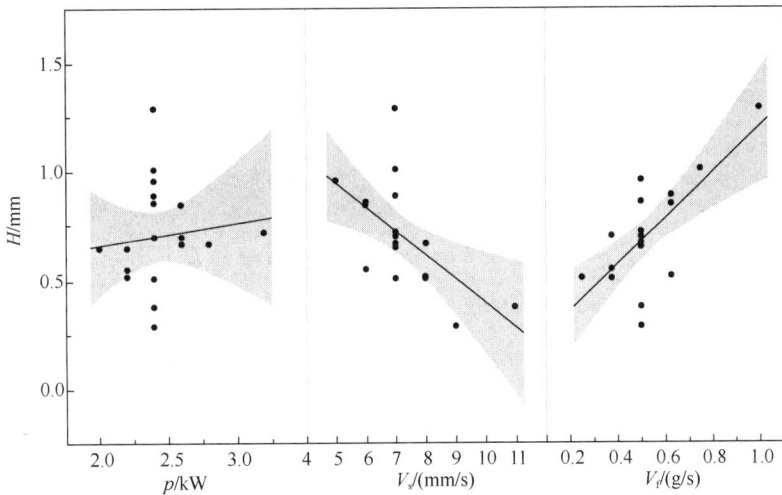

图4-5 熔覆层高度随工艺参数变化的散点图

（2）JMP 数据表视图中，点击"分析"→"拟合模型"命令，选定 H 列为 Y，选定 P、V_s 和 V_f 构造模型效应，得到图 4-6（a）所示拟合模型报表，其中包含效应汇总、拟合汇总、方差分析、参数估计值和效应检验等几个可折叠和展开的面板。效应汇总面板中给出各变量项的效应检验结果及其 LogWorth（$-\log P$）值。通过该面板可以方便地检查和删除不显著的项，

比如当前激光功率 P 的概率值为 0.2724>0.05，应予删除，得到图 4-6（b）所示的报表，对应的预测模型（回归模型）为

$$H = 0.722 - 0.318 \frac{V_s - 8}{3} + 0.386 \frac{V_f - 0.625}{0.375}$$

注意这里给出的模型中变量为编码格式，这是根据多元回归条件下将各变量进行编码处理的结果。当对因子变量进行编码后，在报表的参数估计值项、效应检验的源项中会在因子名称后用括号注上因子的最大值和最小值，给出的参数估计值是编码变量而非实际变量的系数，所以模型为编码形式。

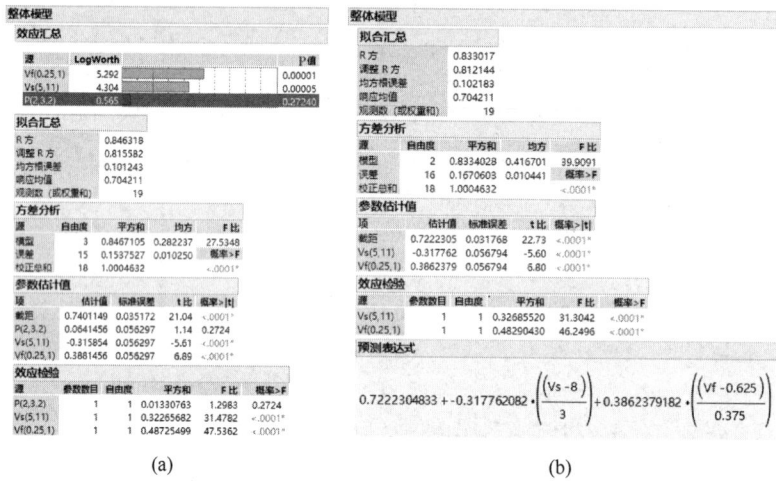

图4-6　拟合模型报表

（3）在拟合模型报表中直接给出了模型显著性的 F 检验、系数显著性的 t 检验和因子显著性的 F 检验，以及拟合效果的 R 方检测。根据图 4-6，未删除不显著项激光功率 P 时，模型的 F 比为 27.53，对应的概率值<0.0001[*]；删除不显著项后模型的 F 比增大为 39.9，对应的概率值<0.0001[*]，高度显著。对于各项工艺参数，除不显著项激光功率 P 的概率为 0.2724>0.05 外，参数扫描速度 V_s 和进料速率 V_f 的 t 检验和效应检验的概率值均小于 0.0001，远小于 0.05，非常显著。根据 t 比或 F 比值的大小，各工艺参数的显著性由强到弱次序为 $V_f > V_s > P$。由于激光功率 P 的概率值大于 0.05，表示该参数对熔覆层高度 H 的影响不显著，所以应该从模型中删除。拟合效果中 R 方和调整 R 方均大于 0.8，表明模型具有良好的拟合效果。删除不显著项后，R 方减小 0.013，而调整 R 方仅减小 0.003。

4.4　回归模型的诊断

使用回归模型拟合一组数据时，作了以下假定：

① 回归函数的线性假定：y 是 $x_1, x_2, \cdots, x_p$ 的线性函数；

② 误差方差的独立性假定：随机误差 $\varepsilon_1, \varepsilon_2, \cdots, \varepsilon_p$ 相互独立；

③ 误差的正态性假定：$\varepsilon_1, \varepsilon_2, \cdots, \varepsilon_p$ 服从正态分布；

④ 误差方差的齐性假定：$E(\varepsilon_i) = 0$，$V(\varepsilon_i) = \sigma^2$。

在实际试验过程中这些假定是否合理，必须进行验证。如果实际数据与这些假定偏差较大，应该处理数据，使它们满足或近似满足这些假定。另外，在数据集中可能存在对统计推断有较大影响的试验点，这样的点称为强影响点，必须对强影响点进行排查和处理。

4.4.1 标准化残差、学生化残差、*PRESS*和残差图

在方差分析中，曾经使用过残差，其定义为 $e_i = y_i - \hat{y}_i$，用来替代无法得知的误差 ε_i 来进行分析，但更常使用标准化残差、学生化残差（studentized residual）、预测误差平方和（*PRESS*）等。

（1）标准化残差

标准化残差比普通残差表达的信息更多，其定义为：

$$d_i = \frac{e_i}{\hat{\sigma}}, \quad i = 1, 2, \cdots, n$$

式中，标准差 $\hat{\sigma}$ 用 $\hat{\sigma} = \sqrt{MS_E}$ 计算。标准化残差的均值为 0，方差为 1，即 $d_i \sim N(0,1)$，因此通常可用于查找异常值。标准化残差应落在 $-3 \leqslant d_i \leqslant 3$ 内，任意一个标准化残差在此范围之外的概率 $< 0.27\%$，很可能是异常值。需要仔细检查这些异常点的值，因为它们可能是简单的数据录入错误，也可能是在回归变量所在的区域中拟合模型逼近真实响应值严重不足。

（2）学生化残差

学生化残差又称为内部学生化残差（internally studentized residual），是另一种常用的诊断工具。学生化残差的定义如下。

对于观测值 y 的拟合值 $\hat{y}$ 的向量是

$$\hat{\boldsymbol{y}} = \boldsymbol{X}\hat{\boldsymbol{\beta}} = \boldsymbol{X}(\boldsymbol{X}'\boldsymbol{X})^{-1}\boldsymbol{X}'\boldsymbol{y} = \boldsymbol{H}\boldsymbol{y}$$

矩阵 $\boldsymbol{H} = \boldsymbol{X}(\boldsymbol{X}'\boldsymbol{X})^{-1}\boldsymbol{X}'$ 称为帽子矩阵，h_{ii} 为 $\boldsymbol{H}$ 的第 i 个对角元素，$0 \leqslant h_{ii} < 1$。学生化残差被定义为

$$r_i = \frac{e_i}{\sqrt{\hat{\sigma}^2(1 - h_{ii})}}, \quad i = 1, 2, \cdots, n \tag{4-36}$$

使用式（4-36）定义的学生化残差，可以克服 $\boldsymbol{x}$ 空间中心点附近残差的方差比远离中心点残差的方差大的情况，且 $r_i \sim N(0,1)$。因此，一般更多地使用学生化残差替代标准化残差。

（3）预测残差平方和

预测残差平方和（predicted residual sum of squares，*PRESS*）残差提供了另一种有用的残差尺度。为了计算预测残差平方和，先选择一个观测值 y_i，用其余（$n-1$）个观测值拟合模型，并用这个回归方程预测保留的观测值 y_i。记这个预测值为 $\hat{y}_{(i)}$，得到第 i 点的预测误差 $e_{(i)} = y_i - \hat{y}_{(i)}$，通常称此预测误差为第 i 个预测残差。对每一个观测 $i = 1, 2, \cdots, n$，重复此过程，可以得到 n 个预测残差 $e_{(1)}, e_{(2)}, \cdots, e_{(n)}$ 的集合。于是，定义统计量 *PRESS* 为 n 个预测残差的平方和：

$$PRESS = \sum_{i=1}^{n} e_{(i)}^2 = \sum_{i=1}^{n} [y_i - \hat{y}_{(i)}]^2$$

PRESS 用每一个有（$n-1$）个观测值的子集作为估计数据集，又用每个观测轮流作为预测数据集。

通过帽子矩阵的对角元素，可以得出预测残差与残差的关系

$$e_{(i)} = \frac{e_i}{1 - h_{ii}}$$

所以预测残差平方和可写为

$$PRESS = \sum_{i=1}^{n} \left(\frac{e_i}{1 - h_{ii}} \right)^2 \tag{4-37}$$

由式（4-37）可见，$PRESS$ 是对普通残差按照帽子矩阵对角元素 h_{ii} 加权得出的结果。可以用 $PRESS$ 近似计算预测 R_{pred}^2

$$R_{\text{pred}}^2 = 1 - \frac{PRESS}{SS_T} \tag{4-38}$$

该统计量给出了回归方程预测能力的一个指标，例如回归模型的 $R_{\text{adj}}^2 = 0.93$，$R_{\text{pred}}^2 = 0.89$，表示模型可解释原数据约93%的变异性，在预测新观测值时可解释约89%的变异性。

（4）外部学生化残差

基于剔除第 i 个观测的数据集的方法也可以用于 σ^2 的估计，记为 $s_{(i)}^2$，则有

$$s_{(i)}^2 = \frac{(n - k) \, MS_E - e_i^2 / (1 - h_{ii})}{n - p - 1}$$

外部学生化残差（externally studentized residual）或称为学生化剔除残差（studentized deleted residual）定义为

$$t_i = \frac{e_i}{\sqrt{s_{(i)}^2 (1 - h_{ii})}}, \quad i = 1, 2, \cdots, n \tag{4-39}$$

在大多数情况下，t_i 与学生化残差 r_i 只有极小的差异。然而，如果第 i 个观测影响较大，那么 $s_{(i)}^2$ 与 MS_E 会有显著不同，则外部学生化残差对该点更为敏感。

（5）残差图

在对模型假定的合理性进行检验时，通常使用残差图。所谓残差图，是以残差为纵坐标，以任何其他的量为横坐标绘制的散点图。常用的横坐标有如下三种选择：

① 以拟合值 $\hat{y}$ 为横坐标；

② 以因子变量 $x_j (j = 1, 2, \cdots, p)$ 为横坐标；

③ 以试验顺序号为横坐标。

在回归模型的四项假定为真时，残差图上 n 个点的散布应该是无规则的。如在 $\hat{y}$-r 图中，由于在模型假设为真时，拟合向量 $\hat{\boldsymbol{y}}$ 与残差向量 $\boldsymbol{e}$ 是不相关的，从而 $\hat{\boldsymbol{y}}$ 与 $e_1, e_2, \cdots, e_n$ 间的相关性也应该很小，那么点 $(\hat{y}_i, e_i)$（$i = 1, 2, \cdots, n$）也应大致落在 $|r| \leqslant 3$ 的水平带内且不呈现任何模式。而当残差图中的点呈现某种规律或趋向时，就可以对模型的假定提出怀疑。

4.4.2 回归模型诊断过程

（1）残差的正态概率图检验

与均值检验模型方差分析中的残差正态性检验相同，在回归模型的方差分析中，构造残差的正态概率图也是更直接、更有效的正态性检验方法。如果潜在的误差分布是正态的，则

图像如图 2-13 所示呈直线状。当残差数据点均分布在表示 Lilliefors 置信区间虚线内斜线两侧时，表明测量数据服从正态分布。

（2）残差图分析

① 以响应变量的拟合值 $\hat{y}$ 为横坐标的残差图　若线性回归函数正确且误差向量服从正态分布，则响应变量的拟合值向量 $\hat{y}$ 与残差向量不相关，拟合值与残差相互独立。这时残差图中的点 $(\hat{y}_i,\ r_i)$ $(i=1,\ 2,\cdots,\ n)$ 应大致在一个水平的带状区域内，且不呈现任何明显的趋势。

图 4-7 给出了几种利用模拟数据所产生的残差图。若残差图呈图 4-7（a）的形状，则认为现有的数据与线性关系假定是合理的；否则，则有理由怀疑相应假设的合理性。例如图 4-7（b）表示误差方差随 $\hat{y}$ 的增加有变大的趋势，即误差的等方差性假定是不合理的；图 4-7（c）说明回归函数可能是非线性的，也可能需要引进某个或某些自变量的二次项或交叉乘积项；图 4-7（d）说明拟合值的线性趋势未完全消除，可能遗漏了某个或某些与 y 有线性关系的重要的自变量。

② 以自变量值为横坐标的残差图　以每个自变量 $x_j(j=1,\ 2,\ \cdots,\ p)$ 的观测值 $x_{ij}(i=1,\ 2,\ \cdots,\ n)$ 为横坐标的残差图也可提供关于模型及其假设的合理性的一些有用信息。例如，良好的残差图应呈图 4-7（a）的形状；图 4-7（b）的形状说明误差方差随 x_j 取值的增加有变大的趋势，即误差的等方差性假定可能不合理；图 4-7（c）说明回归方程中应引进 x_j 的二次项，即回归函数关于 x_j 不是线性的。特别是，还可作出以 $x_jx_k(j\neq k)$ 的观测值为横坐标的残差图，若呈图 4-7（d）的形状，则说明新的自变量 $z=x_jx_k$ 与 y 存在线性关系，这时应在回归函数中引入 x_j 与 x_k 的交叉乘积项，即其交互作用的影响是值得考虑的。

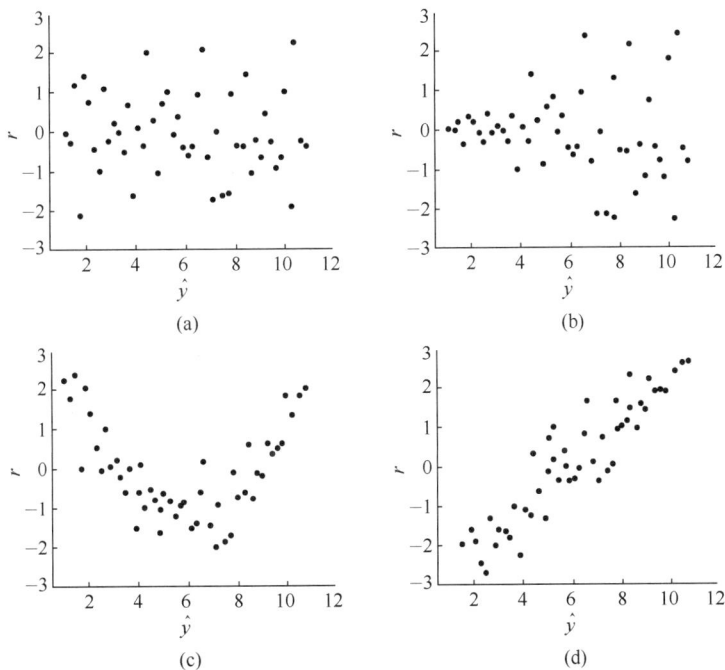

图4-7　拟合值残差图的几种形状

一般地，当从 $\hat{y}$ - r 残差图上发现某种不符合原线性假定的模式时，则可以通过 x_j - r 残差图去探寻具体哪个因子存在非线性项或缺失项，然后进行相应的变换处理。

③ 时序残差图 在许多实际问题中，测量得到的样本数据 $(y_i, x_{i1}, x_{i2}, \cdots, x_{ip})$ $(i = 1, 2, \cdots, n)$ 是按时间顺序观测得到的。这时，以测量时间或观测值序号为横坐标的残差图称为时序残差图。同样，良好的时序残差图应呈图 4-7（a）的形状，否则说明回归函数或误差分布的假定存在一定的问题。例如，图 4-7（b）的形状说明误差方差随时间的推移有变大的趋势；图 4-7（c）或（d）说明回归函数中应包含时间的二次项或一次项，或者误差项之间有一定的相关性。

4.4.3 数据诊断

数据诊断包括异常点诊断和强影响点诊断。

（1）异常点诊断

异常点通常是指数据中的极端点或来自与其他数据模型不同的数据点，使用残差图即可进行判断。例如一般当学生化残差值大于 3 时即可判断为异常点。

在 JMP 中，异常点的判断用进一步精细化的（外部）学生化残差图，如图 4-8 所示。该图包含两组极限：

① 红色显示的外部极限为 95% Bonferroni 极限，限值位于 $\pm t_{(0.025/n, n-p-1)}$，其中 n 是观察值的数量，p 是自变量的数量。

② 绿色显示的内部极限是 95% 的单个 t 分布极限，限值位于 $\pm t_{(0.025, n-p-1)}$，n 与 p 意义同上。

红色界限以外的点应视为极大可能的异常值，在绿色界限与红色界限范围内的点应视为可能的异常值，但不太确定，视具体情况定。

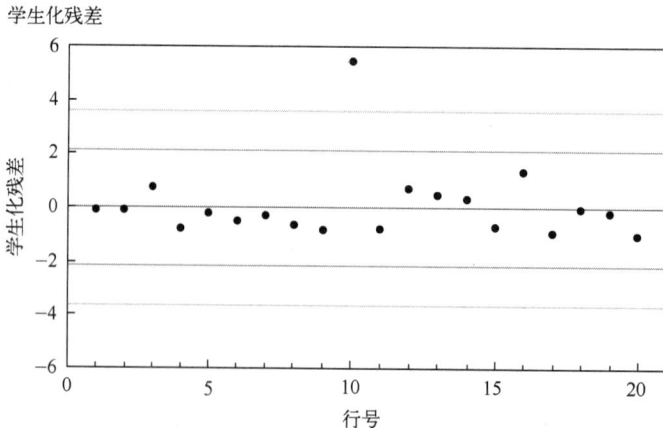

具有 95% 联合限值的外部学生化残差(Bonferroni)以红色显示，单值的限值以绿色显示。

图 4-8 JMP 生成的外部学生化残差图

（2）强影响点诊断

强影响点是指保留该点和删除该点两种情况下对建立的回归方程中的回归系数会产生很大差异的点。具体地说，在对一组数据拟合模型时，希望能够保证拟合结果不要过度取决于其中的一个或几个观测值。如果一个点被删除或者两到三个点一起被删除，会导致拟合结果发生实质性变化，比如系数的估计值、拟合值、t检验值等显著变化，则这样的点就称为强影响点。因此，识别试验数据中存在的强影响点是很重要的，而用标准化残差是无法判别的，因为它们的残差都很小，甚至为0。为了建立正确合理的拟合模型，需要找到这些强影响点并估计它们对模型的影响力。如果这些强影响点起副作用，就应该将它们剔除；此外，这些点也可能没有错，但如果这些点控制了主要模型特征，也应该剔除它们，因为它可能影响到模型的使用。利用 Cook 距离 D_i 发现强影响点是一种有效方法，其定义为

$$D_i = \frac{r_i^2}{p+1} \times \frac{h_{ii}}{1-h_{ii}} , \quad i=1, 2, \cdots, n \tag{4-40}$$

可见，D_i 是第 i 个学生化残差的平方除以 $(p+1)$ 再与 $\dfrac{h_{ii}}{1-h_{ii}}$ 的乘积。其由两个部分构成，一部分反映模型拟合第 D_i 个观测值的程度，另一部分度量了第 i 点与其余点的远离程度。

经验上，采用以下规则来进行强影响点的判断：

① 如果 $D_i \leqslant 0.5$，那么第 i 个观测值不是强影响点。

② 如果 $0.5 < D_i \leqslant 1$，那么第 i 个观测值可能是强影响点，需要对其进行进一步查看。

③ 如果 $D_i > 1$，那么第 i 个观测值很可能就是强影响点。

④ 另外，当所有的 D_i 值大致相同时，不必采取什么措施。而如果有些点的值比较突出，应该标记出这些点并进行检查。在去除这些点后再对模型重新拟合，以考察这些点的影响。

（3）异常点与强影响点的处理

一旦发现了异常点和强影响点，该如何处理呢？因为异常点和强影响点也可能是信息最多的数据点，它们不应该被没有道理地丢弃，而应该检查清楚它们为什么会异常或者具有强影响。基于检查的结果，可以采取如下处理措施：

① 纠正错误的数据；

② 删除异常点或降低它们的权重；

③ 变换数据；

④ 考虑不同的模型；

⑤ 重新设计试验，收集更多数据等。

4.5 多元线性回归模型项选择

4.5.1 模型项选择的准则

回归方程的选取包括回归方程类型（线性或非线性等）的选取和回归方程类型确定后自变量的选取。本节讨论在线性回归模型确定后自变量的选取，即模型项选择问题。

为全面分析问题，研究人员往往会考虑将几乎所有参与试验的因子作为自变量纳入回归模型，包括二因子交互作用项、二次项等。当确定响应变量和所有因子变量间适合某一个线性回归模型后，用全部可能的因子变量建立的回归方程并不一定是最好的，因为这会将一些对响应变量影响很小甚至根本无影响的因子变量（例如系数检验中 $P > 0.05$ 的变量）也包含在回归方程中，会导致回归参数估计和响应变量预测值的精度下降。另外，因子变量太多不

利于应用回归方程对实际问题作出合理的解释。因此，在实际应用中，从与响应变量有线性相关关系的因子变量集合中，选择一个"最优"的因子变量子集，以建立一个既合理又简单的回归方程是回归建模的主要内容之一。

一般根据模型系数的 t 检验或效应的 F 检验结果来选择纳入模型的变量，经验上还采用 R_{adj}^2、$PRESS$、$AICc$ 和 BIC 来作为模型选择的准则。

（1）修正的决定系数 R_{adj}^2

R^2 是检验回归模型对试验测量数据拟合效果的一个统计参数，其随自变量个数的增加而增大，因此当增加一些无用的变量时，R^2 也会增大。为了克服 R^2 这一缺点，引入自由度对 R^2 作适当的修正，使得只有加入"有意义"的变量时，修正的决定系数才会增大。修正的决定系数在式（4-30）中已经进行定义，即

$$R_{\text{adj}}^2 = 1 - \frac{n-1}{n-p-1}(1-R^2)$$

可以比较每个模型得到的 R_{adj}^2，选取使 R_{adj}^2 增大的模型。

（2）预测残差平方和（$PRESS$）

建立回归方程主要是为了预测，对于预测当然要有精度要求，基于此人们提出根据预测残差平方和来选择自变量的原则。根据式（4-37）对 $PRESS$ 的定义，利用预测残差平方和准则即拟合所有可能的回归方程并计算相应的 $PRESS$ 值，选取使 $PRESS$ 达到最小或接近最小的回归方程为最优回归方程。

（3）$AICc$ 和 BIC

校正的 Akaike 信息准则（akaike information criterion，corrected，$AICc$）和 Bayesian 信息准则（bayesian information criterion，BIC）是基于信息的评估模型拟合准则。在最小二乘回归情况下，$AICc$ 和 BIC 基于误差平方和（SS_E）来计算：

$$AICc = n\ln\frac{SS_E}{n} + 2p + \frac{2p(p+1)}{n-p-1} + n\ln(2\pi) + n$$

$$BIC = n\ln\frac{SS_E}{n} + p\ln(n) + n\ln(2\pi) + n$$

其中，p 是模型中估计参数的个数；n 是模型中使用的观测数。根据 $AICc$ 和 BIC 的定义，当模型复杂度提高（p 增大）时，$AICc$ 或 BIC 变小。但是 p 过大时，会导致 $AICc$ 或者 BIC 的值增大，特征的数量和二者的关系呈现一个 U 形。模型过于复杂容易造成过拟合现象，所以使用 $AICc$ 和 BIC 值比较同一数据集的各种模型以确定最佳拟合模型时，具有最小 $AICc$ 和 BIC 值的模型拟合效果更好。

在设计性试验的数据分析中，相对的自变量不会很多，因此 JMP 在多变量分析的报表中提供了一个"效应汇总"面板来进行自变量的筛选。如图 4-9（a）所示为打开 JMP 中"帮助"→"样本数据"→"试验设计"→"Reactor 32 Runs"文件，运行模型得到效应汇总面板初始图。

在图 4-9（a）的初始"效应汇总"面板上，默认列出所有的可选因子及其交互作用、二次项等共计 15 项，根据各项效应 F 检验的 P 值由小到大的顺序排列，表明当前的报表中它们都默认纳入了模型。由于 P 显示的位数限制，通过绘制 LogWorth（定义为 PLogWorth $= -\log$ ）

项值的图来区别其大小。由图 4-9（a）可见，"搅拌速度×温度"及后面项的 P 值均大于 0.05，一般认为是不显著的。

为了剔除当前模型中的不显著项，按照从下到上的顺序（即 P 值从大到小的顺序）逐项选定排在最后的一项，点击面板底部的"删除"命令，即可将选定项从模型中删除。注意，当排列在最后的项后面标注有"^"符号，表明前面的项中包含有该项，此时不能删除该项而应予以保留，如图 4-9（b）所示。按此方法，直到删除列表中所有不显著项为止，最后得到的模型中所有项都具有显著性，如图 4-9（c）所示。

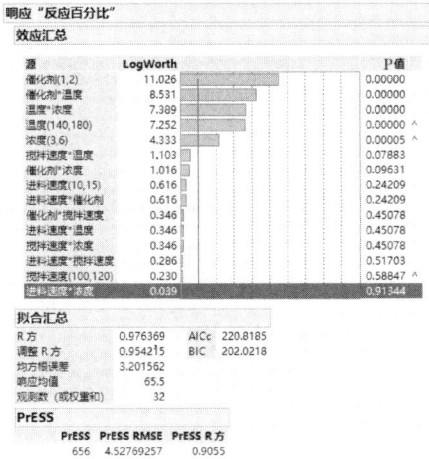

(a)

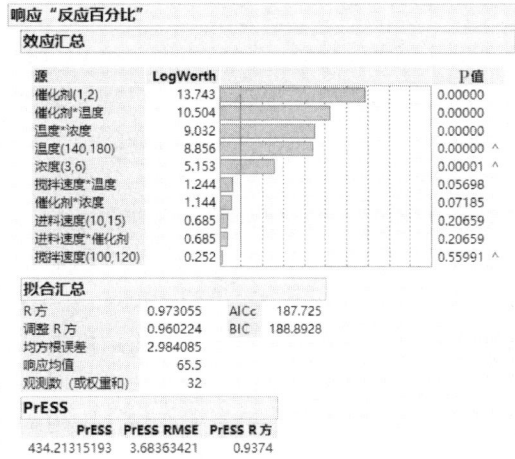

(b)

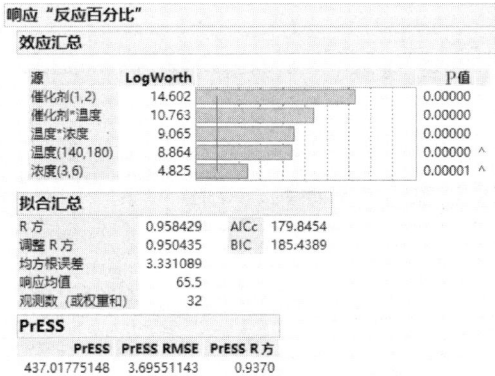

(c)

图4-9　通过效应汇总面板选择合适的因子

应该指出的是，每次删除后面的不显著项，都是将该项引起的变异平方和纳入误差平方和中，因此前面项的 P 值及对应 LogWorth 值都相应地发生变化。例如图 4-9 的（a）和（b）中浓度、搅拌速度×温度等项。因此不能一次删除多项，因为在删除过程中可能有些不显著的项会变得显著而被误删。

另外，在图 4-9 的各步骤中，均给出了 R^2、R^2_{adj}、$PRESS$、$AICc$ 和 BIC。比较图 4-9（a）、（b）与（c）中它们的变化，会发现 R^2 持续变小，在图 4-9（b）中 R^2_{adj} 最大、$PRESS$ 最小，而 $AICc$ 和 BIC 在图 4-9（c）中最小。结合各项的显著性检测，显然图 4-9（c）的结果最好，因

为模型中已经没有不显著项。所以在使用本节中介绍的这些准则时，要结合具体情况来确定，而不能一味简单地根据某一项准则来判定，因为这些准则会受到具体存在的随机误差干扰的试验数据影响。

一般地，使用 P 值来进行数据项的筛选是最直观简洁的方法，但当数据项的 P 值临近显著水平 α 时，比如略大于 0.05 但小于 0.1 时，可以借助 R^2_{adj}、$PRESS$、$AICc$ 和 BIC 来辅助决定模型中是否保留该数据项。

4.5.2 逐步回归

在一些应用场景中，比如筛选显著因子的筛选试验中，往往因子数量众多而试验次数会很少，在无法确定模型中显著项的情况下选择哪些因子项纳入模型是非常困难的，逐步回归方法为解决这一难题提供了一种有效的途径。

逐步回归是一种线性回归模型的自变量选择方法，其基本思路是从大量可供选择的变量中选取最重要的变量，建立回归分析的预测模型。逐步回归的基本思想是：将自变量逐个引入，引入的条件是其偏回归平方和经检验后是显著的；同时，每引入一个新的自变量后，要对旧的自变量逐个检验，剔除偏回归平方和不显著的自变量。这样一直边引入边剔除，直到既无新变量引入也无旧变量剔除为止，以建立"最优"的多元线性回归方程。

逐步回归法选择变量的过程包含两个基本步骤：一是从回归模型中剔除经检验不显著的变量，二是在回归模型中引入新变量。常用的实施方法有前进法和后退法。

（1）前进法

前进法的思想是变量由少到多，每次增加一个，直至没有可引入的变量为止。具体步骤如下。

步骤 1：对 p 个自变量 $x_1, x_2, \cdots, x_p$，分别同因变量 y 建立一元回归模型

$$y = \beta_0 + \beta_j x_j + \varepsilon, \ j = 1, 2, \cdots, p$$

计算变量 x_j 相应的回归系数的 F 检验统计量值，记为 $F_1^{(1)}, F_2^{(1)}, \cdots, F_p^{(1)}$，取其中的最大值 $F_{j_1}^{(1)}$，即

$$F_{j_1}^{(1)} = \max\left(F_1^{(1)}, F_2^{(1)}, \cdots, F_p^{(1)}\right)$$

对给定的显著水平 α，记相应的临界值为 $F^{(1)}$，若 $F_{j_1}^{(1)} \geqslant F^{(1)}$ 或者 $P(F > F_{j_1}^{(1)}) \leqslant \alpha$，则将对应的 x_{j_1} 引入回归模型，并记 I_1 为选入变量指标集合。

步骤 2：建立因变量 y 与自变量子集 $\{x_{j_1}, x_1\}, \cdots, \{x_{j_1}, x_{j_{1-1}}\}, \{x_{j_1}, x_{j_{1+1}}\}, \cdots, \{x_{j_1}, x_p\}$ 的二元回归模型，共有（$p-1$）个。计算变量的回归系数 F 检验的统计量值，记为 $F_k^{(2)}(k \notin I_1)$，选其中最大者，记为 $F_{j_2}^{(2)}$（对应变量为 x_{j_2}），即

$$F_{j_2}^{(2)} = \max\left(F_1^{(2)}, \cdots, F_{j_{1-1}}^{(2)}, F_{j_{1+1}}^{(2)}, \cdots, F_p^{(2)}\right)$$

对给定的显著水平 α，记相应的临界值为 $F^{(2)}$，若 $F_{j_2}^{(2)} \geqslant F^{(2)}$ 或者 $P(F > F_{j_2}^{(2)}) \leqslant \alpha$，则将变量 x_{j_2} 引入回归模型，否则终止变量引入过程。

步骤 3：考虑因变量对自变量子集 $\{x_{j_1}, x_{j_2}, x_k\}$ 的回归，重复步骤 2。

依此方法重复进行，每次从未引入回归模型的自变量中选取一个，直到经检验没有变量可引入为止。

（2）后退法

与前进法相反，后退法开始时先拟合包含所有自变量的回归方程，并预先指定留在回归方程中而不被剔除的自变量的假设检验标准，然后按自变量对应因变量 y 的贡献大小从小到大进行检验，对无统计学意义的自变量一次剔除。每剔除一个自变量，都要重新计算并检验尚未被剔除的自变量对因变量 y 的贡献，并决定是否剔除对模型贡献最小的自变量。重复上述过程，直到回归方程中的自变量均符合留在方程中的给定标准，没有自变量可被剔除为止。在整个过程中只考虑剔除自变量，自变量一旦被剔除，则不再考虑引入回归方程。

在 JMP 中提供的逐步回归平台还提供了选择设置 P 值阈值、最小 $AICc$、最小 BIC 等选项作为停止筛选的规则，其中 P 值阈值选项还包括设置纳入模型和从模型中剔除因子变量的概率值。默认地，以最小 $AICc$ 或最小 BIC 作为准则，特别是在让软件自动筛选时。

【例4-3】磨料水射流切割（AWJ）是一种新的加工方法，可用于金属、陶瓷、聚合物和复合材料的切割加工。文献[11]研究了用 AWJ 切割上下两块堆叠的 St37 钢板，试验以板间距离（ISD，mm）、横移速率（Ts，mm/s）和磨料质量流速（Ma，g/min）为参数，每个参数设置三个水平，共进行了 27 次全因子组合试验。以上块入口表面粗糙度（Ra_xi，μm）、上块出口表面粗糙度（Ra_xe，μm）、下块入口表面粗糙度（Ra_yi，μm）、下块出口表面粗糙度（Ra_ye，μm）和上块顶部切口宽度（Wx_t，μm）、上块底部切口宽度（Wx_b，μm）、下块顶部切口宽度（Wy_t，μm）、下块底部切口宽度（Wy_b，μm）作为响应变量来确定切削性能，试验数据列于表 4-6，并保存在 sample4-3.jmp 文件中。

以上块入口表面粗糙度 Ra_xi 为例，解答下列问题。

（1）建立上块入口表面粗糙度 Ra_xi 的多因子回归模型，观察选择模型过程中 R^2_{adj} 和 $PRESS$ 的变化；

（2）对比模型选择过程中的显著性检验；

（3）进行回归模型的诊断；

（4）进行回归模型的数据诊断；

（5）确定最后的模型并给出模型预测值、预测值置信区间和预测均值置信区间；

（6）利用逐步筛选方法确定模型中的自变量。

表 4-6　AWJ 切割两块堆叠 St37 钢板试验结果

ISD /mm	Ma/ (g/min)	Ts/ (Mm/s)	Ra_xi /μm	Ra_xe /μm	Ra_yi /μm	Ra_ye /μm	Wx_t /μm	Wx_b /μm	Wy_t /μm	Wy_b /μm
		40	2.26	2.78	2.68	3.47	930.8	751.4	764.2	656.6
	240	50	2.84	2.85	2.84	3.16	892.3	715.4	751.4	612.9
		60	2.76	2.95	4.34	3.69	887.3	720.7	718	597.5
		40	2.25	2.33	2.86	2.43	913	792.4	797.4	702.7
0	365	50	2.24	2.67	2.84	2.7	912.8	741.1	771.8	656.6
		60	2.81	2.75	3.16	2.7	907.7	728.2	720.6	620.7
		40	2.15	2.7	2.37	2.44	933.4	812.9	802.7	712.9
	490	50	2.06	2.38	2.65	2.61	925.7	769.2	766.8	689.8
		60	2.17	2.57	3.34	2.66	930.8	761.6	766.8	638.5

ISD /mm	Ma/ (g/min)	Ts/ (Mm/s)	Ra_xi /μm	Ra_xe /μm	Ra_yi /μm	Ra_ye /μm	Wx_t /μm	Wx_b /μm	Wy_t /μm	Wy_b /μm
1	240	40	2.53	2.62	3.06	2.76	961.6	723.1	884.6	674.4
		50	2.58	2.64	3.15	3.5	925.7	625.8	623.1	615.5
		60	2.5	2.92	3.02	3.19	930.8	659.2	623.1	635.9
	365	40	2.53	2.74	2.48	2.81	1005	769.2	956.4	751.3
		50	2.58	2.76	2.86	3.05	970	733.4	900	723.1
		60	2.93	3.04	3.69	3.44	961.6	684.7	843.6	671.8
	490	40	2	2.55	2.65	2.4	987.2	777	997.5	789.8
		50	2.04	2.2	2.8	2.6	1023	700	951.3	672
		60	2.48	2.39	2.86	2.96	1005	748.8	894.9	694.9
2	240	40	2.24	2.49	3.1	3.21	900	723.2	1118	864.1
		50	2.37	2.75	2.84	3.33	928.3	636	1075	823.3
		60	2.49	2.82	3.09	3.93	861.6	659	1080	813
	365	40	1.86	2.29	2.93	2.77	897.5	741	1100	884.7
		50	2.21	2.54	3.15	3.13	879.6	671.8	1139	797.5
		60	2.45	2.47	2.6	2.99	889.9	702.6	1100	777
	490	40	1.58	1.92	2.55	2.6	879.5	751.3	1136	897.5
		50	1.96	2.18	2.65	2.52	889.9	730.9	1105	846.2
		60	2.22	2.27	2.57	2.69	897.6	700.2	1144	815.7

解：

（1）在表视图下，选择"分析"→"拟合模型"，以 Ra_xi 为响应 Y，同时选定 ISD、Ts、Ma，点击"构造模型效应"面板中的"宏"菜单，选择"完全析因"命令，所有三个因子变量、变量之间的二因子交互作用及三因子交互作用共 7 项同时被选入模型中，图 4-10（a）给出了包含所有因子项的回归分析报表。方差分析表明当前模型的 $P(F>F_0)=0.0004^{*}$，模型显著。但在"效应汇总"、"参数估计值"和"效应检验"三个面板中，均列出了目前仅有三个因子变量显著。通过"效应汇总"面板逐项删除所有不显著项，得到图 4-10（b）所示分析报表。

在剔除不显著项的过程中，除了保留项的 P 值和 LogWorth 值分别变小和变大外，注意"拟合汇总"中的 R^2 会变小，而 R^2_{adj} 由 0.609 增大到 0.6236，$PRESS$ 则由 1.54 减小到 1.17，$AICc$ 由 8.51 降到 -3.09，BIC 由 9.59 降到 0.54。如果再进一步删除项，比如图（b）中排在效应汇总列表中最后的 ISD 项，则 R^2_{adj} 又会变小，$PRESS$、$AICc$ 和 BIC 又会变大。因此，此时的模型选择满足了 R^2_{adj} 增大、$PRESS$ 最小的原则，也满足 $AICc$ 和 BIC 最小的原则。

另外，在从模型中剔除不显著项过程中，如果最后项的 P 值含有"^"标识，表明当前项包含在其前面的高次项中，此时应该保留，而向上删除其他未包含标识的项。如图 4-10（a）中，排在后面的 $ISD*Ma$、$ISD*Ts$ 和 $Ma*Ts$ 的 P 值均有"^"标识，原因是它们的前面有 $ISD*Ma*Ts$ 项，当由于其不显著而删除后，后面的前述三个交互项的"^"标识就会消失，此时一次删除它们即可。如果 $ISD*Ma*Ts$ 显著，则后面所有与它相关的标识"^"的项，即使不显著，也须在模型中予以保留。

（2）对比图 4-10（a）和（b）的方差分析表，在总变异平方和保持不变的情况下，剔除不显著项后，对应项引起的变异归并到误差项中，模型自由度由 7 变成 3，虽然模型的变异平方和也由 1.879 减小到 1.754，但模型的变异均方和反而由 0.268 增加到 0.585；相反，误差自由度由 19 增加到 23，误差平方和由 0.752 增大到 0.876，但误差均方和则由 0.0396 减小到 0.0381，故模型的 F 值增大、P 值减小，更显著。另外，在没有剔除不显著项时，得到的决定系数 $R^2 = 0.7143$，剔除所有不显著项后，$R^2 = 0.6670$，说明在回归模型中，增加不显著项，R^2 会增大，但通过自由度修正后的调整决定系数即 R^2_{adj} 则在删除不显著项后可能会增大。

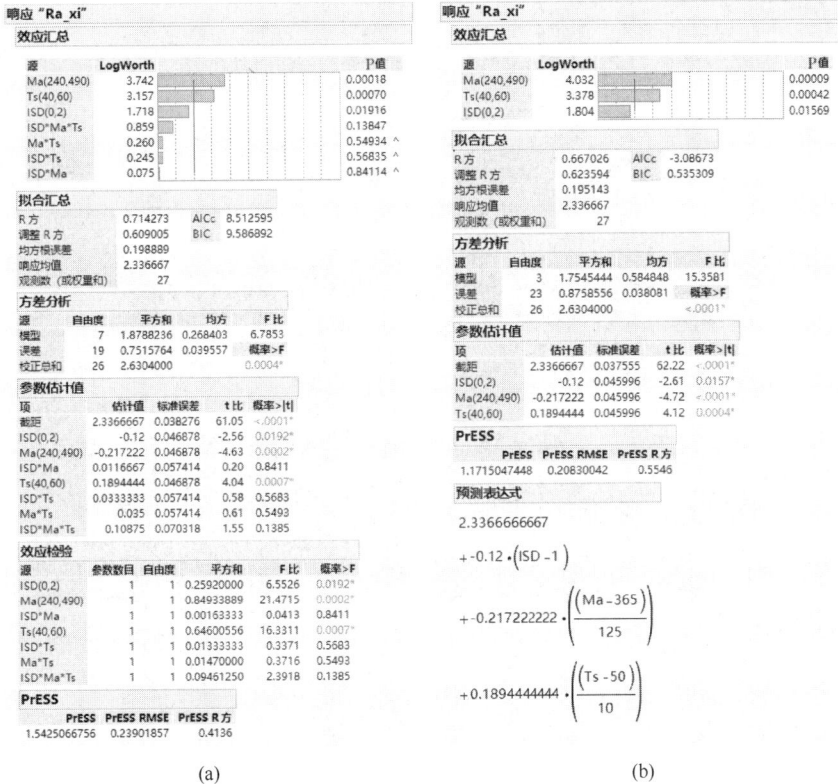

（a）

响应 "Ra_xi"

效应汇总

源	LogWorth		P值
Ma(240,490)	3.742		0.00018
Ts(40,60)	3.157		0.00070
ISD(0,2)	1.718		0.01916
ISD*Ma*Ts	0.859		0.13847
Ma*Ts	0.260		0.54934 ^
ISD*Ts	0.245		0.56835 ^
ISD*Ma	0.075		0.84114 ^

拟合汇总

R方	0.714273	AICc	8.512595
调整R方	0.609005	BIC	9.586892
均方根误差	0.198889		
响应均值	2.336667		
观测数（或权重和）	27		

方差分析

源	自由度	平方和	均方	F比
模型	7	1.8788236	0.268403	6.7853
误差	19	0.7515764	0.039557	概率>F
校正总和	26	2.6304000		0.0004*

参数估计值

项	估计值	标准误差	t比	概率>|t|
截距	2.3366667	0.038276	61.05	<.0001*
ISD(0,2)	-0.12	0.046878	-2.56	0.0192*
Ma(240,490)	-0.217222	0.046878	-4.63	0.0002*
ISD*Ma	0.0116667	0.057414	0.20	0.8411
Ts(40,60)	0.1894444	0.046878	4.04	0.0007*
ISD*Ts	0.0333333	0.057414	0.58	0.5683
Ma*Ts	0.035	0.057414	0.61	0.5493
ISD*Ma*Ts	0.10875	0.070318	1.55	0.1385

效应检验

源	参数数目	自由度	平方和	F比	概率>F
ISD(0,2)	1	1	0.25920000	6.5526	0.0192*
Ma(240,490)	1	1	0.84933889	21.4715	0.0002*
ISD*Ma	1	1	0.00163333	0.0413	0.8411
Ts(40,60)	1	1	0.64600556	16.3311	0.0007*
ISD*Ts	1	1	0.01333333	0.3371	0.5683
Ma*Ts	1	1	0.01470000	0.3716	0.5493
ISD*Ma*Ts	1	1	0.09461250	2.3918	0.1385

PrESS

PrESS	PrESS RMSE	PrESS R方
1.5425066756	0.23901857	0.4136

（b）

响应 "Ra_xi"

效应汇总

源	LogWorth		P值
Ma(240,490)	4.032		0.00009
Ts(40,60)	3.378		0.00042
ISD(0,2)	1.804		0.01569

拟合汇总

R方	0.667026	AICc	-3.08673
调整R方	0.623594	BIC	0.535309
均方根误差	0.195143		
响应均值	2.336667		
观测数（或权重和）	27		

方差分析

源	自由度	平方和	均方	F比
模型	3	1.7545444	0.584848	15.3581
误差	23	0.8758556	0.038081	概率>F
校正总和	26	2.6304000		<.0001*

参数估计值

项	估计值	标准误差	t比	概率>|t|
截距	2.3366667	0.037555	62.22	<.0001*
ISD(0,2)	-0.12	0.045996	-2.61	0.0157*
Ma(240,490)	-0.217222	0.045996	-4.72	<.0001*
Ts(40,60)	0.1894444	0.045996	4.12	0.0004*

PrESS

PrESS	PrESS RMSE	PrESS R方
1.1715047448	0.20830042	0.5546

预测表达式

2.3366666667

$+ -0.12 \cdot (ISD - 1)$

$+ -0.217222222 \cdot \left(\dfrac{Ma - 365}{125} \right)$

$+ 0.1894444444 \cdot \left(\dfrac{Ts - 50}{10} \right)$

图4-10　上块钢板入口表面粗糙度回归分析报表

（3）在确定选定的因子变量后，图 4-11 为在 ▼响应 "Ra_xi"→行诊断菜单中给出的基于残差图的模型与数据诊断结果。预测值-残差图、学生化残差-行号散点图、残差-行号散点图上没有明显的模式，表明当前模型线性假设以及模型残差独立性、方差齐性假设合理；残差正态分位数图上的点均位于两条置信区间虚线内的直线周围，表明残差正态性假设是合理的。

（4）在学生化残差-行号散点图上，所有的点均位于上下两条 95% 联合限值内，表明没有异常点。按式（4-40）计算的 Cook 距离影响值列于图 4-12 所示表的最后一列，其最大仅为 0.14，远小于 0.5，表明没有强影响点。

（5）图 4-10（b）选择的模型通过了模型检验、模型诊断、数据诊断，根据图 4-10（b）中的"参数估计值"面板参数估计值，或者直接执行报表中响应 "Ra_xi" 前红色菜单命令"估计值"→"显示预测公式"，则在报表中显示"预测表达式"面板并给出编码形式的模型表达式，见图 4-10（b），可以写出最后的回归模型为：

$$Ra\_xi = 2.34 - 0.12(ISD - 1) - 0.217\frac{Ma - 365}{125} + 0.189\frac{Ts - 50}{10}$$

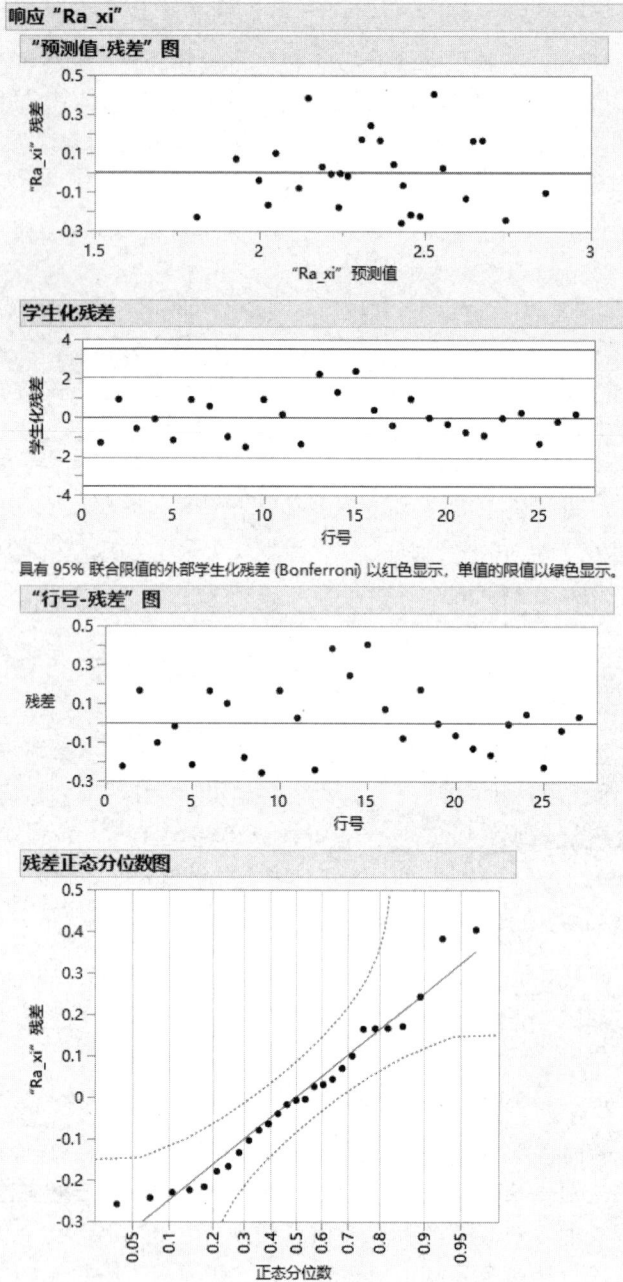

图4-11 基于残差图的模型和数据诊断图

根据该模型，以及式（4-34）、式（4-35），选择报表中▼响应"Ra_xi"→保存列中相应命令，可以计算出响应的预测值、95%置信度下的预测响应均值置信区间、响应预测值置信区间的数值并保存在数据表中，如图4-12所示。

（6）在表视图的分析→拟合模型命令打开的拟合模型对话框中，参照（1）按完全析因设计选择所有的主效应及交互效应项加入"构造模型效应"列表后，在"特质"中选择逐步，打开逐步拟合窗口，在其中可通过手动单步前进法和后退法选择因子项，也可以让软件自动选择因子项，操作的每一步都给出了相应项的平方和、F比及概率，以及对应模型的误差平方和、R 方、R_{adj}^2 及 $AICc$、BIC 等信息。这里默认停止准则为最小 BIC，点击"执行"按钮，让软件自动筛选重要的显著参数，得到图 4-13 所示窗口。在"步进历史记录"面板中显示系统操作的每一步因子项选择中进入模型时得到的模型显著性概率等参数，在"当前估计值"面板中给出最小 BIC 时选中的参数项，分别是 ISD、Ma 和 Ts，与（1）中进行选择的结果一致。可见，在逐步回归中包含大量的运算，如果没有软件的支持，这种方法也可能难以获得具体的运用。后续可点击"构建模型"按钮打开拟合模型窗口进一步选择因子或者直接点击"运行模型"按钮打开分析报表进行分析。

	预测值: Ra_xi	95% 均值下限: Ra_xi	95% 均值上限: Ra_xi	95% 单值下限: Ra_xi	95% 单值上限: Ra_xi	Cook 距离影响: Ra_xi
1	2.4844444444	2.3022477873	2.6666411016	2.0415494824	2.9273394065	0.1062435588
2	2.6738888889	2.5185110576	2.8292667202	2.241335313	3.1064424647	0.0369828866
3	2.8633333333	2.6811366762	3.0455299905	2.4204383713	3.3062282954	0.0225198642
4	2.2672222222	2.111844391	2.4226000535	1.8346686464	2.6997757981	0.0003975409
5	2.4566666667	2.3338297055	2.5795036278	2.0347078481	2.8786254852	0.0346570157
6	2.6461111111	2.4907332798	2.8014889424	2.2135575353	3.078664687	0.0359999967
7	2.05	1.8678033429	2.2321966571	1.607105038	2.492894962	0.0210904035
8	2.2394444444	2.0840666132	2.3948222757	1.8068908686	2.6719980203	0.0431582149
9	2.4288888889	2.2466922318	2.611085546	1.9859939268	2.8717838509	0.141355175
10	2.3644444444	2.2090666132	2.5198222757	1.9318908686	2.7969980203	0.0367359231
11	2.5538888889	2.4310519277	2.6767258501	2.1319300703	2.9758477075	0.0005033356
12	2.7433333333	2.5879555021	2.8987111546	2.3107797575	3.1758869092	0.079360912
13	2.1472222222	2.024385261	2.2700591834	1.7252634037	2.5691810408	0.1081683969
14	2.3366666667	2.258977751	2.4143555823	1.9255755659	2.7477577675	0.0155258589
15	2.5261111111	2.4032741499	2.6489480723	2.1041522925	2.9480699297	0.1204289143
16	1.93	1.7746221687	2.0853778313	1.4974464241	2.3625535759	0.0065674915
*17	2.1194444444	1.9966074833	2.2422814056	1.6974856259	2.541403263	0.0046594432
18	2.3088888889	2.1535110576	2.4642667202	1.876335313	2.7414424647	0.0392427887
19	2.2444444444	2.0622477873	2.4266411016	1.8015494824	2.6873394065	0.0000416601
20	2.4338888889	2.2785110576	2.5892667202	2.001335313	2.8664424647	0.0054708412
21	2.6233333333	2.4411366762	2.8055299905	2.1804383713	3.0662282954	0.0374940507
22	2.0272222222	1.871844391	2.1826000535	1.5946686464	2.4597757981	0.0374792956
23	2.2166666667	2.0938297055	2.3395036278	1.7947078481	2.6386254852	0.0000328114
24	2.4061111111	2.2507332798	2.5614889424	1.9735575353	2.838664687	0.0025817406
25	1.81	1.6278033429	1.9921966571	1.367105038	2.252894962	0.1115682347
26	1.9994444444	1.8440666132	2.1548222757	1.5668908686	2.4319980203	0.0020853316
27	2.1888888889	2.0066922318	2.371085546	1.7459939268	2.6317838509	0.0020413428

图4-12　计算并保存的预测值、预测均值置信区间、预测值置信区间和 Cook 距离影响

"Ra_xi" 的逐步拟合

逐步回归控制

停止规则： 最小 BIC

方向： 前进

规则： 合并

误差平方和	误差自由度	RMSE	R方	调整 R方	Cp	p	AICc	BIC
0.8758556	23	0.1951427	0.6670	0.6236	3.141802	4	-3.08673	0.535309

当前估计值

锁定	已进入	参数	估计值	自由度	平方和	"F 比"	"概率>F"
☑	☑	截距	2.33666667	1	0	0.000	.
☐	☑	ISD(0,2)	-0.12	1	0.2592	6.807	0.01569
☐	☑	Ma(240,490)	-0.2172222	1	0.849339	22.304	9.29e-5
☐	☐	ISD*Ma	0	1	0.001633	0.041	0.8412
☐	☑	Ts(40,60)	0.18944444	1	0.646006	16.964	0.00042
☐	☐	ISD*Ts	0	1	0.013333	0.340	0.56571
☐	☐	Ma*Ts	0	1	0.0147	0.376	0.54628
☐	☐	ISD*Ma*Ts	0	4	0.124279	0.785	0.5487

步进历史记录

步进	参数	操作	"显著性概率"	序贯平方和	R方	Cp	p	AICc	BIC	
1	Ma(240,490)	已进入	0.0020	0.849339	0.3229	22.026	2	10.2632	13.1072	○
2	Ts(40,60)	已进入	0.0011	0.646006	0.5685	7.6944	3	0.87367	4.23884	○
3	ISD(0,2)	已进入	0.0157	0.2592	0.6670	3.1418	4	-3.0867	0.53531	○
4	Ma*Ts	已进入	0.5463	0.0147	0.6726	4.7702	5	-2.0009	3.37414	○
5	ISD*Ma*Ts	已进入	0.4485	0.109579	0.7143	8	8	8.5126	9.58689	○
6	最佳	特定	.	.	0.6670	3.1418	4	-3.0867	0.53531	◉

图4-13　自动逐步回归筛选重要因子项

4.6 非线性关系的线性变换

在许多实际问题中，变量之间不是线性相关关系，在这些相关变量之间应该用非线性模型来描述。在建立非线性回归方程时，最关键的是确定响应变量与因子变量间的函数形式，确定函数形式的方法一般有两种：

① 根据理论推导或者由以往的经验知道它们之间的回归方程的类型；

② 由散点图估计回归方程的函数类型。

确定了回归方程的函数类型后，需要对其中的未知参数进行估计。有许多非线性回归方程在形式上是非线性的，但本质上是线性的，即经过简单的变量替换后，就可转化为线性回归方程，用最小二乘法求出各回归系数。但有些非线性回归方程不但形式上是非线性的，本质上也是非线性的。

本质上来说，用回归方法来处理非线性方程，就是将非线性方程中包含的所有待估计的常数项变换为彼此分离的线性项形式。

4.6.1 一元非线性函数的线性变换

如果两变量之间呈现出非线性关系，其中有相当一部分可以通过变量变换的方法转化成线性关系，然后再利用一元线性回归方法加以处理。

假设原来的非线性函数关系为

$$f(y) = a + bg(x)$$

令 $y_1 = f(y)$，$x_1 = g(x)$，则上面的非线性函数就变换为如下线性函数

$$y_1 = a + bx_1$$

为了找到更符合实际情况的回归公式，一方面要根据专业知识和经验来确定经验曲线的函数类型，另一方面要根据散点图的分布形状及特征来选择适当的曲线拟合这些试验数据。下面给出一些常用的曲线图和变量变换公式，以方便根据散点图来确定曲线的函数类型。

（1）双曲线函数

双曲线函数 $\dfrac{1}{y} = a + \dfrac{b}{x}$ 曲线形状如图 4-14 所示。

双曲线的变换方法为：

令 $y_1 = \dfrac{1}{y}$，$x_1 = \dfrac{1}{x}$，则双曲线模型变为 $y_1 = a + bx_1$。

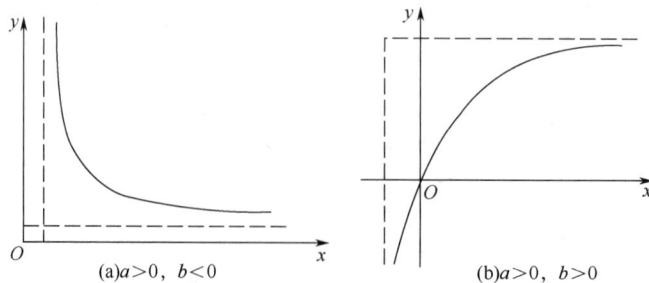

(a)$a>0$，$b<0$　　(b)$a>0$，$b>0$

图 4-14　双曲线 $\dfrac{1}{y} = a + \dfrac{b}{x}$ 的图形

（2）幂函数

幂函数 $y = ax^b$ 曲线图形如图 4-15 所示。

令 $y_1 = \ln y$，$x_1 = \ln x$，则幂函数变为线性模型 $y_1 = \ln a + bx_1$。

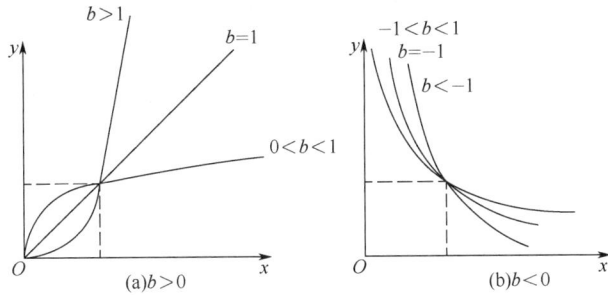

图4-15　幂函数 $y = ax^b$ 图形

（3）指数函数

指数函数 $y = ae^{bx}$ 曲线图形如图 4-16 所示。

令 $y_1 = \ln y$，则指数函数变为线性模型 $y_1 = \ln a + bx$。

（4）倒指数函数

倒指数函数 $y = ae^{b/x}$ 曲线图形如图 4-17 所示。

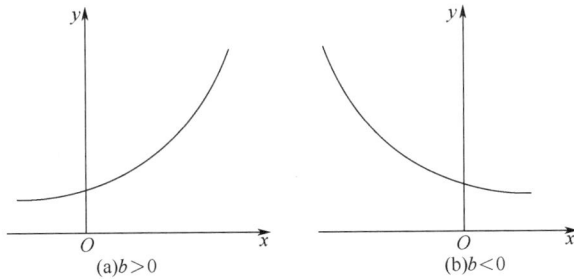

图4-16　指数函数 $y = ae^{bx}$ 图形

令 $y_1 = \ln y$，$x_1 = 1/x$，倒指数函数变为线性模型 $y_1 = \ln a + bx_1$。

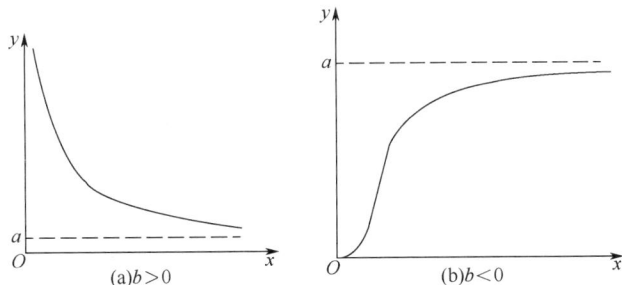

图4-17　倒指数函数 $y = ae^{b/x}$ 图形

（5）对数函数

对数函数 $y = a + b\lg x$ 曲线图形如图 4-18 所示。

直接令 $x_1 = \lg x$，则对数函数变为线性模型 $y = a + bx_1$。

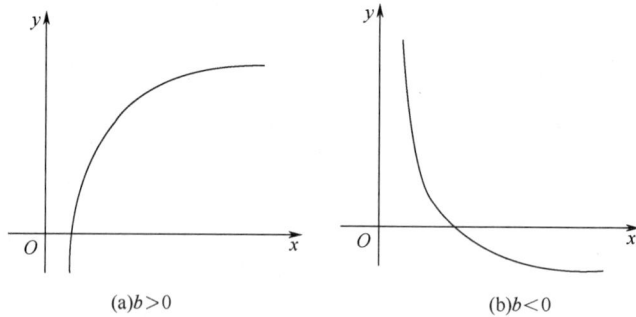

图4-18 对数函数 $y = a + b \lg x$ 图形

（6）S形曲线函数

S形曲线函数 $y = \dfrac{1}{a + be^{-x}}$ 图形如图4-19所示。将该函数两边取倒数，变成 $\dfrac{1}{y} = a + be^{-x}$。

令 $y_1 = 1/y$，$x_1 = e^{-x}$，则S形曲线函数变为线性模型 $y_1 = a + bx_1$。

上述简单一元函数的处理，可以在JMP数据表中变换为线性化变量，也可以直接在分析报表中处理。具体方法是在二元拟合前红色三角菜单中选择命令"特殊拟合…"，打开图4-20所示对话框，可以分别直接对 y 和 x 进行变换然后进行分析。图4-21为按图4-20处理后得到的回归分析输出报表。

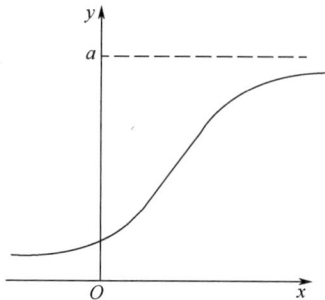

图4-19 S形曲线 $y = \dfrac{1}{a + be^{-x}}$ 的图形

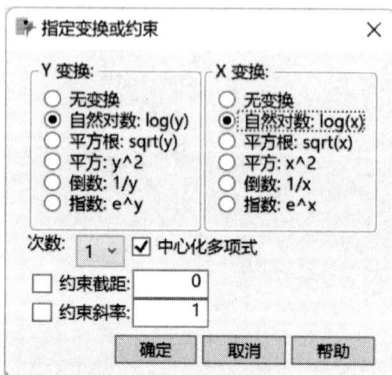

图4-20 对非线性函数的线性变换

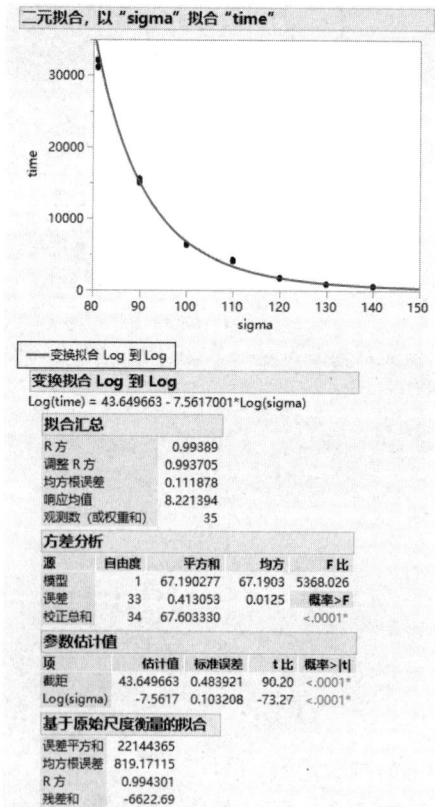

图4-21 直接进行线性变换后得到的分析报表

4.6.2 多元非线性关系的线性变换

对于多元变量 $x_1,\ x_2,\ \cdots,\ x_p$，可以给出其最一般的线性回归模型：

$$y = \beta_0 z_0 + \beta_1 z_1 + \beta_2 z_2 + \cdots + \beta_p z_p + \varepsilon \tag{4-41}$$

其中，z_0 是伪变量，它总等于 1，在模型中一般不明确写出来，写出来是为了便于数学处理。对于每一个 $j = 1,\ 2,\ \cdots,\ p$，z_j 是 $x_1, x_2, \cdots, x_p$ 的一般函数，即 $z_j = z_j(x_1,\ x_2,\ \cdots,\ x_p)$，有可能每个 z_j 只含一个 x 变量。

一个模型只要能写成式（4-41）的形式，就可用前面介绍的方法进行分析。

比较简单和常用的是关于自变量的多项式模型。以两个自变量 x_1、x_2 为例，可以写出一阶模型：

$$y = \beta_0 + \beta_1 x_1 + \beta_2 x_2 + \varepsilon$$

二阶多项式模型：

$$y = \beta_0 + \beta_1 x_1 + \beta_2 x_2 + \beta_{11} x_1^2 + \beta_{22} x_2^2 + \beta_{12} x_1 x_2 + \varepsilon$$

三阶多项式模型：

$$y = \beta_0 + \beta_1 x_1 + \beta_2 x_2 + \beta_{11} x_1^2 + \beta_{22} x_2^2 + \beta_{12} x_1 x_2 + \beta_{111} x_1^3 + \beta_{222} x_2^3 + \beta_{112} x_1^2 x_2 + \beta_{122} x_1 x_2^2 + \varepsilon$$

如果一阶模型不能满意地刻画所描述的对象，可以用二阶多项式模型。如果二阶多项式模型仍存在拟合不足，可用三阶多项式模型。多项式回归可以处理相当多的非线性问题，因为根据微积分的知识，任一函数都可以分段用多项式来逼近。因而在实际问题中，不论变量 y 与 x 的关系如何，常可选择适当的多项式回归或分段选择多项式回归加以研究。

然而，这种由低阶向高阶换用模型的办法并不总令人满意。事实上，通过变换自变量或因变量或同时变换两者，效果可能更好。比如，在假设残差特性允许拟合都可行的前提下，响应 $\lg y$ 对 x 的线性拟合往往比 y 对 x 的二阶拟合更可取。

变量变换除了可以简化模型外，通常的目的主要还是变换后的模型有式（4-41）的形式或者变换后的误差满足通常的假设。

（1）只变换自变量得到的模型

以模型

$$y = \beta_0 + \beta_1 z_1 + \beta_2 z_2 + \varepsilon$$

为例，可以对自变量作下列变换。

① 倒数变换：令 $z_1 = x_1^{-1}$，$z_2 = x_2^{-1}$，得到

$$y = \beta_0 + \beta_1 x_1^{-1} + \beta_2 x_2^{-1} + \varepsilon$$

② 对数变换：令 $z_1 = \ln x_1$，$z_2 = \ln x_2$，得到

$$y = \beta_0 + \beta_1 \ln x_1 + \beta_2 \ln x_2 + \varepsilon$$

③ 平方根逆变换：令 $z_1 = x_1^{1/2}$，$z_2 = x_2^{1/2}$，得到

$$y = \beta_0 + \beta_1 x_1^{1/2} + \beta_2 x_2^{1/2} + \varepsilon$$

显然，有各种各样可能的变换，同一个模型可以使用几种不同的变换，一个变换也可以

包含多个变量。但选择什么样的变换要根据有关变量的基本知识来定。大致原则是作变换总要有效果，比如使变换后的模型较简单，或者变换后拟合的精度较高。

（2）可线性化的非线性模型

非线性模型（待估参数是非线性的）可分为两类，其中一类可通过适当的变量变换后变为线性形式，这样的模型称为可线性化的非线性模型，否则就称为不可线性化的非线性模型。下面介绍一些可线性化的非线性模型，所用的变换既有自变量的变换，也有因变量的变换。

① 乘法模型：

$$y = \beta_0 x_1^{\beta_1} x_2^{\beta_2} x_3^{\beta_3} \varepsilon$$

其中，$\beta_0, \beta_1, \beta_2, \beta_3$ 都是未知参数；ε 是乘积随机误差。对上式两边取自然对数，得到

$$\ln y = \ln \beta_0 + \beta_1 \ln x_1 + \beta_2 \ln x_2 + \beta_3 \ln x_3 + \ln \varepsilon$$

该式具有了式（4-41）的形式，可以采用前面介绍的方法来处理。但是，在求置信区间和做有关检验时，必须是 $\ln \varepsilon \sim N(0, \sigma^2 I_n)$，而不是 $\varepsilon \sim N(0, \sigma^2 I_n)$。因此在检验前，要先检验 $\ln \varepsilon$ 是否满足这个假设。

② 指数模型：

$$y = e^{\beta_0 + \beta_1 x_1 + \beta_2 x_2 + \beta_3 x_3} \varepsilon$$

也两边同时取自然对数，得

$$\ln y = \beta_0 + \beta_1 x_1 + \beta_2 x_2 + \beta_3 x_3 + \ln \varepsilon$$

③ 一个更复杂的模型：

$$y = \frac{1}{1 + e^{\beta_0 + \beta_1 x_1 + \beta_2 x_2 + \beta_3 x_3 + \varepsilon}}$$

两边取倒数，减去 1，再求自然对数，得到

$$\ln(y^{-1} - 1) = \beta_0 + \beta_1 x_1 + \beta_2 x_2 + \beta_3 x_3 + \varepsilon$$

注意，由于是对变换后的形如式（4-41）的模型采用最小二乘法分析，所以进行残差检验时是针对变换后的模型而做的。因此，若对因变量做了变换，要特别仔细检查变换后的模型是否还满足误差独立，且服从 $N(0, \sigma^2)$。

4.6.3　Box-Cox 变换

在试验数据分析中，一个常用的且在许多实际应用中显示出较好效果的改进措施就是 Box-Cox 变换，它通过对因变量 y 做适当变换，达到对原数据的综合处理，使其尽可能地满足线性回归模型的假设条件。但值得指出的是，在实际应用中要紧密结合问题的实际背景，对具体问题具体分析和处理，与数据变换方法相结合，提出更有效的改进措施。

在大多数实际问题中，因变量的取值为正值，Box-Cox 变换是对取正值的因变量 y 做如下变换：

$$y^{(\lambda)} = \begin{cases} \dfrac{y^\lambda - 1}{\lambda}, & \lambda \neq 0 \\ \ln y, & \lambda = 0 \end{cases} \tag{4-42}$$

其中，λ 是一个待定的变换参数。对不同的 λ，所做的变换自然也不同，因此变换式

（4-42）为一组变换。对 y 的 n 个观测值 y_1, y_2, $\cdots$, y_n 做上述变换，将变换后的观测值向量记为

$$Y^{(\lambda)} = [y_1^{(\lambda)}, \ y_2^{(\lambda)}, \ \cdots, \ y_n^{(\lambda)}]^{\mathrm{T}}$$

要确定 λ，使得

$$Y^{(\lambda)} = X\boldsymbol{\beta} + \boldsymbol{\varepsilon}, \quad \boldsymbol{\varepsilon} \sim N(0, \sigma^2 I) \tag{4-43}$$

I 是 n 维单位向量。式（4-43）表明，通过响应变量的变换，变换后的观测向量 $Y^{(\lambda)}$ 与自变量具有线性相关关系，误差向量的各分量相互独立且服从相同的正态分布 $N(0, \sigma^2)$。

式（4-43）中的 λ 可用最大似然方法确定，其基本思想是由式（4-43）写出 $Y^{(\lambda)}$ 的似然函数（与 λ 有关），选择 λ 使对数似然函数（从而使似然函数）达到最大。经计算，问题转化为选择 λ，使

$$SS_E[\lambda; Z^{(\lambda)}] = [Z^{(\lambda)}]'[I - X(X'X)^{-1}X']Z^{(\lambda)} \tag{4-44}$$

达到最小，其中

$$Z^{(\lambda)} = [z_1^{(\lambda)}, \ z_2^{(\lambda)}, \ \cdots, \ z_n^{(\lambda)}]'$$

$$z_i^{(\lambda)} = \begin{cases} \left. y_i^{(\lambda)} \middle/ \left[\prod_{i=1}^{n} y_i \right]^{\frac{\lambda-1}{n}} \right., & \lambda \neq 0 \\[4mm] (\ln y_i)\left[\prod_{i=1}^{n} y_i \right]^{\frac{1}{n}}, & \lambda = 0 \end{cases}$$

式（4-44）的 $SS_E[\lambda; Z^{(\lambda)}]$ 恰是以 $Z^{(\lambda)}$ 为隐变量观测值向量、X 为设计矩阵的线性回归模型的最小二乘估计下的残差平方和，因此，可以对一系列 λ 值，将变换后的数据 $Z^{(\lambda)}$ 视为响应变量的观测值向量，拟合相应线性模型，便可得相应的残差平方和 $SS_E[\lambda; Z^{(\lambda)}]$ 的值。从求得的一系列 $SS_E[\lambda; Z^{(\lambda)}]$ 值中选出使其最小的 λ，或画出如图 4-22 所示 $SS_E[\lambda; Z^{(\lambda)}]$ 随 λ 变化的 Box-Cox 变换图曲线（蓝色曲线），以找出使 $SS_E[\lambda; Z^{(\lambda)}]$ 最小的 λ 值。

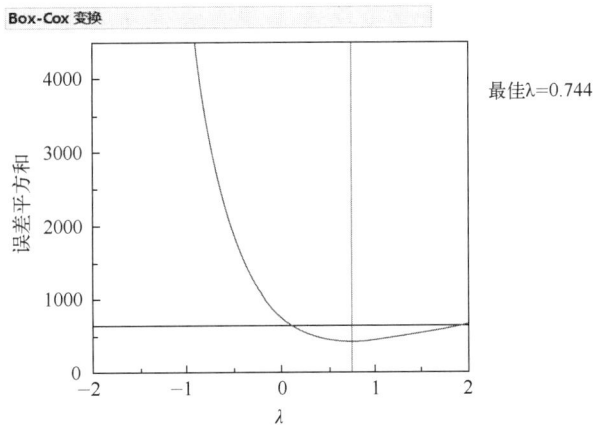

图4-22　Box-Cox 变换图

在图 4-22 中，灰色垂直线与蓝色曲线交点对应最低误差平方和值，对应的 λ 为建议值，以保证残差总和最小。但是如果其位于 95% 的置信区间内（图中红色水平线与蓝色曲线交叉点之间），不建议进行变换。一般情况下，建议选择便于对模型理解和计算的变换形式，比如图 4-22 中 λ 取接近 0.744

较近的 1 或 0.5 等，而不要机械地取 $\lambda = 0.744$，因为该值本身也是由试验数据估计的，含有误差的影响，且难以理解和解释。

4.7 含定性变量的回归模型

在试验研究中，经常会碰到一些非数量型的变量，如品质用"好"与"坏"表示，性别用"男"与"女"表示，强度用"高"和"低"表示，添加剂用"有"与"无"表示。有时使用的变量是数值，但也不是连续数值，而是名义型的数值，比如例 3-3 中在考察抛光道数与抛光进料速率的影响时，也将它们设为"名义型"数值，本质上并非数量型变量。在进行一个试验、建立一个回归方程时，经常需要考虑这些非数量型的变量，一般把这些变量也称为定性变量，本节介绍自变量是定性变量的回归模型。

在回归分析中，对一些自变量是定性变量的情形先予以数量化处理，处理方法是引进只取 0 和 1 两个值的虚拟自变量将定性变量数量化。当某一属性出现时，虚拟变量取值为 1，否则取值为 0。

首先讨论定性变量只取两类可能值的情况，例如研究物质反应问题，y 为转化率，x 为温度，是连续变化的，另外再考虑催化剂问题，分为添加和不添加两种情况。对这个问题的数量化方法是引入一个 $0 \sim 1$ 型变量 D，令

$D_i = 1$，表示有催化剂；

$D_i = 0$，表示无催化剂。

转化率的回归模型为

$$y_i = \beta_0 + \beta_1 x_i + \beta_2 D_i + \varepsilon_i, \quad i = 1, 2, \cdots, n$$

假设有无催化剂时回归直线的斜率 β_1 是相等的，也就是说，不论是有催化剂还是无催化剂，温度 x 每增加一个单位，转化率 y 平均都增加相同的数量 β_1。对上式的参数估计仍采用普通最小二乘法。

当无催化剂时

$$E(y_i | D_i = 0) = \beta_0 + \beta_1 x_i$$

有催化剂时

$$E(y_i | D_i = 1) = (\beta_0 + \beta_2) + \beta_1 x_i$$

一般地，一个定性变量有 k 类可能的取值时，需要引入（$k-1$）个 $0 \sim 1$ 型自变量。当 $k = 2$ 时，只需要引入 1 个 $0 \sim 1$ 型自变量即可。对于包含多个 $0 \sim 1$ 型自变量的计算，仍然是采用普通的线性最小二乘回归方法处理数据。

第 3 章介绍的两因子以上的方差分析，将因子变量定义为定性变量以用方差分析方法考察各水平组合下的响应均值变化，其本质上就是引进虚拟自变量的方法，利用最小二乘法估计出各因子水平值下的斜率。例如例 3-2 中，可以得到如图 4-23 所示响应变量坍落度的回归模型的决定系数、参数估计值和预测模型等。由该模型可知，当灰砂比为 1：4、浓度为 0.79 时，坍落度的预测值为：

$$25.7332 + (-0.7395) \times 1 + (-4.2165) \times 1 = 20.7772$$

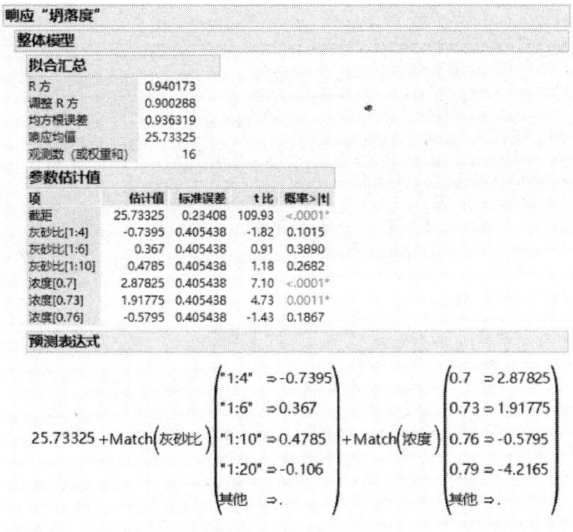

图4-23　例3-2中响应变量坍落度的参数估计值和预测表达式

【例4-4】镨(Pr)和钕（Nd）都是轻稀土金属元素，前者的化合物可用于发光材料，后者最常用于磁性材料和其他合金材料。如目前性能最好的永磁材料钕铁硼合金就必须用到金属钕，其化合物也用于发光（激光）材料。文献[12]研究了用硝酸盐形式的 Aliquat 336 从钕铁硼磁体浸出液中萃取镨和钕。考察的因子包括 Aliquat 336 浓度（Aliquat, mol/L）、有机/水相比（O/A）、pH 值（pH）和硝酸盐浓度（Nitrate, mol/L）。响应指标包括 Pr 萃取率（E_Pr, %）和 Nd 萃取率（E_Nd, %）、Pr 与 Nd 的分离因子（SF）。用响应曲面方法组织了 30 次试验，试验设计及测试结果列于表 4-7，保存在 sample4-4.jmp 文件中。

以镨回收率（E_Pr）为例，回答下列问题。

（1）通过散点图评价 E_Nd 与各因子的相关性；

（2）建立镨回收率与各因子的线性回归模型，对模型进行显著性和失拟检验；

（3）建立包含二次项的响应曲面回归模型，进行模型显著性与失拟检验；

（4）进行 Box-Cox 变换分析，比较变换前后的模型。

表 4-7　从钕铁硼磁体浸出液中萃取镨和钕的试验设计及结果

试验序号	因子				响应		
	Aliquat / （mol/L）	pH	O/A	Nitrate / （mol/L）	E_Pr /%	E_Nd /%	SF
1	0.3	2	1	2.2	51.88	41.58	1.39
2	0.85	2	1	2.2	56.14	44.51	1.78
3	0.3	5	1	2.2	53.12	42.34	1.49
4	0.85	5	1	2.2	52.89	36.4	1.84
5	0.3	2	3	2.2	58.73	51.98	1.41
6	0.85	2	3	2.2	13.19	10.39	1.61
7	0.3	5	3	2.2	55.3	44.23	1.51
8	0.85	5	3	2.2	12.58	9.02	1.8
9	0.3	2	1	5.6	78.39	65.03	1.86
10	0.85	2	1	5.6	93.09	86.77	2.02

试验序号	因子				响应		
	Aliquat /（mol/L）	pH	O/A	Nitrate /（mol/L）	E_Pr /%	E_Nd /%	SF
11	0.3	5	1	5.6	79.03	68.54	1.99
12	0.85	5	1	5.6	94.32	88.38	2.15
13	0.3	2	3	5.6	93.75	87.72	2.07
14	0.85	2	3	5.6	97.08	93.86	2.16
15	0.3	5	3	5.6	92.52	85.58	2.05
16	0.85	5	3	5.6	97.08	93.71	2.22
17	0.3	3.5	2	3.9	81.19	65.16	1.97
18	0.85	3.5	2	3.9	87.29	79.39	2.08
19	0.57	2	2	3.9	85.68	74.26	2.03
20	0.57	5	2	3.9	89.01	79.23	2.08
21	0.57	3.5	1	3.9	82.36	67.27	2.12
22	0.57	3.5	3	3.9	91.04	84.35	2.04
23	0.57	3.5	2	2.2	50.39	33.87	1.74
24	0.57	3.5	2	5.6	93.34	87.61	1.98
25	0.57	3.5	2	3.9	86.02	74.09	2.1
26	0.57	3.5	2	3.9	86.45	74.27	2.16
27	0.57	3.5	2	3.9	93.33	81.42	2.09
28	0.57	3.5	2	3.9	88.19	78.5	2.01
29	0.57	3.5	2	3.9	86.45	74.63	2.12
30	0.57	3.5	2	3.9	82.17	70.59	2.07

解：

（1）对于未知的体系，一般在建立模型前可以通过响应随因子变化的散点图初探其特征。选择"图形"→"散点图矩阵"，在对话框中选择 E_Pr 为 Y，Aliquat、O/A、pH 和 Nitrate 为 X，得到图4-24，其分别绘出所有试验点得到的 E_Pr 值变换。由图4-25可见，在多因子试验中，

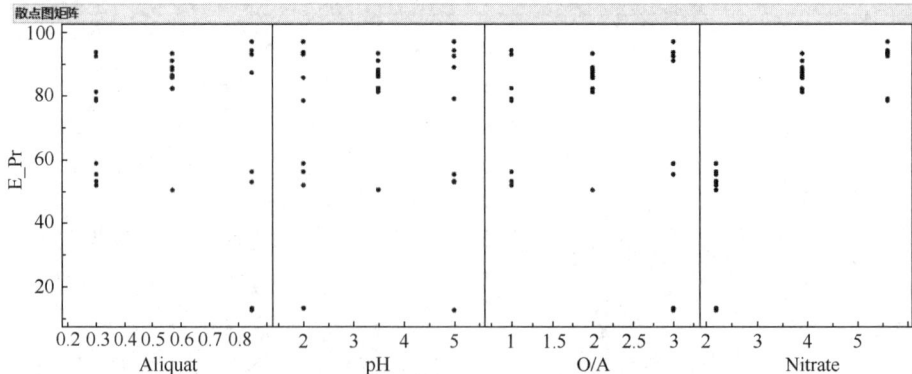

图4-24 错萃取率的散点图矩阵

由于影响因素多，在因子的各水平值下的 E_Pr 值很分散。分散性越大，表明其他因子的效应越强；而如果分散性不大，例如 Nitrate 分散性较小，表明该因子的效应强。除 Nitrate 表现出较强的曲线特征外，其他三个因子似乎都具有线性特性，而且 pH 几乎没有影响。

（2）根据图 4-24 的散点图特性，先建立一个线性模型（包含二因子交互项）。在拟合模型对话框中，以 E_Pr 为 Y，在模型构造器中，选择四个因子变量后选定完全析因设计，再删除 3 个三因子交互项，如图 4-25 给出"效应汇总"、"失拟"、"拟合汇总"和"方差分析"4 个面板。"效应汇总"面板列出所有被选入模型的因子项，方差"分析"面板给出的模型检验虽然非常显著 $[P(F_R > F_{0R}) < 0.0001^*]$，但"失拟"面板中给出的当前线性模型的检验结果 $P[F_{LOF} > F_{0LOF}] = 0.0031^*$，说明拒绝了试验数据为线性模型的原假设，因此必须进行非线性化变换。

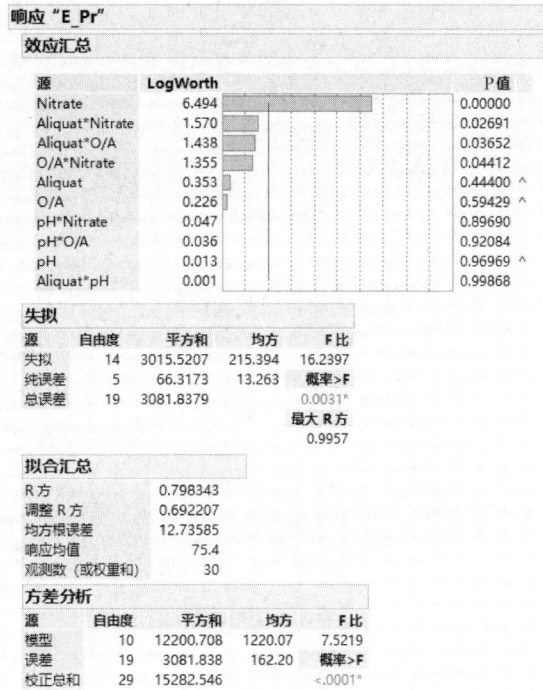

响应 "E_Pr"

效应汇总

源	LogWorth		P值
Nitrate	6.494		0.00000
Aliquat*Nitrate	1.570		0.02691
Aliquat*O/A	1.438		0.03652
O/A*Nitrate	1.355		0.04412
Aliquat	0.353		0.44400 ^
O/A	0.226		0.59429 ^
pH*Nitrate	0.047		0.89690
pH*O/A	0.036		0.92084
pH	0.013		0.96969 ^
Aliquat*pH	0.001		0.99868

失拟

源	自由度	平方和	均方	F比
失拟	14	3015.5207	215.394	16.2397
纯误差	5	66.3173	13.263	概率>F
总误差	19	3081.8379		0.0031*
				最大 R 方
				0.9957

拟合汇总

R 方	0.798343
调整 R 方	0.692207
均方根误差	12.73585
响应均值	75.4
观测数（或权重和）	30

方差分析

源	自由度	平方和	均方	F比
模型	10	12200.708	1220.07	7.5219
误差	19	3081.838	162.20	概率>F
校正总和	29	15282.546		<.0001*

图 4-25　选择线性模型导致失拟检验未能通过

（3）鉴于线性模型未能通过失拟检验，特别是图 4-24 中 Nitrate 因子表现的非线性效应特征，需要按多元非线性关系的线性变换方法重新建立二阶模型，即增加二次项。

在图 4-25 的响应 "E_Pr" 前的红色三角菜单中选择"重新运行"→"重新启动分析"，在拟合模型对话框中同时选中四个因子，在构造模型效应中选择"宏"→"响应曲面"，则将 4 个因子的一次项、二次项和二因子交互作用项全部选入构建模型，得到图 4-26（a）所示输出的初始报表。与图 4-25 相比，在"效应汇总"中增加了四个因子的平方项，模型方差分析的 $P(F_R > F_{0R}) < 0.0001^*$，同时决定系数 R^2 和 R^2_{adj} 分别比图 4-25 提高了许多。特别是失拟检验结果为 $P(F_{LOF} > F_{0LOF}) = 0.0881$，表明试验数据用增加二次项后的线性模型描述是合理的，但 Box-Cox 变换面板中的误差平方和图仍然建议继续对响应 E_Pr 进行 $\lambda = 2$ 的变换。

（4）进行 Box-Cox 变换，点击 Box-Cox 变换前的红色三角按钮，执行"使用变换重新拟合"命令，输入 $\lambda = 2$，然后通过"效应汇总"面板逐项删除模型中的不显著项，同时观察 R^2_{adj} 与 $PRESS$ 值的变化（在 JMP 软件中，将 $PRESS$ 写为 $PrESS$）。随着不显著项的删除，R^2_{adj} 在不断增大，$PRESS$ 在不断减小，直至删除所有不显著项，R^2_{adj} 达到最大值 0.9725，$PRESS$ 达到最小值 382，如图 4-26（b）所示。此时模型中仅包含 7 项，按 LogWorth 由大到小的顺序依次为：Nitrate、Nitrate×Nitrate、Aliquate×Nitrate、O/A×Nitrate、Aliquate×O/A、O/A 和 Aliquate。其中后两项的主效应本身并不显著，但它们与其他因子的交互作用显著，所以在模型中必须保留。另外，因子 pH 及其相关的交互项、二次项都不显著，被从模型中剔除了。

最后得到 E_Pr 的回归预测表达式为图 4-27，注意因为进行了 $\lambda = 2$ 的 Box-Cox 变换，所以表达式中的响应变量为 E_Pr^2 而不是 E_Pr。

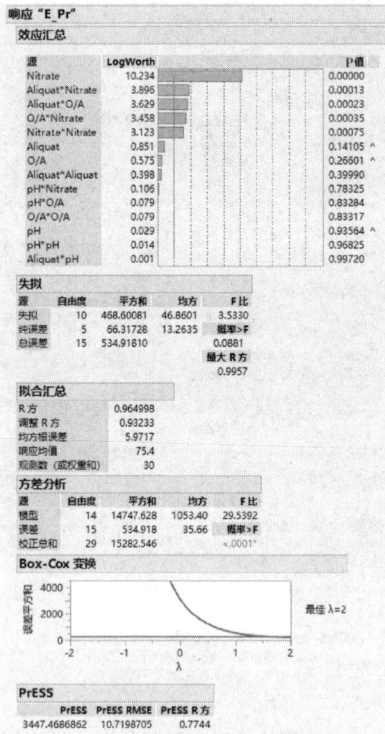

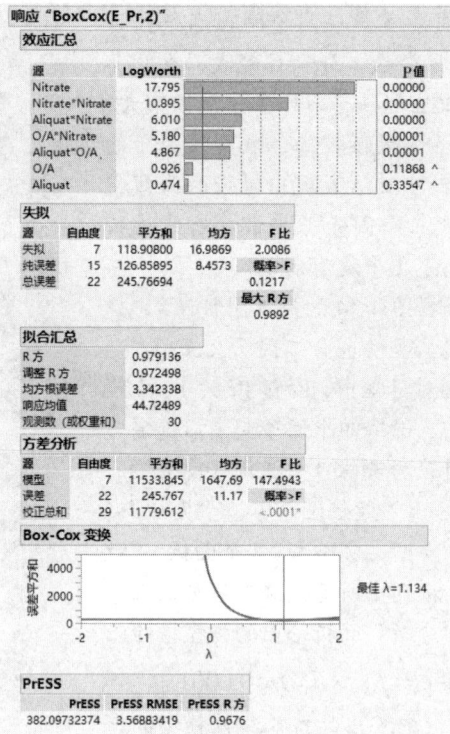

响应 "E_Pr"

效应汇总

源	LogWorth		P值
Nitrate	10.234		0.00000
Aliquat*Nitrate	3.896		0.00013
Aliquat*O/A	3.629		0.00023
O/A*Nitrate	3.458		0.00035
Nitrate*Nitrate	3.123		0.00075
Aliquat	0.851		0.14105 ^
O/A	0.575		0.26601 ^
Aliquat*Aliquat	0.398		0.39990
pH*Nitrate	0.106		0.78325
pH*O/A	0.079		0.83284
O/A*O/A	0.079		0.83317
pH	0.029		0.93564 ^
pH*pH	0.014		0.96825
Aliquat*pH	0.001		0.99720

失拟

源	自由度	平方和	均方	F比
失拟	10	468.60081	46.8601	3.5330
纯误差	5	66.31728	13.2635	概率>F
总误差	15	534.91810		0.0881
				最大 R 方
				0.9957

拟合汇总

R方	0.964998
调整 R 方	0.93233
均方根误差	5.9717
响应均值	75.4
观测数 (或权重和)	30

方差分析

源	自由度	平方和	均方	F比
模型	14	14747.628	1053.40	29.5392
误差	15	534.918	35.66	概率>F
校正总和	29	15282.546		<.0001*

Box-Cox 变换

最佳 λ=2

PrESS

PrESS	PrESS RMSE	PrESS R方
3447.4686862	10.7198705	0.7744

(a)

响应 "BoxCox(E_Pr,2)"

效应汇总

源	LogWorth		P值
Nitrate	17.795		0.00000
Nitrate*Nitrate	10.895		0.00000
Aliquat*Nitrate	6.010		0.00000
O/A*Nitrate	5.180		0.00001
Aliquat*O/A	4.867		0.00001
O/A	0.926		0.11868 ^
Aliquat	0.474		0.33547 ^

失拟

源	自由度	平方和	均方	F比
失拟	7	118.90800	16.9869	2.0086
纯误差	15	126.85895	8.4573	概率>F
总误差	22	245.76694		0.1217
				最大 R 方
				0.9892

拟合汇总

R方	0.979136
调整 R 方	0.972498
均方根误差	3.342338
响应均值	44.72489
观测数 (或权重和)	30

方差分析

源	自由度	平方和	均方	F比
模型	7	11533.845	1647.69	147.4943
误差	22	245.767	11.17	概率>F
校正总和	29	11779.612		<.0001*

Box-Cox 变换

最佳 λ=1.134

PrESS

PrESS	PrESS RMSE	PrESS R方
382.09732374	3.56883419	0.9676

(b)

图4-26　选择响应曲面模型得到的报表

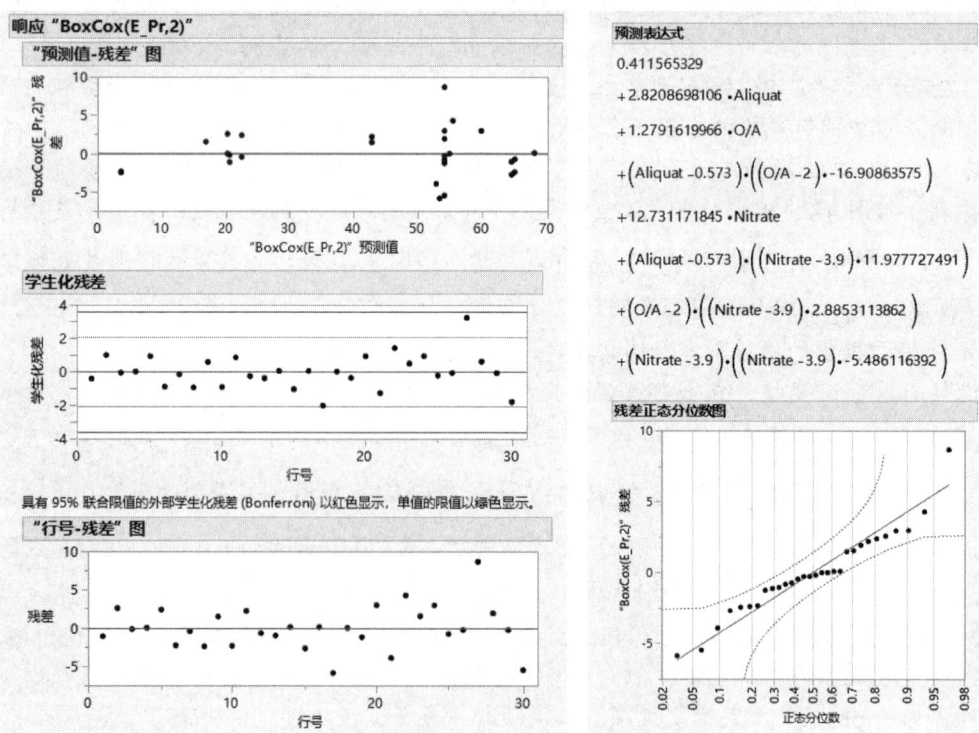

响应 "BoxCox(E_Pr,2)"

预测表达式

0.411565329

+2.8208698106 · Aliquat

+1.2791619966 · O/A

+(Aliquat −0.573) · ((O/A −2) · −16.90863575)

+12.731171845 · Nitrate

+(Aliquat −0.573) · ((Nitrate −3.9) · 11.977727491)

+(O/A −2) · ((Nitrate −3.9) · 2.8853113862)

+(Nitrate −3.9) · ((Nitrate −3.9) · −5.486116392)

具有 95% 联合限值的外部学生化残差 (Bonferroni) 以红色显示，单值的限值以绿色显示。

图4-27　残差检验及预测模型

本例表明，根据试验数据构建一个回归模型，即使在计算机软件的支持下也是一个比较复杂的操作过程。尽管试验本身存在试验误差的干扰，但这个过程的操作都是依据比较严谨的数学原理进行的，其可信度、可用性应该是比较强的。

在当前的国内外相关文献中，存在较多未经剔除非显著因子的模型，也较少进行必要的变换。如果较严格地进行处理，可能模型的应用效果会更好。但是，任何数学模型都是经验的，必须根据实际状况来作选择，根据实际的需求确定模型的最终形式。正如统计大师 J. Box 那句名言：所有的模型都是错误的，但有些是有用的。

练习

1. 叙述最小二乘法原理。

2. 推导一元线性回归模型的系数估计表达式。

3. 叙述回归模型的 F 检验原理。

4. 为什么需要对线性回归模型进行失拟检验？进行失拟检验的前提条件是什么？失拟检验的原假设是什么？失拟检验的 P 值大于和小于显著水平 α，得到的结论分别是什么？

5. 在例 4-1 中，根据 6063-T5 铝合金的测量数据，进行以下分析：

（1）用图形展示 6063-T5 铝合金的韦氏硬度与抗拉强度之间的相关关系；

（2）建立韦氏硬度与抗拉强度之间的模型；

（3）对模型进行显著性检验、失拟检验；

（4）利用模型进行回归预测和置信区间预测。

6. 简述多元线性回归模型显著性与回归系数显著性的关系。

7. 根据例 4-2 的试验数据，解答下列问题：

（1）描述熔覆层宽度 W、熔池深度 D 与三个工艺参数的相关关系；

（2）建立熔覆层宽度 W、熔池深度 D 与三个工艺参数之间的模型；

（3）对模型进行显著性检验，比较因子（工艺参数）之间的显著性。

8. 如何根据残差图判断回归模型是否需要引进二次项、交互作用项？

9. 在例 4-3 中，以上块出口表面粗糙度（Ra_xe）、下块入口表面粗糙度（Ra_yi）、下块出口表面粗糙度（Ra_ye）和上块顶部切口宽度（Wx_t）、上块底部切口宽度（Wx_b）、下块顶部切口宽度（Wy_t）、下块底部切口宽度（Wy_b）为响应变量，解答下列问题。

（1）建立各响应变量的多因子回归模型，观察选择模型过程中 R^2_{adj} 和 $PRESS$ 的变化；

（2）对比模型选择过程中的显著性检验；

（3）进行回归模型的诊断；

（4）进行回归模型的数据诊断；

（5）确定最后的模型并给出模型预测值、预测值置信区间和预测均值置信区间；

（6）利用逐步回归方法确定模型中的自变量。

10. 例 4-4 中，针对 Nd 萃取率（E_Nd）、Pr 与 Nd 的分离因子（SF）两个响应指标，解答下列问题。

（1）通过散点图评价响应指标与各因子的相关性；

（2）建立响应指标与各因子的线性回归模型，对模型进行显著性和失拟检验；

（3）建立包含二次项的响应曲面回归模型，进行模型显著性与失拟检验；

（4）如有需要，进行 Box-Cox 变换分析，并比较变换前后的模型。

第5章

完全析因试验设计

5.1 析因试验

当试验关心的因子包含两个或多个时，将使用析因试验。在析因试验中，研究的是所有可能的因子水平的组合，因子是一同变化的。因此，如果有两个因子 A 和 B，因子 A 有 a 个水平，B 因子有 b 个水平，则有 ab 种水平组合可进行试验。

因子的效应定义为因子水平变化引起的响应的变化，称为主效应。例如表 5-1 为包含两个因子 A 和 B 的一个析因试验，每个因子有两个水平（$A_- = -1, A_+ = 1, B_- = -1, B_+ = 1$）。$A$ 的主效应是在 A 的高水平 A_+ 下的响应平均值 $\overline{y}_{A_+}$ 与低水平 A_- 下的响应平均值 $\overline{y}_{A_-}$ 之差：

$$A = \overline{y}_{A_+} - \overline{y}_{A_-} = \frac{y_{A_+B_+} + y_{A_+B_-}}{2} - \frac{y_{A_-B_-} + y_{A_-B_+}}{2} = \frac{40+30}{2} - \frac{10+20}{2} = 20$$

同理，B 的主效应是在其高水平 B_+ 下的响应平均值 $\overline{y}_{B_+}$ 与低水平 B_- 下的响应平均值 $\overline{y}_{B_-}$ 之差：

$$B = \overline{y}_{B_+} - \overline{y}_{B_-} = \frac{y_{A_+B_+} + y_{A_-B_+}}{2} - \frac{y_{A_-B_-} + y_{A_+B_-}}{2} = \frac{40+20}{2} - \frac{10+30}{2} = 10$$

除了因子的主效应外，可能还对 A 分别在 B 的高、低水平下的效应 A_{B_+}、A_{B_-} 感兴趣，例如

$$A_{B_+} = y_{A_+B_+} - y_{A_-B_+} = 40 - 20 = 20$$

$$A_{B_-} = y_{A_+B_-} - y_{A_-B_-} = 30 - 10 = 20$$

可见，$A_{B_-} = A_{B_+}$，即因子 A 在 B 的高、低水平下的主效应相等。同理，也能够得到因子 B 在 A 的高、低水平下的主效应相等，即 $B_{A_-} = B_{A_+} = 10$。

表 5-1　因子 A 与 B 的析因试验及响应值 y（无交互作用）

因子 A	因子 B	
	B_-	B_+
A_-	10	20
A_+	30	40

然而，在许多试验中，在其他因子不同水平下某一因子水平间的效应是不等的，例如表 5-2 的试验结果情况。在这种情况下，因子 A 和 B 的主效应分别为：

$$A = \overline{y}_{A_+} - \overline{y}_{A_-} = \frac{y_{A_+B_+} + y_{A_+B_-}}{2} - \frac{y_{A_-B_-} + y_{A_-B_+}}{2} = \frac{0+30}{2} - \frac{10+20}{2} = 0$$

$$B = \overline{y}_{B_+} - \overline{y}_{B_-} = \frac{y_{A_+B_+} + y_{A_-B_+}}{2} - \frac{y_{A_-B_-} + y_{A_+B_-}}{2} = \frac{0+20}{2} - \frac{10+30}{2} = -10$$

发现 A 的主效应为 0，意味着 A 没有主效应。然而，当考察 A 在 B 的不同水平下的效应、B 在 A 的不同水平下的效应，得到如下结果：

$$A_{B_-} = y_{A_+B_-} - y_{A_-B_-} = 30 - 10 = 20$$

$$A_{B_+} = y_{A_+B_+} - y_{A_-B_+} = 0 - 20 = -20$$

$$B_{A_-} = y_{A_-B_+} - y_{A_-B_-} = 20 - 10 = 10$$

$$B_{A_+} = y_{A_+B_+} - y_{A_+B_-} = 0 - 30 = -30$$

可见，无论 A 或者是 B，在另一个因子的不同水平下的变异是不同。造成这种差异的原因是在因子 A 和 B 之间存在交互作用。交互作用是指一个因子的作用效应受其他因子水平的影响，其被定义为两条对角线上响应的平均值之差，即

$$AB = \frac{y_{A_-B_-} + y_{A_+B_+}}{2} - \frac{y_{A_+B_-} + y_{A_-B_+}}{2} = \frac{10+0}{2} - \frac{20+30}{2} = -20$$

比较 AB 与 A、B，交互作用 AB 比因子 A 的主效应更有用。显著的交互作用能掩盖主效应的显著性。因此，当有交互作用存在时，存在交互作用的因子的主效应可能会不显著，如在例 4-4 中，由于存在显著的交互作用 O/A×Nitrate 和 Aliquate×O/A，故 O/A 和 Aliquate 反而不显著。如果计算表 5-1 中试验数据的交互作用，则发现

$$AB = \frac{10+40}{2} - \frac{20+30}{2} = 0$$

表明没有交互作用。

用交互作用刻画器展示交互作用更为明显，图 5-1 和图 5-2 分别为无交互作用和存在交互作用的表 5-1 与表 5-2 的析因试验响应-因子刻画，称为交互作用图。由图 5-1 可见，在不存在交互作用的情况下，无论是 A 作为横轴还是 B 作为横轴，对应不同 B 值或者 A 值下的响应直线是平行的，不会相交。相反，如果存在交互作用，则两条直线会相交。交互作用越显著，则两条直线的斜率相差越大，相交特征越显著。

交互作用特征还可以在三维曲面图上展示出来，如图 5-3 和图 5-4 所示。无交互作用时，响应随 A 和 B 变化的三维曲面是一个平面；而当存在交互作用时，响应随 A 和 B 变化的三维曲面是一个"扭曲"的平面，响应函数中有曲率存在。因此，析因试验是发现因子间交互作用的唯一方法。

表 5-2　因子 A 与 B 的析因试验及响应值 y（有交互作用）

因子 A	因子 B	
	B_-	B_+
A_-	10	20
A_+	30	0

现行的许多研究中，在考察多个因子的影响时往往会固定其他因子而只改变一个因子进行测试，然后依次逐个进行其他因子的测试，即单次单因子试验（OFAT）。如果研究的因子之间存在显著的交互作用，则用单次单因子试验是无法发现的，给出的响应测试优化结果势必受到影响。

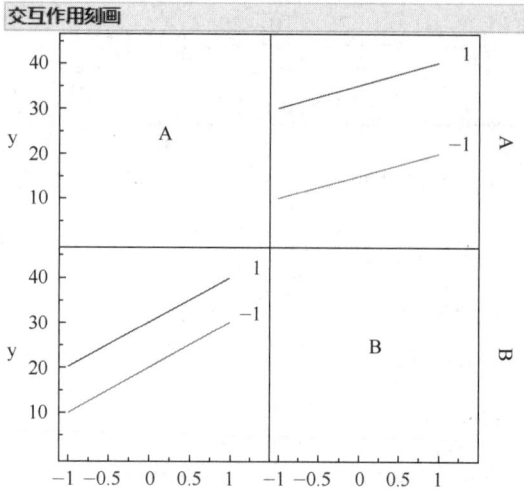

图 5-1 析因试验交互作用图（无交互作用）

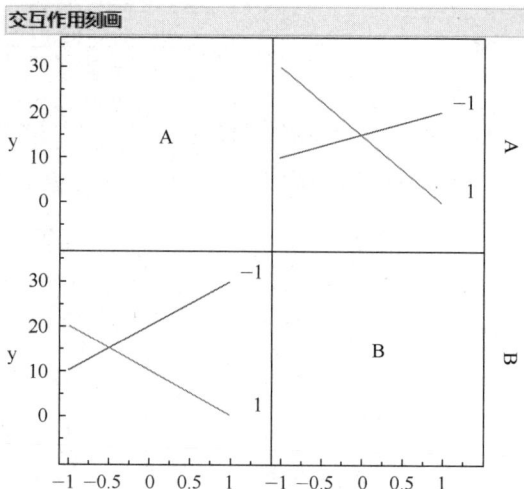

图 5-2 析因试验交互作用图（有交互作用）

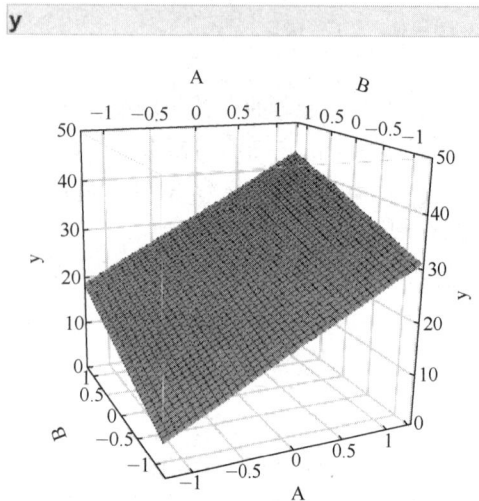

图 5-3 无交互作用的析因试验曲面刻画

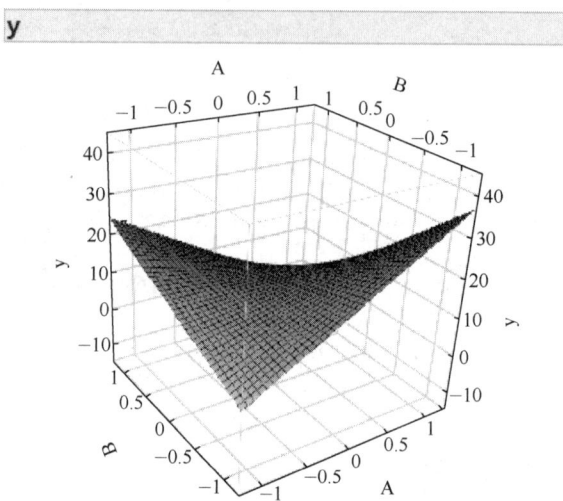

图 5-4 有交互作用的析因试验曲面刻画

5.2 2^p 完全析因设计

完全析因设计（full factorial design）是指全部因子的所有水平的所有组合都至少要进行一次试验。由于包含了所有的组合，完全析因设计所需试验的总次数会较多。但它的优点是可以估计出所有的主效应和各阶交互效应。所以在因子个数不太多（一般不超过 5 个），而且确实需要考查较多的交互效应时，常常选用完全析因设计。

当因子水平超过 2 时，由于试验次数随因子个数的增长呈指数增加，因而通常只做较少水平的完全析因试验，比如 2 水平或者 3 水平。更多使用的是 2 水平，然后在 2 水平基础上加上中心点，在相当大程度上可以代替 3 水平的试验。由于其分析简明易行，现已被普遍使用。因此，每个因子有两种水平的析因设计是应用最广泛的析因设计。

在 2 水平的析因设计中，假设试验中共有 P 个因子，每个因子都只有 2 个水平。这些水平可以是定量的，如温度、压力或时间的两个值；也可以是定性的，如两个机器、两种操作方法、因子的出现与不出现等。这种设计的安排总共有 2^p 个不同的组合，若每种组合下取一个观察值，总观察值共有 2^p 个，因此称为 2^p 析因设计。

对 2^p 析因设计作如下假设：

① 因子相互独立；

② 响应近似于线性；

③ 设计试验顺序完全随机；

④ 误差满足正态性。

2 水平完全析因试验采用正交表（orthogonal array）设计，具有均衡性（balanced）与正交性（orthogonality）两个特点：

① 任一列中正负号出现次数各占一半，即在试验中，每个因子取低水平、高水平次数相同，即均衡性，例如表 5-3（a）给出的试验安排具有均衡性，而表 5-3（b）中的试验安排不均衡。

② 任两列中，"− −"、"− +"、"+ −"、"+ +"四种搭配出现的次数相等。"搭配出现次数相等"的这种性质，用数学方法来表示，就是两列间乘积的和为 0，即两列"正交"。这种正交性使试验结果的分析有"均衡分散，整齐可比"的特点，因而具有很多优良性质，而且很容易计算出相应的回归方程。这种试验设计方法常称为"正交试验设计法"（orthogonal experimental design method）。

表 5-3　试验安排的均衡性

（a）均衡			（b）不均衡		
试验顺序	A	B	试验顺序	A	B
1	−	−	1	−	−
2	+	−	2	−	−
3	−	+	3	−	+
4	+	+	4	+	+
低水平数	2	2	低水平数	3	2
高水平数	2	2	高水平数	1	2

5.2.1　2^2 完全析因试验设计

2^p 设计中最简单的就是 2^2 设计，图 5-5 为其析因设计空间示意图，表 5-4 为其设计表。2^2 完全析因试验具有如下特点：

① 有 2 个因子 A 和 B（主效应）；

② 有 1 个交互效应（AB）；

③ 需要 4 次试验。

在 2^2 设计中，习惯性地将因子 A 和 B 的低水平和高水平用符号"−"和"+"表示。表 5-4 显示了 2^2 设计的设计矩阵，矩阵的每一行代表设计的一次运行，每一行的−和+确定该运行的因子设置。

在图 5-5 和表 5-4 中使用一种特殊的标签符号来标注处理（即设计点）的水平组合：将一个处理用一系列小写字母

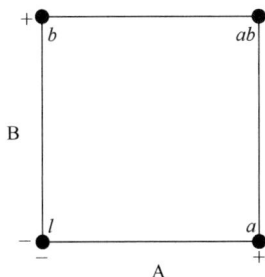

图 5-5　2^2 析因设计空间示意图

表示，如果出现小写字母，在处理中相应的因子进行的是高水平；如果不出现小写字母，相应因子进行的是它的低水平。例如，处理 a 表示因子 A 在高水平而 B 在低水平，两个因子都在低水平的处理记为 l，两个因子都在高水平的处理记为 ab，这种标签符号在整个 2^p 系统都沿用。例如，2^4 设计中，因子 A 和 C 在高水平、因子 B 和 D 在低水平的处理就记为 ac，A、B、C 和 D 都在低水平记为 l，A、B、C 和 D 都在高水平记为 $abcd$。

表5-4 2^2 设计表

试验	因子		标签
	A	B	
1	−	−	l
2	+	−	a
3	−	+	b
4	+	+	ab

（1）2^2 设计的效应估计

在 2^p 设计中，关心的是 A、B 的主效应和它们的交互效应 AB。令 l、a、b、ab 不仅表示处理的水平组合，同时也表示在每个设计点（处理点）上 n 个观测值的总和。要估计 A 的主效应 A，按图5-6（a）所示 A 在高水平即正方形右边（实心点）的响应平均值减去 A 在低水平即正方形左边（空心点）响应平均值即可，即

$$A = \bar{y}_{A_+} - \bar{y}_{A_-} = \frac{ab+a}{2n} - \frac{l+b}{2n} = \frac{1}{2n}(ab+a-b-l) \tag{5-1}$$

类似地，B 的主效应通过 B 在高水平即正方形顶部（实心点）的响应平均减去 B 在低水平即正方形底部（空心点）响应平均 [见图5-6（b）]，即

$$B = \bar{y}_{B_+} - \bar{y}_{B_-} = \frac{ab+b}{2n} - \frac{l+a}{2n} = \frac{1}{2n}(ab-a+b-l) \tag{5-2}$$

最后，AB 交互效应 AB 为在 B 的两种水平下 A 效应的差异的一半，也可以是在 A 的两种水平下 B 效应的差异的一半，可以简单地通过图5-6（c）所示正方形对角线上实心点与空心点响应平均的差值来估计，即

$$AB = \frac{y_{A_-B_-} + y_{A_+B_+}}{2} - \frac{y_{A_-B_+} + y_{A_+B_-}}{2} = \frac{1}{2}\left(\frac{l+ab}{n} - \frac{a+b}{n}\right) = \frac{1}{2n}(ab-a-b+l) \tag{5-3}$$

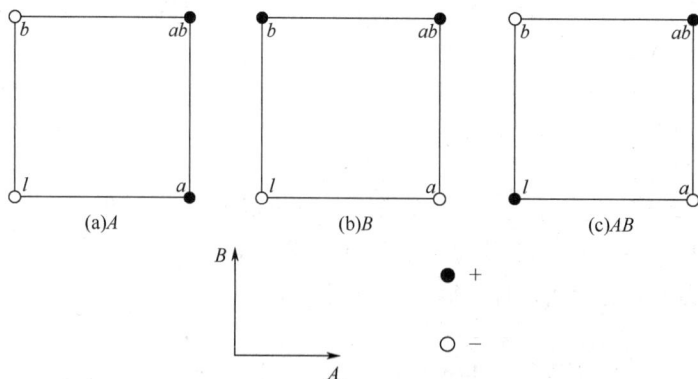

图5-6 2^2 设计的主效应和交互效应计算的几何表示

图 5-6 中，实心点表示的处理点取正，即进行加运算，而空心点表示的处理点取负，即进行减运算。

从上面的主效应、交互效应的计算式可见，各括号中的计算项皆相同，只是对应的符号差别。为计算方便，引入术语对比（contrast）来表示该部分，A、B 和 AB 的对比分别为：

$$对比_A = ab + a - b - l$$

$$对比_B = ab - a + b - l$$

$$对比_{AB} = ab - a - b + l$$

于是，效应的计算为对应的对比乘以系数，例如 $A = \dfrac{对比_A}{2n}$。进一步分析对比的表达式，它们都是 l、a、b、ab 的线性组合，每项的符号都是+或−，可以用表 5-5 中的符号来决定每个效应的每个处理。

表 5-5 2^2 设计中效应的计算表

处理标签	因子效应			
	I	A	B	AB
l	+	−	−	+
a	+	+	−	−
b	+	−	+	−
ab	+	+	+	+

表 5-5 中，列标题为主效应 A 和 B、交互效应 AB 以及 I，I 表示总和；行标题是处理标签。注意列标题 AB 的符号是 A 和 B 符号的乘积。要由表 5-5 得到主效应或交互效应的对比，可将表中处理标签的符号与相应主效应或交互效应作用列的符号相乘，结果相加即可。

可见，利用表 5-5 很容易就能估算出因子 A、B 的主效应和交互效应。这就是经典的分析 2^2 析因设计的标准方法，相应的处理顺序为标准的试验顺序，第一行为所有因子皆为低水平的组合，最后一行为所有因子皆为高水平的组合。在实际的试验中，要求将试验的顺序随机化，是指将标准的试验顺序进行随机化顺序后实施。

（2）统计分析

在估计出效应后，还需要确定哪些效应与零显著不同，即哪些效应是显著的。有两种比较效应的方法：第一种是将效应的大小和它的估计标准差比较；第二种方法是使用回归模型，将每一个效应与回归系数相对应。这两种方法对 2 水平设计得到的结果相同，而计算机软件用的是第二种方法。

① 估计标准差方法   效应之间的对比可以给出相对的大小，但效应的显著性则是通过比较每个效应和它的标准差来判断。在 n 次重复试验的 2^p 设计中，总共有 $N = n2^p$ 次测量。一个效应的估计是两个均值的差异，每个均值由测量值的一半来计算。因此，对应效应估计的方差是：

$$V(效应) = \frac{\sigma^2}{N/2} + \frac{\sigma^2}{N/2} = \frac{2\sigma^2}{N/2} = \frac{\sigma^2}{n2^{p-2}} \tag{5-4}$$

要得到效应的估计标准差，用 $\hat{\sigma}^2$ 代替上式中的 σ^2 即可。

如果设计中的 2^p 次试验都分别有 n 次重复试验，$y_{i1}, y_{i2}, \cdots, y_{in}$ 是第 i 次试验处理的响应值，则

$$\hat{\sigma}_i^2 = \frac{1}{n-1}\sum_{j=1}^{n}(y_{ij}-\bar{y}_i)^2 \quad i=1,2,\cdots,2^p$$

是第 i 次试验的方差估计。2^p 个方差的估计可以联合起来（平均）得到一个全方差估计

$$\hat{\sigma}^2 = \frac{1}{2^p}\sum_{i=1}^{2^p}\hat{\sigma}_i^2 \tag{5-5}$$

因为每个 $\hat{\sigma}_i^2$ 有（$n-1$）个自由度，所以 $\hat{\sigma}^2$ 有 $2^p(n-1)$ 个自由度。

② 回归分析方法　多数情况下，需要对试验结果建立回归模型以进行预测。对于 2^2 试验，可以用下面的线性回归模型来描述响应与因子之间的关系：

$$y = \beta_0 + \beta_1 x_1 + \beta_2 x_2 + \beta_{12}x_1x_2 + \varepsilon$$

因子分别用 x_1 和 x_2 表示，因子的交互作用用交叉乘积项 x_1x_2 表示。经最小二乘法估计，最后得到的回归方程为：

$$\hat{y} = \hat{\beta}_0 + \hat{\beta}_1 x_1 + \hat{\beta}_2 x_2 + \hat{\beta}_{12}x_1x_2$$

其中，$\hat{\beta}_0$ 是所有观测值的总平均值；回归系数 $\hat{\beta}_1$、$\hat{\beta}_2$ 和 $\hat{\beta}_{12}$ 是对应因子项和交互作用项效应估计的一半，如果用 A、B 和 AB 表示两个主效应和交互效应的估计，即有 $\hat{\beta}_1 = A/2$，$\hat{\beta}_2 = B/2$ 和 $\hat{\beta}_{12} = AB/2$。

回归系数等于效应估计的一半，是因为回归系数度量的是 1 单位因子（如 x_1 从 0 到 +1）变化对 y 的影响效果，而效应的估计值度量的是从 −1 到 +1 两个单位因子变化对 y 的影响效果。

回归分析的方法在前一章已经给出，首先通过最小二乘法给出系数的估计，建立模型，进而对模型进行显著性检验，对各系数进行 t 检验，对各项的效应进行 F 检验，以及失拟检验等。

（3）残差分析与模型检验

2^p 析因设计的分析中，假设观测值在每种处理或因子水平组合下是等方差独立正态分布的，这些假设需要通过残差来检验。残差与回归分析中的计算一样，是观测值 y 与由建立的统计模型得到的估计（拟合）值 $\hat{y}$ 之间的差值，即 $e = y - \hat{y}$。

正态性假设可以通过建立残差的正态概率图来检验。要检验每种因子水平下等方差的假设，需绘制残差对模型预测值 $\hat{y}$ 的图，然后比较残差的分布。满足等方差假设时，残差的变化不以任何方式依赖于 $\hat{y}$ 的值。当图形中出现一种趋势时，通常表明需要做一个变化，即在不同的标准下分析数据。例如残差中的变化随着 $\hat{y}$ 增加，就可以考虑做像 $\lg y$ 或者 $\sqrt{y}$ 这样的变换。

独立性假设可以通过绘制残差对试验进行的时间或试验顺序的图来检验。图形中的某种趋势，比如持续正的或者负的残差序列，就可能表明观测值不是独立的。这意味着时间或者试验顺序是重要的，或者随时间变化的一些变量是重要的，却没有包含在试验设计中，这一现象应该在新的试验中进行研究。

【例5-1】碳纤维-环氧树脂复合材料的强度和弹性模量都超过铝合金，甚至接近高强度钢，是比强度与比模量最高的复合材料之一。复合材料中界面的主要作用是将载荷从基体传递到增强纤维，这是实现复合材料最佳机械性能的一个非常重要的因素；同时，纤维增强复合材料的性能在很大程度上取决于基体和纤维表面之间黏附作用的性质和强度。文献[13]以黏附功（WA）和界面剪切强度（$IFSS$）为响应指标，研究将聚砜（polysulfone）掺入环氧树脂基体进行改性（掺入量表示为 A，%）和用一定含量的硅烷偶联剂对碳纤维进行表面处理（硅烷

含量表示为 B，%），两个因子变量对碳纤维-环氧树脂复合材料性能的影响，进行了 2^2 的试验测试，每个处理组合下进行了 3 次重复试验，表 5-6 为试验测量设计安排和测试结果。以响应黏附功（WA）为例，解答下列问题。

（1）分析估算因子的效应、效应标准误差和效应显著性检验；

（2）设计一个 2 因子 2 水平的 2^2 试验，按表 5-6 的顺序输入因子水平组合和结果数据；

（3）构建回归模型，进行模型检验、模型诊断、数据诊断，给出因子的效应刻画、交互作用刻画和曲面刻画。

表 5-6　聚砜掺入改性和硅烷偶联剂处理试验设计及测试结果

试验顺序	因子		响应	
	A（质量分数）/%	B（质量分数）/%	WA/MPa	IFSS/MPa
1	0	1	80.9	72.9
2	0	1	81.3	75.3
3	8.5	1	85.6	80.6
4	0	0	70.8	65.2
5	8.5	0	76.1	68.4
6	0	1	78.9	74.6
7	8.5	0	75.6	70.2
8	0	0	72.6	68
9	8.5	1	86.9	79.8
10	8.5	0	73.4	69.1
11	0	0	73.7	67.1
12	8.5	1	87.9	82.2

解：

（1）根据表 5-6，A、B 的 +、− 水平对应的值分别是 8.5、0 和 1、0。表 5-7 为按表 5-5 所示方式估算因子效应。

表 5-7　因子 A 和 B 对响应 WA 的效应估算

处理组合	因子效应			WA测量值	WA 估算		
	A	B	AB		总和	均值	方差
l	−	−	+	70.8, 72.6, 73.7	217.1	72.4	2.14
a	+	−	−	76.1, 75.6, 73.4	225.1	75.0	2.06
b	−	+	−	80.9, 81.3, 78.9	241.1	80.4	1.65
ab	+	+	+	85.6, 86.9, 87.9	260.4	86.8	1.33

利用式（5-1）、式（5-2）和式（5-3），得到因子的效应分别为

$$A = \frac{1}{2n}(a + ab - b - l) = \frac{1}{2 \times 3}(225.1 + 260.4 - 241.1 - 217.1) = 4.55$$

$$B = \frac{1}{2n}(b + ab - a - l) = \frac{1}{2 \times 3}(241.1 + 260.4 - 225.1 - 217.1) = 9.88$$

$$AB = \frac{1}{2n}(l + ab - a - b) = \frac{1}{2 \times 3}(217.1 + 260.4 - 225.1 - 241.1) = 1.88$$

效应的数值估算显示硅烷处理碳纤维对复合材料黏附力的效应最大，聚砜掺入效应次之，二者的交互效应最小。

全方差估计值按式（5-5）估算

$$\hat{\sigma}^2 = \frac{1}{2^p}\sum_{i=1}^{2^p}\hat{\sigma}_i^2 = \frac{2.14 + 2.06 + 1.65 + 1.33}{4} = 1.80$$

按式（5-4），每一个效应的估计标准误差为

$$S_e(\text{效应}) = \sqrt{\frac{\hat{\sigma}^2}{n2^{p-2}}} = \sqrt{\frac{1.80}{3 \times 2^{2-2}}} = 0.774$$

将效应除以其标准误差，得到对应因子效应的 t_0 值，列于表 5-8 中。从 t 分布表可得自由度为 $2 \times 2^p = 8$、显著水平为 0.05 的 $t_{0.05,8} = 1.86$，可见各效应的 $t > t_{0.05,8}$，拒绝效应为零的原假设，表明 2 个主效应、1 个交互效应均显著。表 5-8 还给出了效应估计的两倍标准差限，这些区间近似为 95% 置信区间。

分析结果表明，掺入聚砜和用硅烷处理碳纤维及二者的交互作用均显著影响碳纤维-环氧树脂复合材料的黏附功，但硅烷处理碳纤维的效应最显著，掺入聚砜的影响次之。

表 5-8　效应显著性的 t 检验

效应	效应估计	估计标准误差	t_0 值	效应±两倍标准误差
A	4.55	0.774	5.88	4.55±1.55
B	9.88	0.774	12.76	9.88±1.55
AB	1.88	0.774	2.43	1.88±1.55

（2）在 JMP 中，选择菜单命令试验设计→经典→完全析因设计，打开试验设计对话框，默认响应 Y 代表 WA；因子面板中增加两个 2 水平连续因子，并命名为 A 和 B，在 -1 和 1 中分别输入 A 和 B 的响应水平值；对话框左下角 2×2 析因中，中心点默认为 0，重复次数输入 2，加上其本身固有的 1，所以实际每个设计点的次数为 3。

在试验顺序选择下拉菜单中，理论上应该选择随机，但由于本例是为了输入已有的数据，应该与表 5-6 相同以便录入。但表 5-6 给出的实际试验顺序没有特定规则，所以这里可以任意选择，然后再调整。单击"制表"按钮，则建立一个含有 12 个处理点的 2^2 设计因子表。

与普通的新建数据表方法创建的表不同的是，由试验设计操作创建的数据表中，第一列为模式，然后才分别为输入的因子 A、B 和响应 Y，且所有因子都默认指定编码属性，所有响应都被指定一个响应限属性（在列面板中的列名后添加了一个"*"号，可以通过双击列名打开列定义框查看）。模式列的值并不参与任何计算分析，只是用于提示试验因子水平组合，比如本表中"+-"，表示因子 A 的值为高水平，因子 B 的值为低水平。A 列和 B 列的各行中，分别按照模式列的水平组合存在相应水平的实际值。在数据表左侧窗格的最上面面板中显示当前设计为选定的 2×2 析因，面板中列出模型、评估设计和试验设计对话框三个绿色运行按钮。比如点击模型运行按钮，则打开适合该设计使用的拟合模型对话框，其中响应 Y 和构造模型效应的各项均默认设置好。

由于表 5-6 给出的试验顺序没有特定规则，所以无法获得相同水平组合顺序的设计表。为

了方便数据按表 5-6 录入，在设计表中 Y 列后临时增加一列并命名为排序，对照设计表与表 5-6 的 A 和 B 水平组合找到两个表中对应的行，在设计表排序列中填入表 5-6 的试验顺序号，最后对设计表的排序列按升序排序，所得设计表的顺序就与表 5-6 一致了。然后删除排序列，按序输入响应 WA 的数值，至此完成了试验的设计及试验结果的输入，保存文件为 sample5-1.jmp，得到的表视图如图 5-7 所示。

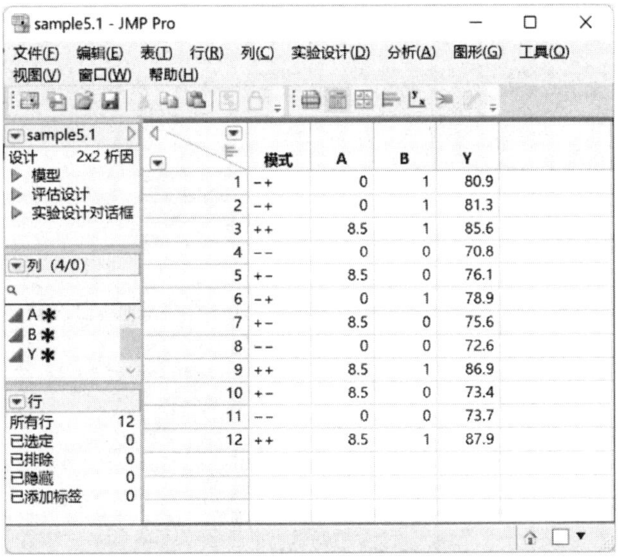

图5-7　2^2 设计及试验结果表

（3）点击"模型"运行按钮，在拟合模型对话框中默认设置 A、B 和 AB 三个效应。图 5-8 为回归分析结果。

比较图 5-8 报表中的参数估计值面板和表 5-8，容易发现表 5-8 中的效应是回归模型系数的 2 倍，对应的标准误差也是 2 倍关系，但 t 比计算结果是相同的。这种 2 倍关系的原因是表 5-8 中的效应是从-1 水平到+1 水平的差值，而图 5-8 的估计参数只是因子变化 1 个单位的效应。图 5-8 的系数检验、模型的方差分析及效应检验的 F 检验结果均表明，因子 B（硅烷含量）和 A（掺入聚砜量）均对响应 Y（黏附功 WA）具有非常显著的影响，且前者最为显著；二者的交互作用对响应也有显著影响。所以模型中应该包含该三项。

图 5-9 给出的残差分析表明，回归分析所假设的试验独立性、误差和正态性和误差方差齐性均合理，也没有异常值。Cook 距离计算结果表明最大值仅为 0.278，也不存在强影响点。根据图 5-8 中的预测表达式，黏附功与聚砜掺入、硅烷处理之间的关系可用下面的模型来表示：

$$Y = 78.6 + 2.28\frac{A-4.25}{4.25} + 4.94\frac{B-0.5}{0.5} + 0.942\frac{A-4.25}{4.25} \times \frac{B-0.5}{0.5}$$

图 5-10 则给出对应上式的预测刻画、交互作用刻画和 Y 随 A、B 变化的曲面刻画图。图 5-10（a）给出的预测刻画揭示了因子树脂中聚砜掺入量和处理碳纤维的硅烷含量变化引起的复合材料黏附功响应效应，显然黏附功随两个因子的增加而增大，硅烷含量对应的斜率大表明其效应更为显著。图 5-10（b）的交互作用刻画中两条直线的斜率不同，二者之间具有相交趋势，刻画了两个因子的交互作用具有一定的显著性。图 5-10（c）的曲面中显示的平面有一定的扭曲变形，在底部的等高线上也略显弯曲，均证明交互作用的显著性。

方差分析				
源	自由度	平方和	均方	F比
模型	3	365.78917	121.930	67.8329
误差	8	14.38000	1.798	概率>F
校正总和	11	380.16917		<.0001*

参数估计值				
项	估计值	标准误差	t比	概率>|t|
截距	78.641667	0.387029	203.19	<.0001*
A(0,8.5)	2.275	0.387029	5.88	0.0004*
B(0,1)	4.9416667	0.387029	12.77	<.0001*
A*B	0.9416667	0.387029	2.43	0.0410*

效应检验					
源	参数数目	自由度	平方和	F比	概率>F
A(0,8.5)	1	1	62.10750	34.5522	0.0004*
B(0,1)	1	1	293.04083	163.0269	<.0001*
A*B	1	1	10.64083	5.9198	0.0410*

预测表达式

$$78.641666667$$

$$+2.275 \cdot \left(\frac{(A - 4.25)}{4.25} \right)$$

$$+4.9416666667 \cdot \left(\frac{(B - 0.5)}{0.5} \right)$$

$$+ \left(\frac{(A - 4.25)}{4.25} \right) \cdot \left(\left(\frac{(B - 0.5)}{0.5} \right) \cdot 0.9416666667 \right)$$

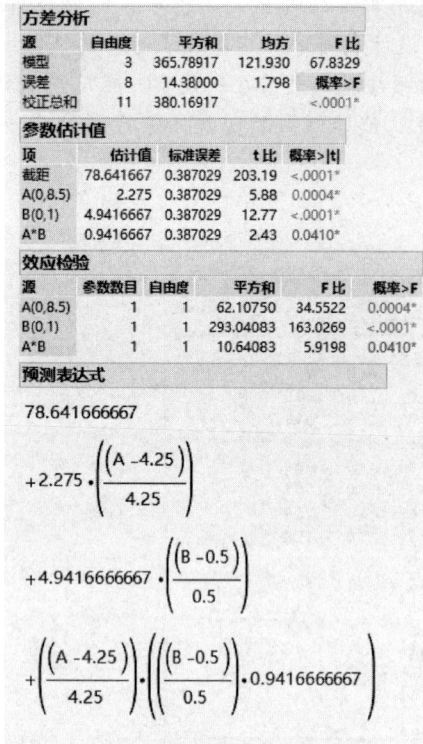

图5-8 黏附功的回归分析报表

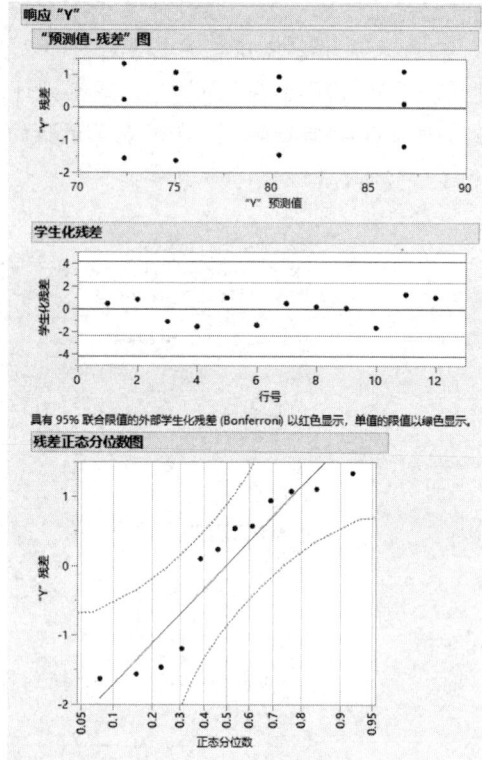

图5-9 残差分析图

总之，研究表明，碳纤维-环氧树脂复合材料的黏附功随着掺入聚砜量的增加而增大，也随着硅烷含量增加而增大；掺入聚砜与硅烷处理具有增加黏附功的协同效应。

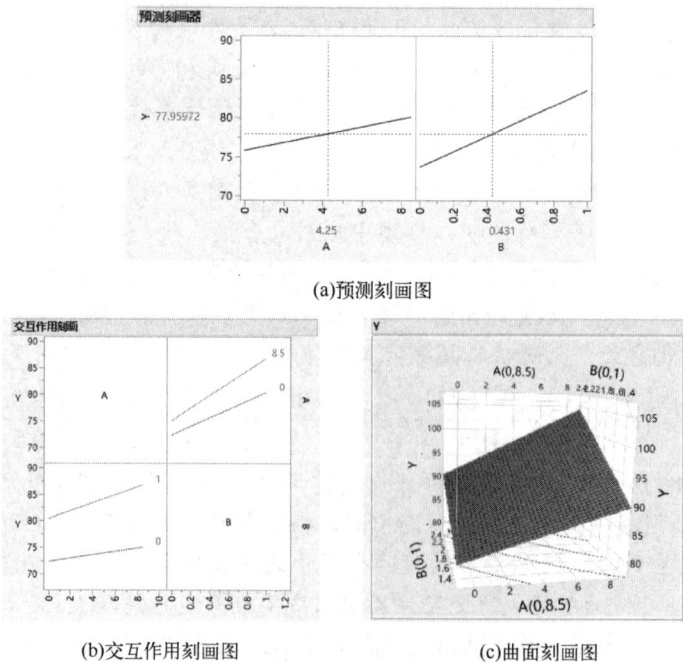

(a)预测刻画图

(b)交互作用刻画图

(c)曲面刻画图

图5-10 预测刻画、交互作用刻画和曲面刻画

本例的解答过程也表明，与传统的分析方法相比，应用回归分析方法，借助软件来对试验数据进行处理，特别是像 JMP 等包含试验设计和数据分析功能的软件，不仅快速、高效、准确，而且同时可以给出丰富的分析内容，二者结论一致。

后面的各节中只介绍传统分析的原理，而不再介绍其分析方法。

5.2.2　2^3完全析因试验设计

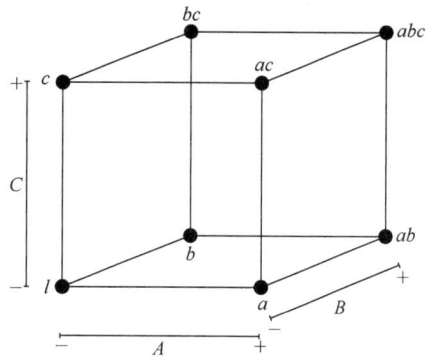

图5-11　2^3完全析因试验设计示意图

2^3 完全析因试验具有以下特点：

① 有 3 个因子（主效应）；

② 有 3 个二因子交互效应（AB，AC，BC）；

③ 有 1 个三因子交互效应（ABC）；

④ 需要 8 次试验。

类似图 5-5 用一个正方形表示 2^2 设计，图 5-11 用一个正方体表示 2^3 试验设计，表 5-9 为对应的设计矩阵。

表 5-9　2^3完全析因试验设计矩阵

试验	A	B	C
1	−	−	−
2	+	−	−
3	−	+	−
4	+	+	−
5	−	−	+
6	+	−	+
7	−	+	+
8	+	+	+

同样地，关注的是主效应和交互效应的估计。也用小写字母 l、a、b、ab、c、ac、bc、abc 分别表示 8 个试验点的因子水平组合和对应的 n 次重复试验的观测值总和。A 的主效应为 A 在高水平即立方体右边的四个处理（实心点）的响应平均值减去 A 在低水平即立方体左边的四个处理（空心点）的响应平均值，如图 5-12（a）所示，即

$$A = \bar{y}_{A_+} - \bar{y}_{A_-}$$

$$= \frac{abc + a + ab + ac}{4n} - \frac{l + b + c + bc}{4n}$$

$$= \frac{1}{4n}(abc + a - b + ab - c + ac - bc - l)$$

类似地，从图 5-12（a）中可知，B 的主效应为立方体后面四个处理（实心点）的响应平均值减去前面四个处理（空心点）的响应平均值，C 的主效应为立方体中上面四个处理（实心点）的响应平均值减去下面四个处理（空心点）的响应平均值：

$$B = \bar{y}_{B_+} - \bar{y}_{B_-}$$

$$= \frac{abc + ab + b + bc}{4n} - \frac{l + a + c + ac}{4n}$$

$$= \frac{1}{4n}(abc - a + b + ab - c - ac + bc - l)$$

$$C = \bar{y}_{C_+} - \bar{y}_{C_-}$$

$$= \frac{abc + ac + bc + c}{4n} - \frac{l + a + b + ab}{4n}$$

$$= \frac{1}{4n}(abc - a - b - ab + c + ac + bc - l)$$

(a)主效应

(b)两因子交互效应

(c)三因子交互作用

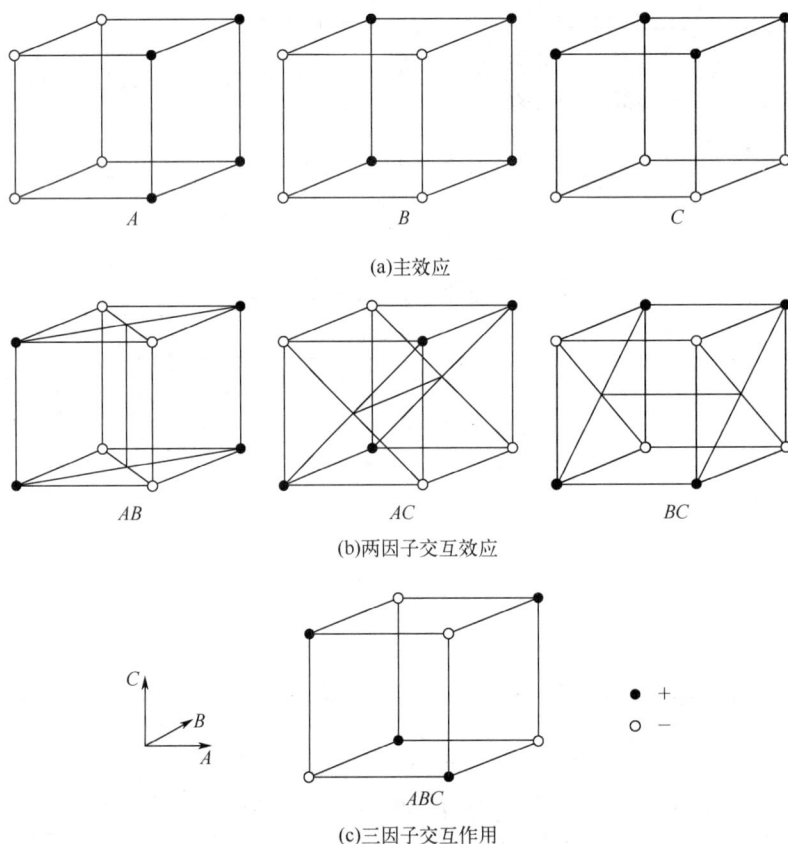

图5-12 2^3 设计的主效应和交互效应计算的几何表示

对于两因子的交互效应，比如交互作用 AB ，其为 A 在 B 的两种水平下平均效应差异的一半，或者 B 在 A 的两种水平下平均效应差异的一半，在图 5-12（b）中表示为对角平面上的试验点的响应平均值之差，即有：

$$AB = \frac{abc + ab + c + l}{4n} - \frac{a + b + ac + bc}{4n}$$

$$= \frac{1}{4n}(abc - a - b + ab + c - ac - bc + l)$$

同理得到交互作用 AC 、 BC ：

$$AC = \frac{abc + b + ac + l}{4n} - \frac{a + c + ab + bc}{4n}$$

$$= \frac{1}{4n}(abc - a + b - ab - c + ac - bc + l)$$

$$BC = \frac{abc + a + bc + l}{4n} - \frac{b + c + ab + ac}{4n}$$

$$= \frac{1}{4n}(abc + a - b - ab - c - ac + bc + l)$$

而三因子的交互作用即 ABC 解释为在 C 的两种水平下 AB 交互作用差异的平均，也表示为图 5-12（c）上两种试验点的响应平均值之差，即：

$$ABC = \frac{abc + a + b + c}{4n} - \frac{l + ab + ac + bc}{4n}$$

$$= \frac{1}{4n}(abc + a + b - ab + c - ac - bc - l)$$

用对比来表示各主效应即交互效应中括号内的项，例如：

$$对比_{AB} = abc - a - b + ab + c - ac - bc + l$$

则 $AB = \dfrac{对比_{AB}}{4n}$，其他各项亦同。

同 2^2 设计，在上列主效应、交互效应及其响应对比的计算式中，括号里的量可以用表 5-10 所示的正负号来形成。主效应的符号通过高水平是正号、低水平是负号来决定。一旦主效应的符号确定了，其他各列的符号可以通过前面对应列的符号按行相乘得到。例如，AB 的符号是 A 列和 B 列对应符号的乘积。任何效应都可以由该表得到。

表 5-10 具有下列性质：

① 除 I 列外，每一列中"$+$"号和"$-$"号的数量相等；

② 任何两列同行符号乘积之和为 0，即表中各列是正交的；

③ 任何列乘以 I 列不改变该列；

④ 表中任何两列的乘积得到另一列，例如 $A \times B = AB$，$AB \times ABC = A^2 B^2 C = C$。

表 5-10　2^3 设计效应计算表

处理标签	因子效应							
	I	A	B	AB	C	AC	BC	ABC
l	$+$	$-$	$-$	$+$	$-$	$+$	$+$	$-$
a	$+$	$+$	$-$	$-$	$-$	$-$	$+$	$+$
b	$+$	$-$	$+$	$-$	$-$	$+$	$-$	$+$
ab	$+$	$+$	$+$	$+$	$-$	$-$	$-$	$-$
c	$+$	$-$	$-$	$+$	$+$	$-$	$-$	$+$
ac	$+$	$+$	$-$	$-$	$+$	$+$	$-$	$-$
bc	$+$	$-$	$+$	$-$	$+$	$-$	$+$	$-$
abc	$+$	$+$	$+$	$+$	$+$	$+$	$+$	$+$

综合表 5-5 和表 5-10 的运用，可见 2^p 设计中任意主效应或交互效应的估计可以这样得

到：表中第一列的处理符号与相应主效应或交互效应作用列的符号相乘，将结果相加得到对应的对比，然后除以 $n2^{p-1}$。与表 5-5 相同，处理标签列中 l 行对应因子 A、B 和 C 的低水平组合，而 abc 行对应因子 A、B 和 C 的高水平组合，处理标签列中这种 $l,a,b,\cdots,bc,abc$ 行排列顺序即为 2^3 析因设计的标准顺序。

通过 2^2 和 2^3 析因设计的分析，知道利用完全析因设计方法可以估算所有的主效应和交互效应，以及利用式（5-4）和式（5-5）可以估算出效应的标准误差，进而进行效应的检验，以及效应的置信区间估计。同样的方法可以推广到 2^p 析因设计中，只是计算复杂得多。

在计算机软件的支持下，2^3 设计试验使用下面的线性回归模型来描述响应与多个因子之间的关系：

$$y = \beta_0 + \beta_1 x_1 + \beta_2 x_2 + \beta_3 x_3 + \beta_{12} x_1 x_2 + \beta_{13} x_1 x_3 + \beta_{23} x_2 x_3 + \beta_{123} x_1 x_2 x_3 + \varepsilon$$

经最小二乘法估计得到相应的系数，然后进行效应评估、显著性检验、模型项选择、优化预测及其他分析，极大简化了试验的分析工作。

5.2.3 一般的 2^p 完全析因试验设计

将 2^2 和 2^3 析因试验设计分析推广到一般的 2^p 析因试验设计。同理，2^p 析因设计有 p 个因子，每个因子包括两个水平，其包含 p 个因子的主效应，C_p^2 个两因子交互作用效应，C_p^3 个三因子交互作用效应，……，一个 p 因子交互作用效应，共计 $(2^p - 1)$ 个效应。所有符号都采用前面用过的，与前面有相同的意义。比如，对 2^4 设计，共有 4 个因子 A、B、C、D；acd 表示因子 A、C、D 都在高水平，B 在低水平的处理；标准试验设计安排顺序为 $l,a,b,ab,c,ac,bc,abc,d,ad,bd,abd,cd,acd,bcd,abcd$，共有 $2^4 = 16$ 项。表 5-11 给出 2^4 试验设计的代数符号。

表 5-11　2^4 试验设计的代数符号

处理	I	A	B	AB	C	AC	BC	ABC	D	AD	BD	ABD	CD	ACD	BCD	$ABCD$
l	+	−	−	+	−	+	+	−	−	+	+	−	+	−	−	+
a	+	+	−	−	−	−	+	+	−	−	+	+	+	+	−	−
b	+	−	+	−	−	+	−	+	−	+	−	+	+	−	+	−
ab	+	+	+	+	−	−	−	−	−	−	−	−	+	+	+	+
c	+	−	−	+	+	−	−	+	−	+	+	−	−	+	+	−
ac	+	+	−	−	+	+	−	−	−	−	+	+	−	−	+	+
bc	+	−	+	−	+	−	+	−	−	+	−	+	−	+	−	+
abc	+	+	+	+	+	+	+	+	−	−	−	−	−	−	−	−
d	+	−	−	+	−	+	+	−	+	−	−	+	−	+	+	−
ad	+	+	−	−	−	−	+	+	+	+	−	−	−	−	+	+
bd	+	−	+	−	−	+	−	+	+	−	+	−	−	+	−	+
abd	+	+	+	+	−	−	−	−	+	+	+	+	−	−	−	−
cd	+	−	−	+	+	−	−	+	+	−	−	+	+	−	−	+
acd	+	+	−	−	+	+	−	−	+	+	−	−	+	+	−	−
bcd	+	−	+	−	+	−	+	−	+	−	+	−	+	−	+	−
$abcd$	+	+	+	+	+	+	+	+	+	+	+	+	+	+	+	+

为估计效应，在 $p = 2,3,4$ ，即 2^2、2^3 和 2^4 设计时，可以根据表 5-5、表 5-10 和表 5-11 进行估算。一般地，对于 2^p 设计，可以用下面的通式估计对比和效应：

$$\text{对比}_{AB\cdots P} = (a\pm1)(b\pm1)\cdots(p\pm1)$$

$$AB\cdots P = \frac{\text{对比}_{AB\cdots P}}{n2^{p-1}}$$

在一个 2^p 试验设计中，即使因子数 p 不太大，因子组合的总和也可能很大。比如 2^5 设计中有 32 个因子水平的组合，2^6 设计中有 64 个因子水平的组合。如果每种组合再重复试验多次，那么试验次数势必更多，这对人力、物力都会有很大的消耗。因此，通常都要限制试验的重复次数。实际上，根据效应稀疏原理，系统通常被主效应和低阶交互效应控制，假设高阶的交互效应是微不足道的，它们的效果都并入试验误差，每种组合只做一次试验即可。例如 $p \geqslant 4$，常用的方法是对 2^p 设计不进行重复试验，而高阶交互效应组合起来作为误差的一个估计。

对于 2^p 设计试验，其线性回归模型为：

$$y = \beta_0 + \sum_{j=1}^{p}\beta_j x_j + \sum_{1\leqslant j<k}^{C_p^2}\beta_{jk}x_j x_k + \sum_{1\leqslant j<k<l}^{C_p^3}\beta_{jkl}x_j x_k x_l + \cdots + \beta_{jk\cdots p}x_j x_k \cdots x_p + \varepsilon$$

在忽略高阶交互效应的情况下，比如只考虑主效应和二阶交互效应，上式简化为

$$y = \beta_0 + \sum_{j=1}^{p}\beta_j x_j + \sum_{1\leqslant j<k}^{C_p^2}\beta_{jk}x_j x_k + \varepsilon$$

当分析来自不重复析因设计的数据时，有时会发生高阶交互作用，这种情况下使用合并高阶交互作用估计的误差均方就不恰当了。此时可以使用效应正态概率图来解决这个问题。在正态概率尺度下建立效应估计的图示，可忽略的效应服从均值为零的正态分布，在正态概率图上将沿着一条直线；而显著的效应有非零均值，在图上将明显偏离直线。因此使用效应正态概率图也是筛选显著因子的一种有效方法。JMP 提供了正态概率图及半正态概率图，后者有时更能清晰显示显著因子的偏离情况。

综上可见，即使对于最简单的 2^p 析因设计，其效应的估计、模型的方差分析及效应的显著性检验，都是非常复杂的计算。只有借助专门的计算软件，才可能将试验结果的分析工作快速完成并减少错误的发生。这也是本书致力于强调熟练使用软件来进行试验设计及数据分析的主要原因。之后内容的介绍和示例中，将主要演示借助 JMP 来对试验数据进行处理的应用。

【例5-2】熔融沉积建模（fused deposition modeling，FDM）是一种常用的增材制造工艺，广泛用于工程塑料生产模型原型或功能部件。文献[14]关注 FDM 过程的能耗，设计并进行了五个影响因子的两水平完全析因试验：层厚度（A，mm）、有无支撑结构（B）、打印速率（C，mm/s）、零件尺寸（D，%）和零件数量（E，件）。在每个处理点进行 1 次试验，共 32 次试验。分析了影响因素对 FDM 总能耗（TEC，MJ）和比能耗（SEC，MJ/kg）的影响，同时还记录了材料棒消耗长度（l，m）和打印时间（t，min）。表 5-12 为试验中各因子的水平设置，试验设计及结果数据列于表 5-13。以总能耗（TEC）为例，解答下列问题。

（1）在 JMP 中建立与表 5-13 对应的试验设计方案表并录入数据；

（2）查验三阶及以上的交互效应显著性；

（3）建立回归模型，并进行模型检验、模型诊断和数据诊断；

（4）分析各因子对总能耗的影响。

表 5-12 试验因子水平设置

因子	因子描述	因子水平	
		−1	1
A	层厚度/mm	0.1	0.2
B	有无支撑结构	Yes	No
C	打印速率/（mm/s）	70	140
D	零件尺寸/%	60	120
E	零件数量/件	1	2

表 5-13 试验设计方案及试验结果

顺序	A	B	C	D	E	t/min	l/m	TEC/MJ	SEC/（MJ/kg）
1	1	1	1	1	1	69	1.35	0.521	50
2	1	−1	1	1	1	115	1.94	0.845	56.5
3	−1	1	1	1	1	130	1.33	0.956	93.2
4	−1	−1	1	1	1	209	1.94	1.601	107
5	1	1	−1	1	1	103	1.35	0.78	74.9
6	1	−1	−1	1	1	150	1.94	1.114	74.4
7	−1	1	−1	1	1	199	1.33	1.444	140.7
8	−1	−1	−1	1	1	277	1.94	2.053	137.2
9	1	1	1	−1	1	12	0.17	0.133	101.7
10	1	−1	1	−1	1	20	0.28	0.217	100.6
11	−1	1	1	−1	1	21	0.17	0.199	160.9
12	−1	−1	1	−1	1	34	0.28	0.332	153.6
13	1	1	−1	−1	1	17	0.17	0.158	120.6
14	1	−1	−1	−1	1	25	0.28	0.231	106.9
15	−1	1	−1	−1	1	30	0.16	0.269	218
16	−1	−1	−1	−1	1	43	0.28	0.383	177.3
17	1	1	1	1	−1	33	0.68	0.267	50.8
18	1	−1	1	1	−1	57	0.98	0.443	58.6
19	−1	1	1	1	−1	64	0.66	0.478	93.9
20	−1	−1	1	1	−1	103	0.96	0.797	107.6
21	1	1	−1	1	−1	51	0.68	0.382	72.8
22	1	−1	−1	1	−1	74	0.98	0.564	74.5
23	−1	1	−1	1	−1	98	0.66	0.74	145.2
24	−1	−1	−1	1	−1	137	0.96	1.003	135.4
25	1	1	1	−1	−1	6	0.08	0.09	145.2
26	1	−1	1	−1	−1	10	0.14	0.133	123
27	−1	1	1	−1	−1	10	0.08	0.12	194.5
28	−1	−1	1	−1	−1	17	0.14	0.186	171.7

顺序	A	B	C	D	E	t /min	l /m	TEC /MJ	SEC / (MJ/kg)
29	1	1	−1	−1	−1	8	0.08	0.113	183
30	1	−1	−1	−1	−1	12	0.14	0.148	137.1
31	−1	1	−1	−1	−1	14	0.08	0.168	271.5
32	−1	−1	−1	−1	−1	21	0.14	0.23	212.7

解：

（1）通过观察表 5-12 和表 5-13，注意到两点：

① 有无支撑结构因子（B）的值"Yes"和"No"是分类型变量，在表 5-13 中用−1 和 1 分别代表，在试验设计时注意选择变量类型；

② 表 5-13 给出的试验顺序既不是标准顺序，也不是随机顺序，而是按照 $B \to A \to C \to D \to E$ 的先后次序对各因子进行降序排序组织的。

在 JMP 主窗口中通过菜单命令试验设计→经典→完全析因设计打开完全析因设计窗口，默认 Y 代表响应总能耗（TEC），因子面板中依次输入 A、B、C、D 和 E 五个因子，其中除 B 为两水平分类因子外，其他均为两水平连续因子，按表 5-12 输入对应水平值−1 和 1 的实际值。对于因子 B，用 Yes 和 No 分别代替默认的 L1 与 L2。点击"制表"按钮，即建立了一个 5 因子 2 水平的完全析因设计方案表。表的模式列中，对应因子 B 的符号分别是 1 和 2，代表 B 列中输入的值为 Yes 和 No。

依次右键点击因子 B、A、C、D、E 的标题，在弹出菜单中选择排序→降序，即使设计表中水平组合的顺序与表 5-13 的一致，按需输入 TEC 的值，即完成试验的设计和试验结果数据的录入，保存文件为 sample5-2.jmp。

（2）本例中没有重复的试验。一般认为三阶及以上的交互效应很小，默认将它们合并为误差项。为避免由此可能产生的高阶交互项被忽略的情况，使用效应正态概率图来初步评估。打开拟合模型对话框，将 Y 选入角色变量 Y 中；在"构造模型效应"面板中，通过"宏→完全析因"，将所有五个因子的全部交互效应选入构造模型。在输出的报表中，响应"Y"前红色三角菜单里选择"效应筛选→正态图"，报表给出"效应筛选"面板，在其中的"正态图"面板下选择半正态图，得到图 5-13（a）所示效应正态分位数图。

在图 5-13（a）中，斜线的斜率等于 Lenth PSE。这里的 PSE 为伪标准误差（pseudo standard error），是利用似乎不起作用的效应构造剩余标准差的估计，其可用于估计对比独立且具有共同方差试验的标准差。图中给出的每一参与评估项的值用"+"标识，效应显著的项偏离斜线，而且偏离越远效应越显著。从图 5-13（a）中可见，因子 D 的主效应最显著，以下分别是各因子及二次交互效应。

"效应筛选"面板的"参数估计值总体"列表中［图 5-13（b）］列出了所有项的估计值和伪 t 比、伪 P 值，这里的伪 t 比是指估计值与 PSE 的比值，对应的伪 P 值亦是伪 t 比对应的 P 值。从列表中明显看出检验显著的都是主效应和二阶交互效应，所以将三阶及以上的交互效应归并为误差项来进行分析是合理的。

（3）在表视图中，点击模型运行按钮，注意"构造模型效应"面板只有主效应和二阶交互效应，这是析因设计的标准设置。在输出的分析报表中，图 5-14（a）为"效应汇总"面板给出的各项效应显著性图，显然因子 D 具有最强的效应，即其与 Y 相关性最强，接着依次是 E、A、

DE、AD、B、C、BD、CD、AE 和 BE，包括所有 5 个因子的主效应和 6 个二阶交互效应显著；而 AB、CE、AC 和 BC 4 个交互效应均不显著，其中 BC 最弱，相关性最差。依次剔除最不显著项，得到图 5-14（b）所示效应汇总图。

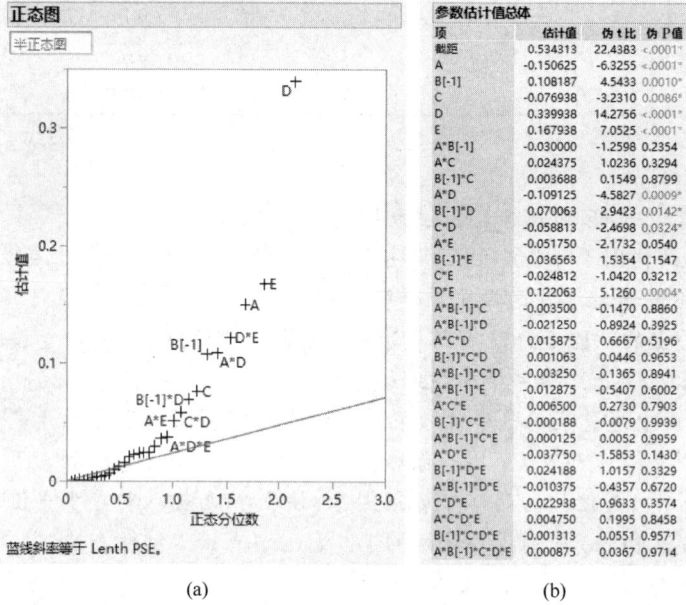

正态图
半正态图

蓝线斜率等于 Lenth PSE。

(a)

参数估计值总体

项	估计值	伪t比	伪P值
截距	0.534313	22.4383	<.0001*
A	-0.150625	-6.3255	<.0001*
B[-1]	0.108187	4.5433	0.0010*
C	-0.076938	-3.2310	0.0086*
D	0.339938	14.2756	<.0001*
E	0.167938	7.0525	<.0001*
A*B[-1]	-0.030000	-1.2598	0.2354
A*C	0.024375	1.0236	0.3294
B[-1]*C	0.003688	0.1549	0.8799
A*D	-0.109125	-4.5827	0.0009*
B[-1]*D	0.070063	2.9423	0.0142*
C*D	-0.058813	-2.4698	0.0324*
A*E	-0.051750	-2.1732	0.0540
B[-1]*E	0.036563	1.5354	0.1547
C*E	-0.024812	-1.0420	0.3212
D*E	0.122063	5.1260	0.0004*
A*B[-1]*C	-0.003500	-0.1470	0.8860
A*B[-1]*D	-0.021250	-0.8924	0.3925
A*C*D	0.015875	0.6667	0.5196
B[-1]*C*D	0.001063	0.0446	0.9653
A*B[-1]*C*D	-0.003250	-0.1365	0.8941
A*B[-1]*E	-0.012875	-0.5407	0.6002
A*C*E	0.006500	0.2730	0.7903
B[-1]*C*E	-0.000188	-0.0079	0.9939
A*B[-1]*C*E	0.000125	0.0052	0.9959
A*D*E	-0.037750	-1.5853	0.1430
C*D*E	0.024188	1.0157	0.3329
A*B[-1]*D*E	-0.010375	-0.4357	0.6720
C*D*E	-0.022938	-0.9633	0.3574
A*C*D*E	0.004750	0.1995	0.8458
B[-1]*C*D*E	-0.001313	-0.0551	0.9571
A*B[-1]*C*D*E	0.000875	0.0367	0.9714

(b)

图5-13　对所有项目的效应评估

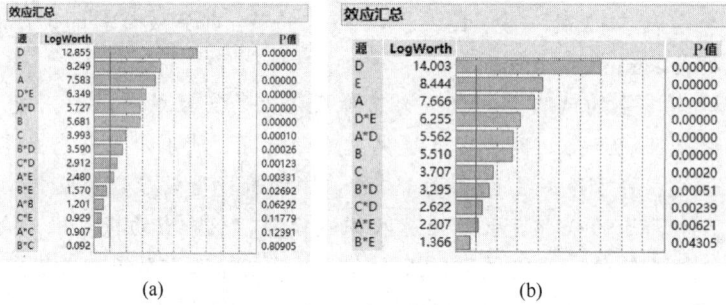

效应汇总

源	LogWorth		P值
D	12.855		0.00000
E	8.249		0.00000
A	7.583		0.00000
D*E	6.349		0.00000
A*D	5.727		0.00000
B	5.681		0.00000
C	3.993		0.00010
B*D	3.590		0.00026
C*D	2.912		0.00123
A*E	2.480		0.00331
B*E	1.570		0.02692
A*B	1.201		0.06292
C*E	0.929		0.11779
A*C	0.907		0.12391
B*C	0.092		0.80905

(a)

效应汇总

源	LogWorth		P值
D	14.003		0.00000
E	8.444		0.00000
A	7.666		0.00000
D*E	6.255		0.00000
A*D	5.562		0.00000
B	5.510		0.00000
C	3.707		0.00020
B*D	3.295		0.00051
C*D	2.622		0.00239
A*E	2.207		0.00621
B*E	1.366		0.04305

(b)

图5-14　效应汇总图

从报表的方差分析表中得模型 F 检验的概率值小于 0.0001，高度显著；$R^2 = 0.9750$，表明模型可以解释 97% 的试验数据。

图 5-15 给出四种类型残差图分析结果。"预测值-残差"图显示了残差随预测值变化的散点图，有略微的先降低后增大的趋势。如果据此考虑对响应进行 Box-Cox 变换，则建议为 $\lambda = 0.119$，即对响应进行 $\sqrt[10]{Y}$ 的变换，显然不便于模型的解释和应用，从工程角度出发不予考虑。

图 5-15 的学生化残差图则给出外部学生化残差随行号的变化，在时间顺序上没有表现出特别的特征，表明试验进行的独立性。残差正态分位数图中，所有的点位于虚线内的直线两侧，说明残差的正态性假设是合理的。

但是，在学生化残差图中，发现有一个点超过 95% 联合限值，该点应该为一个异常点。选中该点后，其加黑显示，其他试验点则变浅。由于 JMP 报表具有良好的联动性，因此在预测值残差图和残差正态概率图上均加黑显示了对应点，预测值残差图与正态概率图中均对应为最后、最大的点。在数据表视图中，也将该行标识为选定状态，容易定位到其对应的析因设计模式为（−1−++），说明前三个因子的水平为低水平，后两个因子的水平为高水平，而 Y 值为整个试验中最高的 2.053，远远偏离其他试验点。将残差保存到数据表，然后利用分析→分布命令，给出残差分布的直方图与离群值箱线图，如图 5-16 所示。在两个图中特别是箱线图中显著地标识出该点的极端性，表明需对该试验点的 TEC 值进行进一步的检查，如果需要可重新进行试验。通过计算 Cook 距离，发现该点的 Cook 距离值为 0.448，对模型的影响不算显著，但已临近 0.5。

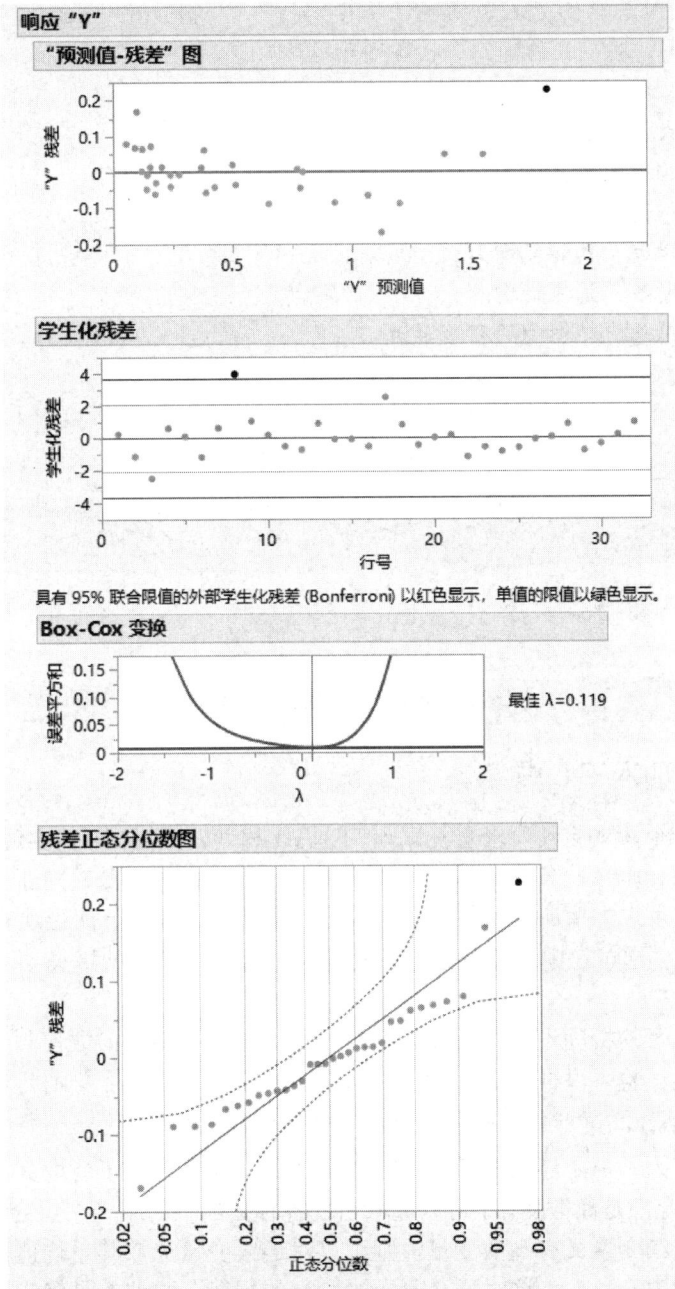

图5-15　残差分析图

值得注意的是，本例中当考虑以 R_{adj}^2 变大和 PRESS 最小作为选择模型准则时，发现当删除图 5-14（a）中 BC 时，效果最好，继续删除其他项，则 R_{adj}^2 减小、PRESS 增大，读者可以自行试验比较。

（4）忽略上述分析中模型诊断和数据诊断中存在的不足，以当前的模型来考虑具体试验结果给出的各因子对总能耗 TEC 的影响，根据图 5-17 所示刻画图，对应具体的因子，各因子对总能耗的影响特征如下：

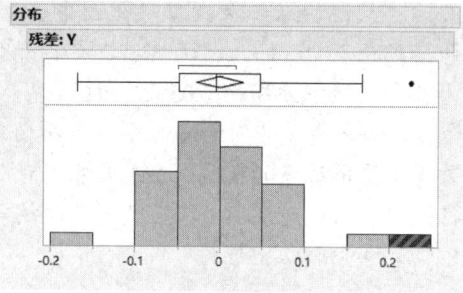

图5-16　TEC残差的分布分析

① 层厚度增大，总能耗减小；
② 有支撑结构，能耗高；
③ 打印速度增大，总能耗减小；
④ 零件尺寸增大，总能耗增大；
⑤ 零件数量增多，总能耗增加；
⑥ 零件尺寸对总能耗影响的程度最大。

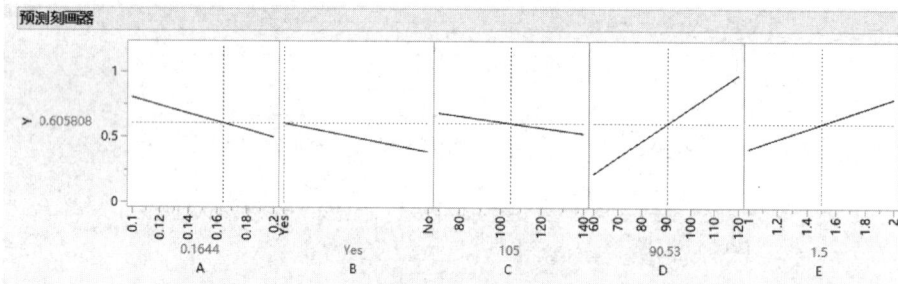

图5-17　各因子对总能耗影响的刻画

5.2.4　2^k 设计加入中心点

试验设计的三个基本原则要求重复试验、随机化和划分区组。如何实现"重复试验"呢？一种办法就是将每一个试验条件都重复一次或多次，这样做的好处是对于试验误差估计得更准确了，但代价却是大大增加了试验次数以致增加了试验成本。一种巧妙的解决办法是在 2^p 设计中加入中心点，通过在中心点处安排 3～5 次重复试验来估算误差，并作为其他试验点的误差估计。

另外，在两水平的析因设计中假设因子效应是近似线性的，但如何判断假设是否合理？使用中心点的重复试验可以很好地解决这个问题。一般直接用 n_c 个中心点建立一个自由度为 $n_c - 1$ 的纯误差的估计，进行失拟检验，进而实现弯曲性检验。

中心点在所有因子都是连续变量时比较容易找到，就是各因子皆取其高水平与低水平的平均值。如果因子全部是离散变量，可以选取它们各种搭配中的某一个组合作为"伪中心点"。如果因子中既有连续变量又有离散变量，则可以对连续变量选取其平均值，离散变量选取某一个组合作为"伪中心点"，这时不必要求试验点的平衡，强调的是确实要有某处理点的重复以获得误差估计及失拟检验。

总之，安排每个因子取 2 水平，再加上中心点，就可以构成较好的完全析因试验安排。

【例5-3】含氟聚合物分散涂层具有耐化学性和耐磨性，通常用于要求减摩性能和电气绝缘好的非黏性涂层，在工业生产中可采用喷涂、浸涂、浸渍旋涂和幕涂等工艺。文献[15]研究在不锈钢管上浸渍旋涂聚四氟乙烯（PTFE）分散涂层的工艺，用含中心点的 2^4 完全析因设计试验，考察黏度（A, mPa·s）、移动速率（B, mm/s）、旋转速率（C, r/min）和浸渍时间（D, s）四个涂层参数对涂层厚度（Y, μm）的影响。试验中，每个处理点重复 3 次试验，中心点共进行了 5 次试验，共计 53 个试验点。表 5-14 是各因子水平编码和对应实际数值，表 5-15 是试验安排及试验结果。根据试验测量数据，解答下列问题。

（1）建立一个和表 5-14、表 5-15 吻合的试验设计方案，录入试验数据；

（2）根据效应检验和失拟检验选择合适模型；

（3）分析各因子对响应的影响特征。

表 5-14　试验因子水平表

因子	因子水平		
	−1	0	+1
黏度（A）/mPa·s	900	1000	1100
移动速率（B）/（mm/s）	20	22.5	25
旋转速率（C）/（r/min）	100	300	500
浸渍时间（D）/s	10	15	20

表 5-15　试验设计矩阵和试验结果

因子				涂层厚度
A	B	C	D	Y
900	20	100	10	4.79, 4.80, 4.79
			20	5.28, 5.33, 5.34
		500	10	4.69, 4.64, 4.56
			20	4.96, 4.98, 5.02
	25	100	10	5.53, 5.30, 5.26
			20	5.81, 5.80, 5.79
		500	10	5.21, 5.05, 4.99
			20	5.77, 5.46, 5.60
1100	20	100	10	6.02, 6.22, 6.49
			20	7.27, 7.09, 7.26
		500	10	5.51, 6.08, 6.03
			20	6.28, 6.38, 6.55
	25	100	10	7.17, 7.42, 6.77
			20	7.88, 7.91, 8.18
		500	10	6.85, 6.59, 6.14
			20	7.68, 7.61, 7.61
1000	22.5	300	15	6.10, 5.95, 5.95, 6.28, 6.15

解：

（1）选择试验设计的完全析因设计，按表 5-14 设定四个连续因子-1 和 1 两个水平的实际值，设中心点数为 5，重复次数为 2。由于重复次数设置时会自动将中心点次数与其他因子点的次数一样乘以 3，所以在得到的设计数据表中需删除多加的 10 行中心点。按照 $D \rightarrow C \rightarrow B \rightarrow A$ 次序右击因子标题，在弹出菜单中选择升序排序，最后得到与表 5-15 因子组合相同的结构，按顺序在 Y 列录入厚度数据即可。

（2）点击表视图中运行模型按钮，默认将所有主效应、二阶交互效应都纳入模型，给出图 5-18（a）所示的效应汇总，剔除不显著项后则为图 5-18（b）所示。

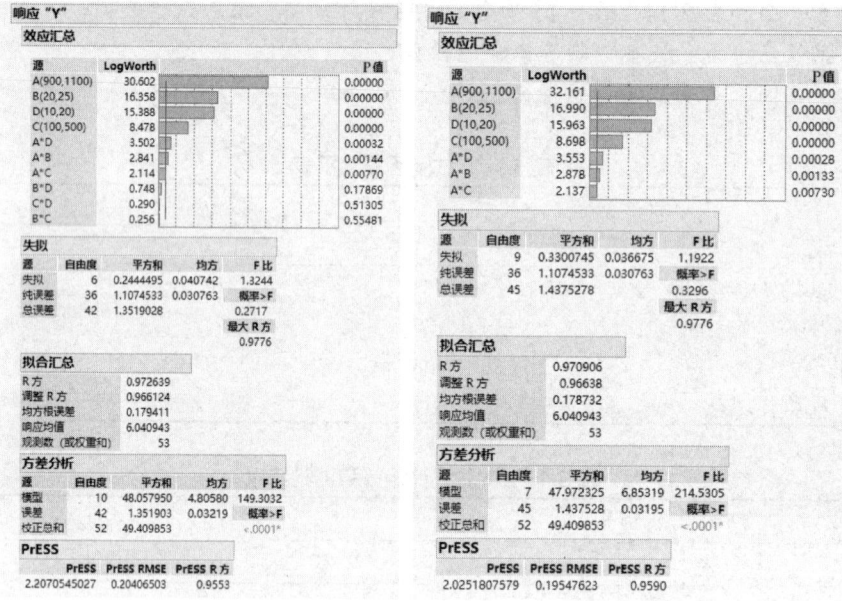

(a)　　　　　　　　　　　　　　　(b)

图 5-18　包含二阶交互效应的模型分析报表

由图 5-18 可见，与例 5-1 及例 5-2 相比，由于本例试验中加入了中心点试验，所以在报表中可以得到失拟检验面板，失拟检验概率值大于 0.05，说明当前的线性模型描述试验数据通过了弯曲检测。

默认进入模型中的因子项包括 4 个主效应和 6 个二阶交互效应，剔除不显著项后，显著项为 4 个主效应和 AD、AB 和 AC 共 3 个二阶交互效应。剔除模型后的 R_{adj}^2 和 PRESS 均分别增大和减小。

在原文献[15]中还专门指出存在显著三阶交互作用项，为此重新构建包含所有二阶、三阶和四阶交互作用的模型，图 5-19（a）为给出的效应筛选面板，在正态图和参数估计值总体中发现确实存在显著的三阶交互效应项 BCD。通过效应汇总面板剔除不显著项，得到图 5-19（b）的报表。由于三阶交互效应 BCD 显著，构成该三阶交互效应的三个二阶交互效应 BC、BD 和 CD 虽然不显著，但必须保留在模型中。

从图 5-19（b）还可以看到，在存在三阶交互效应 BCD 时，模型的失拟检验 P 值为 0.7428，远大于图 5-18（b）中仅有二阶交互项的 0.3296，说明交互作用项也对失拟误差有贡献。为了测试交互效应项对失拟检验的影响，在图 5-20 中试着删除所有二阶交互效应项，则得到的失

拟检验的 P 值远小于 0.05。即使增加最显著的交互作用项 AD，失拟检验的 P 值也仅为 0.0091，如图 5-20（a）所示；再增加一项交互效应 AB，则失拟检验的 P 值为 0.0789，大于 0.05，如图 5-20（b）所示。随着其他显著交互项的加入，P 值逐渐增加，得到的模型满足弯曲性检验，见图 5-19。可见，交互效应能够改变模型的弯曲特性，这是由交互项的"扭曲"效应决定的。

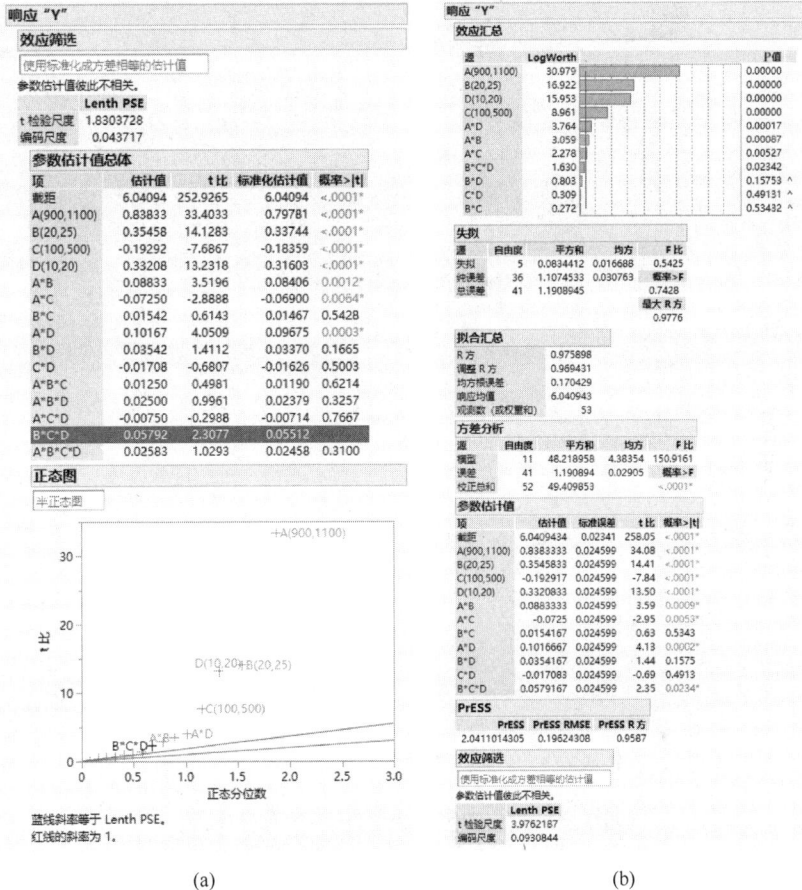

图 5-19（a）左侧面板

响应"Y"

效应筛选

使用标准化成方差相等的估计值

参数估计值彼此不相关。

	Lenth PSE
t 检验尺度	1.8303728
编码尺度	0.043717

参数估计值总体

项	估计值	t 比	标准化估计值	概率>|t|
截距	6.04094	252.9265	6.04094	<.0001*
A(900,1100)	0.83833	33.4033	0.79781	<.0001*
B(20,25)	0.35458	14.1283	0.33744	<.0001*
C(100,500)	-0.19292	-7.6867	-0.18359	<.0001*
D(10,20)	0.33208	13.2318	0.31603	<.0001*
A*B	0.08833	3.5196	0.08406	0.0012*
A*C	-0.07250	-2.8888	-0.06900	0.0064*
B*C	0.01542	0.6143	0.01467	0.5428
A*D	0.10167	4.0509	0.09675	0.0003*
B*D	0.03542	1.4112	0.03370	0.1665
C*D	-0.01708	-0.6807	-0.01626	0.5003
A*B*C	0.01250	0.4981	0.01190	0.6214
A*B*D	0.02500	0.9961	0.02379	0.3257
A*C*D	-0.00750	-0.2988	-0.00714	0.7667
B*C*D	0.05792	2.3077	0.05512	
A*B*C*D	0.02583	1.0293	0.02458	0.3100

正态图

半正态图

蓝线斜率等于 Lenth PSE。
红线的斜率为 1。

图 5-19（b）右侧面板

响应"Y"

效应汇总

源	LogWorth		P 值
A(900,1100)	30.979		0.00000
B(20,25)	16.922		0.00000
D(10,20)	15.953		0.00000
C(100,500)	8.961		0.00000
A*D	3.764		0.00017
A*B	3.059		0.00087
A*C	2.278		0.00527
B*C*D	1.630		0.02342
B*D	0.803		0.15753 ^
C*D	0.309		0.49131 ^
C*D	0.272		0.53432 ^

失拟

源	自由度	平方和	均方	F 比
失拟	5	0.0834412	0.016688	0.5425
纯误差	36	1.1074533	0.030763	概率>F
总误差	41	1.1908945		0.7428
				最大 R 方
				0.9776

拟合汇总

R 方	0.975898
调整 R 方	0.969431
均方根误差	0.170429
响应均值	6.040943
观测数（或权重和）	53

方差分析

源	自由度	平方和	均方	F 比
模型	11	48.218958	4.38354	150.9161
误差	41	1.190894	0.02905	概率>F
校正总和	52	49.409853		<.0001*

参数估计值

项	估计值	标准误差	t 比	概率>|t|
截距	6.0409434	0.02341	258.05	<.0001*
A(900,1100)	0.8383333	0.024599	34.08	<.0001*
B(20,25)	0.3545833	0.024599	14.41	<.0001*
C(100,500)	-0.192917	0.024599	-7.84	<.0001*
D(10,20)	0.3320833	0.024599	13.50	<.0001*
A*B	0.0883333	0.024599	3.59	0.0009*
A*C	-0.0725	0.024599	-2.95	0.0053*
B*C	0.0154167	0.024599	0.63	0.5343
A*D	0.1016667	0.024599	4.13	0.0002*
B*D	0.0354167	0.024599	1.44	0.1575
C*D	-0.017083	0.024599	-0.69	0.4913
B*C*D	0.0579167	0.024599	2.35	0.0234*

PrESS

PrESS	PrESS RMSE	PrESS R 方
2.0411014305	0.19624308	0.9587

效应筛选

使用标准化成方差相等的估计值

参数估计值彼此不相关。

	Lenth PSE
t 检验尺度	3.9762187
编码尺度	0.0930844

(a)　　　　　　　　　　　(b)

图5-19　包含所有因子项模型的效应筛选面板

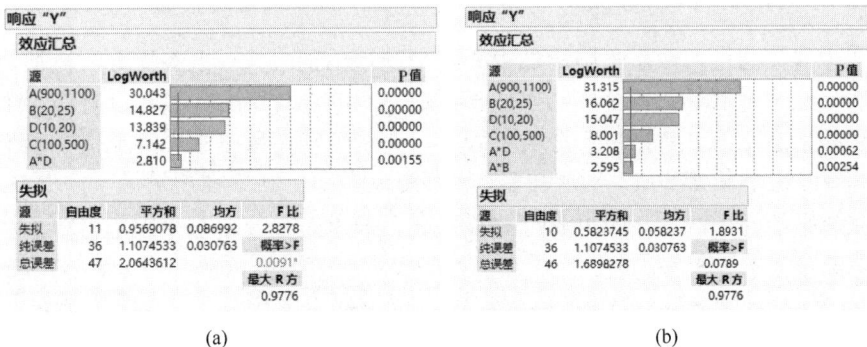

图 5-20（a）

响应"Y"

效应汇总

源	LogWorth		P 值
A(900,1100)	30.043		0.00000
B(20,25)	14.827		0.00000
D(10,20)	13.839		0.00000
C(100,500)	7.142		0.00000
A*D	2.810		0.00155

失拟

源	自由度	平方和	均方	F 比
失拟	11	0.9569078	0.086992	2.8278
纯误差	36	1.1074533	0.030763	概率>F
总误差	47	2.0643612		0.0091*
				最大 R 方
				0.9776

图 5-20（b）

响应"Y"

效应汇总

源	LogWorth		P 值
A(900,1100)	31.315		0.00000
B(20,25)	16.062		0.00000
D(10,20)	15.047		0.00000
C(100,500)	8.001		0.00000
A*D	3.208		0.00062
A*B	2.595		0.00254

失拟

源	自由度	平方和	均方	F 比
失拟	10	0.5823745	0.058237	1.8931
纯误差	36	1.1074533	0.030763	概率>F
总误差	46	1.6898278		0.0789
				最大 R 方
				0.9776

(a)　　　　　　　　　　　(b)

图5-20　增加交互效应改善模型的弯曲特性的面板

（3）通过残差分析、数据诊断，根据图 5-19（b）的参数估计值面板，可以写出涂层厚度与各因子关系的模型。图 5-21 则分别用预测刻画器、交互作用刻画器描述响应随因子的变化。

预测刻画器表明，黏度（A）、移动速率（B）和浸渍时间（D）增加，涂层增厚；但随着转速（C）的增大，涂层厚度减小。交互作用刻画器表明，A因子与其他三个因子均具有明显的交互作用；但B与C、B与D之间以及C与D之间的交互作用不很显著，都是通过三阶交互作用BCD体现的。

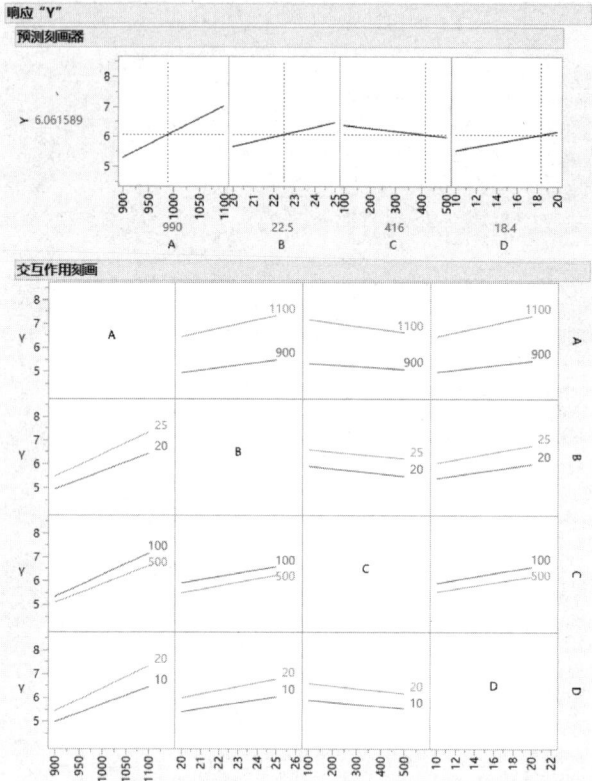

图5-21　响应随因子变化及因子间交互作用

5.3　3^p完全析因试验设计

上一节中建议通过在两水平中增加中心点来进行试验，具有很多优点，特别是数值型因子，可以替代三水平试验。但是中心点位于试验空间的结合中心，显然没有在每个因子水平的中心提供的信息全面。特别对于分类型因子，还是经常使用三水平甚至更多水平的因子试验设计。本节讨论3^p析因设计，对于更多水平的析因设计，其原理和设计与分析方式相类似。

对于三水平的因子试验，即3^p因子试验设计，有P个因子，每个因子有3个水平。不失一般性，记因子的3个水平为低、中、高，并用数字表示为1（低）、2（中）、3（高）。3^p设计中的每一个因素组合用P个数字表示。第1个数字表示因子A的水平，第2个数字表示因子B的水平，…，第P个数字表示因子P的水平。例如在3^2设计中，11表示因子组合对应于A、B都是低水平；13表示A在低水平，B在高水平；22表示A、B都在中间水平；……再如在3^3设计中，111表示A、B、C都在低水平；123表示A在低水平，B在中水平，C在高水平；332表示A、B都在高水平，而C在中水平；……

这种符号方法在 2^p 设计中也能应用，但由于已经采用了 l, a, b, ab, … 记号，故没有使用这种数字表示法。在 3^p 设计中，采用数字记号，一是简单，二是便于扩展到其他的析因设计系统中去。

5.3.1 3^2 完全析因试验设计

在 3^p 设计中，最简单的是 3^2 设计，即有两个因子，每个因子有 3 个水平。这种设计的因子水平组合表示在表 5-16 中。

表 5-16 3^2 因子试验设计的因子水平组合

因子 A	因子 B		
	低 1	中 2	高 3
低 1	1 1	1 2	1 3
中 2	2 1	2 2	2 3
高 3	3 1	3 2	3 3

表中共有 $3^2 = 9$ 个因子水平组合，组合之间有 8 个自由度，因子 A、B 各有两个自由度，AB 交互作用有 4 个自由度。如果每个组合做 n 次重复试验，总和的自由度为 $n3^2 - 1$，误差的自由度应为 $(n3^2 - 1) - 8 = 3^2(n-1)$。

在三水平及更高水平的析因设计条件下，用传统方法估计主效应 A、B 和交互效应 AB 以及进行方差分析都很麻烦，但在 JMP 中进行分析是非常简单的。下面举例说明。

【例 5-4】搅拌摩擦焊（friction stir welding，FSW）是指利用高速旋转的焊具与工件摩擦产生的热量使被焊接材料局部熔化，当焊具沿着焊接界面向前移动时，被塑性化的材料在焊具的转动摩擦力作用下由焊具的前部流向后部，并在焊具的挤压下形成致密的固相焊缝，实现相同或不同基材的连接。文献[16]研究 FSW 连接铝合金 AA6061-T6 和铜合金 Cu B370 的可行性，使用通用 3^2 完全析因设计组织试验，通过改变刀具旋转速率和焊接速率，考察其对屈服强度（YS，MPa）、极限抗拉强度（UTS，MPa）和伸长率（E，%）的影响。表 5-17 给出焊接参数水平设置，表 5-18 给出试验结果。以屈服强度 YS 为例，解答下列问题。

（1）建立与表 5-17 和表 5-18 相对应的试验设计方案，输入数据；

（2）建立屈服强度随刀具旋转速率、焊接速率变化的回归模型；

（3）刻画刀具旋转速率和焊接速率对屈服强度的影响。

表 5-17 FSW 焊接铝合金和铜合金的试验因子水平设置

因子		因子水平设置		
变量名	描述（r/min）	1	2	3
A	旋转速率/（r/min）	710	1000	1400
B	焊接速率/（mm/s）	25	40	65

表 5-18 试验设计矩阵及测量的试验结果

试验 顺序	因子		试验响应		
	A	B	YS/MPa	UTS/MPa	E/%
6	1400	65	99.4	110.9	11

试验顺序	因子		试验响应		
	A	B	YS/MPa	UTS/MPa	E/%
1	1400	40	95.1	110	9
5	1400	25	90.7	108.8	8.5
7	1000	65	90.1	108	8.8
2	1000	40	88.7	107.4	7.4
4	1000	25	86.5	105.2	7
9	710	65	87.2	106	7.2
3	710	40	87	104.8	6.3
8	710	25	85.4	102.1	5.4

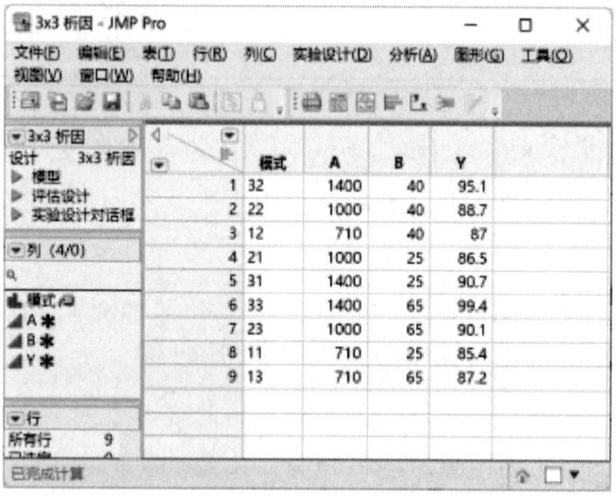

图5-22　JMP试验设计及结果表视图

解：

（1）JMP主窗口中选择试验设计→经典→完全析因设计，默认 Y 代表屈服强度 YS，添加两个三水平因子 A 和 B，按表5-17输入对应的水平实际值，然后点击制表按钮，得到新建的2因子3水平 3×3 析因设计表；按 $B\rightarrow A$ 的次序对因子进行降序排序，得到如表5-18所示因子组合顺序。增加一临时列来确定试验顺序，然后将表5-18中的试验顺序列和 YS 列分别录入表，按试验顺序列进行升序排序后，删除该临时列，得到图5-22所示试验设计表。注意模式列中的因子水平组合为1、2、3中的两两组成，两个因子 A、B 和响应 Y 也分别被赋予属性"编码"和"响应限"。保存表为 sample5-4.jmp。

（2）点击表视图中模型运行按钮，在拟合模型对话框中默认 Y 列作为角色 Y，依次使 A、B 和 AB 均进入模型，运行模型分析，得到图5-23（a）所示包含效应汇总、拟合汇总、方差分析、参数估计值和预测表达式等几个面板的报表。可以看出在0.05的显著水平下模型显著，两个主效应和它们的交互效应均显著，$R^2 = 0.9526$ 和 $R^2_{adj} = 0.9242$。图5-23（b）为残差图分析，表明试验独立性、模型残差的正态性和方差齐性的假设均合理。图5-23（a）中预测表达式面板给出的模型即可作为描述屈服强度与旋转速度、焊接速度的回归模型。

（3）图5-24用预测刻画、交互作用刻画和等高线刻画三种方式展示出旋转速率和焊接速率对屈服强度的影响特征。由图5-24可见，通过FSW工艺焊接AA6061-T6铝合金和Cu B370铜合金，焊接的屈服强度范围为85～100MPa。随着旋转速率、焊接速率的增加，屈服强度增大。即要提高焊接的屈服强度，可以通过提高旋转速率、焊接速率来实现。交互作用刻画器上两条线的明显相交特性以及等高线刻画器显著的等高线弯曲特性表明，旋转速率和焊接速率对屈服强度具有显著的交互作用效应，不可忽略。

响应 "Y"

效应汇总

源	LogWorth		P 值
A(710,1400)	3.493		0.00032
B(25,65)	2.250		0.00562
A*B	1.428		0.03730

拟合汇总

R 方	0.952612
调整 R 方	0.924178
均方根误差	1.257364
响应均值	90.01111
观测数 (或权重和)	9

方差分析

源	自由度	平方和	均方	F 比
模型	3	158.90407	52.9680	33.5036
误差	5	7.90482	1.5810	概率>F
校正总和	8	166.80889		0.0010*

参数估计值

项	估计值	标准误差	t 比	概率>|t|
截距	90.439519	0.422138	214.24	<.0001*
A(710,1400)	4.5009166	0.513757	8.76	0.0003*
B(25,65)	2.3634566	0.509118	4.64	0.0056*
A*B	1.7446013	0.619615	2.82	0.0373*

预测表达式

90.43951928

$$+4.5009166246 \cdot \left(\dfrac{(A-1055)}{345}\right)$$

$$+2.3634565795 \cdot \left(\dfrac{(B-45)}{20}\right)$$

$$+\left(\dfrac{(A-1055)}{345}\right) \cdot \left(\left(\dfrac{(B-45)}{20}\right) \cdot 1.7446012729\right)$$

(a)

响应 "Y"

"预测值-残差" 图

学生化残差

具有 95% 联合限值的外部学生化残差 (Bonferroni) 以红色显示,单值的限值以绿色显示。

残差正态分位数图

(b)

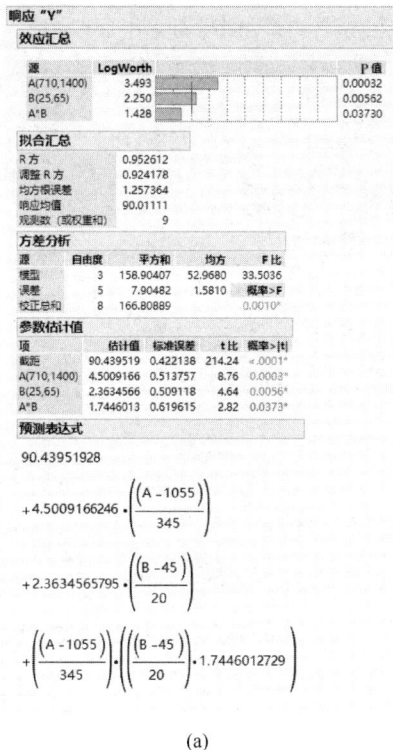

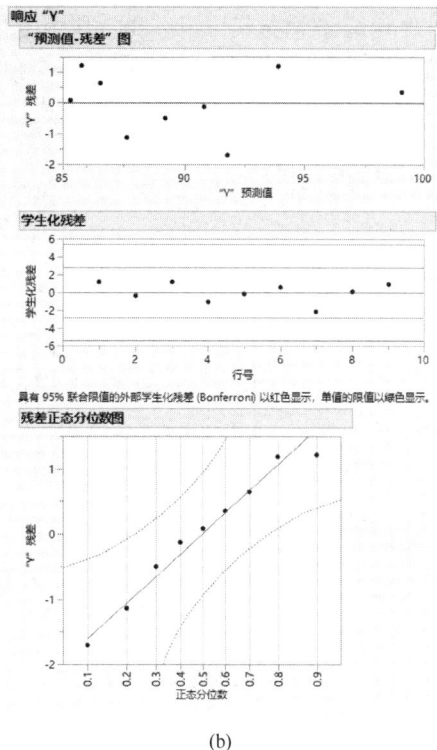

图5-23 回归分析报表

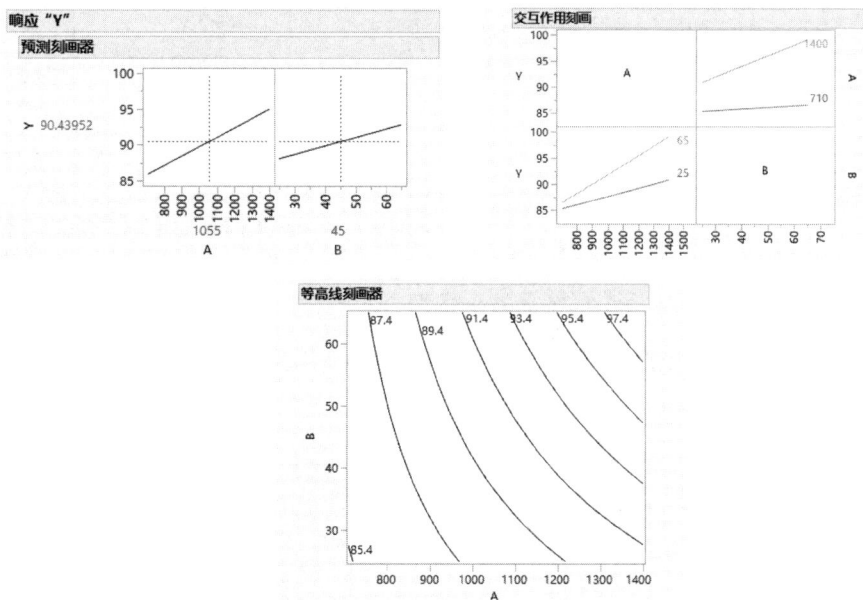

图5-24 旋转速度与焊接速度对屈服强度影响的刻画

5.3.2 3^3 完全析因试验设计

3^3 设计就是有 3 个因子 A、B、C,每个因子有 3 个水平 1、2、3。这种设计的因子水平组合共有 27 个,表示在图 5-25 中。这 27 个组合有 26 个自由度,每个因子的主效应有两个自由度，每一个两因子的交互作用有 4 个自由度，3 个因子的交互作用有 8 个自由度。如果在每种组合下做 n 次重复试验，总自由度为 $n3^3-1$ 个，误差的自由度为 $3^3(n-1)$。

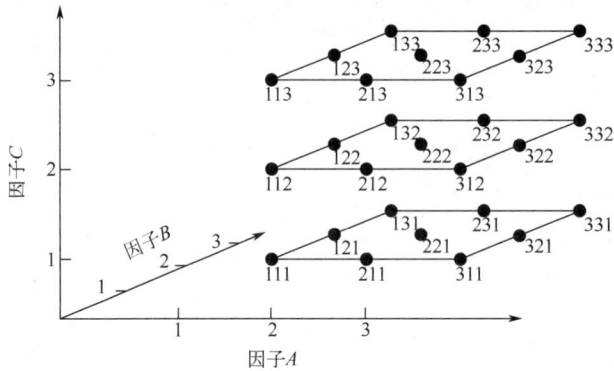

图 5-25　3^3 设计的因子水平组合

【例 5-5】矿物填充的聚苯乙烯（PS）和聚氯乙烯（PVC）的密度相近，难以用普通物理方法进行分离。文献[17]尝试用泡沫浮选方法来分离聚苯乙烯与聚氯乙烯的混合颗粒，采用 3^3 析因设计组织试验，以起泡剂浓度、控制速率和浆液 pH 值为因子变量，以 PS 和 PVC 两种物质浮选一阶动力学模型的速率常数 k_{PS}、k_{PVC} 和最终回收率 R_{PS}、R_{PVC} 为响应变量，共进行了 32 次试验，其中中心点 5 次。表 5-19 和表 5-20 分别为因子的水平设置与试验测试结果。以 k_{PS} 为例，解答下列问题。

（1）按照表 5-19 和表 5-20 设计一个 3^3 析因试验设计表并录入数据；

（2）根据试验数据建立 k_{PS} 的回归模型，评价各因子对 k_{PS} 的影响。

表 5-19　PS 与 PVC 浮选分离试验因子水平设置

变量名	因子	因子水平		
	描述	1	2	3
A	起泡剂浓度/（mL/L）	0.4	0.7	1.0
B	控制速率/（L/h）	60	90	120
C	pH 值	8	9	10

表 5-20　PS 与 PVC 浮选分离试验设计矩阵即使用含结果

标准试验顺序	因子			响应			
	A/（mL/L）	B/（L/h）	C	k_{PS}/min^{-1}	k_{PVC}/min^{-1}	R_{PS}/%	R_{PVC}/%
1	0.4	60	8	0.29	0.17	89	15
2	0.7	60	8	0.3	0.18	90	17
3	1.0	60	8	0.41	0.16	87	8
4	0.4	90	8	0.43	0.17	94	8
5	0.7	90	8	0.37	0.21	86	12
6	1.0	90	8	0.37	0.17	91	15
7	0.4	120	8	0.34	0.11	96	19
8	0.7	120	8	0.39	0.18	87	17

标准试验顺序	因子			响应			
	A /(mL/L)	B /(L/h)	C	k_{PS} /min^{-1}	k_{PVC} /min^{-1}	R_{PS} /%	R_{PVC} /%
9	1.0	120	8	0.39	0.2	94	14
10	0.4	60	9	0.31	0.1	93	24
11	0.7	60	9	0.28	0.15	94	20
12	1.0	60	9	0.32	0.18	80	13
13	0.4	90	9	0.5	0.12	95	17
14	0.7	90	9	0.26	0.11	85	8
15	1.0	90	9	0.34	0.08	96	11
16	0.4	120	9	0.26	0.11	95	25
17	0.7	120	9	0.27	0.09	93	22
18	1.0	120	9	0.33	0.18	97	26
19	0.4	60	10	0.25	0.08	90	12
20	0.7	60	10	0.25	0.14	87	17
21	1.0	60	10	0.25	0.13	84	17
22	0.4	90	10	0.19	0.08	89	16
23	0.7	90	10	0.3	0.1	95	11
24	1.0	90	10	0.25	0.08	93	19
25	0.4	120	10	0.25	0.07	93	20
26	0.7	120	10	0.13	0.06	81	9
27	1.0	120	10	0.28	0.1	88	17
28	0.7	90	9	0.28	0.13	89	20
29	0.7	90	9	0.4	0.16	92	22
30	0.7	90	9	0.34	0.13	95	24
31	0.7	90	9	0.29	0.15	95	15
32	0.7	90	9	0.3	0.13	86	8

解：

（1）在 JMP 主窗口中选择"试验设计→经典→完全析因设计"，默认响应 Y 代表 k_{PS}，增加 3 个三水平连续因子 A、B 和 C，按表 5-19 分别输入对应的 1、2、3 水平的实际值。在"输出选项"栏的"中心点数处"输入 5，点击"制表"按钮，在新建的 $3 \times 3 \times 3$ 数据表视图中，按 $A \to B \to C$ 顺序，依次对三列进行升序排序，然后按顺序将表 5-20 的 k_{PS} 数据录入表中的 Y 列。注意表 5-20 中后面 5 行会被排序到表中部的 15～19 行，然后再按顺序录入表 5-20 中 15～27 行，完成表的设计和数据录入，保存文件为 sample5-5.jmp。

（2）点击表视图中的模型"运行"按钮，默认拟合模型对话框中的设置，点击"运行"按钮，得到图 5-26（a）所示包含所有主效应和二阶交互效应的初始报表，发现除因子 C（pH 值）外，其他各项均不显著。逐项删除不显著项，得到图 5-26（b）所示输出报表，最后仍然只有 C 显著，得到的模型是一个只有单一变量 C 的线性模型。$R^2 = 0.4276$，数值偏低，模型仅能解释 40% 的数据，说明其他随机因素的影响较大。但模型方差分析的概率值小于 0.0001，表明用模型描述 k_{PS} 的变化是非常显著的；而失拟检验的概率值为 0.3995，说明用当前的线性模型是非常合适的，没有弯曲性。

响应 "Y"

效应汇总

源	LogWorth		P值
C(8,10)	3.796	▇▇▇▇	0.00016
B*C	0.523		0.30010
A(0.4,1)	0.174		0.66945
A*B	0.052		0.88642
A*C	0.052		0.88642
B(60,120)	0.042		0.90715 ^

失拟

源	自由度	平方和	均方	F比
失拟	20	0.07716910	0.003858	1.4975
纯误差	5	0.01288333	0.002577	概率>F
总误差	25	0.09005243		0.3477
			最大 R方	
			0.9223	

参数估计值

项	估计值	标准误差	t比	概率>|t|
截距	0.3103125	0.01061	29.25	<.0001*
A(0.4,1)	0.0061111	0.014146	0.43	0.6694
B(60,120)	-0.001667	0.014146	-0.12	0.9072
C(8,10)	-0.062778	0.014146	-4.44	0.0002*
A*B	0.0025	0.017326	0.14	0.8864
A*C	-0.0025	0.017326	-0.14	0.8864
B*C	-0.018333	0.017326	-1.06	0.3001

效应检验

源	参数数目	自由度	平方和	F比	概率>F
A(0.4,1)	1	1	0.00067222	0.1866	0.5694
B(60,120)	1	1	0.00005000	0.0139	0.9072
C(8,10)	1	1	0.07093889	19.6938	0.0002*
A*B	1	1	0.00007500	0.0208	0.8864
A*C	1	1	0.00007500	0.0208	0.8864
B*C	1	1	0.00403333	1.1197	0.3001

(a)

响应 "Y"

效应汇总

源	LogWorth		P值
C(8,10)	4.307	▇▇▇▇	0.00005

失拟

源	自由度	平方和	均方	F比
失拟	1	0.00233576	0.002336	0.7313
纯误差	29	0.09262222	0.003194	概率>F
总误差	30	0.09495799		0.3995
			最大 R方	
			0.4417	

拟合汇总

R方	0.427608
调整 R方	0.408529
均方根误差	0.056261
单位均值	0.310313
观测数（或权重和）	32

方差分析

源	自由度	平方和	均方	F比
模型	1	0.07093889	0.070939	22.4117
误差	30	0.09495799	0.003165	概率>F
校正总和	31	0.16589688		<.0001*

参数估计值

项	估计值	标准误差	t比	概率>|t|
截距	0.3103125	0.009946	31.20	<.0001*
C(8,10)	-0.062778	0.013261	-4.73	<.0001*

效应检验

源	参数数目	自由度	平方和	F比	概率>F
C(8,10)	1	1	0.07093889	22.4117	<.0001*

(b)

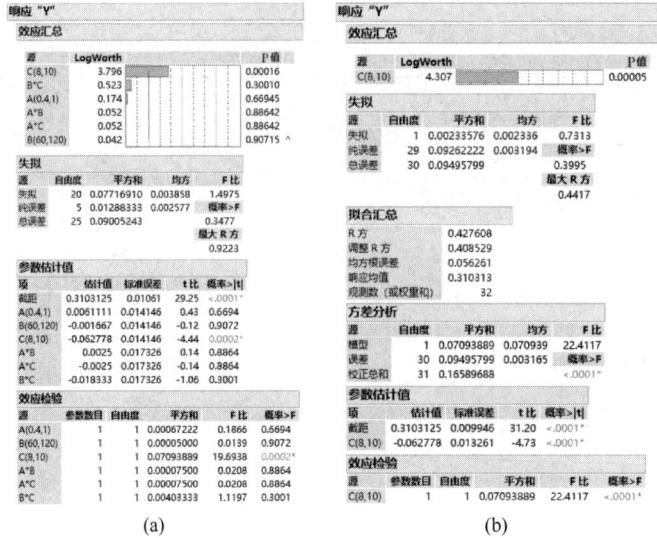

图5-26　创建 k_{PS} 回归模型

通过残差图进行模型诊断和数据诊断，得到图 5-27（a），发现在学生化残差图中有一异常点在红色线之外，对应地预测值残差图、残差正态分位数图中也发现该点明显偏离其他数据点。原则上，应该重新检查该数据的试验记录，或者重新进行该点的试验。这里采用剔除该点的处理方法。在表视图中右击选中该点（行），菜单中选择"隐藏和排除"命令，让该点的数据不参与模型计算，得到图 5-27（b），发现各残差图均较好，满足正态性和方差齐性假设。由于文献没有给出真正的试验顺序，无法根据学生化残差-行号图来判断独立性。对比图 5-57（a）和图 5-27（b），发现剔除异常点后模型的常数项由原来的 0.310 变为 0.304，但因子 C 的系数未变，仍然为 -0.063。最终模型为；

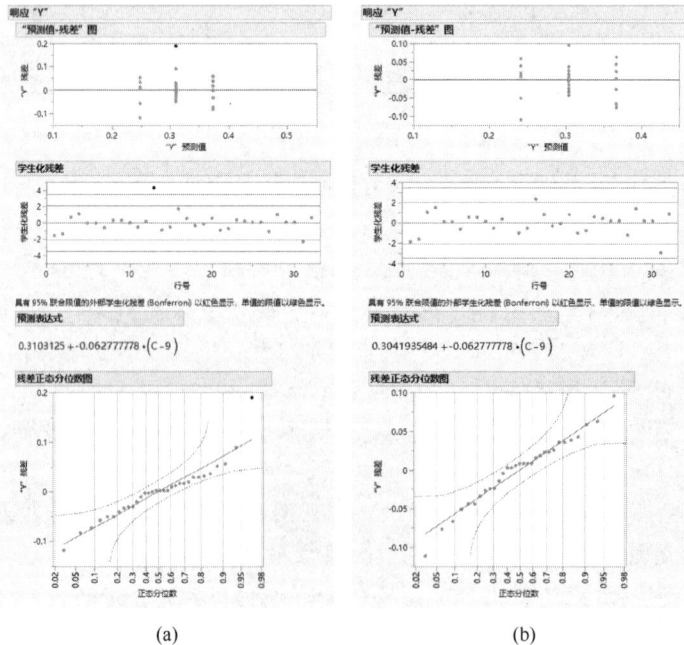

(a)　　　　　　　　　　　　　　　(b)

图5-27　残差图检测到异常点

$$k_{PS} = 0.304 - 0.063(pH - 9)$$

综上分析，在三个因子中，起泡剂浓度和控制速率对 k_{PS} 没有显著影响，而浆液 pH 值有非常显著的影响；随着 pH 值增加，k_{PS} 减小。

例 5-4 和例 5-5 均为三水平的析因设计试验，但例 5-4 没有中心点的试验，所以不能进行失拟检验；而例 5-5 含有重复的中心点试验，所以能进行失拟检验。另外，与含中心点的二水平的试验设计相比，进行例 5-4 的 9 次试验，在两个因子高水平、低水平组合试验的基础上只需要 4 次试验，在中心点进行 5 次试验，可以给出更丰富的检测弯曲性信息。而在例 5-5 中，完成同样效果的试验，只需要 $2^3 + 5 = 13$ 次试验就可以。

对于更多因子的三水平完全析因设计，由于试验次数增加太多，比如 $3^4 = 81$、$3^5 = 241$，试验次数太多，效率太低，一般不会使用，只有在部分析因设计中通过忽略对三阶及以上交互效应的估计，大幅降低试验次数，才普遍使用。

练习

1. 将表 5-1 和表 5-2 录入 JMP 数据表，用 -1 和 +1 表示因子的低水平和高水平。分别绘制 A、B 因子的交互作用刻画图和曲面刻画图，并进行对比分析（提示：交互作用刻画命令位于拟合模型报表的因子刻画→预测刻画器→交互作用刻画器，曲面刻画器命令位于拟合模型报表的因子刻画→曲面刻画器）。

2. 例 5-1 中，以界面剪切强度（IFSS）为目标，解答下列问题。

（1）分析估算因子的效应、效应标准误差并进行效应显著性检验；

（2）设计一个两因子两水平的试验，按表 5-6 的顺序输入因子水平组合和结果数据。

（3）构建回归模型，进行模型检验、模型诊断、数据诊断，给出因子的效应刻画、交互作用刻画和曲面刻画。

3. 例 5-2 的图 5-14（a）中，试比较剔除 BC、AC、CE 和 AB 项过程中 R_{adj}^2、PRESS、AICc 和 BIC 的变化趋势。

4. 例 5-2 中，针对响应比能耗（SEC）、材料棒消耗长度（l）和打印时间（t），解答下列问题：

（1）在 JMP 中建立与表 5-13 对应的试验设计方案表并录入数据；

（2）查验三阶及以上的交互效应显著性；

（3）建立回归模型，进行模型检验、模型诊断和数据诊断；

（4）分析各因子对各响应的影响。

5. 例 5-3 中，构建响应回归模型时，试着将所有析因项都纳入模型中，然后逐个剔除不显著项。观察剔除模型项过程中失拟检验 P、R_{adj}^2、PRESS、AICc 和 BIC 值的变化趋势，确定最佳的模型，并解释失拟检验 P 值变化的原因。

6. 例 5-4 中，针对响应极限抗拉强度（UTS）和伸长率（E），解答下列问题：

（1）建立与表 5-17 和表 5-18 相对应的试验设计方案，输入数据；

（2）建立极限抗拉强度、伸长率随刀具旋转速率、焊接速率变化的回归模型；

（3）刻画刀具旋转速率和焊接速率对极限抗拉强度、伸长率的影响。

7. 例 5-5 中，针对速率常数 k_{PVC}、最终回收率 R_{PS} 和 R_{PVC}，解答下列问题：

（1）按照表 5-19 和表 5-20 设计一个析因试验设计方案并录入数据；

（2）根据试验数据建立 k_{PVC}、R_{PS} 和 R_{PVC} 的回归模型，评价各因子对它们的影响。

第6章

部分析因试验设计

6.1 部分析因试验设计原理

在完全析因设计中，当因子个数增加时，所需的试验次数呈指数级迅速增大。例如 2^p 析因设计，因子个数增加到 6 时，试验次数为 64；因子个数增加到 8 时，则所需试验次数达到 256 次，如图 6-1 所示。这样在时间和经费方面都会超出大多数试验者所能承受的能力。问题是，需要做这么多次试验吗？例如，一个 2^6 完全析因设计需要做 64 次试验，而在此设计中，可以估计 6 个主效应、15 个二阶因子交互效应、42 个三阶因子及更高阶的交互效应。如果高阶的交互效应可以忽略不计，通过使用 64 次试验来估计 6 个主效应和 15 个二阶交互效应，试验的效率岂不显得太低了！

2^p	试验次数	常数项	主效应	二阶交互效应	三阶交互效应	四阶交互效应	五阶交互效应	六阶交互效应	七阶交互效应	八阶交互效应
2^2	4				1	2	1			
2^3	8			1	3	3	1			
2^4	16			1	4	6	4	1		
2^5	32		1	5	10	10	5	1		
2^6	64		1	6	15	20	15	6	1	
2^7	128	1	7	21	35	35	21	7	1	
2^8	256	1	8	28	56	70	56	28	8	1

图6-1　2^p 完全析因设计的效应分布图

大量试验结果表明，有许多效应特别是高阶效应在试验中没有显著影响，于是统计学家们从实际经验出发，提出三个原则：

① 效应稀疏原则（effect sparsity principle）：在析因试验中，重要效应的个数不会太多。

② 效应有序原则（hierarchical ordering principle）：低阶效应很可能比高阶效应重要，同阶交互效应同等重要。

③ 效应遗传原则（effect heredity principle）：父系主效应 A 和 B 应至少有一个显著时，

它们的交互作用 AB 才会显著。

基于这些原则，如果忽略三阶及以上的高阶交互作用，则只需做完全析因试验的一部分即部分析因试验，就可以估计出主效应和低阶交互效应的信息。部分析因设计（fractional factorial design）在产品设计、过程设计以及过程改进方面得到最广泛应用。

部分析因设计主要用于筛选试验。此类试验是要在众多因子中识别出有显著效应的那些因子。筛选试验通常在项目的早期阶段进行，一般在这个阶段所考虑的很多因子有可能对响应只有小的效应或没有效应，那些被识别出的重要因子在随后的试验中将被更深入地研究。

用一个两水平三因子试验的例子来说明部分析因试验的原理。用完全析因试验设计，从图 6-1 可见，三因子两水平需要 $2^3 = 8$ 次试验，但是能够确定出 3 个因子的主效应、3 个二阶交互效应和 1 个四阶交互效应。然而，条件只允许进行 4 次实验，并且经验表明，研究的对象只有主效应显著，所以现在决定如何用 4 次试验确定出 3 个主效应。

下面用两种方案来解决这个问题：

（1）方案一　删节试验的方法

该方法是从 8 次完全析因试验设计中选出 4 次来进行试验，希望仍然能够估计主效应。首先列出表 6-1 所示完全析因设计的 8 次试验的计算表。显然，随机选择 4 行是不行的，因为某些因子在所选 4 次试验中，其高水平及低水平次数并不正好相等，导致原来试验的正交、均衡特性就不复存在了，原来的分析方法不再适用，所以必须按一定的规则来选取才行。在该正交表中，任何一列都与另外任意一列正交，如果将某列（比如最后的 ABC 列）符号为+的行保留，而删除符号为−的 4 行，则得到的 4 行中 A、B、C 这 3 列中皆有 2 行符号为+、2 行符号为−，且这 3 列间仍然保持正交、均衡特性，如表 6-2 所示。同理，如果删除 ABC 符号为+而保留符号为−的行，得到的 4 行也保持了正交性和均衡性。如果用正方体表示三因子的试验水平组合，则图 6-2（a）、（b）和（c）分别表示完全析因设计、保留 $ABC = +$ 和保留 $ABC = −$ 的部分析因试验设计。

表 6-1　三因子完全析因试验计算表

处理标签	I	A	B	AB	C	AC	BC	ABC
l	+	−	−	+	−	+	+	−
a	+	+	−	−	−	−	+	+
b	+	−	+	−	−	+	−	+
ab	+	+	+	+	−	−	−	−
c	+	−	−	+	+	−	−	+
ac	+	+	−	−	+	+	−	−
bc	+	−	+	−	+	−	+	−
abc	+	+	+	+	+	+	+	+

表 6-2　减半实施的三因子完全析因试验计算表（$ABC=+$）

处理标签	I	A	B	AB	C	AC	BC	ABC
a	+	+	−	−	−	−	+	+
b	+	−	+	−	−	+	−	+
c	+	−	−	+	+	−	−	+
abc	+	+	+	+	+	+	+	+

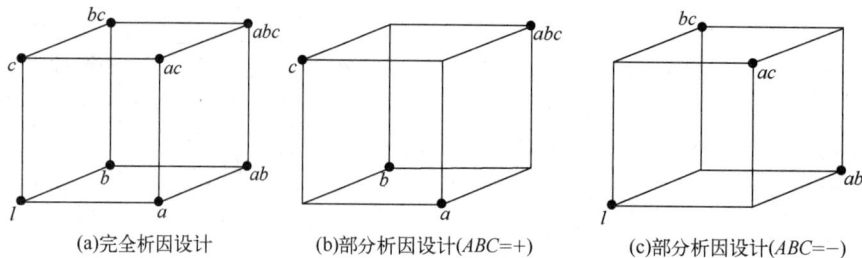

(a)完全析因设计   (b)部分析因设计(ABC=+)   (c)部分析因设计(ABC=−)

图6-2 2^3完全析因设计和部分析因设计空间

假设在每个试验设计点都进行了 n 次试验，则根据表 6-2 和图 6-2（b），可以得到主效应为观察值的组合（每个点的试验次数为 n），即可以根据一般的试验来估计主效应；

$$A = \frac{1}{2n}(abc + a - b - c)$$

$$B = \frac{1}{2n}(abc - a + b - c)$$

$$C = \frac{1}{2n}(abc - a - b + c)$$

同时也可以估计二阶交互效应和三阶交互效应，即：

$$AB = \frac{1}{2n}(abc - a - b + c)$$

$$AC = \frac{1}{2n}(abc - a + b - c)$$

$$BC = \frac{1}{2n}(abc + a - b - c)$$

$$ABC = \frac{1}{2n}(abc + a + b + c)$$

对比主效应和交互效应，发现存在二者相同的情况，即 $A = BC$、$B = AC$、$C = AB$，就是说列 A 观测值的线性组合估计了主效应 A 和交互效应 BC，或者说该线性组合估计了两个效应之和 $A + BC$。类似地，B 估计了 AC，C 估计了 AB。对于这种完全相同的两列，在分析时所计算得到的效应或回归系数就完全相同。这种两列完全相同的情况被称为"混杂"（confounded），也被称为 A 与 BC 互为别名（A is the alias of BC）。这种混杂的本质是在表 6-2 中 A 的符号与 BC 符号完全相同，B 的符号与 AC 完全相同，C 的符号与 AB 完全相同。再进一步观察，发现 I 的符号与 ABC 完全相同，亦即 I 与 ABC 也混杂。

但是，当忽略二阶交互效应、三阶交互效应时，就可以通过四次试验来估计出三个主效应以及平均值。

如果换为表 6-3 的方案，也会得到相似的结果，只是符号正好相反，即线性组合估计了两个效应之差，例如 $A = \frac{1}{2n}(ac + ab - bc - l)$，$BC = \frac{1}{2n}(-ac - ab + bc + l)$，$A = -BC$。

也可以选择别的条件作为选择或删除 4 行的标准，比如以 $BC = +$ 作为选择的标准，但是发现 $A = ABC$，$B = C$，$AB = AC$ 和 $I = BC$，即出现了主效应之间混杂的情况。此种情况下，无法单独估计出 B 和 C。只要不是根据 ABC 来选择，都会出现类似的主效应混杂。

可见，只要采用部分因子试验，就会出现混杂的情况，但是根据有序原则，所关注的主效应或交互效应应该只与更高阶的交互效应混杂最好，因为高阶的交互效应通常是可以忽略不计的，所以根据 ABC 列选择的表 6-2、表 6-3 的结果最优。

表 6-3　减半实施的三因子完全析因试验计算表（$ABC=-$）

处理标签	I	A	B	AB	C	AC	BC	ABC
l	+	−	−	+	−	+	+	−
ab	+	+	+	+	−	−	−	−
ac	+	+	−	−	+	+	−	−
bc	+	−	+	−	+	−	+	−

（2）方案二　增加因子的方法

2 个因子的两水平完全析因试验次数是 4，其试验计算见表 6-4。下面考虑如何在不增加试验次数的情况下在 2 因子完全析因试验表中增加第 3 个因子来估计三个主效应。

表 6-4　二因子完全析因试验计算表

处理标签	I	A	B	AB
l	+	−	−	+
a	+	+	−	−
b	+	−	+	−
ab	+	+	+	+

由于是完全析因设计的试验安排，表 6-4 中的任意两列也是相互正交的。现在希望增加一列来安排因子 C，而且希望该列仍然能与前面的 A、B 列保持正交性。在数学上已经证明，不再存在一个与前面 4 列不同且与前 4 列正交的列。因此，要增加的 C 列必然要与前面第 2、3、4 列中的某列完全相同。显然，设置 $C=AB$ 是最好的安排，这样得到的结果是主效应与二阶交互效应混杂，而不是选择其他列造成的主效应相互混杂。将 AB 列改为 C，构成了表 6-5 所示三因子 4 次试验计算表。添加上 A、B、C 的交互作用项并重新排序并后，就会得到与表 6-2 完全相同的结果。当然，也可以设置 $C=-AB$，将 A、B、C 之间的交互作用项重新排序，得到与表 6-3 完全相同的结果。

表 6-5　三因子 4 次试验计算表

处理标签	I	A	B	C
l	+	−	−	+
a	+	+	−	−
b	+	−	+	−
ab	+	+	+	+

上述讨论表明，只要采用部分析因试验设计就会存在混杂问题，而且还存在混杂优化的问题。要得到最优化的试验设计，必须具有较多的设计知识和技巧，但是，使用 JMP 等试验设计软件，不用用户去考虑，计算机就能够提供最优的结果。

在试验设计中，为了表示主效应、交互效应相互之间的混杂程度，引入了一个重要的术语：分辨率（resolution），其值用罗马字母或阿拉伯数字表示，主要用的分辨率有Ⅲ、Ⅳ和Ⅴ，其意义如下：

① 分辨率为Ⅲ的设计，各主效应间没有混杂，但某些主效应可能与某些二阶交互效应混杂。显然，上面的三因子4次试验设计的分辨率为Ⅲ。

② 分辨率为Ⅳ的设计，各主效应间没有混杂，主效应与二阶交互效应间也没有混杂，但主效应可能与某些三阶交互效应混杂，某些二阶交互效应之间可能混杂。

③ 分辨率为Ⅴ的设计，某些主效应可能与某些四阶交互效应混杂，但不会与二阶或三阶交互效应混杂；某些二阶交互效应可能与三阶交互效应混杂，但二阶交互效应之间没有混杂。

分辨率是选择部分析因设计的重要依据。一般认为三阶及以上的交互效应全部可以忽略不计，与三阶以上的交互效应混杂的主效应或交互效应则是可以估计的。因此，分辨率为Ⅴ及以上的设计中，各主效应和二阶交互效应完全可以估计。

当设计的分辨率为Ⅳ，各主效应能够估计，那些未相互混杂的二阶交互效应也是可以估计的。在相互混杂的二阶交互效应中，如果能够辨别出混杂的效应中的某项显著而其他项不显著，则也可以估计出混杂中的显著项。

分辨率为Ⅲ的设计，只有那些未与二阶交互效应混杂的主效应才能估计，或者当二阶交互效应全部忽略时，所有的主效应才可以估计。可以推理，分辨率为Ⅲ以下的设计没有意义。

对于一般研究，分辨率为Ⅴ就足够了，因为三阶及三阶以上交互效应几乎都可以不考虑。

与完全析因设计相对应，采用记号 2_R^{p-q} 来表示部分析因设计，其中 p 为全部因子的个数，R 是设计的分辨率，q 表示试验次数为完全析因试验的 2^q 分之一。例如，当 $q=1、2、3、4$ 时称 2_R^{p-q} 为分辨率为 R 的 p 个因子的 1/2、1/4、1/8 和 1/16 的部分析因试验。

下面用回归模型来描述 2_R^{p-q} 部分析因设计的响应与因子的关系。例如，2^4 设计的模型为：

$$y = \beta_0 + \beta_1 x_1 + \beta_2 x_2 + \beta_3 x_3 + \beta_4 x_4$$
$$+\beta_{12} x_1 x_2 + \beta_{13} x_1 x_3 + \beta_{14} x_1 x_4 + \beta_{23} x_2 x_3 + \beta_{24} x_2 x_4 + \beta_{34} x_3 x_4$$
$$+\beta_{123} x_1 x_2 x_3 + \beta_{124} x_1 x_2 x_4 + \beta_{134} x_1 x_3 x_4 + \beta_{234} x_2 x_3 x_4$$
$$+\beta_{1234} x_1 x_2 x_3 x_4 + \varepsilon$$

要估计出所有的模型，则至少需要 16 个处理点的试验。当进行部分析因设计 2_{IV}^{4-1}，由于存在主效应与三阶交互效应的混杂、二阶交互效应相互之间的混杂，导致模型系数被合并：

$$x_1 = x_2 x_3 x_4 \Rightarrow \hat{\beta}_1 = \beta_1 + \beta_{234}$$
$$x_2 = x_1 x_3 x_4 \Rightarrow \hat{\beta}_2 = \beta_2 + \beta_{134}$$
$$x_3 = x_1 x_2 x_4 \Rightarrow \hat{\beta}_3 = \beta_3 + \beta_{124}$$
$$x_4 = x_1 x_2 x_3 \Rightarrow \hat{\beta}_4 = \beta_4 + \beta_{123}$$
$$x_1 x_2 = x_3 x_4 \Rightarrow \hat{\beta}_{12} = \beta_{12} + \beta_{34}$$
$$x_1 x_3 = x_2 x_4 \Rightarrow \hat{\beta}_{13} = \beta_{13} + \beta_{24}$$
$$x_1 x_4 = x_2 x_3 \Rightarrow \hat{\beta}_{14} = \beta_{14} + \beta_{23}$$
$$I = x_1 x_2 x_3 x_4 \Rightarrow \hat{\beta}_0 = \beta_0 + \beta_{1234}$$

此时的简化模型为：

$$y = \hat{\beta}_0 + \hat{\beta}_1 x_1 + \hat{\beta}_2 x_2 + \hat{\beta}_3 x_3 + \hat{\beta}_4 x_4 + \hat{\beta}_{12} x_1 x_2 + \hat{\beta}_{13} x_1 x_3 + \hat{\beta}_{14} x_1 x_4 + \varepsilon \qquad (6\text{-}1)$$

在 8 个处理点的试验条件下，可以估计出上面简化模型的所有系数。但是，本质上每个系数都不是真实效应项的系数，而是多个混杂项合并的系数，所以只是忽略了混杂项后的简化。如果模型中确定其中的某个交互作用项比如 x_1x_3 不显著而是与其混杂的 x_2x_4 显著，则必须用显著项来替代。

6.2　规则的两水平部分析因设计

前面以便于理解的方式，以两水平设计为例介绍了部分析因设计的原理，以及混杂、分辨率等概念。然而，部分析因设计的内容十分丰富，其应用也最为广泛。在 JMP 等软件中，提供了统计学家们提出的许多设计方案，从规则的两水平设计到正交表（taguchi orthogonal array，Taguchi OA）设计，给了用户很多的选择。本节讨论两水平连续变量的部分析因设计，一般称为规则的两水平析因设计。

如何根据因子数、可接受的试验次数来选择一个合适的分辨率的试验设计，没有简单的规律可循，但专业的计算机软件提供了直观的选择，图 6-3 中用彩色图的方式给出各种可选项，下面详细介绍。

图6-3　两水平部分析因试验选择表

图 6-3 中，表格的列标题代表因子的数量，行标题代表试验处理次数。行列交叉的单元格中，右上部分的灰黑色单元格不可选，这些单元格试验的分辨率低于Ⅲ，连主效应都不能分辨；左下部分的灰黑色单元格为完全析因设计的重复试验。其他色彩单元格代表一种设计，并用颜色标识对应设计的分辨率：白色单元格表示完全析因设计，绿色单元格的设计表示分辨率为Ⅴ及以上的设计，黄色表示分辨率为Ⅳ的设计，红色表示分辨率为Ⅲ的设计。

对于白色表示的完全析因设计，可以确定全部主效应和交互效应，但随着因子数的增加，试验次数成指数增长，所以一般只用于因子数不超过 5 的情况。JMP 中用相关性色图来形象表示主效应、交互效应之间的混杂。例如六因子二水平的完全析因设计，其相关性色图如图 6-4（a）所示。在相关性色图中，所有的主效应、二阶交互效应和三阶交互效应在列标题中从左至右依次列出，同时按相同的次序在行标题中从上至下隐性地列出。某个效应与其他效应相关（混杂）时，在对应的交叉点上用从蓝（最小值 0）到红（最大值 1）的颜色标识出来。由于是完全析因设计，不存在任何效应之间的混杂，所以在相关性色图中每个效应只与本身相关，其相关系数为 1，所以在图中显示为从左上角到右下角的对角线上的红色格点，其他位置皆为纯蓝色表示的 0。当把鼠标指针放到图中任何一个格点，都会给出对应效应的相关值。

对于图 6-3 中绿色单元格表示的分辨率为Ⅴ及以上的设计，主效应之间、主效应与二阶交互效应之间、二阶交互效应之间没有混杂，但主效应、二阶效应与三阶以上的交互效应可能存在混杂。但是，通常情况下，三阶以上的交互效应作用甚微，完全可以忽略不计，所以选择绿色单元格的设计完全能够确定主效应和二阶交互效应。例如，选择 6 因子 32 次试验，即绿色的 2_{VI}^{6-1} 设计，图 6-4（b）给出其效应相关性色图，发现除左上角到右下角对角线给出的各主效应自相关红点外，在三阶交互效应之间存在相关性，表现为三阶交互效应区域的一条斜线上的红点。当把鼠标指针放到这些红点上，可以给出对应的混杂为：$ABC = DEF$，$ABD = CEF$，…因此，使用该设计，完全能够估计出所有主效应和二阶交互效应，但是不能估计出三阶交互效应。对于分辨率为Ⅴ及以上的设计，参照 6.1 节，由于三阶以上交互作用效应完全可以忽略，响应与因子之间用式（6-2）来描述：

$$y = \beta_0 + \sum_{j=1}^{p} \beta_j x_j + \sum_{1 \leqslant j < k} \beta_{jk} x_j x_k + \varepsilon \tag{6-2}$$

图 6-3 中黄色单元格对应设计的分辨率为Ⅳ，主效应之间、主效应与二阶交互效应之间没有混杂，但二阶交互效应之间可能存在混杂，因此选择黄色单元格设计可以估计全部主效应。例如，选择 6 因子 16 次试验，即黄色的 2_{IV}^{6-2} 设计，其效应相关性色图为图 6-4（c），可见在主效应与三阶交互效应交汇区间存在红点，即主效应与三阶交互效应存在混杂；二阶交互效应的相互交汇区间存在红点，表明二阶交互效应之间存在混杂；三阶交互效应除与主效应有混杂外，三阶交互效应之间的交汇区间还存在红点，表明三阶交互效应之间也存在混杂。例如主效应与三阶交互效应的混杂：$B = B + AEF + CDE$，二阶交互效应之间的混杂：$AF = AF + BE + CD$，三阶交互效应之间的混杂：$ABE = ABE + F + ACD$。可见，混杂已经比较复杂，而且这里只给出了三阶及以下的交互效应。但是，由于一般三阶交互效应微弱可以忽略，所以该设计可以估计主效应。由于二阶交互效应之间的相互混杂，所以对于分辨率为Ⅳ的设计，响应与因子变量之间用式（6-3）来描述，其中 $\widehat{\beta}_{jk}$ 是指包含了混杂项的系数：

$$y = \beta_0 + \sum_{j=1}^{p} \beta_j x_j + \sum_{1 \leqslant j < k} \widehat{\beta}_{jk} x_j x_k + \varepsilon \tag{6-3}$$

图 6-3 中红色单元格的设计，例如 6 因子 8 次实验设计，即 2_{III}^{6-3}，从图 6-4 所示的效应相关性色图可见，混杂非常复杂，主效应会与多个二阶交互效应、三阶交互效应混杂，如 $A = A + CF + DE + BCD + BEF$，这样，只有在确定所有二阶交互作用项都不显著、可以忽略时才能确定主效应，因此要慎重选用。但是，如果已经明确忽略二阶及以上的交互效应作用，只估计各因子的主效应并进行筛选，或者虽然二阶交互效应不能忽略但只是为了确定影响因子的情况下，则使用分辨率为Ⅲ的部分析因设计无疑效率很高。对应地，分辨率为Ⅲ的设计，响应与因子之间用式（6-4）来描述：

$$y = \beta_0 + \sum_{j=1}^{p} \widehat{\beta}_j x_j + \varepsilon \tag{6-4}$$

另外，从图 6-3 还可以看出，在所有分辨率为Ⅲ的设计中，试验处理点数 N 允许的最多因子数 P 为 $N-1$，例如 4 次试验处理可以进行的因子数为 3，8 次试验允许的最大因子数为 7。但是，显然在此条件下，由于还包括对常数项的评估，所以除了必须有重复外，单次的试验无法进行误差评估和方差分析，因此这样的试验安排称为饱和设计。

(a)2^6设计   (b)2_{VI}^{6-1}设计

(c)2_{IV}^{6-2}设计   (d)2_{III}^{6-3}设计

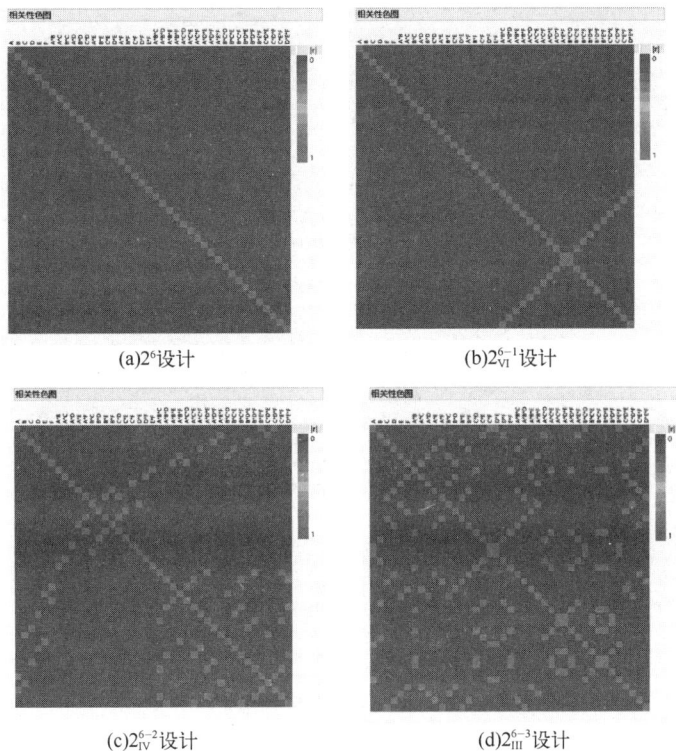

图6-4　六因子2水平部分析因设计的相关性色图

掌握各种部分析因设计的混杂，特别是主效应与二阶交互效应之间、二阶交互效应之间的混杂，对于指导建立模型非常重要。

【例6-1】氮化钛（TiN）是一种极硬的陶瓷材料，具有优异的特性，如硬度高、耐磨性和耐腐蚀性，广泛用作硬化、保护切割和滑动表面的涂层。然而，其表面和材料性能在很大程度上取决于其生产工艺。直流磁控溅射气相沉积是制备 TiN 涂层的最常见方法。在文献[18]中，以沉积速率为响应变量，通过设计实验，系统地研究提高部件上 TiN 涂层的制造工艺。采用部分析因设计方法同时研究了五个工艺因素，包括斜角度、转速、溅射直流电流、压力和 Ar/N$_2$ 流量比的影响。表 6-6 为涂层试验方案及结果。解答下列问题。

（1）设计与表 6-6 对应的试验方案并输入试验结果；

（2）评估设计方案的混杂状况；

（3）建立沉积速率的回归模型；

（4）给出优化的喷涂工艺参数。

表6-6　氮化钛试验设计方案及试验结果

试验 序号	因子					响应
	斜角 度/°	转速 /r/min	溅射直流电流 /A	压力 /atm	Ar/N$_2$ 流量比	沉积速率/ （mm/min）
	A	B	C	D	E	Y
1	70	32	0.35	40	1.33	3.8
2	80	32	0.35	40	0.5	1.8

试验序号	因子					响应
	斜角度/°	转速/r/min	溅射直流电流/A	压力/atm	Ar/N$_2$流量比	沉积速率/(mm/min)
	A	B	C	D	E	Y
3	70	64	0.35	40	0.5	2.6
4	80	64	0.35	40	1.33	2.4
5	70	32	0.45	40	0.5	4
6	80	32	0.45	40	1.33	3
7	70	64	0.45	40	1.33	6.2
8	80	64	0.45	40	0.5	2.2
9	70	32	0.35	80	0.05	3.2
10	80	32	0.35	80	1.33	3.5
11	70	64	0.35	80	1.33	5.1
12	80	64	0.35	80	0.5	3.2
13	70	32	0.45	80	1.33	7.3
14	80	32	0.45	80	0.5	3
15	70	64	0.45	80	0.5	5.2
16	80	64	0.45	80	1.33	4.2

解：

（1）在 JMP 主窗口选择菜单"实验设计"→"经典"→"两水平筛选"→"筛选设计"，打开筛选设计窗口，默认 Y 为沉积速率，因子窗格中增加 5 个两水平连续因子 A、B、C、D 和 E。根据表 6-6 的数据，可以判断出各因子的水平

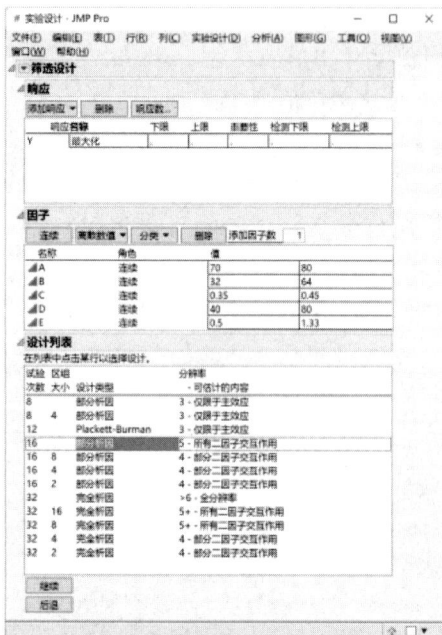

图6-5 设置因子水平并选定筛选设计

分别为：A（70,80）；B（32,64）；C（0.35,0.45）；D（40,80）；E（0.5,1.33），输入对应因子的−1 和+1 水平值，在选择筛选类型选项框中选择"从部分析因设计列表中选择"，在展开的设计列表面板中列出输入确定因子后一切可能的设计选项。选择试验次数 16、设计类型"部分析因""5-所有二因子交互作用"的选项，如图 6-5 所示，注明该设计可以估计所有二因子交互作用。点击"继续"按钮，再点击"制表"按钮，得到一个默认名为部分析因设计的 2_V^{5-1} 部分析因设计表，该表第一列仍然为模式，给出各行的因子水平组合。为方便响应列 Y 的数据录入，按 $E\downarrow A\uparrow B\uparrow$ $C\uparrow D\uparrow$ 的次序进行排序，得到与表 6-6 相同的试验方案和顺序，依序录入响应的数值，完成试验设计及数据录入，保存文件为 sample6-1.jmp，如图 6-6 所示。

（2）通过如图 6-6 所示表视图左上角表面板打开"评估设计"窗口，给出如图 6-7 所示别名矩阵和相关性色图，可以看到在该分辨率为Ⅴ的部分析因设计中，主效应与二阶交互效应、三阶交互效应均无混杂，而二阶交互效应与三阶交互效应混杂。在忽略三阶交互效应时，完全可以评估主效应和二阶交互效应。

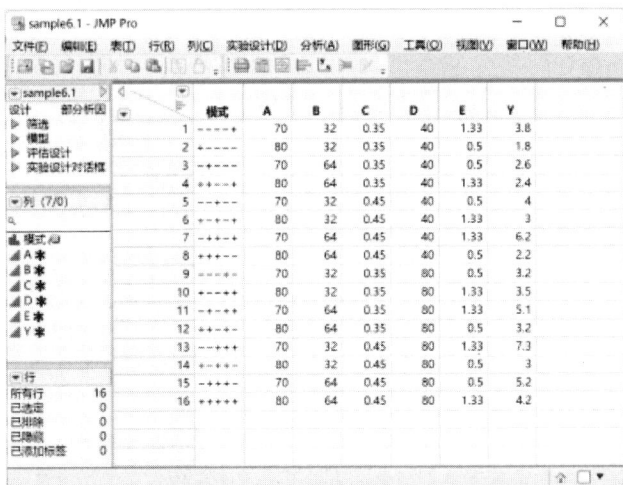

图6-6　完成试验数据录入的设计表视图

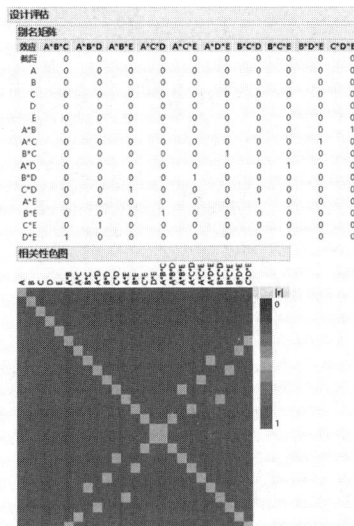

图6-7　主效应、二阶交互效应和三阶交互效应的混杂矩阵和相关性色图

（3）点击表视图表面板"筛选"运行按钮，打开如图 6-8 所示筛选窗口，其包括"对比"面板和"半正态图"两个面板。这里的"对比"即在 5.2.1 中定义以进行效应计算的表达式。"对比"面板中列出各效应项的对比值、Lenth t 比条形图及其数值，该数值为对比值与 PSE（pseudo-standard error，伪标准差，即利用似乎不起作用的效应构造剩余标准差的估计）之比、各项的个体 P 值、联合 P 值。由于不存在主效应与二阶交互效应的混杂、二阶交互效应之间的混杂，所以把所有的主效应和二阶交互效应项列出，并且将个体 P 值小于 0.1 的所有项都默认进入模型。与对比面板相对应，在半正态图中，显著的项都远离蓝色直线，用于快速选择显著项。图中为了充分显示各因子的重要性，在显示交互作用项时把主效应更显著的因子放到交互效应前面，例如用 EC 表示 CE，但因 E 比 C 更显著，所以把 E 放在 C 的前面。默认选中 A、E、C、D 和 AE、AC、EC 进入模型，点击"运行模型"按钮，得到如图 6-9 所示回归模型分析报表。

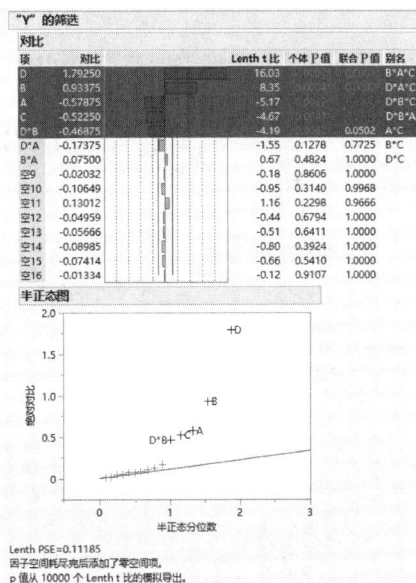

在图 6-9 中，模型的方差分析显著，决定系数

图6-8　因子筛选窗口

R^2、R_{adj}^2 高达 0.99，模型方差分析显著，各系数的 t 检验均显著。在残差分析中，残差正态概率图表明残差呈正态分布，预测值残差图不具有向右开口的漏斗或扩音器形。学生化残差-行号图用于检查独立性假设，其显示了沉积速率数据的残差和数据收集的时间序列，该图没有正残差和负残差序列等模式，没有理由怀疑存在违反独立性假设的情况。并且数据的诊断也表明没有异常点。因此，最后得到沉降速率的回归模型为：

$$y = 3.79 - 0.88\frac{A-75}{5} + 0.64\frac{E-0.915}{0.415} + 0.59\frac{C-0.4}{0.05} + 0.54\frac{D-60}{20}$$
$$- 0.28\frac{A-75}{5} \times \frac{E-0.915}{0.415} + 0.41\frac{A-75}{5} \times \frac{C-0.4}{0.05} + 0.14\frac{E-0.915}{0.415} \times \frac{C-0.4}{0.05}$$

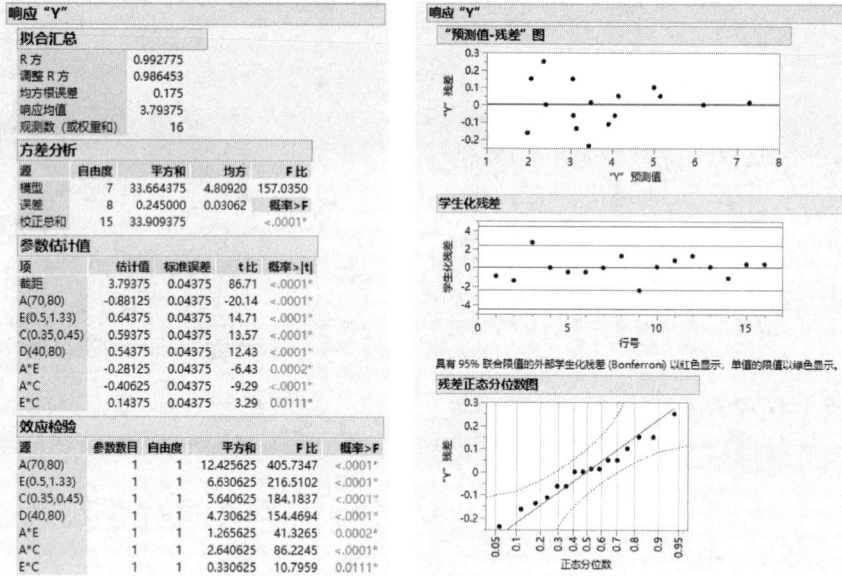

图6-9　模型回归分析与残差分析

（4）图 6-10 的预测刻画器显示，沉积速率随斜角度的增大而减小，随溅射直流电流、Ar/N$_2$ 流量比、压力的增大而增大，而与转速无关。在斜角的低水平（70°）、Ar/N$_2$ 比高水平（1.33）、溅射电流高水平（0.45A）、压力的高水平（80atm，1atm=101.325kPa）下达到最大值 7.28mm/min。

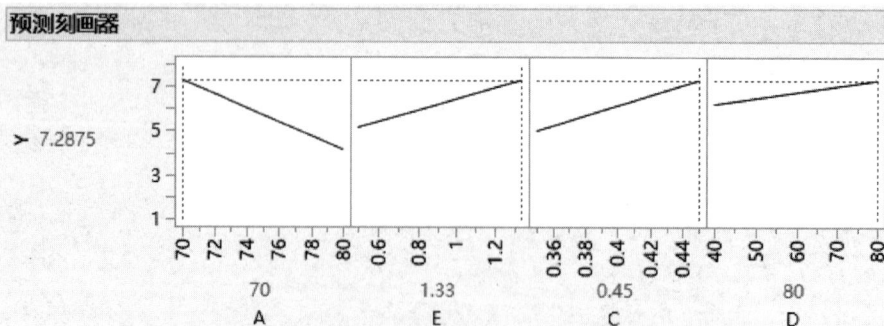

图6-10　预测刻画器给出沉积速率随各因子的变化及参数组合

本例试验的分辨率为Ⅴ，可见通过减少一半的试验次数，能够在忽略三阶及以上交互效应时，完全能够评估主效应和二阶交互效应，建立相应的回归模型来描述系统并进行优化。与完全析因设计相比，本例试验的试验次数减少了一半，在通常的三因子及以上交互作用不显著的体系中，与对应的完全析因设计效果完全相同。

【例6-2】镁及其合金的可生物降解特性可作为人体临时骨科植入物和冠状动脉支架。镁的密度和弹性模量接近自然骨骼，大量镁离子存在于人体内，并参与许多代谢反应和生物机制，因而具有良好的生物相容性。然而，镁基生物材料容易在人体体液或血浆等含氯化物溶液中受到攻击。镁与锌通过合金化，能够提高镁的腐蚀电位和法拉第电荷转移电阻，从而提高耐蚀性，同时也能够增强镁合金的机械强度。机械合金化（MA）合成镁基合金是制备纳米晶生物金属材料的最简单和最经济的方法之一。文献[19]采用部分析因设计组织试验，以期在忽略高阶交互作用时通过运行完全析因设计的一部分，高效经济地获得主效应和低阶交互效应的信息，筛选出合成Mg-Zn合金的MA参数。文献考察的四个因子及其水平设置见表6-7，表6-8给出以合金弹性模量和在3.5%NaCl溶液中浸泡3日的溶解损失为响应、按2_{IV}^{4-1}设计组织的每个试验点重复1次的试验结果。以弹性模量试验结果为例，解答下列问题。

（1）按表6-7和表6-8设计试验并录入试验数据；

（2）评估该试验设计的混杂情况；

（3）给出试验数据的回归模型；

（4）分析各因子对合金弹性模量的影响。

表6-7　Mg-Zn合金MA合金化试验因子及水平

因子	因子描述	因子水平	
		−1	+1
A	球磨时间/h	2	10
B	球磨速率/（r/min）	100	300
C	球粉比	5∶1	15∶1
D	Zn含量/%	3	10

表6-8　Mg-Zn合金MA合金化试验设计及试验结果

试验顺序	试验设计				弹性模量/GPa	质量损失/%
	A	B	C	D=ABC		
1	−	−	−	−	41.83	13.74
2	+	−	−	+	45.24	10.76
3	−	+	−	+	47.88	9.32
4	+	+	−	−	44.16	11.85
5	−	−	+	+	46.47	10.54
6	+	−	+	−	40.18	15.74
7	−	+	+	−	43.79	12.89
8	+	+	+	+	45.38	12.28
9	−	−	−	−	42.61	13.63
10	+	−	−	+	45.63	11.87
11	−	+	−	+	47.86	10.18

试验顺序	试验设计				弹性模量 /GPa	质量损失 /%
	A	B	C	$D=ABC$		
12	+	+	−	−	44.27	12.57
13	−	−	+	+	45.62	10.96
14	+	−	+	−	40.25	15.38
15	−	+	+	+	43.87	12.63
16	+	+	+	+	45.56	12.14

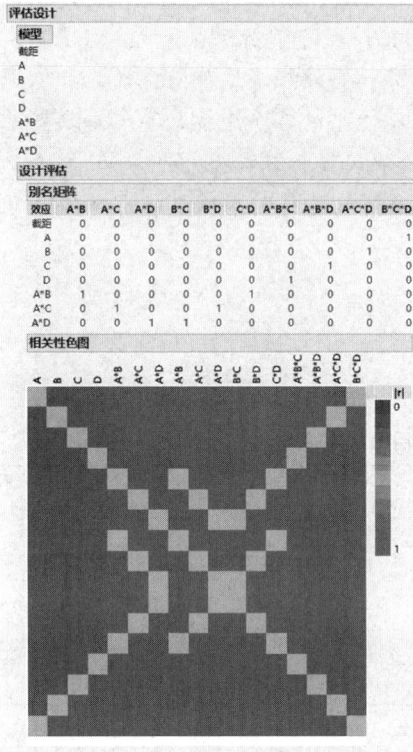

图6-11 评估设计窗口

解：

（1）从表 6-8 可见，该研究的试验方案是在三因子完全析因设计的基础上，设置第四个因子 D 为前三个因子 A、B、C 的交互作用项，即 $D=ABC$，从而构建的 2_{IV}^{4-1} 部分析因设计。

在 JMP 主窗口打开筛选设计窗口，默认 Y 为响应弹性模量，因子窗格中增加 4 个两水平连续因子 A、B、C 和 D，按表 6-7 输入对应因子的−1 和+1 水平值，在"选择筛选类型"选项框中选择从"部分析因设计"列表中选择，在展开的"设计列表"面板中选择试验次数为 8、设计类型部分析因、分辨率为 IV 的第一个选项。

点击"继续"命令按钮，在输出选项的重复次数中输入 1，点击"制表"按钮，得到一个 2_{IV}^{4-1} 部分析因设计表。通过增加一个临时的排序列，用设计表中的模式列的水平组合与表 6-7 进行对照输入行号进行排序，得到与表 6-8 相同的试验组合的顺序，依序输入弹性模量的值到设计表 Y 列即可，保存为 sample6-2.jmp，完成试验的设计以及试验结果数据的录入。

（2）对于分辨率为 IV 的设计，主效应与三阶交互效应混杂，所以二阶交互效应之间的混杂是最为值得关注的。点击表视图左上角表面板中的"评估设计"运行按钮，打开如图 6-11 所示评估设计窗口。图中，模型面板列出当前默认进入模型的四个主效应和三个二因子交互效应 AB、AC、AD。之所以只选择这 7 项进入模型，是因为当前的设计试验点仅有 8 个，能估计的项除了常数项外，只能有 7 项效应可以估计。在分辨率为 IV 时，与四个主效应混杂的是图中别名矩阵以及相关性色图中列出的四个三阶交互效应，这些三阶交互效应是不宜进入模型的。默认选入模型的二阶交互项 AB、AC 和 AD，从别名矩阵和相关性色图中可以看出混杂是这样的：$AB=CD$，$AC=BD$，$AD=BC$，所以列出了 AB、AC 和 AD，也就是选择了另外三个交互作用项 BC、BD 和 CD，因为它们的响应被合并在一起估计，一般不能区分出估计出的结果实际是哪一项的效应或者相对比例。

（3）在表视图表面板中选择"筛选"运行按钮，打开如图 6-12 所示筛选窗口，在"对比"面板中除列出各效应项的对比的值、Lenth t 比条形图及其值、各项的个体 P 值、联合 P 值外，最右边还有一列别名，其为与左侧效应项混杂的别名项。在存在混杂的情况下，根据效应有序原则和效应遗传原则，将相对显著的项列在左侧作为效应项，例如主效应 D 与三阶交互效应 ABC 混杂，主效应重要，所以列为效应项；二阶交互效应 AD 与 BC 混杂，由于 D 比 B 重要，A 比 C 重要，所以 AD 比 BC 重要，所以 AD 被列为效应项。因此，实际列为效应项的交互作用项为 DB、DA 和 AB 而不是图 6-11 中的默认选项 AB、AC 和 AD。

在"对比"面板中选择个体 P 值小于 0.1 的项或者在半正态图中选择远离蓝线的项，点击窗口下

"Y" 的筛选

对比

项	对比	Lenth t 比	个体 P 值	联合 P 值	别名
D	1.79250	16.03			B*A*C
B	0.93375	8.35			D*A*C
A	-0.57875	-5.17			D*B*C
C	-0.52250	-4.67			D*A*B
D*B	-0.46875	-4.19		0.0502	A*C
D*A	-0.17250	-1.55	0.1278	0.7725	B*C
B*A	0.07500	0.67	0.4824	1.0000	D*C
空9	-0.02032	-0.18	0.8665	1.0000	
空10	-0.10649	-0.95	0.3140	0.9968	
空11	0.13012	1.16	0.2298	0.9666	
空12	-0.04959	-0.44	0.6794	1.0000	
空13	-0.05666	-0.51	0.6411	1.0000	
空14	-0.08985	-0.80	0.3924	1.0000	
空15	-0.07414	-0.66	0.5410	1.0000	
空16	-0.01334	-0.12	0.9107	1.0000	

半正态图

Lenth PSE=0.11185
因子空间耗尽完后添加了零空间项。
p 值从 10000 个 Lenth t 比的模拟导出。

图6-12 效应筛选窗口

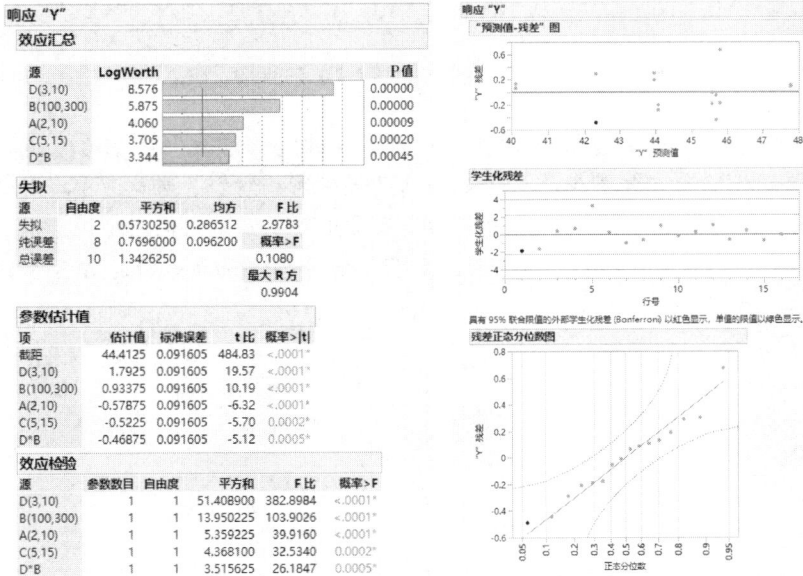

面的"构建模型"按钮，打开选定模型窗口，上面选中的项已默认进入模型，点击"运行"按钮，得到如图 6-13 所示的回归模型的输出报表，最终进入模型的项为四个主效应项和一个交互作用项 DB。

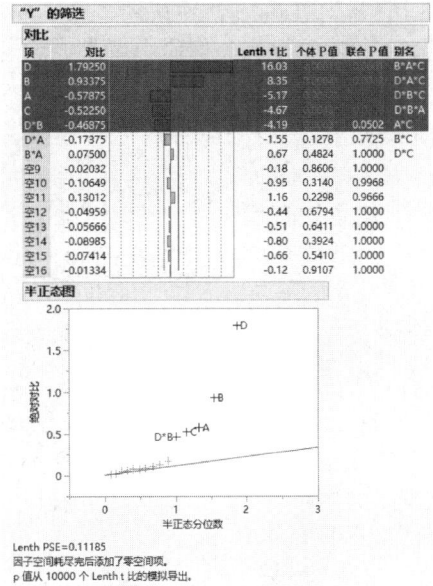

响应 "Y"

效应汇总

源	LogWorth		P 值
D(3,10)	8.576		0.00000
B(100,300)	5.875		0.00000
A(2,10)	4.060		0.00009
C(5,15)	3.705		0.00020
D*B	3.344		0.00045

失拟

源	自由度	平方和	均方	F 比
失拟	2	0.5730250	0.286512	2.9783
纯误差	8	0.7696000	0.096200	概率>F
总误差	10	1.3426250		0.1080
			最大 R 方	
			0.9904	

参数估计值

项	估计值	标准误差	t 比	概率>|t|
截距	44.4125	0.091605	484.83	<.0001*
D(3,10)	1.7925	0.091605	19.57	<.0001*
B(100,300)	0.93375	0.091605	10.19	<.0001*
A(2,10)	-0.57875	0.091605	-6.32	<.0001*
C(5,15)	-0.5225	0.091605	-5.70	0.0002*
D*B	-0.46875	0.091605	-5.12	0.0005*

效应检验

源	参数数目	自由度	平方和	F 比	概率>F
D(3,10)	1	1	51.408900	382.8984	<.0001*
B(100,300)	1	1	13.950225	103.9026	<.0001*
A(2,10)	1	1	5.359225	39.9160	<.0001*
C(5,15)	1	1	4.368100	32.5340	0.0002*
D*B	1	1	3.515625	26.1847	0.0005*

响应 "Y"

"预测值-残差" 图

学生化残差

具有 95% 联合限值的外部学生化残差 (Bonferroni) 以红色显示，单值的限值以绿色显示。

残差正态分位数图

图6-13 回归模型报表

有时在对比图中会出现所有项的 P 值都显示不显著，或者只有少数项 P 值显著的情况，在这种情况下，根据对比值绝对值的相对大小，结合有序原则和遗传原则剔除对比值较小的项后进行建模。这些原则不是绝对正确的，只是根据经验，按照这些原则来选择效应项，犯错的概率会小一些。

根据如图 6-13 所示拟合汇总、方差分析、参数估计、失拟检验及残差分析结果，可见模型显著，各回归参数均非常显著，$R^2 = 0.9904$ 接近 1，失拟检验不存在弯曲问题。残差分析表明模型满足误差的独立性、方差齐性和正态性假设，从而构建基于参数估计值给出 Mg-Zn 合金的弹性模量回归模型为：

$$Y = 44.4 - 0.579 \frac{A-6}{4} + 0.934 \frac{B-200}{100} - 0.522 \frac{C-10}{5} + 1.79 \frac{D-6.5}{3.5}$$
$$- 0.469 \frac{B-200}{100} \times \frac{D-6.5}{3.5}$$

再次强调，模型中交互项中不仅仅是 BD 的贡献，同时可能还包含有 AC，只是根据遗传原则 BD 可能更显著一些，所以使用 BD 更为合理。

（4）如图 6-14 所示预测刻画器给出各因子对弹性模量的影响，表明增加合金中 Zn 含量和提高球磨速率，有利于提高合金的弹性模量；而增加球磨时间和提高球粉比，都会降低弹性模量。根据图中显示的斜率，Zn 含量对弹性模量的影响最为显著。

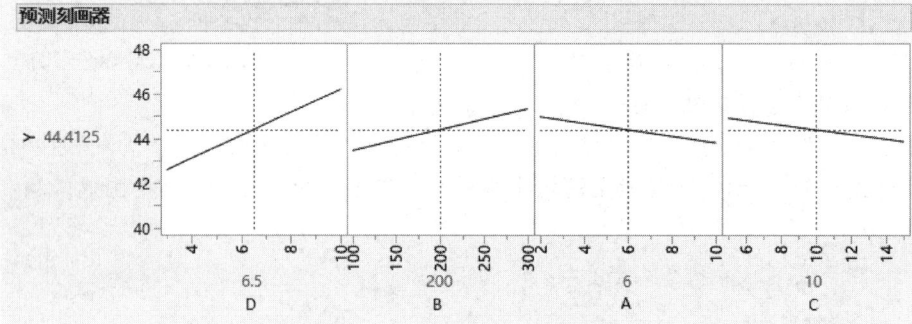

图6-14　各因子对弹性模量的影响

图 6-15 给出的等高线图显示，弹性模量随球磨时间与球粉比变化的等高线是简单的直线；弹性模量随 Zn 含量与球磨速率的等高线有明显的弯曲特征，这是由于二者之间显著的交互作用导致的。但是，Zn 含量与球磨速率的交互作用并不只是它们两个因子的，而是还并入了球磨时间与球粉比的交互作用，两个交互作用的合并估计是显著的，所以 BD 更为显著。

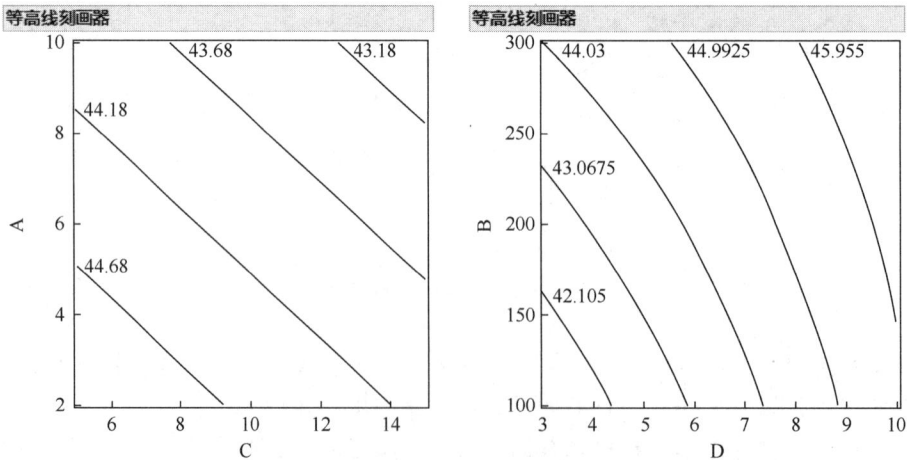

图6-15　弹性模量的等高线刻画器

本例采用 2_{IV}^{4-1} 的部分析因设计方案，主效应是可以估计的，但由于存在二阶交互效应的混杂，只有在确定了混杂的二阶交互效应项中不显著的项后，才能估计出其中相对重要的项。确定交互作用项相对重要性的依据为效应有序原则和效应遗传原则。总之，使用分辨率为IV的设计，效率比分辨率为V的设计更高，但在试图估计二阶交互效应时存在风险。

【例6-3】铊的化合物通常用于治疗皮肤病、制作染料、光致变色眼镜、杀菌剂、杀虫剂和杀鼠剂等，它还作为耐腐蚀合金的一种成分。因此，铊的使用越来越多，但其危害性也越来越大，开发敏感和选择性的方法来监测环境样品中的铊是非常必要的。文献[20]为了开发一种超声辅助固相微萃取方法，用于从水样中分离和预富集痕量铊。首先采用两水平部分析因设计来遴选影响超声辅助固相微萃取方法的主要因素，然后用响应曲面设计优化超声辅助固相微萃取方法。表6-9给出部分析因试验所考虑的因子及其水平设置，表6-10为以回收率 Y（%）为响应的部分析因试验方案及试验测量结果，其包含了8个两水平设计点、3个中心点试验点。解答下列问题。
（1）建立表6-10所示的筛选设计表；
（2）评估因子混杂状况；
（3）筛选主要因子。

表6-9　试验因子及水平设置

因子		水平设置		
标签	说明	−1	0	+1
A	pH	3	6	9
B	萃取时间/h	5	15	25
C	离心机速率/（r/min）	1000	2500	4000
D	吸附剂质量/g	50	100	150
E	洗脱液浓度/（mol/L）	0.5	1.25	2

表6-10　铊回收试验的设计方案及试验结果

实验序号	A	B	C	D	E	Y/%
1	3	5	1000	150	2	45.3
2	9	5	1000	50	0.5	23.3
3	3	25	1000	50	2	52.1
4	9	25	1000	150	0.5	10.93
5	3	5	4000	150	0.5	99.58
6	9	5	4000	50	2	12.8
7	3	25	4000	50	0.5	98.5
8	9	25	4000	150	2	14.5
9	6	15	2500	100	1.25	65.5
10	6	15	2500	100	1.25	62.8
11	6	15	2500	100	1.25	68.8

解：
（1）在 JMP 中打开筛选设计窗口，默认 Y 为回收率，按表6-9输入5个连续因子和水平，

评估设计

设计评估

别名矩阵

效应	A*B	A*C	A*D	A*E	B*C	B*D	B*E	C*D	C*E	D*E
截距	0	0	0	0	0	0	0	0	0	0
A	0	0	0	0	0	1	0	0	1	0
B	0	0	1	0	0	0	0	0	0	0
C	0	0	0	1	0	0	0	0	0	0
D	1	0	0	0	0	0	0	0	0	0
E	0	1	0	0	0	0	0	0	0	0

相关性色图

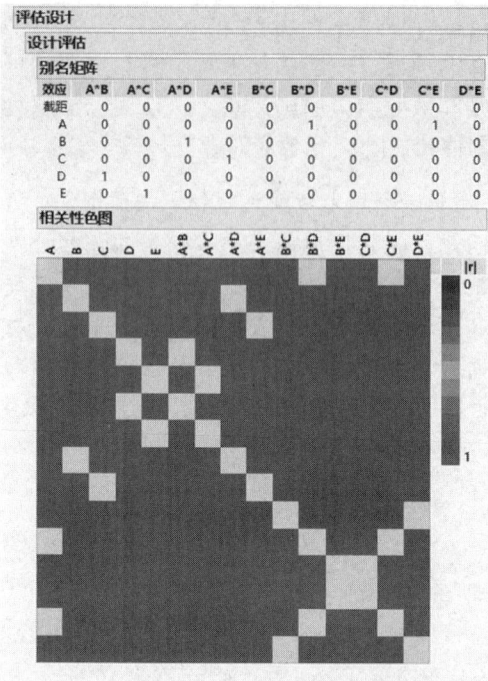

图6-16　主效应与二阶交互效应的混杂
别名矩阵与相关性色图

在设计列表中选择试验次数为8、分辨率为Ⅲ的部分析因设计，该设计仅能评估主效应。输出选项中中心点数输入3，点击制表，得到一个$2_{\text{Ⅲ}}^{5-2}$加3个中心点的部分析因设计表。

将设计表的模式列的因子组合与表6-10的因子组合进行对照，发现二者的组合不同，这是因为该部分析因设计是从2^5的完全析因设计中衍生出的2^2种部分析因设计方案之一，而文献的设计方案是由其他软件生成的，所以与用JMP产生的设计方案不同。实际上，JMP设计表中的模式列仅提供提示作用，并不参与计算和分析，关键是在不同的水平组合下进行试验得到的响应结果要对应上，所以可以直接将表6-10复制粘贴到设计表中，而不用关心因子的组合是否与模式列对应上。复制粘贴表6-10数据，即完成表的设计和数据录入。文件保存为sample6-3.jmp。

（2）点击表视图表面板中的设计评估运行按钮，得到如图6-16所示的别名矩阵与相关性色图，主效应与二阶交互效应的混杂情况为：$A=BD+CE$，$B=AD$，$C=AE$，$D=AB$，$E=AC$。可见，主效应A居然与两个二阶交互效应混杂，而其他几个交互效应均只与一个二阶交互效应混杂。必须说明的是，这里给出的混杂是JMP选择的部分析因设计方案的混杂，而表6-9的试验方案并非JMP选择的方案，所以混杂未必相同，但主效应与二阶交互效应混杂是肯定存在的。

（3）点击表视图表面板中的"筛选"运行按钮，打开图6-17筛选窗口。从"对比"面板的别名列发现主效应不仅与前面所述的二阶交互效应混杂，还与更多的三阶交互效应混杂。软件默认将个体P值小于0.1的项加蓝色背景作为模型推荐项，可以发现除A、E、C三个主效应外，还有二次项AA和二阶交互项CD。之所以会出现A的二次项，是由于试验中包含了3个中心点，试验方案具有了估计二次项的能力。在半正态图中，默认选中项均显著地偏离蓝色的误差线。接受默认的推荐项，点击筛选窗口底部的"构建模型"或者"运行模型"按钮，前者是打开拟合窗口供进一步修改模型项，后者直接以选定项构建模型。由于在CD中包含有主效应D，所以在图6-17筛选面板中增选上主效应D，运行模型，得到如图6-18所示报表窗口。从报表中可见，对影响回收率Y最强的是因子A，然后逐渐是E、C、AA和CD。虽然D不显著，但由于CD显著，所以D必须保留在模型中。但相对于AA项的0.00026的P值，CD项的P值仅仅为0.038，其显著性的差异是巨大的。如果将显著水平由常规的0.05减小到0.01，则可以在模型中只保留AA项及其前面的A、E和C。由于本阶段的目标是筛选显著因子进入后续进一步的优化试验，所以选择的因子是A、E和C，即选择pH值、洗脱液浓度和离心机速率作为继续优化试验的参数。

"Y" 的筛选

对比

项	对比	Lenth t比	个体P值	联合P值	别名
A	-24.9392	-17.60			E*C, D*B, E*E*C, E*C*C, E*C*D*D, E*E*D*D*B, E*C*D*B, D*B*B
C	-11.4713	-8.09			A*C, C*D*B, A*A*C, A*C*C, A*C*D*D, A*E*B, C*B*B
C	9.9938	7.05			A*E, E*D*B, A*A*E, E*C*C, E*D*D, E*E*D*B, E*C*B
D	-1.7472	-1.23	0.1920	0.8667	A*B, E*C*B, A*A*A, A*E*E*B, A*C*C*B, A*B*B*B
B	-0.5277	-0.37	0.7347	1.0000	A*D, E*C*D, E*E*B, A*A*D, C*C*D, E*C*C*D, E*D*D*D, C*D*D*B
A*A	-9.3854	-6.62			E*E, C*C, D*D, B*B, A*E*C, A*D*B, E*C*D*B
E*D	0.6599	0.47	0.6751	1.0000	E*C, C*D, B*B, A*E*C, A*D*B, E*C*C*B, C*B*B
C*D	2.3399	1.65	0.0994	0.5849	E*B, A*B, A*C*D, B*E*E, A*E*E*B, C*C*D, E*D*D*B, B*B*B
空10	-1.2298	-0.87	0.3387	0.9952	
空11	-0.3597	-0.25	0.8174	1.0000	

半正态图

Lenth PSE=1.41725
因子空间耗尽后添加了零空间项。
p 值从 10000 个 Lenth t 比的模拟导出。

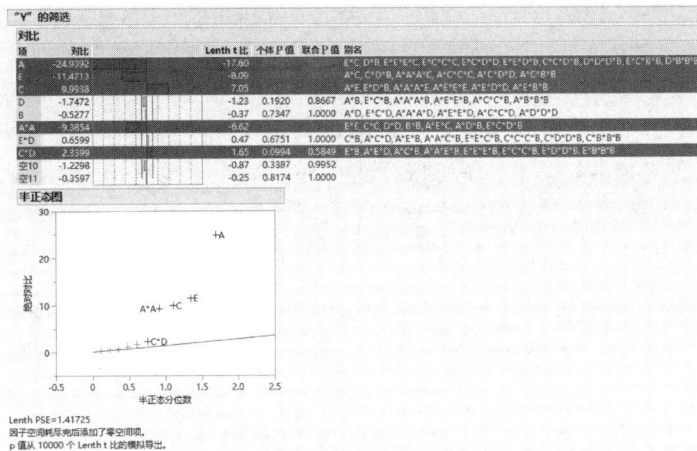

图6-17 模型筛选窗口

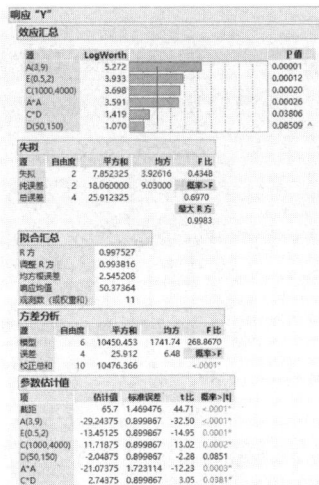

响应 "Y"

效应汇总

源	LogWorth		P值
A(3,9)	5.272		0.00001
E(0.5,2)	3.933		0.00012
C(1000,4000)	3.698		0.00020
A*A	3.591		0.00026
C*D	1.419		0.03806
D(50,150)	1.070		0.08509 ^

失拟

源	自由度	平方和	均方	F比
失拟	2	7.852325	3.92616	0.4348
纯误差	2	18.060000	9.03000	概率>F
总误差	4	25.912325		0.6970
			最大R方	
			0.9983	

拟合汇总

R方	0.997527
调整R方	0.993816
均方根误差	2.545208
响应均值	50.37364
观测数(或权重和)	11

方差分析

源	自由度	平方和	均方	F比
模型	6	10450.453	1741.74	268.8670
误差	4	25.912	6.48	概率>F
校正合计	10	10476.366		<.0001*

参数估计值

项	估计值	标准误差	t比	概率>|t|
截距	65.7	1.469476	44.71	<.0001*
A(3,9)	-29.24375	0.899867	-32.50	<.0001*
E(0.5,2)	-13.45125	0.899867	-14.95	0.0001*
C(1000,4000)	11.71875	0.899867	13.02	0.0002*
D(50,150)	-2.04875	0.899867	-2.28	0.0851
A*A	-21.07375	1.723114	-12.23	0.0003*
C*D	2.74375	0.899867	3.05	0.0381*

图6-18 回归分析报表输出

该例中，由于分辨率只有Ⅲ，所以主效应与二阶交互效应、三阶交互效应严重混杂。只有在明确试验因子的二阶交互效应及三阶交互效应都可以忽略的情况下，才能估计主效应。所以这种设计效率非常高，但主要用于从众多候选因子中筛选出主要因子以进行后续的深入试验研究。

6.3 Plackett-Burman 设计

在如图 6-3 所示的两水平部分析因试验设计表中可见，试验处理数 N 与因子个数 P 之间的关系是 $N=2^p$，当 $p=2$、3、4、5、… 时，对应地 $N=4$、8、16、32、…，N 在 8 和 16 之间、16 与 32 之间间隔太大，并且随着 p 的再增大而进一步增大相应试验处理数之间的间隔。为此，Plackett-Burman 提出了 $N=4p$ 的设计，当其等于 2 的幂次时，则为标准的 2^p 设计，但当试验处理数为 $N=12$、20、24、28、36、… 时，则称为 Plackett-Burman 设计。Plackett-Burman 设计的分辨率为Ⅲ，不能区别出主效应与交互效应之间的混杂，但显著影响的因子可以确定出来，从而达到筛选主效应的目的，避免在后期的优化试验中由于因子数太多或部分因子不显著而浪费试验资源，因此是典型的筛选设计，是对 2^p 部分析因设计的有效补充。

值得指出的是，和前述例 6-1～6-3 所显示的混杂情况不同的是，Plackett-Burman 设计中的混杂比较特殊，每一个主效应部分地与每个不涉及它本身的二因子交互作用有别名关

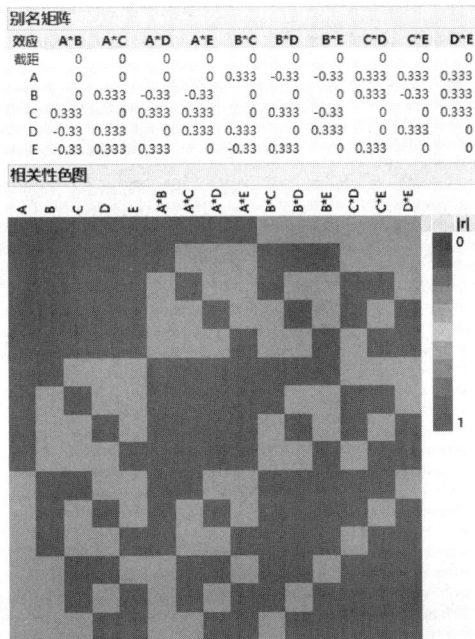

别名矩阵

效应	A*B	A*C	A*D	A*E	B*C	B*D	B*E	C*D	C*E	D*E
截距	0	0	0	0	0	0	0	0	0	0
A	0	0	0	0.333	-0.33	-0.33	0.333	0.333	0.333	
B	0	0.333	-0.33	-0.33	0	0	0	0.333	-0.33	0.333
C	0.333	0	0.333	0.333	0.333	-0.33	-0.33	0	0	0.333
D	-0.33	0.333	0	0.333	0.333	0	0.333	0	0.333	0
E	-0.33	0.333	0.333	0	-0.33	0.333	0	0.333	0	0

相关性色图

图6-19 5因子12处理数 Plackett-Burman
设计的别名矩阵和相关性色图

系。例如，5因子 A、B、C、D、E 两水平的 12 次处理的 Plackett-Burman 设计中，其别名结构和相关性色图如图 6-19 所示。在别名矩阵中，横向看，比如主效应 A 的别名结构为：$A=A+0.333BC-0.33BD-0.33BE+0.333CD+0.333CD+0.333DE$；纵向看，比如交互效应 AB 的别名结构为：$AB=0.333C-0.33D-0.33E$。在相关性色图中，显示的不只是单纯的蓝色（相关性为 0）和红色（相关性为 1），而是存在与别名矩阵相对应的系数的灰色（相关系数为 0.333 或者 -0.33）。同样地，对于 Plackett-Burman 设计，响应与因子之间的模型为式（6-4）。但是，如图 6-19 所表达的，$\hat{\beta}$ 包含了除 x_i 之外的所有其他二因子交互作用的部分贡献。

【例6-4】黄铁矿和其他硫化物矿物加速生物氧化产生的酸性矿井排水（AMD）含有大量硫酸盐和可溶性重金属，如铁、锌和铜，可在食物链中积累并被人的机体吸收，危害身体健康。传统的化学沉淀处理方法是形成金属氢氧化物和碳酸盐的沉淀，但会产生大量富含金属的剩余污泥，进而需要填埋处置和长期管理。利用硫酸盐还原菌（SRB）产生硫化氢回收重金属硫化物是一种新颖的处理方法。文献[21]设计了一种新型模块化连续流生物反应器系统，通过铁氧化细菌（IOB）氧化亚铁，在 pH 值为 3.2 时沉淀铁，然后通过 SRB 产生的硫化氢沉淀锌和铜。采用 Plackett-Burman 筛选设计，选择锌、铁、铜、硫酸盐和甘油的高浓度和低浓度的不同组合进行试验，采用方差分析和 t 检验对结果进行统计分析，以评估这些因素对重金属和硫酸盐去除率的影响。表 6-11 为各因子的水平设置，表 6-12 为试验设计及试验结果。以锌为例，解答下列问题。

（1）建立表 6-12 所示的设计方案并录入数据；
（2）评价当前设计的混杂情况；
（3）建立影响锌去除率的模型。

表 6-11　试验因子水平设置

因子	因子描述	因子水平	
		−1	+1
A	锌浓度/（mg/L）	120	240
B	铜浓度/（mg/L）	40	80
C	铁浓度/（mg/L）	300	600
D	硫酸盐浓度/（mg/L）	300	600
E	甘油浓度/（mg/L）	2400	3600

表 6-12　试验设计矩阵及试验结果

试验顺序	A	B	C	D	E	去除率/%			
						锌（Zinc）	铜（Copper）	铁（Iron）	硫酸盐（Sulfate）
1	240	80	600	600	2400	90.83	76.5	85.33	49.17
2	120	80	300	300	2400	94.33	72.5	86.67	42.5
3	120	40	300	300	2400	96.25	86.25	88.33	43.75
4	240	40	300	600	2400	95	88.75	92.67	49.83
5	120	80	600	600	2400	98	82.5	85.97	56.25
6	120	80	600	300	3600	93.83	74.88	84.33	45.83
7	240	40	600	300	2400	85.83	72	83.5	39.58

试验顺序	A	B	C	D	E	去除率/%			
						锌（Zinc）	铜（Copper）	铁（Iron）	硫酸盐（Sulfate）
8	240	80	300	600	3600	93.75	78.13	88.67	56.94
9	120	40	300	600	3600	99.08	99.13	94.83	58.89
10	240	80	300	300	3600	82.5	71.25	85.33	43.06
11	240	40	600	300	3600	86.25	73.75	83.93	44.72
12	120	40	600	600	3600	99	99	86.85	58.19

解：

（1）打开筛选设计窗口，输入响应 Y 和因子 A、B、C、D 和 E，按表6-11输入各因子的水平值，接着在设计列表中选择 Plackett-Burman 设计，其对应的试验次数为12、分辨率为Ⅲ，仅估计主效应；然后点击制表按钮，得到默认名为 Plackett-Burman 的设计表。与例6-3同理，由于文献中的设计采用不同软件生成的，部分析因设计的选择依据不同，所以其与 JMP 产生的设计处理的试验因子组合不同。将表6-12中的各因子列和 Zinc 列数据拷贝粘贴在 JMP 中即可，为避免误导，应删除模式列，完成试验的设计及数据的录入，保存为文件 sample6-4.jmp。

（2）点击表视图表面板中的"设计评估"运行按钮，得到如图6-19所示的别名矩阵与相关性色图，其给出了当前5因子 Plackett-Burman 设计的混杂特性，即每个主效应都与其他因子的二因子交互效应部分混杂，其相关系数均为 0.333 或者 -0.33。

（3）点击表视图表面板中的"筛选"运行按钮，打开如图6-20（a）所示筛选报表。在"对比"面板和半正态图中显示按伪标准误评估，只有 A 与 D 两个主效应显著，其他三个主效应 B、C 和 E 局部显著。特别地，由于 E 的个体 P 值最大，表明其重要性最弱。根据效应遗传原则，与 E 相关的二因子交互效应都被视为最弱的效应被并入误差的估计中未列出。相应地，两个显著因子的交互效应 AD 也具有相对最大的个体 P 值（相对其他因子的交互效应）。

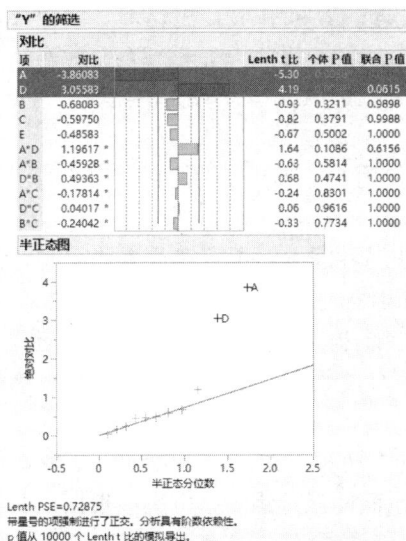

(a)

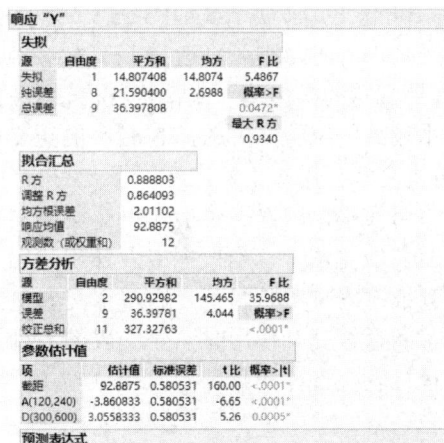

(b)

图6-20 因子筛选报表

默认选择个体值 P 值小于 0.1 的两个因子 A 和 D 进入模型，运行模型，得到如图 6-20（b）所示的回归模型分析报表输出。由图可见，由筛选得到的两个显著因子构建的回归模型，方差分析和参数的 t 检验均非常显著，R 方为 0.8888，得到的回归模型表达式为：

$$Y = 92.89 - 3.86 \frac{A-180}{60} + 3.06 \frac{D-450}{150}$$

根据该模型，锌的去除率随着锌浓度的增加而减小，但会随着硫酸盐浓度的增加而增大。

特别需要指出的是，在图 6-20（b）中还给出了失拟检验的结果。通常，这在无中心点的两水平设计中是无法实现的。但是，由于该模型中，只包含了 5 个因子中的 2 个，其他 3 个因子的各水平组合的试验点被投影到显著的 2 个因子构成的设计平面上形成了重复试验点，因此可以用于失拟检验。实际上，只要剔除 1 个因子，就可以进行失拟检验，读者可以进行尝试试验。无论是完全析因设计还是部分析因设计，在每个试验点没有重复的情况下，如果删除一个或多个主效应，相当于将高维设计投影在低维设计上形成了试验点的重复，则可以进行失拟检验。本例中，失拟检验的 P 值小于 0.05，表明锌去除率与锌浓度、硫酸盐浓度之间用简单的线性模型描述是不完整的，可能还包含交互作用项或二次项。

6.4 正交设计

正交设计（orthogonal design）是按正交表（orthogonal array）安排试验，各因子各水平的组合方式由专门的正交表决定，因此正交表是正交试验设计的主要工具。每个正交表都有一个表头符号，记作 $L_N(m^p)$，表示该正交表有 N 行 p 列，每一列由整数 1、2、…、m 组成。用表 $L_N(m^p)$ 安排试验时，N 表示试验次数，p 表示最多可以安排的因子个数，m 表示各因子的水平数，例如 $L_8(2^7)$ 正交设计表示 8 次 2 水平试验，最多可以安排 7 个因子。

选择正交表有以下几个原则：

① 各试验因子的水平数最好相等。当 $m=2$ 时，可选择 $L_4(2^3)$、$L_8(2^7)$、$L_{16}(2^{15})$ 等；当 $m=3$ 时，可选 $L_9(3^4)$、$L_{18}(3^7)$、$L_{27}(3^{13})$ 等；当 $m=4$ 时，可选 $L_{16}(4^5)$、$L_{32}(4^9)$ 等。当水平数不等时，则可以选择 $L_8(4 \times 2^4)$、$L_{16}(4^2 \times 2^4)$、$L_{18}(2 \times 3^7)$ 等。

② 如果试验的操作简单或希望获得较多的信息，可以选择 N 较大的正交表。反之，操作复杂或成本较高的试验，可选 N 较小的正交表。

③ 分析交互作用（主要是两因子之间的交互作用），选 p 较大的正交表。若已知因子之间的交互作用很小，则选 p 较小的正交表。

用正交表安排试验，当根据专业知识或经验认为各因子间不存在交互作用时，可直接将正交表的列依次安排实验因子。通常正交表中预留若干空列，用于计算试验误差。

当因子间存在交互作用时，正交表的各列不能随便安排，需要根据所选正交表列与列之间的关系进行表头设计，并且将 N 个试验单位随机分配给正交表中的 N 个处理，然后再安排试验。

对于正交试验结果的数据处理，根据试验目的有两种方式：

① 最优条件选择：如果试验的目的是筛选因子间的最佳组合，可直接根据试验结果计算各水平的均值，从而选出各因子的各水平的最佳组合方式。

② 因子效应分析：如果试验的目的是找出对试验结果影响最大的几个因子进行统计推论，则对试验结果进行极差分析或者方差分析。

根据上述对正交设计的描述，可以看出，正交设计就是部分析因设计，是日本的田口玄一在1946年为简化设计和数据分析，提出利用正交表的方式进行试验的设计与分析。在没有计算机和专业人员难以理解较复杂的统计知识的时代，利用正交表来进行试验是很受欢迎的。此试验方法也是最早推广到我国的试验设计方法，其简单的极差分析和均值比较容易为工程人员所接受，至今仍然使用。一般正交设计不考虑交互作用，也不太关心混杂问题，所以在传统的教材中直接介绍正交表及其使用。JMP中，将三水平的部分析因设计保留命名为正交设计，用L_N-田口来表示，其他设计均视为常规的部分析因设计。另外，既然存在专业的分析软件，简单的极差和均值计算仅仅能反应因子对响应的影响次序，而不能像方差分析可以通过因子效应的F检验给出因子影响的程度。下面例子将演示正交设计的比较分析方法。

【例6-5】透水混凝土可以让雨水更快速流入地下，同时又能兼顾混凝土路面的强度要求，使路面具有"雨季吸水，旱季释水"的功能，实现自然渗透和缓释的作用。为进一步改进透水混凝土的性能，文献[22]将适量的高吸水性树脂SAP引入到透水混凝土制备中，用$L_9(3^3)$正交试验分析水灰比（A）、SAP掺量（B，%）和粗骨料粒径（C，mm）等因素对透水混凝土的透水系数（Y_1，mm/s）、保水率（Y_2，%）、抗压强度（Y_3，MPa）、抗压强度（Y_4，MPa）和耐腐蚀系数（Y_5）的影响。表6-13为试验因子水平设置，表6-14为试验设计及试验结果。以透水系数为例，解答下列问题。

（1）建立正交设计表并录入数据；

（2）观察该设计是否存在主效应和存在二阶交互效应的混杂；

（3）根据均值和极差分析，找到最大透水系数的因子水平组合和最大影响因子；

（4）利用回归分析给出最显著影响因子和最佳水平组合，并与（3）结果对比。

表6-13 试验因子水平设置

水平	因子		
	A 水灰比	B SAP掺量/%	C 粗骨料粒径/mm
1	0.25	0	5～10
2	0.30	0.2	10～15
3	0.35	0.4	15～20

表6-14 SAP透水混凝土制备试验及结果

试验序号	因子			响应				
	A	B	C	Y_1	Y_2	Y_3	Y_4	Y_5
1	1	1	1	23.86	78.98	10.43	2.36	0.782
2	1	2	2	24.43	90.06	12.48	2.87	0.841
3	1	3	3	26.84	91.85	10.58	2.34	0.723
4	2	1	2	25.79	81.13	12.18	2.62	0.814
5	2	2	3	26.97	92.01	13.44	2.94	0.893
6	2	3	1	24.05	92.43	11.87	2.51	0.845
7	3	1	3	28.12	79.7	10.37	2.05	0.717
8	3	2	1	24.83	91.13	13.35	2.64	0.814
9	3	3	2	25.14	91.98	10.84	2.47	0.716

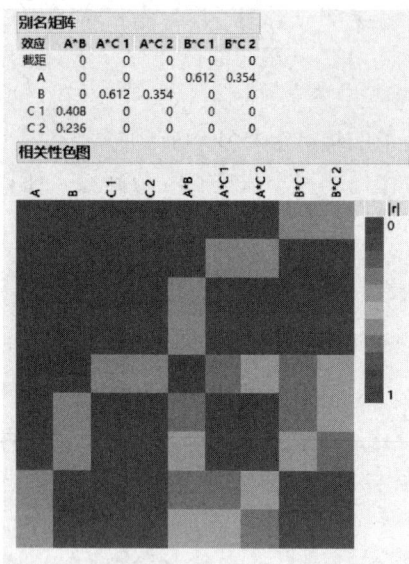

图6-21 L9设计的别名矩阵和相关性色图

解：

（1）在JMP中打开筛选设计窗口，参照表6-13输入因子 A、B、C。注意 A 和 B 为三水平离散数值因子，C 为三水平分类因子；在设计列表中只提供了27次试验的完全析因设计和9次试验的 L9 田口正交设计，选择后者；在输出选项中选择从左至右排序，进而得到默认名为 L9 的试验设计表，其中的模式列中用–表示水平1，0表示水平2，+表示水平3，模式列的值表明设计表中试验因子组合与表6-14相同，按顺序输入表6-14中 Y_1（透水系数）的值，保存为文件 sample6-5.jmp。

（2）在评估设计窗口中得到如图6-21所示的别名矩阵和相关性色图。图中，由于因子 C 为三水平的分类型变量，其三个水平在计算中分别用0、1和2表示，所以将 C 分成了 C_1 和 C_2。由图可见，该设计存在主效应与二因子交互效应的混杂，即分辨率为Ⅲ，在忽略二因子交互效应的前提下可以估计主效应。

（3）按照传统的比较分析法，可以给出最大透水系数的因子水平组合和对透水系数影响的因子排序情况。在表6-15中，可以直接看到最大透水系数为28.12mm/s，对应的试验顺序号为7，因子水平组合 $A_3B_1C_3$，即水灰比为0.35、SAP掺量为0、粗骨料粒径为15～20。但是，该组合未必是最优的。为了计算，利用表6-15来演示和说明比较分析过程。

表6-15　试验结果比较分析

| 试验 | 因子 | | | 响应 |
序号	A	B	C	Y
1	1	1	1	23.86
2	1	2	2	24.43
3	1	3	3	26.84
4	2	1	2	25.79
5	2	2	3	26.97
6	2	3	1	24.05
7	3	1	3	28.12
8	3	2	1	24.83
9	3	3	2	25.14
M_1	25.04	25.92	24.24	
M_2	25.60	25.41	24.12	
M_3	26.03	25.34	27.31	
R	0.99	0.58	3.19	

表6-15中，M_1、M_2 和 M_3 表示各个因子的1、2和3水平下的平均值，比如 A 因子在水平1下的平均值 M_{1A} 为对应三个响应平均值 Y_1、Y_2 和 Y_3 的平均值，即 $M_{1A}=(Y_1+Y_2+Y_3)/3=(23.86+24.43+26.84)/3=25.04$。而 B 因子在水平2下的平均值 M_{2B} 为对应三个响应平均值 Y_2、Y_5 和 Y_8 的平均值，即 $M_{2B}=(Y_2+Y_5+Y_8)/3=(24.43+26.97+24.83)/3=25.41$。而表中 R 为对应

因子的各水平平均值的极差，显然有：

$$R_A = M_{3A} - M_{1A} = 26.03 - 25.04 = 0.99$$

$$R_B = M_{1B} - M_{3B} = 25.92 - 25.34 = 0.58$$

$$R_C = M_{3C} - M_{2C} = 27.31 - 24.12 = 3.19$$

从表 6-15 可见，A 因子中平均值最大的是 M_3，即 A 因子的 3 水平最大；B 因子中平均值最大的是 M_1，即 B 因子的 1 水平最大；C 因子中平均值最大的是 M_3，即 C 因子的 3 水平最大。所以，由各因子最大平均值对应的因子水平组合 $A_3B_1C_3$ 的响应平均值最大，与直接观察到的一致，对应的透水系数为 28.12mm/s。

根据极差来确定各因子的重要程度。根据表中计算得到的 R 值，$R_C > R_A > R_B$，即 C 因子的极差最大，B 因子的极差最小，所以 C 因子对透水系数影响最大，A 因子次之，B 因子最弱。

（4）在只考虑主效应的条件下，图 6-22（a）给出对试验结果进行回归分析的结果。由图可见，因子 A、B 和 C 的 F 检验对应的 P 值分别为 0.0253、0.110 和 0.0013，显然因子 C 是最显著的，A 因子次之。在 0.05 的显著水平下，因子 B 不显著，在模型中可以剔除。图 6-22（b）剔除因子 B 后得到的模型和根据模型对因子影响透水系数的刻画，A 与 C 的增大都增加透水系数，透水系数最大值应该出现在 A、C 最大值的条件下，即 A_3C_3，对应的值为 27.80，且在 95% 的置信区间下为 27.0 和 28.61，表 6-15 中观察的最大值 28.12 被包含在该区间中，因此用模型分析得到的结果与（3）中直接比较分析的结果相同，但模型分析得到的信息更充分，即给出了因子影响的程度以及响应的置信区间。

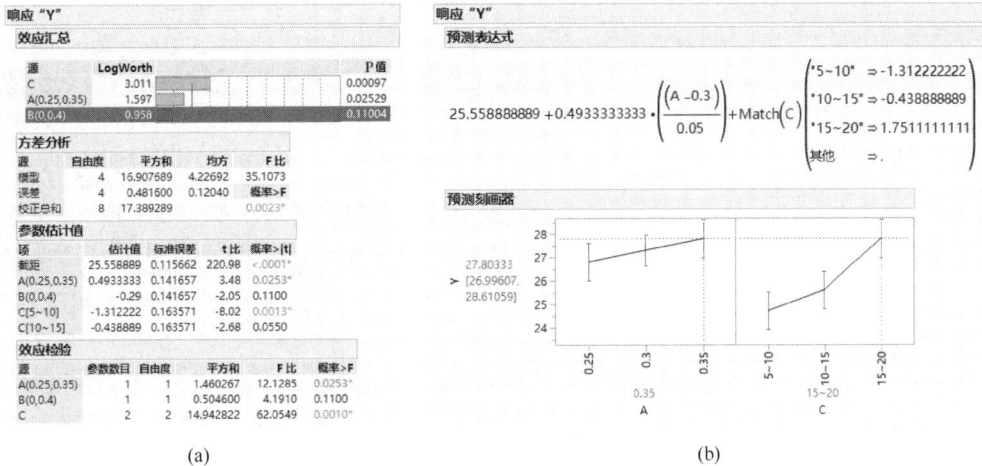

图6-22 试验结果的方差分析及优化结果

本例表明，利用正交设计寻找最佳条件及评价因子影响程度时，回归分析方法具有更好的效果。

6.5 区组化设计

区组化设计是为了解决试验过程中遇到讨厌因子引起的变异影响问题，这种讨厌因子可能影响试验响应而研究人员又不感兴趣。区组是一种分类变量，用来解释响应变量中不是由因子造成的变异。虽然每个测量值都应在一致的试验条件下采集，但这并非总是可能的。在试验设计和分析中使用区组可以最小化因多余因子产生的偏倚和误差方差。

假定在试验的整个过程中，一切条件都是不变的，试验中只受到完全随机的试验误差干扰，试验条件的变化是根据设定因子的变化而给定的，试验材料性能保持不变，人员保持不变等，概括地称为试验条件是"齐性"的。但在实际工作中，时常会出现有随机干扰的同时，还有系统的干扰，例如材料并非由单个供应商提供，材质可能有不完全相同的情况，不同的试验人员和试验工具等，即试验条件是"非齐性"的。如果不考虑这种非齐性的情况，则会使试验误差增大，在进行方差分析及因子效应分析时，由于作为分母的误差项变大，而常常不能敏锐地发现已经有显著效应的因子或交互作用。如果能事先明确造成非齐性的原因（例如试验中必须使用两批材料，将其作为区组），将这项原因分离出来，即有：$SS_E = SS_{\text{Block}} + SS_{\text{RE}}$。这里把误差项 SS_E 分为"区组"部分 SS_{Block} 和"剩余误差" SS_{RE} 两部分，当有"区组"效应 SS_{Block} 出现时，"剩余误差"部分 SS_{RE} 将远小于原来的全部"误差"项 SS_E。

未将区组列入模型时：

$$SS_T = SS_R + SS_E$$

将区组列入模型时：

$$SS_T = SS_R + SS_{\text{Block}} + SS_{\text{RE}}$$

SS_R 为包含主效应和交互效应构成的模型项。由于有这样的拆分，在进行方差分析和各因子主效应（及交互效应）分析时，分母由 SS_E 换成 SS_{RE}，大大减小分母的数值，因而会敏锐地发现已经有显著效应的因子或交互作用，提高试验的精度。

将全部试验安排在不同的区组内，实际上也是将区组当成了一个因子，但它与普通的因子并不一样。虽然在试验安排或统计分析过程中按"因子"来处理，但只对研究因子的效应感兴趣，而对区组的效应不感兴趣。区组是客观存在而不得不面对试验条件的不同，不必也不能将区组取消掉而让全部试验定在齐性条件下进行。

【例6-6】在织物上喷墨印花提高了印花的精度，可以实现小批量、多品种、多花色，解决了传统印花占地面积大、污染严重等问题，具有广阔的发展前景。文献[23]研究与喷墨打印过程中相关的不同变量对打印质量的影响，具体包括织物印花前预处理中使用的增稠剂性质、增稠剂、尿素、碱的用量、预处理液的 pH 值、蒸煮时间对油墨渗入印花织物和油墨在织物上扩散的影响，采用含一个区组和四个中心点的 2^{5-1} 析因设计组织试验。其中，区组代表的是增稠剂类别：Block=1 表示聚丙烯酸基增稠剂（PAA），Block=2 表示聚丙烯酰胺增稠剂（PAM）。响应变量为墨水在经纱方向铺展（Y_1，mm）和纬纱方向的铺展（Y_2，mm）。表 6-16 为试验因子水平设置，表 6-17 为试验方案和试验结果。以墨水的经纱方向铺展 Y_1 为例，解答下列问题。

（1）构建表 6-17 试验方案，输入试验数据；

（2）评估设计方案的因子混杂，特别是区组的混杂；

（3）评估各因子对墨水经纱方向铺展的影响。

表 6-16　试验因子及水平设置

因子		水平		
符号	说明	−1	0	+1
A	增稠剂/（g/L）	100	150	200
B	尿素/（g/L）	80	115	150

因子		水平		
符号	说明	−1	0	+1
C	碱/（g/L）	10	17	25
D	预处理液 pH	6	7.5	9
E	蒸煮时间/min	10	12.5	15

表 6-17　试验设计方案及试验结果

区组	因子					Y_1	Y_2
	A	B	C	D	E		
1	1	−1	−1	−1	−1	−0.064	−0.951
1	−1	1	−1	1	1	−0.384	−1.447
1	1	−1	−1	1	1	0.089	−0.185
1	−1	1	1	1	−1	−0.84	−0.13
1	1	−1	−1	−1	1	0.163	−0.11
1	0	0	0	0	0	−0.04	−0.001
1	0	0	0	0	0	−0.087	−1.228
1	−1	1	1	−1	1	−0.359	−0.846
1	1	−1	1	1	−1	−0.385	−4.209
1	−1	1	−1	−1	−1	−0.42	−2.97
2	1	1	−1	1	−1	−0.147	−1.424
2	−1	−1	−1	1	−1	0.106	−0.693
2	1	1	1	−1	−1	−0.164	−1.524
2	−1	−1	−1	1	−1	0.13	0.13
2	0	0	0	0	0	−0.142	−0.736
2	−1	−1	−1	−1	1	0.395	0.297
2	1	1	1	−1	1	0.159	0.415
2	1	1	−1	−1	1	0.107	1.502
2	−1	−1	1	1	1	0.352	1.398
2	0	0	0	0	0	−0.113	0.467

解：

（1）在筛选设计窗口中，按表 6-16 设定好 5 个因子的水平。在设计列表中选择试验次数为 16、区组大小为 8 的部分析因设计。这里区组大小指的是在一个区组中可进行的试验处理数。由于本例中区组的值为 2 个，而 16 个处理要均匀分配在两个区组的值中，所以区组的大小为 8。该设计的分辨率为 Ⅳ，可以估计主效应和部分二因子交互效应。此时观察因子窗格，就会看到在因子窗格中增加了一个特殊的字符型"区组"因子，其值为 1 和 2。在后面的中心点数中输入 4，打开试验设计表，模式列后为区组列，其只有 1 和 2 两个值。将表 6-17 的数据录入到设计表中，并保存为 sample6-6.jmp。由于软件选择部分析因设计方案算法不同，分组得到的设计方案与表 6-17 有差异，在录入数据时按照模式列中的水平组合输入表 6-17 中的响应列值，然后参照表 6-17 更改对应的区组值即可。

（2）图 6-23 给出表 6-17 所示设计方案的相关性色图。由图可见，区组与 AB 存在混杂：

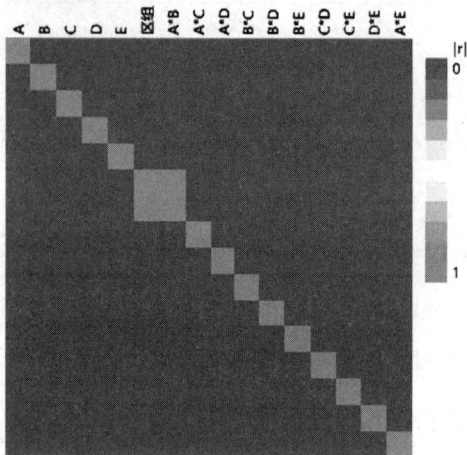

图6-23　含区组设计的相关性色图

区组=区组+0.0.8944AB，其他主效应和二阶交互作用项之间、二阶交互作用项之间均没有混杂。表明除区组和AB外，其他的主效应、二阶交互效应均可进行单独的估计。

（3）以Y_1为响应，对包括区组和各因子主效应、各因子之间的二阶交互效应进行建模，图6-24（a）给出包括所有一次项和二阶交互作用项的效应汇总图。逐项剔除不显著项，得到如图6-24（b）所示结果。必须指出的是，在图6-24（b）的列表最后一项区组的P值虽然为0.11286，大于0.05的阈值却得以保留，是因为前面所述的本设计中存在区组与AB混杂不可分，而后者位于列表前端，对应的P值远小于0.0001，说明二者的共同效应是显著的，但从本实验中难以鉴别开。根据图6-24（b），因子B、E具有最显著的影响，CE、A、C和DE的影响逐渐减小，但都很显著。也就是说，增稠剂、尿素、碱的用量、预处理液的pH值、蒸煮时间等对墨水在经纱方向铺展有显著影响，而增稠剂的类别可能也有影响。

效应汇总

源	LogWorth		P值
B(80,150)	4.236		0.00006
E(10,15)	3.882		0.00013
A*B	3.295		0.00051
C*E	2.302		0.00499
D(6,9)	2.116		0.00765
A(100,200)	2.093		0.00807 ^
C(10,25)	1.878		0.01326 ^
D*E	1.733		0.01849
区组	0.739		0.18255
A*C	0.719		0.19085
A*D	0.362		0.43425
C*D	0.338		0.45933
B*E	0.302		0.49907
B*C	0.104		0.78665
B*D	0.085		0.82279

(a)

效应汇总

源	LogWorth		P值
B(80,150)	8.504		0.00000
E(10,15)	7.635		0.00000
A*B	6.211		0.00000
C*E	3.903		0.00012
D(6,9)	3.498		0.00032
A(100,200)	3.448		0.00036 ^
C(10,25)	2.992		0.00102 ^
D*E	2.697		0.00201
区组	0.947		0.11286

(b)

图6-24　效应评估

练习

1. 简述为什么需要进行部分析因设计试验。

2. 叙述分辨率为Ⅲ、Ⅳ和Ⅴ的部分析因设计分别能够估计的效应项。

3. 用A、B、C、D和E表示5个试验因子，分别给出2^5、2_V^{5-1}和2_{III}^{5-2}三种设计的试验处理次数，相关性色图，写出存在的混杂。

4. 在例6-1中，构建沉积速率模型时是先通过运行筛选打开筛选窗口选出显著因子项构建的。如果直接点击数据表视图表面板中的模型按钮，或者点击菜单命令分析→拟合模型，打开报表视图得到的效应汇总面板图会有何不同？为什么？

5. 例6-2中，针对质量损失的试验响应结果，解答下列问题：

（1）按表 6-7 和表 6-8 设计试验并录入试验数据；

（2）评估该试验设计的混杂情况；

（3）给出试验数据的回归模型；

（4）分析各因子对质量损失的影响。

6. 例 6-3 中，用 JMP 生成 5 因子 8 试验次数的试验方案，回答下列问题：

（1）比较生成的设计表的试验方案与表 6-10 的试验方案有何不同，为什么？

（2）直接将表 6-10 的设计方案和试验结果复制到 JMP 设计表中，分析结果是否因设计方案不同而发生错误？　•

7. 在例 6-4 中，考虑铜、铁和硫酸盐的去除率，解答下列问题：

（1）建立表 6-12 所示的设计方案并录入数据；

（2）评价当前设计的混杂情况；

（3）建立影响各响应的模型。

8. 在例 6-5 中，考察透水混凝土的保水率（Y_2）、抗压强度（Y_3）、抗压强度（Y_4）和耐腐蚀系数（Y_5），解答下列问题：

（1）建立正交设计表并录入数据；

（2）观察该设计是否存在主效应和存在二阶交互效应的混杂；

（3）根据均值和极差分析，分别找到各响应指标最大值的因子水平组合和最大影响因子；

（4）利用回归分析给出最显著影响因子和最佳水平组合，并与（3）结果对比。

9. 例 6-6 中，研究响应指标纬纱方向的铺展（Y_2），解答下列问题：

（1）构建表 6-17 试验方案，输入试验数据；

（2）评估设计方案的因子混杂，特别是区组的混杂；

（3）评估各因子对墨水纬纱方向铺展的影响。

第7章

响应曲面设计

在实际工作中，常常需要研究响应变量究竟如何依赖于自变量，进而找到自变量的设置，使得响应变量达到最佳值。如果自变量的个数较少（通常不超过 5 个），则响应曲面方法（response surface methodology，RSM）是最好的方法之一。

为了获得最佳参数设置，通常的做法是：先用二水平因子试验的数据，拟合一个线性的回归方程（可以含交叉乘积项），如果发现有弯曲的趋势，希望拟合一个含二次项的回归方程，其一般模型是这样的：

$$y = \beta_0 + \sum_{j=1}^{p} \beta_j x_j + \sum_{1 \leqslant j \leqslant k} \beta_{jk} x_j x_k + \varepsilon \tag{7-1}$$

上式中，如果不存在 $j = k$，则为只包含交叉项的一次模型；当存在 $j = k$，则模型中包含了各自变量的平方项。这样一来，原来的一些设计点的数据就不够用了，需要增补一些试验点。适用于这种策略的方法有很多种，其中最常用的就是中心复合设计（central composite design，CCD）。本章就响应曲面的原理、设计与分析、实际应用案例进行较为详细的介绍。

7.1 响应曲面设计原理

RSM 最早由统计学家 Box 和 Wilson 提出，是一种由数学方法、统计分析和试验设计方法相结合的产物，通常用于探究未知系统或过程的响应输出和影响因子之间的数学模型。RSM 应用系统的方式进行试验并取得所希望的响应值和因子水平，达到优化或预测响应变量的目的，进而提高或改进过程或产品的性能。

响应曲面分析是一种最优化方法，它是将体系的响应作为一个或多个因子的函数，利用数学方法获得最佳响应的因子条件，或者应用图形将这种函数关系展现出来，让研究人员凭直观观察选择试验设计中的最优条件。显然，要构建这样的响应曲面并进行分析以确定最优条件或寻找最优区域，首先必须通过大量的测试数据建立数学模型，然后再用此数学模型作图，这样就解决了在生产过程或实际科研中经常遇到的问题，即控制输入变量参数（工艺参数）x_1，x_2，$\cdots$，x_p 的值使指标 y 达到最优化。为了达到这个目标，需要研究 y 与 x_1，x_2，$\cdots$，x_p 之间的定量关系。例如，某工程师希望获得最高回收率（y）对应的反应温度（x_1）、反应时间（x_2）和配料比（x_3），他必须建立回收率和反应温度、反应时间、配料比的函数，这个函数可以用模型来表示：

$$y = f(x_1, \ x_2, \ x_3) + \varepsilon \qquad\qquad (7\text{-}2)$$

此函数通常称为响应函数，其中 ε 表示响应的观测误差或噪声，并且假定 ε 在不同的试验中是相互独立的，其均值为 0，方差为 σ^2。

响应曲面法是用来优化试验结果或者建立指标和因子关系模型的，可以给出指标与因子之间的函数关系。但是，并非所有的试验都可以用响应曲面法来优化，因为有些试验指标与因子之间并不一定存在明显的函数关系，也不是所有的试验都适合采用响应曲面法，有的试验采用因子设计方法就可以达到优化试验的目的。但是，由于响应曲面方法给出的是连续的函数关系，而基于正交的因子设计可能是不连续的点的优化试验组合，因此响应曲面方法具有明显的优势。

响应曲面设计方法给出的连续函数可以采用数学的最优化方法来优化试验结果。另一个方法是使用直观的图像判断方法来选择优化。例如图 7-1 所示，产率随温度和压力呈现出立体的曲面关系，可以估计出在温度接近 140℃、压力约为 30psi 时产率最高，超过 70%。

使用等高线图是一种有效获得优化条件或优化区间的方法，如图 7-2 中所示，使用等高线图估计的区间和极值更准确，产率最大值近 80%，对应的条件为温度 138℃、压力 27psi。

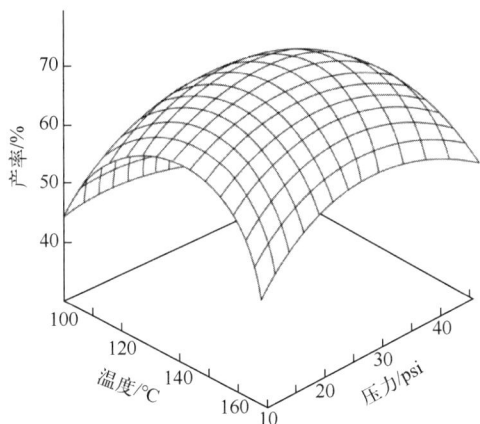

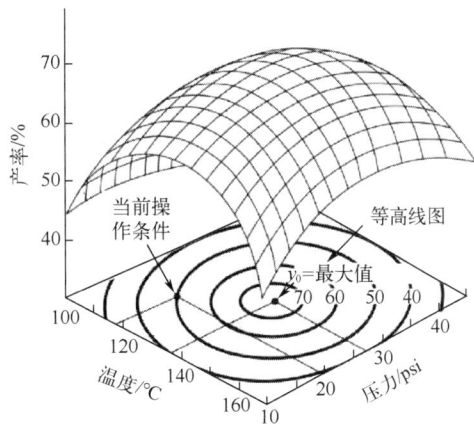

图7-1　产率与温度和压力之间的三维曲面　　图7-2　产率与温度和压力之间的三维曲面及等高线图

在前面章节中已经介绍过，试验的初期，因为有许多的因子需要考虑，而且它们的显著性往往无法确定，所以一般都要使用部分析因设计进行筛选试验以剔除不重要的因子。当识别出的重要因子只有少数几个，就可以将试验分成两个步骤。第一个步骤的目标是确定当前的试验条件或因子变量的水平是否接近响应曲面的最优位置。当试验条件远离最优位置时，通常使用自变量某区域内的一阶模型来逼近，即

$$y = \beta_0 + \sum_{j=1}^{p} \beta_j x_j \qquad\qquad (7\text{-}3)$$

当试验区域位于接近响应曲面的最优区域或位于最优区域中，开始第二个步骤的试验，此时的目的是获得响应曲面在最优值周围的一个精确逼近并识别出最优试验条件的最优水平组合，此时经常采用二阶模型来逼近，即

$$y = \beta_0 + \sum_{j=1}^{p} \beta_j x_j + \sum_{1 \leqslant j \leqslant k}^{p} \beta_{jk} x_j x_k \qquad\qquad (7\text{-}4)$$

几乎所有的 RSM 问题都用一阶模型或二阶模型。必须指出的是，一个多项式模型不可能在自变量的整个空间上都是真实函数关系的合理逼近，但在一个相对小的区域内会具有很好的效果。图 7-3 给出上述响应曲面设计方法步骤的示意图。

7.2　一阶响应曲面设计

一阶响应曲面的设计通常是试验的第一个步骤，即寻找接近或位于响应曲面最优区域的试验区域，这主要是因为初期试验条件常常可能远离实际最优点。在这种情况下，

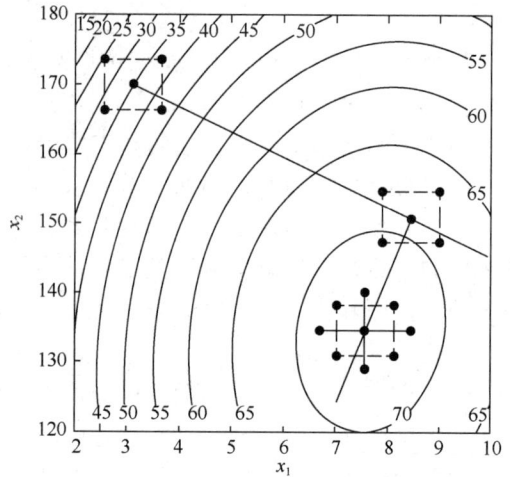

图7-3　响应曲面设计方法示意图

试验者的目的是要快速地进入到最优点的附近区域。当远离最优点时，通常假定在 x_1, x_2,…, x_p 的一个小范围内，其一阶模型是真实曲面的合适近似。简单地说，如果试验目标是在当前试验区域内对 y 有个大致了解，并想找出进一步改进的方向，那么采用一阶响应曲面设计方法就足够。例如图 7-2 的产率与温度和压力的等高线图中，可以利用箭头标识出可能提高转化率的方向。

如果寻求最大响应值，则采用最速上升法开展试验。最速上升法是沿着响应最快上升的途径，即沿着响应有最大响应量的方向逐步移动进行试验的方法。如果求最小响应值，则称为最速下降法。最速上升法拟合出来的一阶模型是

$$\hat{y} = \hat{\beta}_0 + \sum_{j=1}^{p} \hat{\beta}_j x_j \tag{7-5}$$

对模型中的 $\hat{y}$ 关于 x_j 求导，可得

$$\frac{\partial \hat{y}}{\partial x_j} = \hat{\beta}_j, \quad j = 1, 2, \cdots, p$$

因此其最陡上升的方向为向量（$\hat{\beta}_1$, $\hat{\beta}_2$, …, $\hat{\beta}_p$）的方向，或方向

$$\lambda(\hat{\beta}_1, \hat{\beta}_2, \cdots, \hat{\beta}_p), \quad \lambda > 0 \tag{7-6}$$

沿着该方向序贯地移动，可以以最快速率接近最优试验点附近。若使响应最小化，只要沿其反方向 $-\lambda(\hat{\beta}_1, \hat{\beta}_2, \cdots, \hat{\beta}_p)$ 序贯移动即可。

在图形上，与一阶响应曲面对应的 $\hat{y}$ 的等高线，是一组平行直线，最速上升的方向，就是 $\hat{y}$ 增加最快的方向，这一方向平行于拟合响应曲面等高线的法线方向。通常取通过感兴趣区域的中心并且垂直于拟合曲面等高线的直线为最速上升路径，沿着路径的步长就和回归系数 $\hat{\beta}_j$ 成正比。实际的步长大小由试验者根据经验或方便因子变量取值等其他的实际因素来确定。

试验是沿着最速上升的路径进行的，直到观测到的响应不再增加为止。然后，拟合一个

新的一阶模型，确定一条新的最速上升路径，按该新方向进行。最后，试验者到达最优点的附近区域，这通常由一阶模型的失拟来确定。这时，通过添加试验点会求得最优点的更为精确的估计。

下面用一个例子来说明上述模型。

【例7-1】某生产工艺在当前的产率约为40%，工程师想要通过试验找到过程产率最高的操作条件。经过前期研究，现已确定影响产率的两个可控变量是反应时间和反应温度。当前使用的操作条件是：反应时间为35min，温度为155℃。工程师经过分析后认为，当前操作条件区域不太可能包含最优值，决定通过拟合一阶模型并应用最速上升法寻找最优区域。所拟合的一阶模型的探测区域以当前条件为中心点，反应时间为[30,40]min，反应温度为[150,160]℃。试验设计列在表7-1中，采用2^2全因子试验设计来收集数据以拟合一阶模型，并增加了5个中心点的试验。中心点处的重复试验用于估计试验误差，并可以用于检测一阶模型的适用性。

表7-1 用于拟合一阶模型的试验设计及试验结果

编码因子		自然因子		响应
A	B	时间/min	温度/℃	产率/%
−1	−1	30	150	39.3
1	−1	40	150	40.9
−1	1	30	160	40.0
1	1	40	160	41.5
0	0	35	155	40.3
0	0	35	155	40.5
0	0	35	155	40.7
0	0	35	155	40.2
0	0	35	155	40.6

在JMP中创建含有5个中心点的2因子2水平完全析因试验设计，录入表7-1中的试验结果，通过拟合模型分析，得到如图7-4所示的回归分析结果报表，其中列出了失拟检验、方差分析、参数估计值。从中可以看出：

① 模型的F统计量值为26.97，对应的P值为0.0016，小于0.05的显著水平，模型是显著的；

② 交互作用项时间×温度的系数的t统计量为−0.27，F统计量值为0.0715，对应的P值都是0.7998，大于0.05，说明交互作用可以忽略；

③ 失拟检验的F值为0.0633，对应的P值为0.8137，大于0.05，表明弯曲性不显著，使用时间和温度的一阶模型就足以拟合试验数据。

从模型中删除交互作用项时间×温度，得到如图7-5所示结果，各项检验的数据略有变化，这是将交互项的作用归咎到误差项导致的，但基本结论没有变化。预测表达式中，两个因子的系数并没有变化，这是由于两个因子是正交的，所以剔除交互项并不影响对应一次项的系数。

由图7-5得到模型的编码因子形式为：

响应"产率"

失拟

源	自由度	平方和	均方	F比
失拟	1	0.00272222	0.002722	0.0633
纯误差	4	0.17200000	0.043000	概率>F
总误差	5	0.17472222		0.8137
			最大R方	
			0.9427	

方差分析

源	自由度	平方和	均方	F比
模型	3	2.8275000	0.942500	26.9714
误差	5	0.1747222	0.034944	概率>F
校正总和	8	3.0022222		0.0016*

参数估计值

项	估计值	标准误差	t比	概率>|t|
截距	40.444444	0.062311	649.07	<.0001*
时间(30,40)	0.775	0.093467	8.29	0.0004*
温度(150,160)	0.325	0.093467	3.48	0.0177*
时间*温度	-0.025	0.093467	-0.27	0.7998

图7-4 一阶模型方差分析

响应"产率"

失拟

源	自由度	平方和	均方	F比
失拟	2	0.00522222	0.002611	0.0607
纯误差	4	0.17200000	0.043000	概率>F
总误差	6	0.17722222		0.9419
			最大R方	
			0.9427	

方差分析

源	自由度	平方和	均方	F比
模型	2	2.8250000	1.41250	47.8213
误差	6	0.1772222	0.02954	概率>F
校正总和	8	3.0022222		0.0002*

参数估计值

项	估计值	标准误差	t比	概率>|t|
截距	40.444444	0.057288	705.99	<.0001*
时间(30,40)	0.775	0.085932	9.02	0.0001*
温度(150,160)	0.325	0.085932	3.78	0.0092*

预测表表达式

$$40.444444444+0.775\cdot\left(\frac{时间-35}{5}\right)+0.325\cdot\left(\frac{温度-155}{5}\right)$$

图7-5 剔除交互项后的一阶模型方差分析

$$y = 40.44 + 0.775\frac{时间-35}{5} + 0.325\frac{温度-155}{5}$$

或

$$y = 40.44 + 0.775A + 0.325B \tag{7-7}$$

转变为自然因子变量，模型为：

$$y = 24.94 + 0.155\times时间 + 0.065\times温度$$

由式（7-6）可知，模型式（7-7）表明最陡上升方向向量为（$\hat{\beta}_1$, $\hat{\beta}_2$），即（0.775，0.325）。要离开试验设计中心点（$A=0$，$B=0$）或（时间=35min，温度=135℃）沿最速上升路径移动，对应于沿 A 方向每移动 0.775 个单位，则应沿 B 方向移动 0.325 个单位。

工程师决定用 5 分钟反应时间作为基本步长，则得到式（7-6）中的参数 $\lambda = 5/\hat{\beta}_1 = 5/0.775$ 5，于是对应的温度基本步长为 $\lambda\hat{\beta}_2 = 5\hat{\beta}_2/\hat{\beta}_1 = 5\times0.325/0.775 \approx 2$（℃），亦即当编码变量 A 以 $\Delta_A=1$ 为反应时间基本步长，等价于反应时间 5 分钟，在最陡上升方向上对应的反应温度步长是 2℃或编码变量 B 的步长 $\Delta_B=0.42$（0.325/0.775）。因此，沿最陡上升路径的步长是 $\Delta_A=1$ 和 $\Delta_B=0.42$。在确定因子的步长时，除了必须考虑研究系统的特殊情况外，还必须考虑试验实施的可行性问题，比如这里时间和温度均为便于设置与控制的整数。

工程师计算了沿此路径的点，并在这些点开展测试，观测产率变化直至响应有下降为止，其结果见表 7-2。表中既列出了编码变量，也列出了自然变量，显然编码变量在数学上容易计算，但在试验进行过程中必须用自然变量。

表 7-2 沿最陡上升路径的试验及结果表

步长	编码变量		自然变量		响应
	A	B	时间/min	温度/℃	产率/%
原点	0	0	35	155	40.4
Δ	1.00	0.42	5	2	
原点+Δ	1.00	0.42	40	157	41.0
原点+2Δ	2.00	0.84	45	159	42.9

步长	编码变量		自然变量		响应
	A	B	时间/min	温度/℃	产率/%
原点+3 Δ	3.00	1.26	50	161	47.1
原点+4 Δ	4.00	1.68	55	163	49.7
原点+5 Δ	5.00	2.10	60	165	53.8
原点+6 Δ	6.00	2.52	65	167	59.9
原点+7 Δ	7.00	2.94	70	169	65.0
原点+8 Δ	8.00	3.36	75	171	70.4
原点+9 Δ	9.00	3.78	80	173	77.6
原点+10 Δ	10.00	4.20	85	175	80.3
原点+11 Δ	11.00	4.62	90	177	76.2
原点+12 Δ	12.00	5.04	95	179	75.1

图 7-6 绘出了沿最陡上升路径的每一步处的产率，一直到第 10 步所观测到的响应都是增加的，但是，这以后的每一步产率都是减少的。因此，应该在曲线顶点（时间＝85min，温度＝175℃）的附近区域拟合另一个一阶模型。

一个新的一阶模型在顶点（时间＝85min，温度＝175℃）的附近拟合，探测的区域对应时间是 [80,90]，对应温度是 [170,180]。

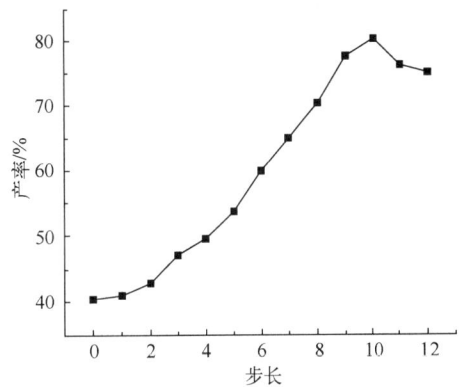

图7-6 沿最陡上升路径的产率变化与步长的关系

【例7-2】根据例 7-1 的研究结果，以点（时间＝85min，温度＝175℃）为中心，再次用有 5 个中心点的 2^2 设计，试验设计及结果列在表 7-3 中。

表7-3 顶点附近一阶模型的试验设计及试验结果

编码变量		自然变量		响应
A	B	时间/min	温度/℃	产率/%
-1	-1	80	170	76.5
-1	1	80	180	77.0
1	-1	90	170	78.0
1	1	90	180	79.5
0	0	85	175	79.9
0	0	85	175	80.3
0	0	85	175	80.0
0	0	85	175	79.7
0	0	85	175	79.8

在 JMP 中构建的完全析因设计给出了如图 7-7 所示方差分析结果报表。一阶模型的 F 检验不显著，而失拟检测的 $P=0.0001<0.05$，表明一阶模型不是合适的近似，真实曲面的弯曲性指明试验已接近最优点。为更精细地确定最优点，在该点必须作进一步的分析。

响应"产率"

失拟

源	自由度	平方和	均方	F比
失拟	1	10.658000	10.6580	201.0943
纯误差	4	0.212000	0.0530	概率>F
总误差	5	10.870000		0.0001*
				最大 R 方
				0.9868

方差分析

源	自由度	平方和	均方	F比
模型	3	5.250000	1.75000	0.8050
误差	5	10.870000	2.17400	概率>F
校正总和	8	16.120000		0.5426

参数估计值

项	估计值	标准误差	t比	概率>|t|
截距	78.966667	0.491483	160.67	<.0001*
时间(80,90)	1	0.737225	1.36	0.2330
温度(170,180)	0.5	0.737225	0.68	0.5277
时间*温度	0.25	0.737225	0.34	0.7483

图 7-7　顶点附近一阶模型试验的方差分析结果

7.3　二阶响应曲面设计

当试验接近最优点时，通常需要一个具有弯曲性的模型来逼近响应。在大多数情况下，式（7-4）的二阶模型可以比一阶模型能更好地刻画因子与响应之间的关系，且在一个小区域中能更准确地寻找极值点。本节将会介绍怎样利用这一拟合模型来寻求最优条件。

模型式（7-4）的拟合模型可记为

$$\hat{y} = \hat{\beta}_0 + \sum_{j=1}^{p} \hat{\beta}_j x_j + \sum_{1 \leq j \leq k}^{p} \hat{\beta}_{jk} x_j x_k$$

该式用矩阵的形式表示为

$$\hat{y} = \hat{\beta}_0 + \boldsymbol{x}'\boldsymbol{\beta} + \boldsymbol{x}'\boldsymbol{B}\boldsymbol{x} \tag{7-8}$$

其中 $\boldsymbol{x} = (x_1, x_2, \cdots, x_p)'$，$\boldsymbol{\beta} = (\hat{\beta}_1, \hat{\beta}_2, \cdots, \hat{\beta}_p)'$，$\boldsymbol{B}$ 为 $p \times p$ 阶对称矩阵

$$\boldsymbol{B} = \begin{vmatrix} \hat{\beta}_{11} & \dfrac{1}{2}\hat{\beta}_{12} & \cdots & \dfrac{1}{2}\hat{\beta}_{1p} \\ \dfrac{1}{2}\hat{\beta}_{21} & \hat{\beta}_{22} & \cdots & \dfrac{1}{2}\hat{\beta}_{2p} \\ \vdots & \vdots & \ddots & \vdots \\ \dfrac{1}{2}\hat{\beta}_{p1} & \dfrac{1}{2}\hat{\beta}_{p2} & \cdots & \hat{\beta}_{pp} \end{vmatrix}$$

将模型式（7-8）中的 $\hat{y}$ 对 $\boldsymbol{x}$ 求导并令其为 0，即

$$\frac{\partial \hat{y}}{\partial \boldsymbol{x}} = \boldsymbol{\beta} + 2\boldsymbol{B}\boldsymbol{x} = 0$$

其解

$$\boldsymbol{x}_s = \frac{1}{2}\boldsymbol{B}^{-1}\boldsymbol{\beta} \tag{7-9}$$

称为二阶模型式（7-8）的稳定点。根据二阶模型的特点，稳定点 $\boldsymbol{x}_s$ 可能是极大值点或极小值点，也可能是鞍点（saddle point），这三种情况分别如图 7-8 所示。把式（7-9）代入式（7-8），得到稳定点 $\boldsymbol{x}_s$ 处的响应值为

$$\hat{y}_s = \hat{\beta}_0 + \frac{1}{2} \boldsymbol{x}'_s \boldsymbol{\beta} \qquad (7\text{-}10)$$

要判断稳定点究竟是响应的最大值点、最小值点还是鞍点，最直接的方法是去考察所拟合模型的等高线图。当 $\boldsymbol{x}_s$ 为极大值点，从 $\boldsymbol{x}_s$ 离开，响应值逐渐减小；当 $\boldsymbol{x}_s$ 为极小值点，情况正好相反；当 $\boldsymbol{x}_s$ 为鞍点，则从 $\boldsymbol{x}_s$ 离开，响应值在某些方向上增大，而在另一些方向上减小，这时就必须确定增大或减小的方向。另外，如果只有 2 个或 3 个因子变量，则等高线图的构造和解释相对容易。但如果变量较多，则用正则分析方法（canonical analysis）。简单地，在多个因子变量的情况下，可以以稳定点为中心，逐个改变单个因子变量值以离开稳定点，查看响应的变化，如果响应都是增大或减小，则稳定点为最大值或最小值，否则稳定点为鞍点。

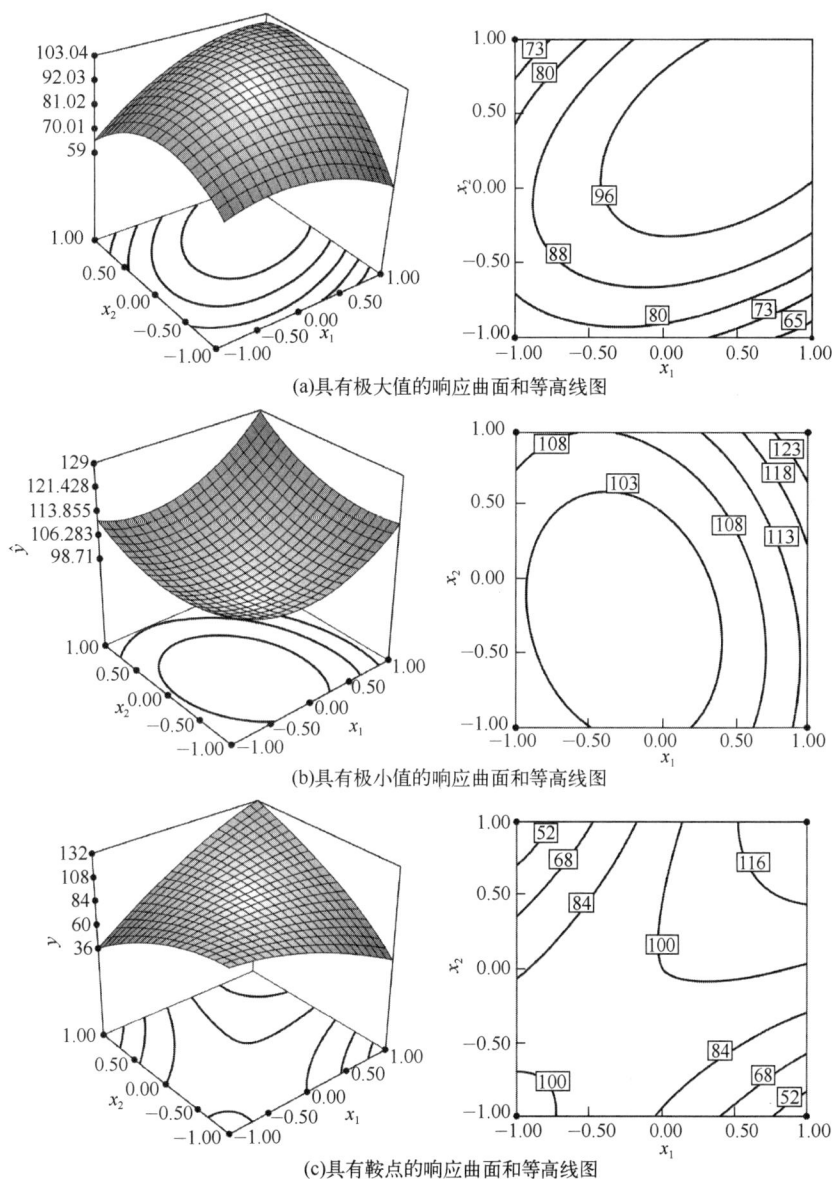

(a)具有极大值的响应曲面和等高线图

(b)具有极小值的响应曲面和等高线图

(c)具有鞍点的响应曲面和等高线图

图7-8　具有极值点的响应曲面和对应的等高线图

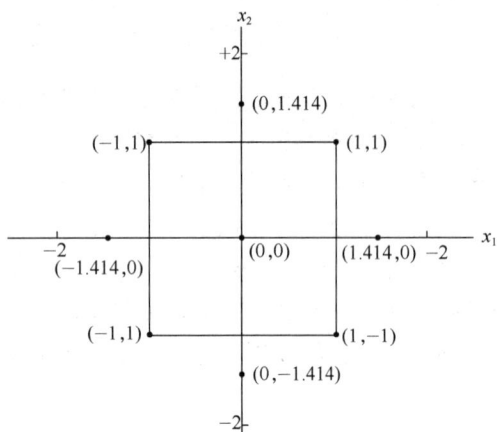

图7-9　例7-3中的中心复合试验设计

下面利用二阶响应曲面法继续研究案例7-2的结果。

【例7-3】在例7-2中，使用线性模型已经不能有效描述试验情况，而且表7-3的设计不能很好地拟合时间和温度的二阶模型。为此，试验者决定以足够多的点增大这个设计使其能更好地拟合一个二阶模型。工程师在（$A=0$，$B=\pm1.414$）和（$A=\pm1.414$，$B=0$）处得到4个观测值，完整的试验方案列在表7-4中，设计显示在图7-9中。此设计为中心复合设计CCD并将在7.4节中进行更为详细的讨论。表7-4中同时给出产率的试验结果。

表7-4　顶点附近二阶模型的试验设计及试验结果

编码变量		自然变量		响应
A	B	时间/min	温度/℃	产率/%
−1	−1	80	170	76.5
−1	1	80	180	77.0
1	−1	90	170	78.0
1	1	90	180	79.5
0	0	85	175	79.9
0	0	85	175	80.3
0	0	85	175	80.0
0	0	85	175	79.7
0	0	85	175	79.8
1.414	0	92.07	175	78.4
−1.414	0	77.93	175	75.6
0	1.414	85	182.07	78.5
0	−1.414	85	167.93	77.0

在 JMP 中，选择菜单命令"实验设计"→"经典"→"响应曲面设计"，按图7-10（a）所示在对话框中分别设定响应和因子后，选择试验次数为13、中心点为5的CCD-均匀精度设计类型。在图7-10（b）中默认选择可旋转性，轴值为1.414。在生成的表中输入表7-4的响应数据，注意前面的因子水平组合要正确对应。

响应曲面设计的分析中默认包含因子的一次项、二次项和二因子交互作用项。图 7-11 为输出的分析报表。可见，使用包含二次项的响应曲面模型，模型显著性的方差分析中，$F=79.84$，$P<0.0001$，高度显著；模型失拟检验的 $F=1.78$，$P=0.2897$，弯曲检测通过，即用含二次项的模型描述试验数据是可行的。在模型的各回归系数显著性检验中，因子一次项都高度显著：时间 $t=10.58$，$P<0.0001$；温度 $t=5.48$，$P=0.0009$。因子二次项的 t 检验也都高度显著：时间*时间 $t=−13.65$，$P<0.0001$；温度*温度 $t=−9.93$，$P<0.0001$。但是，二因子的交互作用项不显著：

时间*温度 $t=1.88$，$P=0.1022>0.05$。交互作用项的 t 检验未通过，表明该项可以忽略不计，可以在图 7-11 的效应汇总中直接选择删除。经模型诊断、数据诊断，最后得到预测的编码因子表示的公式为：

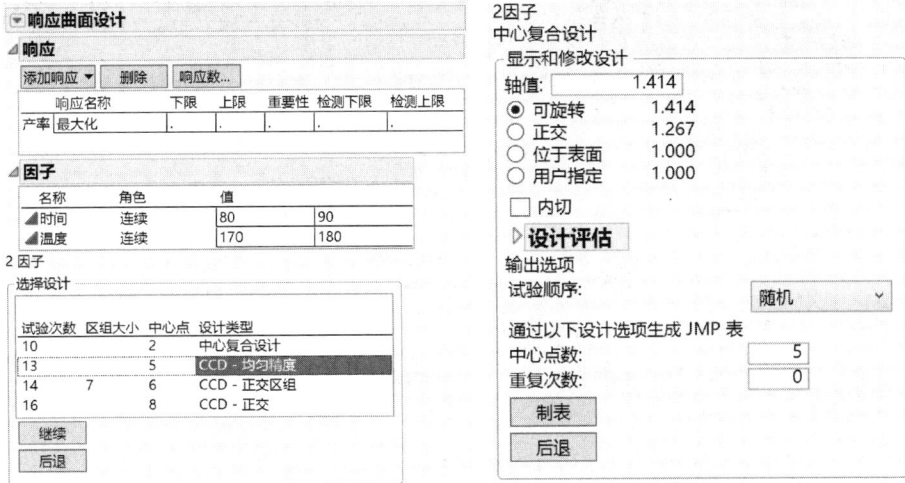

(a)选定设计类型　　　　　　　　　　　　(b)选择轴值

图 7-10　二因子响应曲面的中心复合设计界面

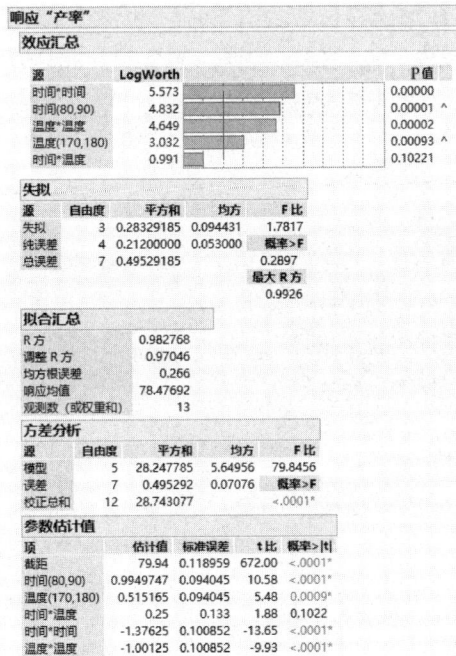

图 7-11　拟合模型分析结果

$$产率 = 79.94 + 0.995A + 0.515B - 1.38A^2 - 1.00B^2$$

图 7-12 给出模型的三维曲面图和等高线图，可以清晰地得到，当时间控制在 87min、温度控制在 176℃左右，可以得到最高超过 80%的产率。

(a)三维曲面刻画器　　　　　　　　(b)等高线刻画器

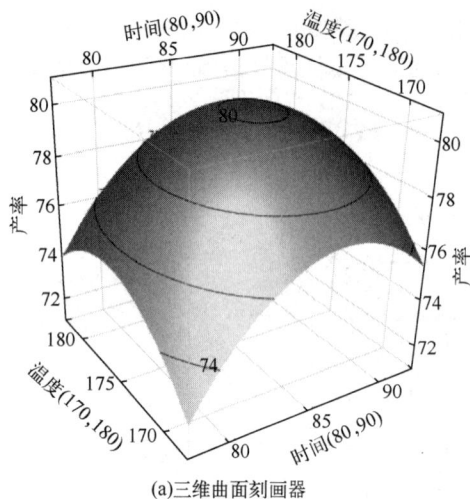

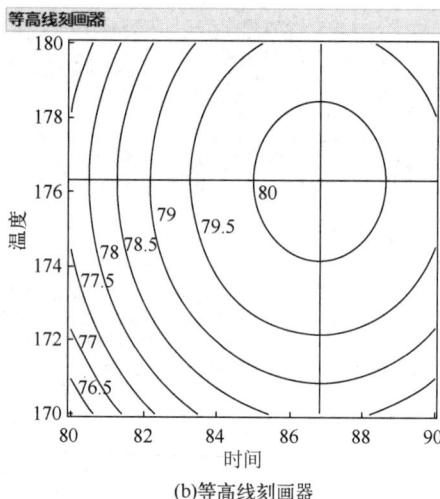

图7-12　二阶拟合模型的三维曲面刻画和等高线刻画

7.4　响应曲面的试验设计方法

前一节中的例子说明，用合适的试验设计方法来拟合和分析响应曲面会带来极大的方便。在选择响应曲面的设计时，理想的设计应具有下面一些特点：

① 在所研究的整个区域内，能够提供数据点的合理分布以及其他信息；

② 容许研究模型的适用性，包括拟合不足；

③ 容许分区组进行试验；

④ 容许逐步建立较高阶的设计；

⑤ 提供内部的误差估计量；

⑥ 提供模型系数的正确估计；

⑦ 提供在试验区域内良好的预测方差；

⑧ 对异常值或缺失数据提供适当的稳健性；

⑨ 不需要大量的试验；

⑩ 不需要因子变量有太多的水平；

⑪ 确保模型参数计算的简单性。

这些特点有时是相互矛盾的，在应用到设计选择中去时，必须结合具体情况加以分析判断，进行取舍。

7.4.1　拟合一阶模型的试验设计方法

p 个变量的一阶拟合模型为

$$\hat{y} = \hat{\beta}_0 + \sum_{j=1}^{p} \hat{\beta}_j x_j + \sum_{1 \leqslant j \leqslant k}^{p} \hat{\beta}_{jk} x_j x_k \tag{7-11}$$

根据第 4 章，可以通过求解多元线性回归模型的方法获得式（7-11）中各项的系数 $\hat{\beta}_0$、$\hat{\beta}_j$（$1 \leqslant j \leqslant p$）和 $\hat{\beta}_{jk}$（$1 \leqslant j < k \leqslant p$）。因子变量矩阵 $\boldsymbol{X}$ 为

$$X = \begin{bmatrix} 1 & x_{11} & x_{12} & \cdots & x_{1p} & x_{11}x_{12} & x_{11}x_{13} & \cdots & x_{1(p-1)}x_{1p} \\ 1 & x_{21} & x_{22} & \cdots & x_{2p} & x_{21}x_{22} & x_{21}x_{23} & \cdots & x_{2(p-1)}x_{2p} \\ \vdots & \vdots & \vdots & \ddots & \vdots & \vdots & \vdots & \ddots & \vdots \\ 1 & x_{(n-1)1} & x_{(n-1)2} & \cdots & x_{(n-1)p} & x_{(n-1)1}x_{(n-1)2} & x_{(n-1)1}x_{(n-1)3} & \cdots & x_{(n-1)(p-1)}x_{(n-1)p} \\ 1 & x_{n1} & x_{n2} & \cdots & x_{np} & x_{n1}x_{n2} & x_{n1}x_{n3} & \cdots & x_{n(p-1)}x_{np} \end{bmatrix}$$

系数矩阵 A 为

$$A = X'X = \begin{bmatrix} n\sum x_{i1} & \sum x_{i2} & \cdots & \sum x_{ip} & \sum x_{i1}x_{i2} & \sum x_{i1}x_{i3} & \cdots & \sum x_{i(p-1)}x_{ip} \\ \sum x_{i1}^2 & \sum x_{i1}x_{i2} & \cdots & \sum x_{i1}x_{ip} & \sum x_{i1}^2 x_{i2} & \sum x_{i1}^2 x_{i3} & \cdots & \sum x_{i1}x_{i(p-1)}x_{ip} \\ & \sum x_{i2}^2 & \cdots & \sum x_{i2}x_{ip} & \sum x_{i1}x_{i2}^2 & \sum x_{i1}x_{i2}x_{i3} & \cdots & \sum x_{i2}x_{i(p-1)}x_{ip} \\ & & \cdots & \vdots & \vdots & \vdots & \ddots & \vdots \\ & & & \sum x_{ip}^2 & \sum x_{i1}x_{i2}x_{ip} & \sum x_{i1}x_{i3}x_{ip} & \cdots & \sum x_{i(p-1)}^2 x_{ip} \\ & & & & \sum (x_{i1}x_{i2})^2 & \sum x_{i1}^2 x_{i2}x_{i3} & \cdots & \sum x_{i1}x_{i2}x_{i(p-1)}x_{ip} \\ & & & & & \sum (x_{i1}x_{i3})^2 & \cdots & \sum x_{i1}x_{i3}x_{i(p-1)}x_{ip} \\ & & & & & & \cdots & \vdots \\ & & & & & & & \sum (x_{i1}x_{ip})^2 \end{bmatrix}$$

由线性代数可知，若系数矩阵为对角矩阵时，即结构矩阵中的任一列的和为零，任意两列的相应元素乘积之和为零，此时逆矩阵的计算比较简单，即

$$\sum_{i=1}^{n} x_{ij} = 0 \ \ (j = 1, 2, \cdots, p) \text{且} \sum_{i=1}^{n} x_{ij}x_{ik} = 0 \ \ (j, k = 1, 2, \cdots, p)$$

关于析因设计的介绍表明，k 个因子的 2^k 设计的低水平与高水平被规范为通常的水平±1，具有正交性，即每列所有数字之和为零，且任意两列相乘之和为零，使得回归系数 $\{\hat{\beta}_j\}$ 的方差极小化。

正交的一阶设计包含 2^k 完全析因设计和主效应不能互为别名的 2^k 部分析因设计系列，即在使用部分析因设计时，分辨率不能小于Ⅲ，这是为了能够估计各因子的回归系数。同时，只有当分辨率为Ⅴ时才能估计二因子交互项的系数；而当分辨率为Ⅳ时由于存在二阶交互作用的混杂，不能完全估计出二因子交互项的系数。

为了克服 2^k 设计不能提供试验误差估计量的特点，经常在 2^k 设计的中心点处增添几个观测值以使其包括有重复试验，同时也提供了弯曲性的检验。例 7-1 说明了给 2^2 设计添加 5 个中心点来拟合一阶模型的用法。

7.4.2 拟合二阶模型的试验设计原理

拟合二阶模型的试验设计建立在拟合一阶模型试验设计的基础上，但自变量中包含平方项。假设 p 个因子变量 $x_1, x_2, \cdots, x_p$，响应变量为 y，二阶拟合模型的一般形式为

$$\hat{y} = \hat{\beta}_0 + \sum_{j=1}^{p} \hat{\beta}_j x_j + \sum_{1 \leqslant j < k}^{p} \hat{\beta}_{jk} x_i x_k + \sum_{j=1}^{p} \hat{\beta}_{jj} x_j^2 \tag{7-12}$$

可以看出，该方程项数共有 $q = 1 + p + p(p-1)/2 + p = (p-1)(p+2)/2$，即回归系数共有 $q = (p+1)(p+2)/2$ 个。要估算出回归系数，试验处理数必须大于或等于 $(p+1)(p+2)/2$，

且每个因子至少取 3 个水平。用一次拟合模型试验的方法来安排试验，往往不能满足这一条件。如当因子数 $p=3$ 时，二次拟合模型的项数为 10，要求试验处理数大于或等于 10。如果用 3 水平析因设计 3^3 来安排试验，比如使用正交表 L9 来安排试验，则试验处理数不能满足要求。而用完全析因设计，则试验处理数为 $3^3=27$，处理数偏多。为了解决这一问题，可以在一阶拟合模型的两水平析因试验基础上再增加一些特定的试验点，通过适当组合形成试验方案，例如中心复合试验设计 CCD。在例 7-3 中已使用了拟合二阶模型的中心复合设计，这是响应曲面研究中最常用的二阶设计。

一般而言，CCD 由三类试验点组成：两水平析因试验、轴点试验和中心点试验。

设因子数量为 p，两水平析因试验处理数为 n_f，完全析因设计时 $n_f=2^p$，部分析因设计时为 $n_f=2^{p-q}$，通常取 $q=1$ 或 $q=2$，对应地 $n_f=2^{p-1}$ 或 $n_f=2^{p-2}$。采用部分析因设计时要求分辨率为 V 及以上，目的是能够估计出二阶交互项的系数。

轴点是指位于坐标轴上的试验点，在每个坐标轴上设置两个试验点，所以轴点的数量 $n_\alpha=2p$，其与中心点的距离 α 称为轴值，由试验类型选择来确定。轴点试验的作用就是为了估计纯平方项的系数。

中心点的作用主要是为了估计试验误差，该点试验处理数 n_c 亦由试验类型的选择来确定。

所以，中心复合设计的总试验处理数为 $n_T=n_f+n_\alpha+1$，在析因试验点、轴点均值进行 1 次试验时，试验次数为 $n=n_f+n_\alpha+n_c$。

根据式（7-12），当因子数 $p=2$ 时，y 与 x_1、x_2 之间的二阶拟合回归模型为

$$\hat{y}=\hat{\beta}_0+\hat{\beta}_1 x_1+\hat{\beta}_2 x_2+\hat{\beta}_{12}x_1 x_2+\hat{\beta}_{11}x_1^2+\hat{\beta}_{22}x_2^2$$

其共有 6 个回归系数，要求试验处理数 $n_T\geqslant 6$。两水平完全析因设计共有 4 个试验处理，在此基础上增加 4 个轴点试验，加上中心点的至少 2 个试验，即 9 个处理点共 10 次试验，可实现该试验设计的要求。可见，在拟合一阶模型的试验方案中已经进行了包含中心点和各因子 ±1 水平点的试验，只要再增加 4 个轴点的试验就实现了二阶模型的拟合，因此它是一种序贯试验。图 7-13（a）显示了 $p=2$ 的 CCD 设计试验点分布图，析因试验点为 $(-1,-1)$、$(-1,+1)$、$(+1,-1)$、$(+1,+1)$；中心点 $(0,0)$；轴点为 $(-\alpha,0)$、$(+\alpha,0)$、$(0,-\alpha)$、$(0,+\alpha)$。

当因子数 $p=3$ 时，响应变量 y 与因子变量 x_1、x_2、x_3 之间的二阶拟合回归模型为

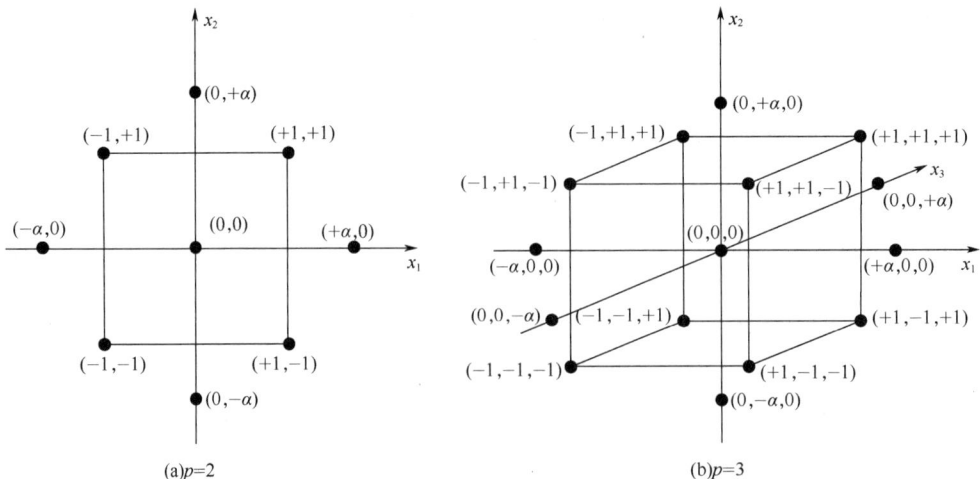

图 7-13　$p=2$ 和 $p=3$ 的中心复合设计

$$\hat{y} = \hat{\beta}_0 + \hat{\beta}_1 x_1 + \hat{\beta}_2 x_2 + \hat{\beta}_3 x_3 + \hat{\beta}_{12} x_1 x_2 + \hat{\beta}_{13} x_1 x_3 + \hat{\beta}_{23} x_2 x_3 + \hat{\beta}_{11} x_1^2 + \hat{\beta}_{22} x_2^2 + \hat{\beta}_{33} x_3^2$$

方程共有 10 个回归系数，要求试验处理数为 10。两水平完全析因设计共有 8 个试验点，在此基础上增加 6 个轴点试验，加上中心点共 15 个试验处理，可实现该试验设计的要求。同样地，在三因子的拟合一阶模型的试验方案中已经进行了包含中心点和各因子±1 水平点的试验，只要再增加 6 个轴点的试验就实现了二阶模型的拟合，因此也是一种序贯试验。图 7-13（b）显示了 $p = 3$ 的 CCD 设计试验点分布图，析因试验点为（-1，-1，-1）、（-1，-1，1）、（-1，1，-1）、（1，-1，-1）、（-1，1，1）、（1，-1，1）、（1，1，-1）、（1，1，1）；轴点为（+α，0，0）、（-α，0，0）、（0，+α，0）、（0，-α，0）、（0，0，+α）、（0，0，-α）；中心点（0，0，0）。

例 7-2 和例 7-3 表明，CCD 的实际应用过程通常由序贯试验产生，即 2^k 设计已用于拟合一阶模型，而这个模型显露出拟合不足，然后增加坐标轴上的试验点，使得二次项可以加入模型。CCD 对拟合二阶模型是非常有效的。图 7-10 表明，设计过程提供了许多选项，每种选项又对应进一步细分的不同响应曲面设计，实质是指定两个参数：指定中心点试验次数 n_c 和轴值 α 以确定设计类型，不同的 CCD 设计类型对 n_c 和 α 值要求不同。

对于二阶模型，目的是希望在所关注的整个区域内提供良好的预测效果，即要求模型在关注点 $\boldsymbol{x}$ 处的预测响应有相当一致和稳定的方差，其定义为：

$$V\left[\hat{y}(\boldsymbol{x})\right] = \sigma^2 \boldsymbol{x}'(\boldsymbol{X}'\boldsymbol{X})^{-1}\boldsymbol{x} \tag{7-13}$$

式中，σ^2 为试验误差方差，$\boldsymbol{X}$ 为因子变量矩阵，$\boldsymbol{x}$ 为向量表示的试验点。可见，对于给定的因子设置，预测方差是试验误差方差 σ^2 和取决于设计和因子设置的数值 $\boldsymbol{x}'(\boldsymbol{X}'\boldsymbol{X})^{-1}\boldsymbol{x}$ 的乘积。在运行试验之前，试验误差方差是未知的，因此预测方差也是未知的。然而，预测方差与误差方差的比值不是误差方差的函数，该比值称为相对预测方差，仅取决于设计和因子设置。因此，可以在获取数据之前计算预测的相对方差，进而对设计进行评估。将式（7-13）变换一下即得到相对预测方差的定义如下。

$$\frac{V\left[\hat{y}(\boldsymbol{x})\right]}{\sigma^2} = \boldsymbol{x}'(\boldsymbol{X}'\boldsymbol{X})^{-1}\boldsymbol{x} \tag{7-14}$$

在下面介绍的各种设计的示例中讨论的预测方差默认指式（7-14）定义的相对预测方差。

7.4.3　正交中心复合设计

在析因设计中，按正交性要求安排各因子的水平组合，回归系数彼此不相关，给回归方程与系数的检验带来方便。如果经检验发现方程的某项对响应输出影响不显著，可以直接删除该项，回归方程其他项前的回归系数保持不变，不需要重新计算。

但是，在中心复合设计中，能否保持析因设计的这种正交性呢？

表 7-5 和表 7-6 分别给出二因子和三因子的中心复合设计方案。

表 7-5　二因子中心复合设计（只列一次中心点）

试验序号	x_1	x_2	$x_1 x_2$	x_1^2	x_2^2	试验次数
1	-1	-1	1	1	1	
2	1	-1	-1	1	1	n_f
3	-1	1	-1	1	1	
4	1	1	1	1	1	

试验序号	x_1	x_2	x_1x_2	x_1^2	x_2^2	试验次数
5	$-\alpha$	0	0	α^2	0	
6	α	0	0	α^2	0	n_α
7	0	$-\alpha$	0	0	α^2	
8	0	α	0	0	α^2	
9	0	0	0	0	0	n_0

表 7-6　三因子中心复合设计（只列一次中心点）

试验序号	x_1	x_2	x_3	x_1x_2	x_1x_3	x_2x_3	x_1^2	x_2^2	x_3^2	试验次数
1	-1	-1	-1	1	1	1	1	1	1	
2	1	-1	-1	-1	-1	1	1	1	1	
3	-1	1	-1	-1	1	-1	1	1	1	
4	1	1	-1	1	-1	-1	1	1	1	n_f
5	-1	-1	1	1	-1	-1	1	1	1	
6	1	-1	1	-1	1	-1	1	1	1	
7	-1	1	1	-1	-1	1	1	1	1	
8	1	1	1	1	1	1	1	1	1	
5	$-\alpha$	0	0	0	0		α^2	0	0	
6	α	0	0	0	0	0	α^2	0	0	
7	0	$-\alpha$	0	0	0	0	0	α^2	0	
8	0	α	0	0	0	0	0	α^2	0	n_α
9	0	0	$-\alpha$	0	0	0	0	0	α^2	
10	0	0	α	0	0	0	0	0	α^2	
11	0	0	0	0	0	0	0	0	0	n_c

如前所述，中心复合设计是在正交析因设计的基础上，加上轴向点和中心点的试验组成的。从表中可以看出，轴向点的加入，并不破坏一阶变量和交互作用项的正交性，但是破坏了平方项的正交性：

$$\begin{cases} \displaystyle\sum_{i=1}^{n} x_{ii}^2 = n_f + 2\alpha^2 \neq 0 \\ \displaystyle\sum_{i=1}^{n} x_{ij}^2 x_{ik}^2 = n_f \neq 0 \end{cases} \quad (n = n_f + n_\alpha + n_c)$$

为了使当前的中心复合设计方法具有正交性，必须使上述两式为零。为满足该要求，数学家们已证明，必须满足下列两个条件：

① 轴值 α 与因子个数 p、中心点试验次数 n_c 和两水平试验点个数 n_f 有关。

$$\alpha^2 = \frac{\sqrt{(n_f + n_\alpha + n_c)n_f} - n_f}{2} = \frac{\sqrt{nn_f} - n_f}{2} \tag{7-15}$$

② 需要对 x_{ij}^2 进行中心化处理，即对其进行如下线性化变换：

$$x_{ij}' = x_{ij}^2 - \frac{1}{n}\sum_{i=1}^{n} x_{ij}^2 \qquad (7\text{-}16)$$

通过式（7-16）处理后，中心复合设计即可具有正交性，而进行正交中心复合设计时，按式（7-15）求出 α。表 7-7 给出二因子正交复合设计，表 7-8 列出常用的 α 值。

表 7-7　二因子正交中心复合设计（只列一次中心点）

试验序号	x_1	x_2	$x_1 x_2$	x_1'	x_2'	试验次数
1	−1	−1	1	1/3	1/3	
2	1	−1	−1	1/3	1/3	
3	−1	1	−1	1/3	1/3	n_f
4	1	1	1	1/3	1/3	
5	−α	0	0	1/3	−2/3	
6	α	0	0	1/3	−2/3	
7	0	−α	0	−2/3	1/3	n_α
8	0	α	0	−2/3	1/3	
9	0	0	0	−2/3	−2/3	n_c

表 7-8　正交中心复合设计的轴值 α 和中心点试验次数

n_c	p			
	2	3	4	5（1/2 实施）
2	1.077	1.288	1.483	1.606
3	1.148	1.353	1.546	1.664
4	1.214	1.414	1.606	1.718
5	1.267	1.471	1.664	1.772
6	1.32	1.525	1.718	1.819
7	1.369	1.575	1.772	1.868
8	1.414	1.623	1.819	1.913
9	1.457	1.668	1.868	1.957
10	1.498	1.711	1.913	2

正交中心复合设计的优点在于：试验次数比较少，计算简便，消除了回归系数间的相关性。但它也存在缺点：回归的预测值 $\hat{y}$ 的方差强烈地依赖于试验点在因子空间中的位置，由于误差的干扰，试验者不能直接根据预测值寻找最优区域。这正是下一节旋转中心复合设计要解决的问题。

【例7-4】316L 不锈钢管被用作电厂热泵循环水余热回收的换热管，长期工作于较高温度以及较高含 Cl^-、SO_4^{2-} 和 HCO_3^- 浓度的介质环境，容易发生腐蚀。文献[24]采用正交中心复合设计法研究了 316L 不锈钢管点蚀电位与温度、Cl^- 浓度和 pH 值三因子之间的关系，建立目标变量与三因子的数学模型，分析各因子的影响程度，为热泵安全生产运行提供了更准确的技术指导。表 7-9 列出三个因子的水平设置，表 7-10 给出正交复合设计方案及试验结果，根据这两个表，解答下列问题。

（1）建立与表 7-10 相应的正交中心复合试验设计方案并录入数据；

（2）评估该试验设计的预测方差；

（3）建立点蚀电位与三个因子的回归模型，分析各因子对点蚀电位的影响。

表 7-9　试验因子水平设置表

因子水平	温度/℃		Cl⁻浓度/（mg/L）		pH	
	自然变量 X_1	编码 A	自然变量 X_2	编码 B	自然变量 X_3	编码 C
α	85	1.287	300	1.287	12	1.287
+1	81.7	1	273	1	11.67	1
0	70	0	180	0	10.5	0
−1	58.3	−1	86.8	−1	9.33	−1
−α	55	−1.287	60	−1.287	9	−1.287

表 7-10　正交中心复合设计方案及试验结果

试验序号	A	B	C	Y/mV
1	1	1	1	495
2	1	1	−1	68
3	1	−1	1	517
4	1	−1	−1	176
5	−1	1	1	662
6	−1	1	−1	356
7	−1	−1	1	702
8	−1	−1	−1	467
9	1.287	0	0	302
10	−1.287	0	0	664
11	0	1.287	0	324
12	0	−1.287	0	429
13	0	0	1.287	586
14	0	0	−1.287	170
15	0	0	0	371
16	0	0	0	361

解：

（1）在 JMP 主窗口中点击菜单命令"试验设计"→"经典"→"响应曲面设计"，打开响应曲面设计窗口，Y 默认为响应点蚀电位。输入温度、Cl⁻浓度和 pH 值三个因子 X_1、X_2、X_3，根据表 7-9 输入各因子的−1 和+1 水平值，零水平和轴点的值由系统自动计算。在"选择设计"列表中选择中心点为 2 的中心复合设计，对应的试验次数为 16。为了保证设计的正交性，在后续的选项中选择正交，对应的轴值为 1.287。最后得到具有正交特性的中心复合设计表，并根据表 7-10 调整顺序并录入响应数据。注意，在 JMP 的响应曲面设计表中，模式列里 α 水平用大小写的 a 和 A 表示，其中 a 表示−α 水平，而 A 表示+α 水平。

（2）在设计表视图的表面板中打开评估设计窗口，展开预测方差刻画，图7-14分别给出中心点预测方差、最小预测方差和最大预测方差，它们分别是0.336、0.266和0.750。可见，对于正交中心复合设计，为了满足正交的要求，预测方差呈现出山形特征，即中心点较大，离开中心点后逐渐变小，到最小值后又急速增大。在析因点的方差最大，如图7-14（c）中点（58.3,86.8,9.33），可见预测方差严重依赖于试验点。另外，在不同方向上，预测方差不同，这可以从如图7-15所示预测方差曲面的等高线图看出，具有以坐标轴对称、非圆非方、相同及不同中心距上预测方差相异的复杂特征。

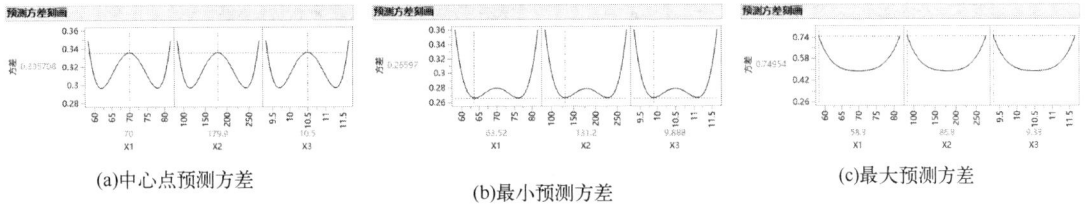

(a)中心点预测方差　　　　　　　　(b)最小预测方差　　　　　　　　(c)最大预测方差

图7-14　正交中心复合设计的预测方差刻画

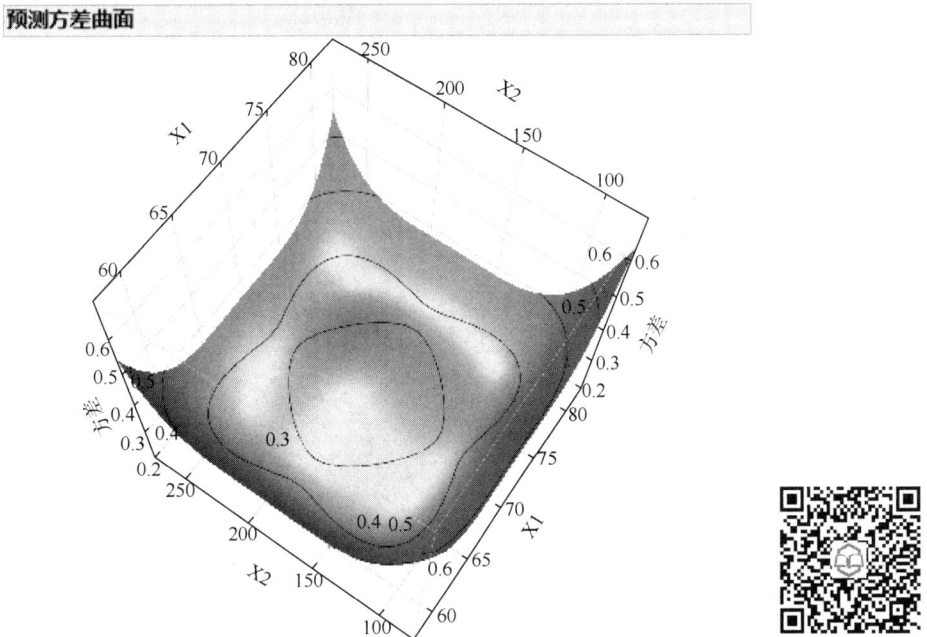

图7-15　正交中心复合设计的预测方差曲面

（3）图7-16给出回归模型及方差分析。图（a）中包含所有一次项、二阶交互作用项和平方项，（b）为删除（a）中不显著的 $X_3 \times X_3$、$X_2 \times X_2$ 和 $X_1 \times X_1$。注意删除不显著项后，失拟检验的 P 值增大，R^2 减小但调整的 R^2 增大，模型的均方根误差也减小，但删除不显著项后模型中保留项的系数并未发生变化，特别是删除 X_1 和 X_2 的平方项并未改变其他保留项的系数，表明该设计实现了平方项的正交化。

同时，根据系数的 t 比绝对值大小及系数的正负号，可以判断出在各因子中，影响点蚀电位的因子由强至弱顺序为 $X_3 > X_1 > X_1*X_2 > X_2 > X_1*X_3 > X_2*X_3$。$X_1$ 与 X_2 的增加会减小点蚀电位，但 X_3 增大会显著增高点蚀电位。从机理上来说，当 pH 值增大，即溶液中 H^+ 浓度减小，有利于提高 316L 点蚀电位。

响应“Y”

失拟

源	自由度	平方和	均方	F比
失拟	5	1882.7259	376.545	7.5309
纯误差	1	50.0000	50.000	概率>F
总误差	6	1932.7259		0.2695
				最大R方
				0.9999

拟合汇总

R方	0.996292
调整R方	0.99073
均方根误差	17.94773
响应均值	415.625
观测数（或权重和）	16

方差分析

源	自由度	平方和	均方	F比
模型	9	519323.02	57702.6	179.1332
误差	6	1932.73	322.1	概率>F
校正总和	15	521255.75		<.0001*

参数估计值

项	估计值	标准误差	t比	概率>|t|
截距	374.03393	10.39896	35.97	<.0001*
X1(58.3,81.7)	-123.4752	5.335892	-23.14	<.0001*
X2(86.8,273)	-36.78323	5.335892	-6.89	0.0005*
X3(9.33,11.67)	163.02969	5.335892	30.55	<.0001*
X1*X2	2.625	6.34548	0.41	0.6935
X1*X3	28.375	6.34548	4.47	0.0042*
X2*X3	19.625	6.34548	3.09	0.0213*
X1*X1	62.156735	7.659672	8.11	0.0002*
X2*X2	-2.121701	7.659672	-0.28	0.7911
X3*X3	-1.216371	7.659672	-0.16	0.8790

(a)

响应“Y”

失拟

源	自由度	平方和	均方	F比
失拟	8	1970.6895	246.336	4.9267
纯误差	1	50.0000	50.000	概率>F
总误差	9	2020.6895		0.3357
				最大R方
				0.9999

拟合汇总

R方	0.996123
调整R方	0.993539
均方根误差	14.98403
响应均值	415.625
观测数（或权重和）	16

方差分析

源	自由度	平方和	均方	F比
模型	6	519235.06	86539.2	385.4390
误差	9	2020.69	224.5	概率>F
校正总和	15	521255.75		<.0001*

参数估计值

项	估计值	标准误差	t比	概率>|t|
截距	371.67355	5.871926	63.30	<.0001*
X1(58.3,81.7)	-123.4752	4.454778	-27.72	<.0001*
X2(86.8,273)	-36.78323	4.454778	-8.26	<.0001*
X3(9.33,11.67)	163.02969	4.454778	36.60	<.0001*
X1*X3	28.375	5.297653	5.36	0.0005*
X2*X3	19.625	5.297653	3.70	0.0049*
X1*X1	62.156735	6.394833	9.72	<.0001*

(b)

图7-16　回归模型及方差分析

本例表明，采用正交中心复合设计，进行预测和优化会受到试验点位置的影响，但对于探讨各因子的主效应、交互效应及二次项效应是可行的。

7.4.4　正交旋转中心复合设计

如果能使与试验中心点距离相等的点上预测值的方差相等，那将极大地增加回归方程在预测、寻优方面的价值，将这种设计称为旋转中心复合设计。

构建旋转中心复合设计的数学推导非常复杂。数学家经过推导证明，当轴距 α 的取值与析因试验处理数 n_f 之间满足 $\alpha=\sqrt[4]{n_f}$ 时，中心复合设计即满足旋转条件。对 p 个因子的完全析因设计，显然 $\alpha=n_f^{\frac{1}{4}}=2^{\frac{p}{4}}$；而对于部分析因设计，例如 $n_f=2^{p-1}$ 或 $n_f=2^{p-2}$，对应的 $\alpha=2^{\frac{p-1}{4}}$ 或 $\alpha=2^{\frac{p-2}{4}}$，在这样的 α 取值下得到的设计中，与中心点同距离的点上的预测值的方差相等。

但是，上述满足旋转的设计并不具有正交性，因此还需要按式（7-15）、式（7-16）进行处理，表7-11给出常用正交旋转中心复合设计的参数取值。

表7-11　常用正交旋转中心复合设计参数

p	n_f	n_α	n_c	n	α
2	4	4	8	16	1.414
3	8	6	9	23	1.682
4	16	8	12	36	2.000
5	32	10	17	59	2.378
5（1/2实施）	16	10	10	36	2.000
6（1/2实施）	32	12	15	59	2.378

【例7-5】等高沟垄方法在世界各地被用作一种提高粮食产量和控制土壤侵蚀的农艺实践，是坡地最有效的耕作方法。由于地形起伏不规则，沟垄很难精确跟随斜坡上的等高线，导致形成沟壑洼地。降雨期间，边坡雨水积聚在这些洼地中，导致行间连通性低，不利于水和侵蚀土壤沿行间流动。潜在坡度会导致沟垄边坡的渗流，从而提高渗流发生率。因此，在等高沟垄方法中，渗透条件下的土壤养分流失引起高度关注。文献[25]研究了等高沟垄方法中渗透引起的养分损失，通过正交旋转中心复合设计，考虑沟垄高度、行坡度和田面坡度引起的硝酸盐损失（Y_1，g）和正磷酸盐损失（Y_2，g）的特征，确定主要因素并确定养分流失控制因子的优化。表7-12为试验因子水平设置，表7-13为试验方案和试验结果。以硝酸盐的损失为例，解答下列问题：

（1）建立表7-13所示的正交旋转中心复合设计方案并录入试验结果数据；

（2）评估所建立的试验方案的预测方差特性；

（3）建立回归模型，评估各因子对响应的影响特征；

（4）给出最优工艺条件。

表7-12　等高沟垄方法土壤营养损失试验因子水平设置

因子水平	垄高/cm		行坡度/（°）		田面坡度/（°）	
	自然变量 X_1	编码 A	自然变量 X_2	编码 B	自然变量 X_3	编码 C
α	16	1.682	10	1.682	15	1.682
+1	14.4	1	8.4	1	13	1
0	12	0	6	0	10	0
−1	9.6	−1	3.6	−1	7	−1
−α	8	−1.682	2	−1.682	5	−1.682

表7-13　等高沟垄方法土壤营养损失试验方案及结果

试验序号	因子			响应	
	A	B	C	Y_1	Y_2
1	1	1	1	3.25	0.4
2	−1	1	1	2.04	0.28
3	1	1	−1	2.85	0.36
4	−1	1	−1	2.52	0.21
5	1	−1	1	6.53	0.55
6	−1	−1	1	2.69	0.27
7	1	−1	−1	4.19	0.78
8	−1	−1	−1	1.66	0.36
9	0	−1.682	0	3.26	0.58
10	0	1.682	0	1.26	0.2
11	0	0	−1.682	3.06	0.4
12	0	0	1.682	3.24	0.33
13	−1.682	0	0	0.91	0.3
14	1.682	0	0	4.24	0.87
15	0	0	0	2.05	0.51

试验序号	因子			响应	
	A	B	C	Y_1	Y_2
16	0	0	0	2.92	0.25
17	0	0	0	2.95	0.29
18	0	0	0	3.06	0.47
19	0	0	0	2.71	0.41
20	0	0	0	2.68	0.51
21	0	0	0	3.09	0.51
22	0	0	0	3.05	0.39
23	0	0	0	2.29	0.38

解：

（1）在JMP的响应曲面设计窗口，默认响应 Y 代表硝酸盐损失；输入三个因子 X_1、X_2 和 X_3，分别代表垄高、行坡度和田面坡度。根据表7-12输入各因子的-1和+1水平值，在"选择设计"列表中选择中心点为9的正交中心复合设计，对应的试验次数为23；在"显示和修改设计"中选择可旋转，对应的轴值为1.682。最后得到具有正交旋转特性的中心复合设计表，根据表7-13调整顺序并录入响应数据。注意，在选择可旋转时，JMP会弹出更改设计规格的提示框，忽略即可。

（2）在评估设计窗口中展开预测方差刻画，图7-17分别给出中心点（也是最小预测方差点）和最大预测方差点的预测方差，它们分别是0.111、0.67。预测方差表现为典型的U形特性，在中心点附近区域具有最小的预测方差值，但有较明显的平坦区，也是在析因点位置具有最大值。然而，由于存在旋转性，因此在不同方向上，预测方差值相同，如图7-18所示。与图7-15相比，预测方差值在方向上不存在差异。

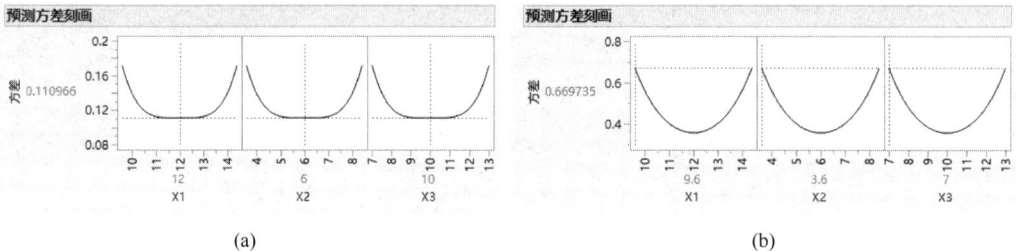

图7-17　正交旋转中心复合设计的预测方差刻画

（3）图7-19（a）给出全部一次项、二因子交互作用项和平方项都进入模型的输出报表，失拟检验通过，模型方差分析通过。各项因子项的效应检验中，$X_1 \times X_1$、$X_2 \times X_2$ 和 $X_1 \times X_3$ 的 P 值分别为0.6444、0.6031和0.1031，大于0.05，不显著，应予删除。图7-19（b）为剔除 $X_1 \times X_1$ 和 $X_2 \times X_2$ 项后的报表，当删除这两项后，由于将它们的变异贡献并入到误差项中，会改变剩余项的 F 值和对应的 P 值，例如 $X_1 \times X_3$ 的 P 值由0.1031减小到0.0845，$X_3 \times X_3$ 也由0.0381减小到0.0280。同时，在拟合汇总中的 R^2 由0.9075减小到0.9039，而调整 R_{adj}^2 由0.8435增加到0.8590；预测残差总和 $PRESS$ 由12.42减小到9.36。如果继续删除 P 值大于0.05的 $X_1 \times X_3$，则模型的 R^2 继续减小到0.8820，但 R_{adj}^2 则又由0.8590减小到0.8378，$PRESS$ 则由

9.36 增大到 9.81，见图 7-19（c）。根据 R_{adj}^2 最大、PRESS 最小的原则，图 7-19（b）中的模型为最佳模型，即 $X_1 \times X_3$ 项保留在模型中，对应的响应随因子变化的编码变量形式模型为：

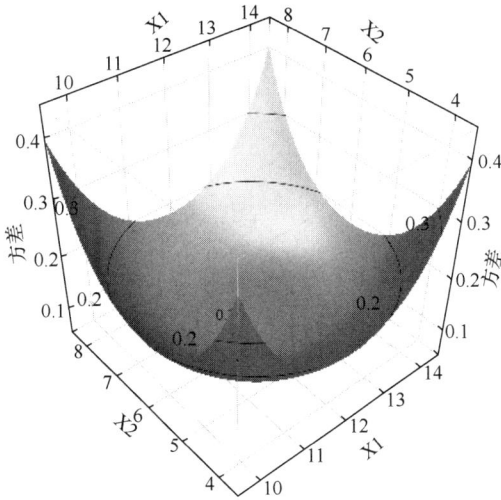

图 7-18　正交旋转中心复合设计的预测方差曲面

(a)　　　　　　　　　　　(b)　　　　　　　　　　　(c)

图 7-19　构建回归模型及方差分析

$$\hat{y} = 2.739 + 0.989 \frac{X_1 - 12}{2.4} - 0.569 \frac{X_2 - 6}{2.4} - 0.263 \frac{X_3 - 10}{3} - 0.604 \frac{X_1 - 12}{2.4} \times \frac{X_2 - 6}{2.4}$$

$$+ 0.274 \frac{X_1 - 12}{2.4} \times \frac{X_3 - 10}{3} - 0.431 \frac{X_2 - 6}{2.4} \times \frac{X_3 - 10}{3} + 0.256 \left(\frac{X_3 - 10}{3} \right)^2$$

通过对回归模型的残差分析以进行模型诊断和数据诊断，发现当前模型满足残差的正态假设、齐性假设和独立假设，也不存在异常数据点，在此不再给出具体分析图。

(a)

(b)

(c)

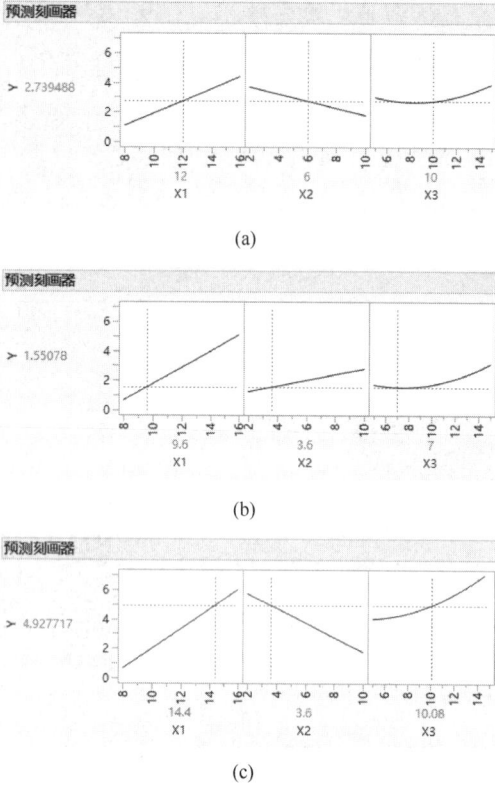

图7-20　不同试验点附近的因子影响刻画

在图7-19（b）中，除$X_2 \times X_3$项外，其他各项都显著，特别是$X_1 \times X_2$高度显著。对应到回归模型，各因子对响应的影响是比较复杂的，不仅取决于因子本身，还取决于具有显著交互作用的项的值。图7-20（a）给出各因子均为零水平的试验中心点的因子变化影响，在该点附近，X_1、X_2和X_3变化对响应的影响趋势：X_1（垄高）增大，响应（氮损失）线性增大；X_2（行坡度）增大，响应线性增大；X_3（田面坡度）的增大对响应的影响为下凹的二次曲线，存在极小值，即先减小，后增大。但是，当在各因子均为−1水平附近，则得到图7-20（b）的变化趋势，显然，此时X_2对响应的影响已经由图（a）的线性增加变为线性减小。当因子X_1为+1水平、X_2为−1水平附近时，此时X_3的影响曲线上不再存在最小值点，响应按照二次曲线逐渐增大。因此，在存在显著的交互作用项时，由于存在交互作用的显著"扭曲"效应，讨论某个因子的影响需在确定的其他因子水平下进行。

（4）当建立响应与因子关系的回归模型后，可以通过式（7-9）获得最优条件参数，通过式（7-10）计算最优值，但这种计算比较复杂，特别是在多维参数模型下。在JMP中，可以直接通过预测刻画器给出最优工艺参数。具体方法是：在预测刻画器前的红色三角菜单中选择"优化和意愿"→"设置意愿"，打开如图7-21（a）所示响应目标设置对话框。该对话框用于设置响应目标为最大化（望大）、最小化（望小）和匹配目标值（望目）三个选项。如果在试验设计窗口中对响应变量进行了设定，则这里为其所设定的值，否则默认为最大化。在具体的目标值中可以输入和修改高、中、低三个数值，以及对应的意愿值。这里使用了意愿函数（也称为期望函数），有关意愿函数的概念，将在第11章中进行详细介绍，这里简单说明如下：最大意愿为（接近）1，最小为（接近）0；如果目标是望大，则"高"的数值设为最大意愿；如果目标望目，"中"的数值设为最大意愿；如果目标是望小，则"低"的数值设为最大意愿。如果有多个响应则在重要性中设置该响应的权重。这里如图7-21所示设置最小化，即氮的损失越少越好，所以"低"的值（默认为0）的意愿为接近1的最大值0.9819。

点击预测刻画器前的红色三角菜单中"优化和意愿"→"最大化意愿"，系统自动根据模型计算出最大响应值以及对应的因子条件，并在预测刻画器中显示出来，见图7-21（b）。图中还显示了对应各因子变化的意愿图及总的意愿图，以及最大值的置信区间。由图7-21（b）可见，根据当前模型，氮损失最小值为0.092g，其置信区间为［−1.24，1.43］，对应的各因子条件为，垄高8cm，行坡度2°，田面坡度6.9°。

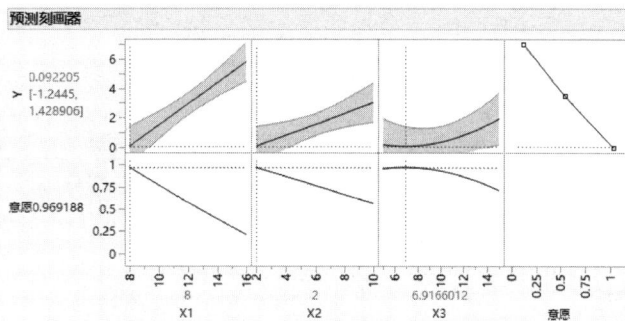

| (a) | (b) |

图7-21　通过设置意愿求出最优条件和最优值

7.4.5　均匀精度中心复合设计

正如图7-18所看到的，正交旋转中心复合设计，具有同一球面上各试验点预测值的方差相等的优点，但明显存在不同半径面上各试验点的预测值方差相差较大的缺点，例如例7-5的设计方案中，中心点预测方差仅为0.111，而析因预测方差高达0.67。为此，人们提出了旋转设计的均匀性问题，即设计在保持正交旋转的基础上，还具有使各试验点与中心的距离 ρ 在因子空间编码值区间 $0 < \rho < 1$ 的范围内，预测值 $\hat{y}$ 的方差基本相等的性质。同时具有正交旋转性和均匀性的设计，称为均匀精度中心复合设计。

实现中心复合设计的旋转性和均匀性同样是通过中心点的试验次数和轴值 α 的选择来实现的。表7-14列出常用均匀精度中心复合设计参数，具体的推导过程，读者可参阅相关文献。

表 7-14　常用通用旋转中心复合设计参数

p	n_f	n_α	n_c	n	α
2	4	4	5	13	1.414
3	8	6	6	20	1.682
4	16	8	7	31	2.000
5	32	10	10	52	2.378
5（1/2 实施）	16	10	6	32	2.000
6（1/2 实施）	32	12	9	53	2.378

与表7-11的旋转设计相比，表7-14中的轴值 α 相同，只是通过减少中心点的试验次数，降低中心点的权重，牺牲中心点附近区域的预测方差来提高设计的均匀性。比如旋转设计中因子数量为3时，其中心点次数为9，而均匀设计中，中心点次数为6。

【例7-6】巴豆广泛生长在非洲温暖和干燥地区的石质地形中，其籽具有生产高质量生物柴油的潜力。文献[26]研究用巴豆籽生产生物柴油的酯交换过程中催化剂浓度、甲醇/油比和反应温度对生物柴油中脂肪酸甲酯（FAME）产率和纯度的影响，获得最佳操作条件。试验采用均匀精度中心复合设计方案，表7-15为试验因子水平，表7-16给出试验方案和试验结果。以 FAME 产率为例，解答下列问题。

（1）构建表7-16的试验设计方案并录入数据；

（2）评估试验设计方案的预测能力；

（3）建立 FAME 产率与各因子变量的回归模型；

（4）给出最大化 FAME 产率的最优条件。

表 7-15　酯交换试验的因子水平设置

因子水平	催化剂浓度/%		甲醇/油比		反应温度/℃	
	自然变量 X_1	编码 A	自然变量 X_2	编码 B	自然变量 X_3	编码 C
α	2.00	1.682	10.00	1.682	80.00	1.682
+1	1.70	1	9.00	1	73.00	1
0	1.30	0	7.50	0	62.50	0
−1	0.90	−1	6.00	−1	52.00	−1
−α	0.65	−1.682	5.00	−1.682	45.00	−1.682

表 7-16　酯交换试验方案及试验结果

试验顺序		编码因子			FAME 产率	FAME 纯度
随机顺序	标准顺序	A	B	C	/%	/%
20	1	−1	−1	−1	67.09	75.34
5	2	1	−1	−1	69.14	74.86
16	3	−1	1	−1	74.63	75.85
10	4	1	1	−1	81.52	79.24
4	5	−1	−1	1	78.98	78.86
1	6	1	−1	1	81.18	91.15
19	7	−1	1	1	81.48	80.00
8	8	1	1	1	93.33	93.71
11	9	−1.682	0	0	71.56	73.29
13	10	1.682	0	0	85.35	84.66
3	11	0	−1.682	0	65.42	78.15
17	12	0	1.682	0	84.71	84.14
2	13	0	0	−1.682	72.97	75.87
6	14	0	0	1.682	93.65	92.40
7	15	0	0	0	82.93	89.09
14	16	0	0	0	82.58	89.72
9	17	0	0	0	84.21	89.80
12	18	0	0	0	84.71	88.19
18	19	0	0	0	81.99	89.90
15	20	0	0	0	82.05	89.22

解：

（1）在 JMP 的响应曲面设计窗口，输入三个因子 X_1、X_2、X_3，分别代表催化剂浓度、甲醇/油比和反应温度，默认响应 Y 代表 FAME 产率，根据表 7-15 输入各因子的−1 和+1 水平值，在设计类型列表中选择中心点为 6 的 CCD-均匀精度，对应的试验次数为 20，默认选择可旋转对应的轴值 α 为 1.682，得到均匀精度复合设计表，根据表 7-16 录入试验结果数据。

（2）打开评估设计窗口，展开预测方差刻画，图7-22分别给出中心点（也是最小预测方差点）和最大预测方差点的预测方差，它们分别是0.166、0.67。预测方差刻画曲线与正交中心复合设计相似，但最小值为0.160，与中心点的差值仅为0.006，远小于正交中心复合设计的0.07，基本可视为"平坦"的区域。从设计诊断面板中可得均匀精度设计的预测平均方差为0.214，亦小于正交设计的0.317，但大于正交旋转设计的0.188。另外，从图7-23中可见，通用旋转设计也消除了正交中心复合设计的方向性问题。

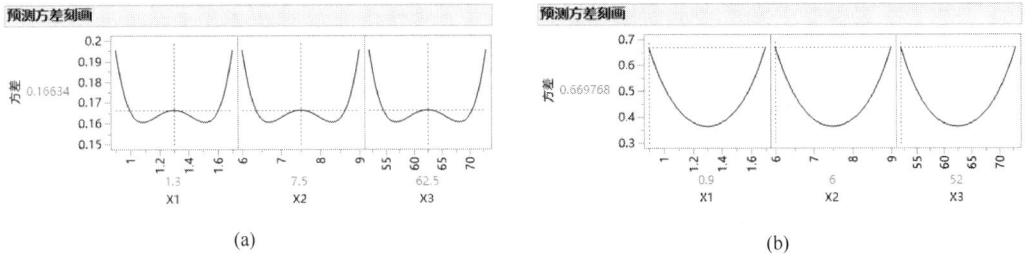

图7-22　均匀精度中心复合设计的预测方差刻画

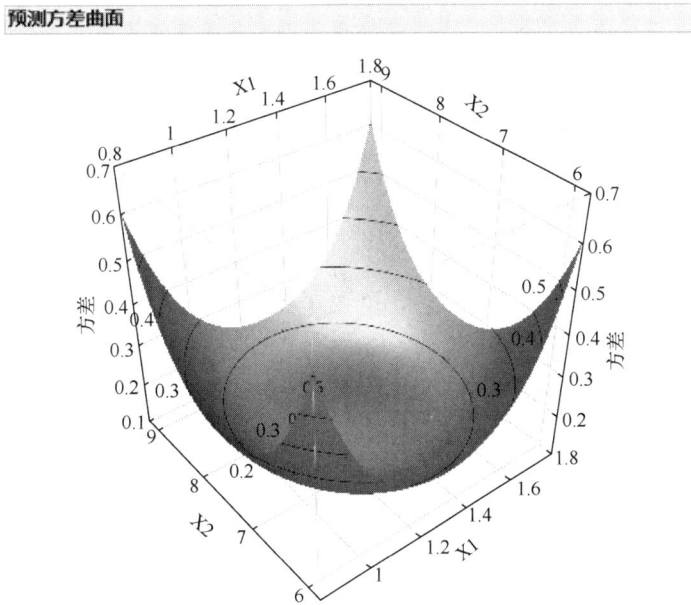

图7-23　均匀精度中心复合设计的预测方差曲面

（3）图7-24（a）给出剔除不显著项后的报表，图7-24（b）给出的模型诊断和数据诊断结果，模型产生的残差分析表明试验满足正态性、独立性和残差齐性，表明模型是合理的。因此，根据图7-24（a）的参数估计值，可以给出响应FAME产率随因子变化的编码形式回归模型为：

$$Y = 83.11 + 3.382\frac{X_1 - 1.3}{0.4} + 4.906\frac{X_2 - 7.5}{1.5} + 5.665\frac{X_3 - 62.5}{10.5}$$

$$+ 1.811\frac{X_1 - 1.3}{0.4} \times \frac{X_2 - 7.5}{1.5} - 1.695\left(\frac{X_1 - 1.3}{0.4}\right)^2 - 2.893\left(\frac{X_2 - 7.5}{1.5}\right)^2$$

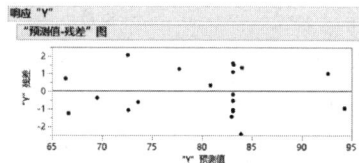

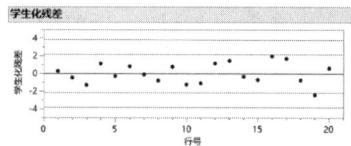

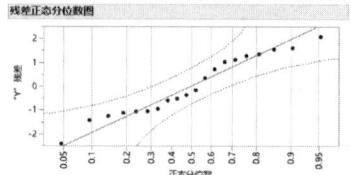

响应 "Y"

失拟

源	自由度	平方和	均方	F比
失拟	8	23.731476	2.96643	2.2977
纯误差	5	6.455283	1.29106	概率>F
总误差	13	30.186760		0.1873
				最大 R 方
				0.9943

拟合汇总

R 方	0.973327
调整 R 方	0.961016
均方根误差	1.52383
响应均值	79.974
观测数 (或权重和)	20

方差分析

源	自由度	平方和	均方	F比
模型	6	1101.5389	183.590	79.0634
误差	13	30.1868	2.322	概率>F
校正总和	19	1131.7257		<.0001*

参数估计值

项	估计值	标准误差	t比	概率>|t|
截距	83.106928	0.52756	157.53	<.0001*
X1(0.9,1.7)	3.381593	0.412345	8.20	<.0001*
X2(6,9)	4.9068243	0.412345	11.90	<.0001*
X3(52,73)	5.6652487	0.412345	13.74	<.0001*
X1*X2	1.81125	0.538755	3.36	0.0051*
X1*X1	-1.694761	0.399423	-4.24	0.0010*
X2*X2	-2.893307	0.399423	-7.24	<.0001*

(a)　　　　　　　　　　　　　　　(b)

图7-24　构建回归模型及方差分析

图 7-25 给出 FAME 产率随三个因子变化的响应曲面及等高线图，亦如回归模型所表现的那样，FAME 产率与反应温度之间是简单的线性增加，但催化剂浓度、甲醇/油比则是表现出一次项增加、但平方项减少的关系，即存在最大值。

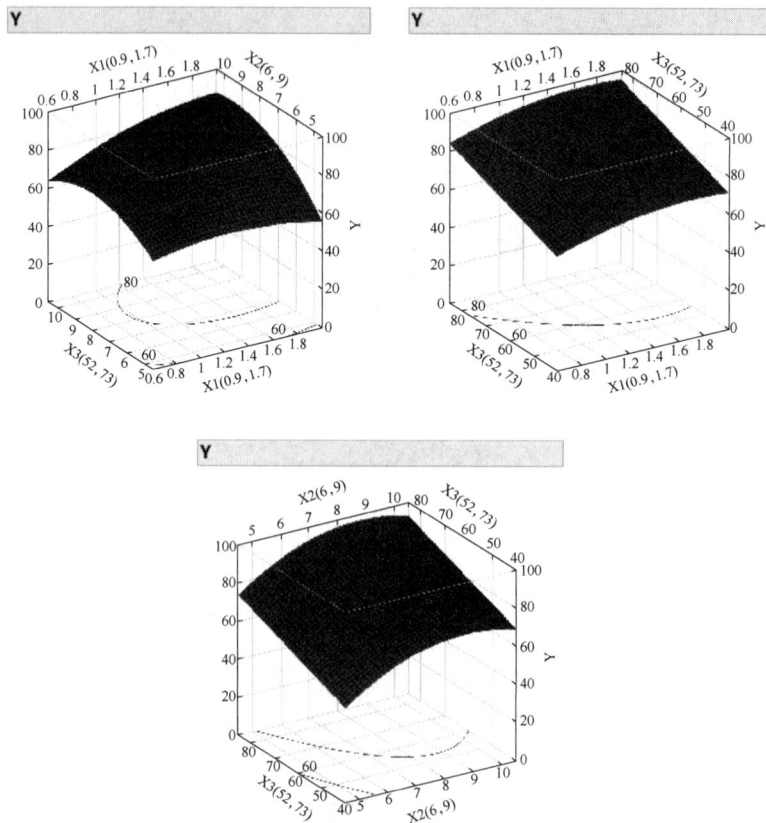

图7-25　响应随因子变化的曲面刻画

（4）同样利用预测刻画器来求解最大值及对应的因子组合。图 7-26 为通过最大意愿得到的预测刻画器图，得到响应最大值为 94.28，置信区间为 $[92.17, 96.39]$，对应的因子条件为 $X_1=1.7$、$X_2=9$ 和 $X_3=73$，对照表 7-15，发现该点为（+1，+1，+1）的析因试验点。一般地，RSM 建议的最优预测区域为析因区域，因为超过该区域，预测方差会显著增大，预测精度降低。

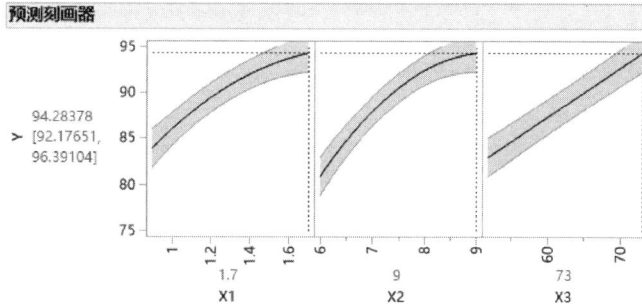

图 7-26　通过预测刻画器求解最优

7.4.6　面心复合设计

在许多情况下，所关注的区域是立方体形而不是球形的，此时，可选择面中心的中心复合设计。面心复合设计是中心复合设计的一种变形，其中 $\alpha=1$。此设计在各坐标轴上所取的点是立方体各个面上的中心点，故称为面心复合设计（face-centered central composite design，FCCD）或中心复合表面设计（central composite face-centered design，CCFD）。对 $p=2$ 和 $p=3$，如图 7-27 所示，可见其仍然是一种序贯设计，只要在原来析因设计的基础上，补充上 $\alpha=1$ 的轴点试验即可。有时采用中心复合设计的这种变形，因为它只要求每个因子有 3 个水平，而在实践中，经常用于难以改变因子水平的情况。但是，中心复合表面设计是不可旋转的，存在显著的方向性，因此其预测精度会降低。中心复合表面设计并不像球形 CCD 那样需要许多中心点，$n_c=2$ 或 $n_c=3$ 就足以对整个试验区域提供好的预测方差。

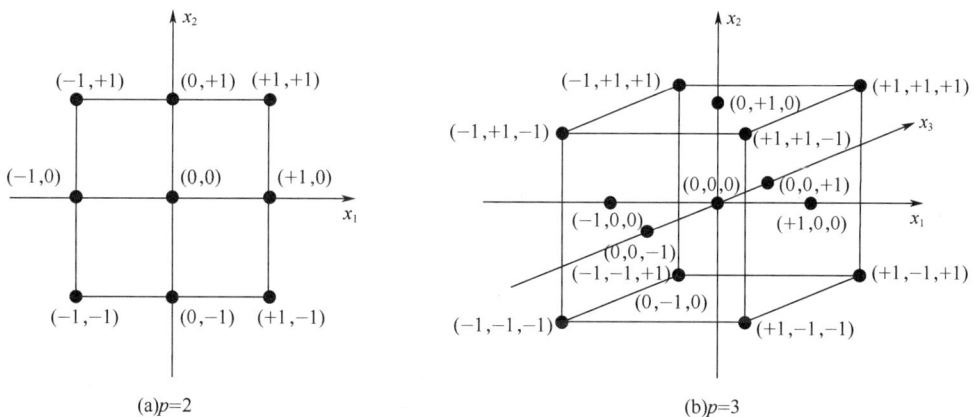

图 7-27　二因子和三因子的中心复合表面设计试验点

【例 7-7】铝青铜和铜合金的连接广泛应用于配电、船舶和汽车等行业。由于铜的良好导热性，传统熔焊技术会降低焊接质量，搅拌摩擦焊（friction stir welding，FSW）是熔化焊接这些合金的首选技术，该工艺消除了与熔焊相关的许多常见问题，如铝氧化、气孔、热裂纹等。文献[27]研究了转速（X_1，r/min）、移动速率（X_2，mm/min）和轴向力（X_3，kN）三个操作参数对纯铜和铝青铜搅拌摩擦焊接头的硬度、屈服强度、拉伸率和极限抗拉强度等力学参数的影响，采用面心复合设计方法组织试验，表 7-17 列出三个操作参数的水平，表 7-18 为试验设计表及试验结果。以拉伸率为例，解答下列问题：

（1）构建表 7-18 所示的 FSW 试验方案表并输入拉伸率试验结果；
（2）评估该试验方案的预测能力；
（3）建立拉伸率与三个因子的响应曲面模型；
（4）给出最大化响应及工艺参数组合。

表 7-17　铝青铜与铜搅拌摩擦焊接参数设置表

输入参数	符号	水平设置		
		−1	0	+1
转速/(r/min)	X_1	800	900	1000
移动速率/(mm/min)	X_2	25	30	35
轴向力/kN	X_3	4.5	5	5.5

表 7-18　试验设计矩阵及试验结果

标准序号	试验序号	设计矩阵 FSW 工艺参数			力学性质 拉伸率	硬度	极限抗拉强度	屈服强度
		X_1	X_2	X_3	/%	/HV	/MPa	/MPa
9	1	800	30	5	6.658	97.4	139.67	111.07
18	2	900	30	5	6.532	98.2	140.5	111.24
1	3	800	25	4.5	6.985	85.5	123.85	99.826
19	4	900	30	5	6.624	98.3	140.6	110.93
6	5	1000	25	5.5	6.533	99.4	142.45	113.49
17	6	900	30	5	6.552	98.2	140.8	109.2
5	7	800	25	5.5	7.078	93.2	132.25	105.01
13	8	900	30	4.5	6.662	98	140	109.82
16	9	900	30	5	6.264	97.6	139	110.89
7	10	800	35	5.5	6.712	95.4	135.09	108.01
2	11	1000	25	4.5	6.548	105.7	148.4	119.2
11	12	900	25	5	6.456	96	135	108.26
10	13	1000	30	5	6.985	105.2	153.4	118.25
12	14	900	35	5	6.494	96.2	136.76	108.68
4	15	1000	35	4.5	6.984	100.1	146.59	116.79
8	16	1000	35	5.5	7.852	83.4	126.09	98.467
20	17	900	30	5	6.625	97.2	138	110.1
3	18	800	35	4.5	6.047	98.3	137.5	109.8
14	19	900	30	5.5	7.1	94.2	133.13	104.53
15	20	900	30	5	6.426	96.3	136	107.9

解：

（1）在 JMP 的响应曲面设计窗口，默认响应 Y 代表拉伸率，默认目标为最大化；输入三个因子 X_1、X_2、X_3，分别代表转速、移动速率和轴向力。根据表 7-17 输入各因子的-1 和+1 水平值，在设计类型列表中选择中心点为 6 的 CCD-均匀精度，对应的试验次数为 20，在"显示和修改设计"栏中选择"位于表面"选项，即 $\alpha=1$，得到具有均匀精度的面心复合设计表，然后录入拉伸率数据。

（2）图 7-28 分别给出中心点（也是最小预测方差点）和最大预测方差点的预测方差，它们分别是 0.118、0.793。图 7-29 的预测方差曲面图表明该设计与正交中心复合设计一样，存在预测方差取决于试验点的严重问题，这是由于该设计缺乏旋转性导致的。

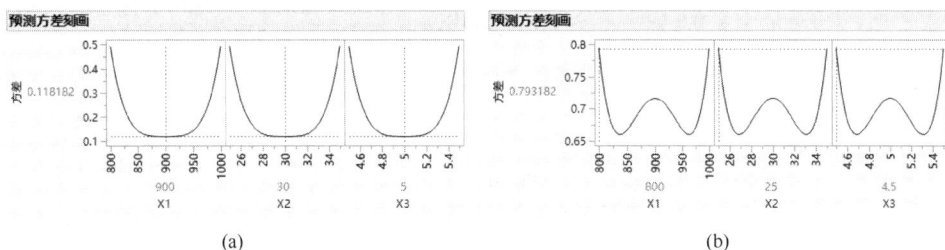

(a)　　　　　　　　　　　　　　　　(b)

图 7-28　面心复合设计的预测方差刻画

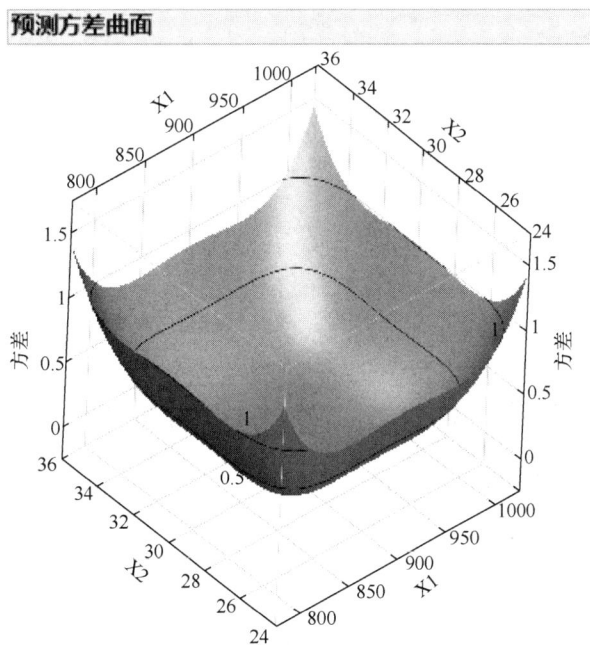

图 7-29　面心复合设计的预测方差曲面

（3）图 7-30（a）给出所有二阶响应曲面项进入模型的输出报表，失拟检验通过，模型方差分析通过。各项因子项的效应检验中，$X_1 \times X_3$、X_2 和 $X_2 \times X_2$ 的 P 值分别为 0.7951、0.2476 和 0.0800，大于 0.05，不显著，应予删除。同时在图中也给出了预测剩余残差和 $PRESS$，其结合 R_{adj}^2 来判断模型中删除项的依据。在删除不显著项过程中发现，当从模型中删除 $X_1 \times X_3$ 项后，$PRESS$ 由 0.6312 减小到 0.4211，R_{adj}^2 由 0.8917 增加到 0.9008，进一步删除 $X_2 \times X_2$ 项后，

则 $PRESS$ 又升高到 0.5960，R_{adj}^2 又降到 0.8949。可见，虽然删除 $X_1 \times X_3$ 后 $X_2 \times X_2$ 的 P 值为 0.06659，大于 0.05，但根据 $PRESS$ 最小和 R_{adj}^2 最大的原则，$X_2 \times X_2$ 项应予保留。对于 P 值为 0.2257 的主效应 X_2，虽然远大于 0.05，但因为显著的 $X_1 \times X_2$ 和 $X_2 \times X_3$ 以及 $X_2 \times X_2$ 中包含了 X_2，根据层次模型的要求，不能删除，故予以保留。图 7-30（b）为剔除 $X_1 \times X_3$ 项后的报表，可见失拟检验、方差检验也都通过，R^2 减小但 R_{adj}^2 增大，均方根误差略微减小，预测残差和减小；除 X_2 和 $X_2 \times X_2$ 外，$X_1 \times X_1$ 的 t 检验显著，其余各项的 t 检验均显著或高度显著。通过残差图和残差的正态概率图分析，模型和数据均通过诊断分析。因此，根据图 7-30（b）的参数估计值，可以给出响应拉伸率随因子变化的编码变量形式回归模型为：

$$Y = 6.551 + 0.1422 \frac{X_1 - 900}{100} + 0.0489 \frac{X_2 - 30}{5} + 0.2049 \frac{X_3 - 5}{0.5}$$
$$+ 0.3824 \frac{X_1 - 900}{100} \times \frac{X_2 - 30}{5} + 0.1819 \frac{X_2 - 30}{5} \times \frac{X_3 - 5}{0.5}$$
$$+ 0.1986 \left(\frac{X_1 - 900}{100} \right)^2 - 0.1479 \left(\frac{X_2 - 30}{5} \right)^2 + 0.2581 \left(\frac{X_3 - 5}{0.5} \right)^2$$

图 7-31 给出拉伸率随三个因子变化的响应曲面及等高线图，因子 X_1 与 X_2 和 X_2 与 X_3 对 Y 的影响也是鞍形，即存在鞍点而没有极值点，但 X_1 与 X_3 对 Y 的影响存在最小值。

（4）同样利用预测刻画器来求解最大值及对应的因子组合。目标是希望得到最大拉伸率，通过最大意愿得到响应最大值为 7.820MPa，置信区间为（7.604，8.037），对应的因子条件为 $X_1 = 1000$kN，$X_2 = 35$r/min，$X_3 = 5.5$mm/min，相关分析图不再给出。

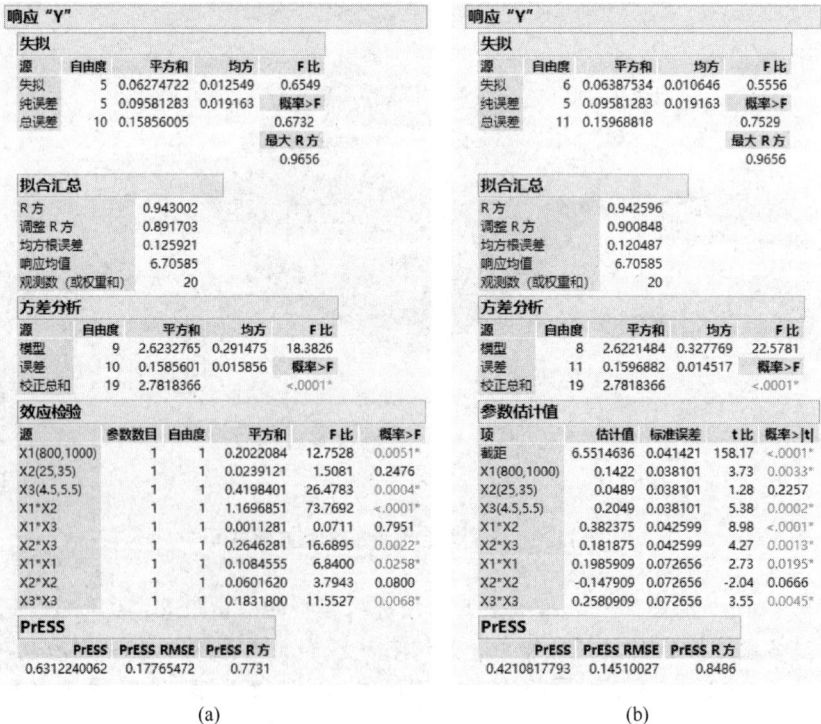

(a)　　　　　　　　　　　　　　(b)

图 7-30　构建回归模型及方差分析

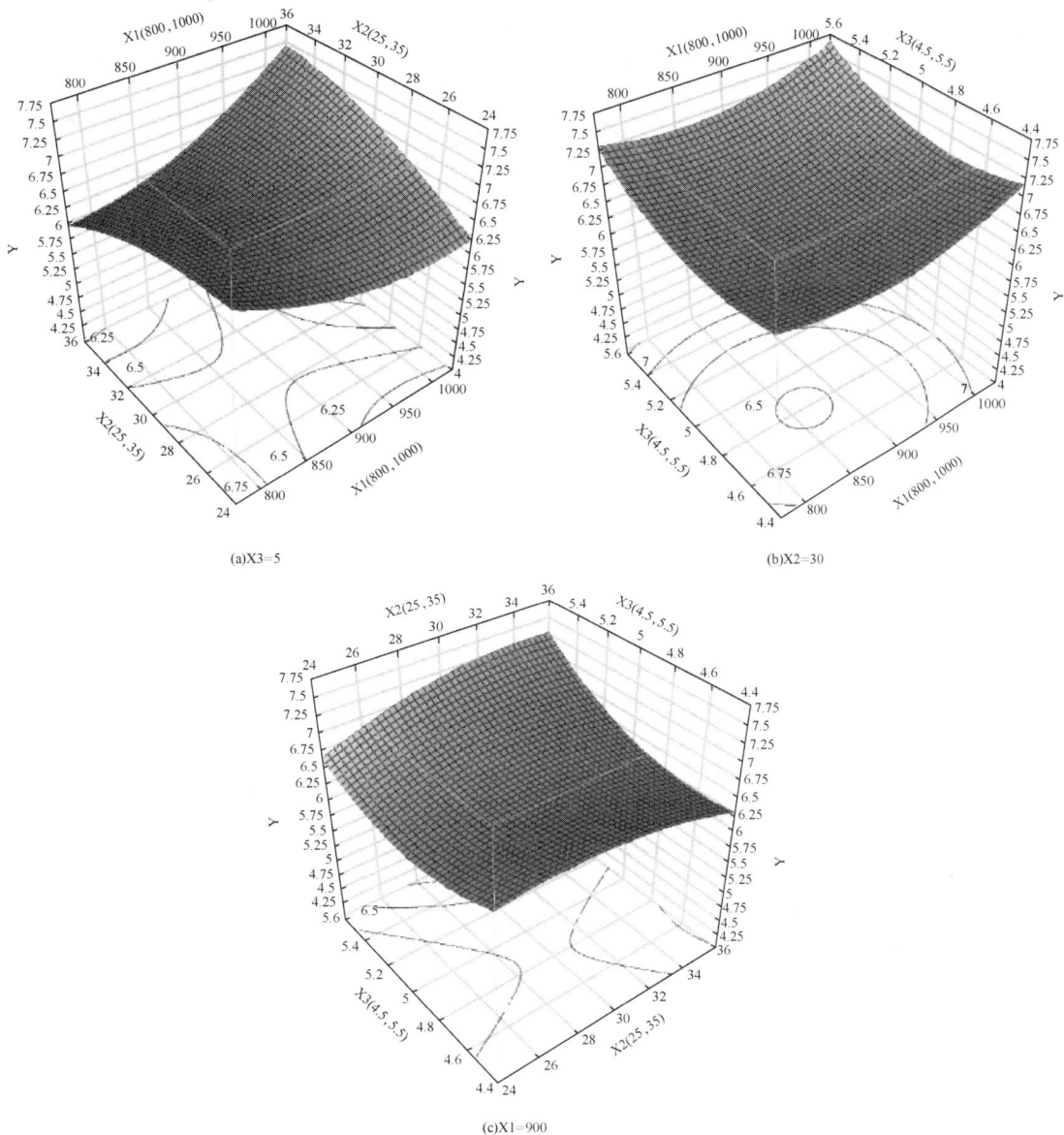

(a)X3=5

(b)X2=30

(c)X1=900

图7-31　各因子对拉伸率响应影响的响应曲面

7.5　Box-Behnken 设计

　　CCD 设计中的试验点在立方体（超立方体）的顶点、中心点和轴点上，其是在完全析因设计或者分辨率等于或大于 V 的部分析因设计基础上增加坐标轴上的点构成的，是一种序贯设计。

　　Box 和 Behnken 在 20 世纪 60 年代提出了一种新的响应曲面设计类型，简称 BB 设计，其要求因子数为 3～7。图 7-32 给出三因子 Box-

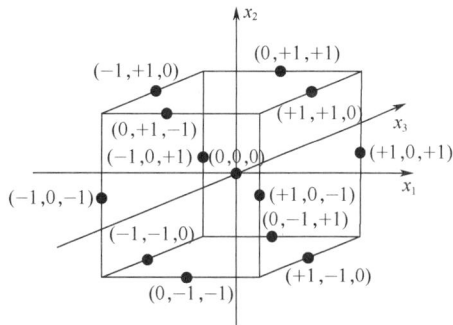

图7-32　三因子的Box-Behnken 设计试验点

Behnken 设计的图解，所有试验点都在立方体的棱边的中心而不是顶点，每个点均位于半径为 $\sqrt{2}$ 的球面上，可见 Box-Behnken 设计是一个球面设计，各试验点的因子水平组合如表 7-19，可见每个试验点均包含 1 个 0 水平的因子，正是这个 0 水平的因子，使得每个试验点都位于立方体的棱边中心。

当立方体顶点所代表的因子水平组合因试验成本过于昂贵，或因实际限制而不可能做试验时，此设计就显示出它特有的长处。但是，由于 Box-Behnken 设计中没有析因试验点，因此它不是序贯设计，只具有近似旋转性。

表 7-19　三因子 Box-Behnken 设计试验点水平组合

试验点类别	x_1	x_2	x_3
棱边点	−1	−1	0
	−1	0	−1
	−1	0	1
	−1	1	0
	0	−1	−1
	0	−1	1
	0	1	−1
	0	1	1
	1	−1	0
	1	0	−1
	1	0	1
	1	1	0
中心点	0	0	0

【例 7-8】赤泥是从铝土矿中提炼氧化铝后残留的一种红色、粉泥状且具有高含水量的强碱性固体废渣，含有 NaOH 和 Na_2CO_3 等可溶性 Na，其析出会严重影响赤泥在建筑材料中的应用。文献[28]用溶胶凝胶法与烧结法相结合的方法制备了一种可有效去除钠离子的吸附剂，以钠离子去除率（Y，%）为评价指标，以 Al 掺量、煅烧温度和煅烧时间为因子变量，通过 Box-Behnken 响应曲面法组织试验以优化吸附剂制备工艺参数。表 7-20 为三个因子的水平设置，表 7-21 为试验方案及试验结果，解答下列问题。

（1）建立表 7-21 的 Box-Behnken 试验方案并录入试验数据；

（2）评估试验方案的预测能力；

（3）建立钠离子去除率的回归模型；

（4）给出制备吸附剂的最优工艺参数条件及最大钠离子去除率。

解：

（1）在 JMP 的响应曲面设计窗口，默认响应 Y 代表钠离子去除率，默认目标为最大化，输入三个分别代表 Al 掺量、煅烧温度和煅烧时间的因子 X_1、X_2、X_3，按表 7-20 输入各因子的 −1 和 +1 水平值，在"选择设计"列表中选择试验次数为 15、中心点次数为 3 的 Box-Behnken 设计，在"显示和修改设计"栏中将中心点次数由 3 改为 5，即得到中心点次数为 5、总试验次数为 17 的试验设计表，录入响应 Y 的数据。

表 7-20　吸附剂制备试验的因子水平设置

因子水平	Al 掺量/%		煅烧温度/℃		煅烧时间/h	
	自然变量 X_1	编码 A	自然变量 X_2	编码 B	自然变量 X_3	编码 C
+1	60	1	500	1	7	1
0	40	0	400	0	5	0
−1	20	−1	300	−1	3	−1

表 7-21　吸附剂制备试验方案及结果

试验序号	X_1	X_2	X_3	Y
1	20	300	5	79.64
2	60	300	5	90.95
3	20	500	5	86.34
4	60	500	5	92.97
5	20	400	3	88.23
6	60	400	3	94.84
7	20	400	7	88.5
8	60	400	7	95.9
9	40	300	3	84.95
10	40	500	3	91.33
11	40	300	7	90.25
12	40	500	7	90.8
13	40	400	5	93.44
14	40	400	5	94.25
15	40	400	5	94.88
16	40	400	5	95.23
17	40	400	5	95.17

（2）图 7-33 分别给出中心点的预测方差为 0.2，而在预测立方顶点时具有最大预测方差 1.36，远大于各种中心复合设计方法，这是由于该设计中没有立方顶点的试验点所致。和正交中心复合设计一样在方差曲线的中心点上有凸起，图 7-34 的预测方差曲面图上表现出一定的圆角正方形特征，表明该设计具有"近似旋转性"。

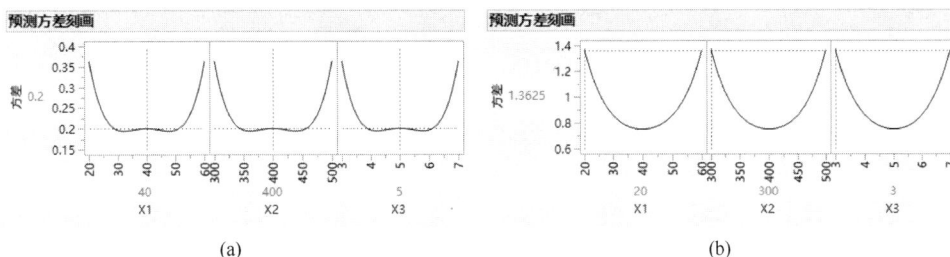

图 7-33　Box-Behnken 设计的预测方差刻画

（3）图 7-35 为经剔除不显著项后得到的模型回归分析报表，并经残差图分析，可以给出钠离子去除率的自变量编码形式回归模型为：

$$Y = 94.41 + 3.99\frac{X_1 - 40}{20} + 1.96\frac{X_2 - 400}{100} + 0.76\frac{X_3 - 5}{2}$$

$$-1.17\frac{X_1 - 40}{20} \times \frac{X_2 - 400}{100} - 1.46\frac{X_2 - 400}{100} \times \frac{X_3 - 5}{2}$$

$$-2.31\left(\frac{X_1 - 40}{20}\right)^2 - 4.85\left(\frac{X_2 - 400}{100}\right)^2$$

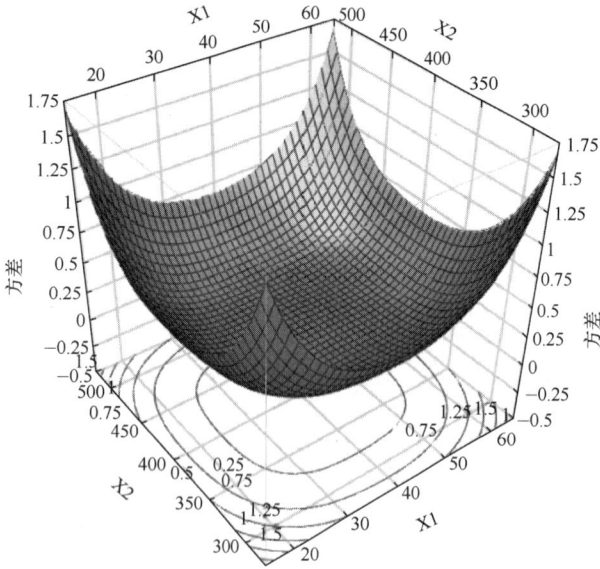

图7-34 Box-Behnken 设计的预测方差曲面

响应 "Y"

失拟

源	自由度	平方和	均方	F比
失拟	5	4.7612563	0.952251	1.6794
纯误差	4	2.2681200	0.567030	概率>F
总误差	9	7.0293763		0.3178
				最大 R方
				0.9927

拟合汇总

R方	0.977431
调整 R方	0.959878
均方根误差	0.883766
响应均值	91.03941
观测数（或权重和）	17

方差分析

源	自由度	平方和	均方	F比
模型	7	304.43752	43.4911	55.6834
误差	9	7.02938	0.7810	概率>F
校正总和	16	311.46689		<.0001*

参数估计值

项	估计值	标准误差	t比	概率>|t|
截距	94.411053	0.351173	268.84	<.0001*
X1(20,60)	3.99375	0.312458	12.78	<.0001*
X2(300,500)	1.95625	0.312458	6.26	0.0001*
X3(3,7)	0.7625	0.312458	2.44	0.0373*
X1*X2	-1.17	0.441883	-2.65	0.0266*
X2*X3	-1.4575	0.441883	-3.30	0.0093*
X1*X1	-2.314868	0.430097	-5.38	0.0004*
X2*X2	-4.849868	0.430097	-11.28	<.0001*

图7-35 构建回归模型及方差分析

（4）如图7-36所示，同样在预测刻画器中利用最大化意愿方法求得最大的钠离子去除率为96.9%，95%的置信区间为［95.7%,98.1%］，对应的最优参数为Al掺量（X_1）57.4、煅烧温度（X_2）398℃、煅烧时间（X_3）7h，靠近$X_1=60$、$X_2=400$、$X_3=7$的棱边点。

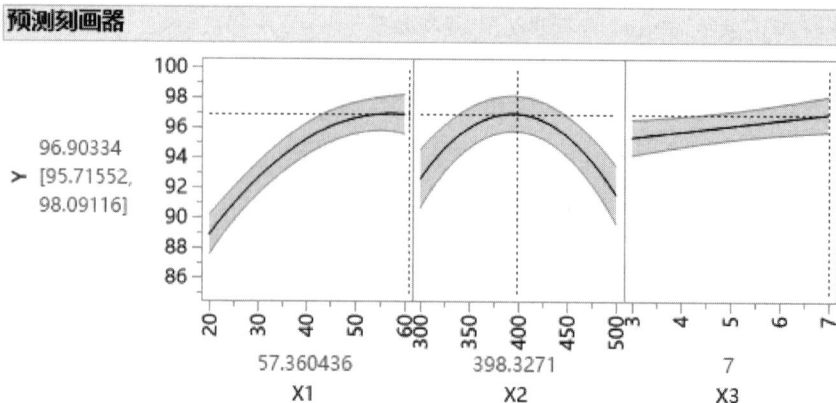

图7-36 最大的钠离子去除率及对应因子组合

练习

1. 简述 RSM 方法的原理。

2. 构建例 7-1 试验方案，录入试验数据并建立拟合模型，给出最速上升方向；假设在最速上升方向上温度的步长为 3℃、4℃ 和 5℃，对应的时间步长应该是多少？

3. 构建例 7-2 试验方案，录入试验数据并建立拟合模型，评价失拟检验和模型残差图分析结果并给出下一步试验建议。

4. 构建例 7-3 试验方案，录入试验数据并建立拟合模型，进行该模型检验和模型诊断，并用曲面刻画器和等高线刻画器估计最大产率值及对应的温度、时间值。

5. 响应曲面设计包含几类设计点，叙述它们的作用。

6. 例 7-5 中，考察沟垄高度、行坡度和田面坡度引起的正磷酸盐损失（Y_2），解答下列问题：

（1）建立表 7-13 所示的正交旋转中心复合设计方案并录入试验结果数据；

（2）评估所建立的试验方案的预测方差特性，并与例 7-4 的试验方案进行对比；

（3）建立回归模型，评估各因子对响应的影响特征；

（4）给出最优工艺条件。

7. 例 7-6 中，考察响应变量 FAME 的纯度，解读下列问题：

（1）构建表 7-16 的试验设计方案并录入数据；

（2）评估试验设计方案的预测能力；

（3）建立 FAME 纯度与各因子变量的回归模型；

（4）给出最大化 FAME 纯度的最优条件。

8. 例 7-7 中，分别考察硬度、极限抗拉强度和屈服强度几个响应变量，解答下列问题：

（1）构建表 7-18 所示的 FSW 试验方案表并输入各响应变量试验结果；

（2）评估该试验方案的预测能力；

（3）建立各响应变量与三个因子的响应曲面模型；

（4）分别给出最大化硬度、极限抗拉强度和屈服强度的值及响应的工艺参数组合。

9. 根据例 7-4～例 7-8，对比分析各种响应曲面法的预测方差。

第 8 章

混料设计

8.1 混料设计及约束条件

混料设计（mixture design）是解决科学研究和生产过程中各种成分比例与响应指标关系的试验组织方法。例如，材料、化工、食品、制药等行业存在的典型配方设计问题。其最为核心的特点是总组成受控，即所有组分占比的加和恒为 1（即 100%），用数学语言描述为：对于一个包含 p 个组元的混合物体系，如果使用 x_1，x_2，$\cdots$，x_p 表示各个组元所占的比例，则有

$$\sum_{j=1}^{p} x_j = x_1 + x_2 + \cdots + x_p = 1 \tag{8-1}$$

其中，

$$0 \leqslant x_j \leqslant 1 \quad j = 1, 2, \cdots, p \tag{8-2}$$

显然，当 $p=1$ 时体系由单一组元组成，该组元占比 x_j 必为 1。

需要说明的是，通常使用质量分数作为组分占比 x 的取值，在不考虑化学变化时也可以使用摩尔分数，但较少使用体积分数，原因是"混合"这一操作不会对组元的质量产生影响，而可能会存在较大的体积变化风险。例如，酒精与水混合时发生体积收缩，若选择体积分数作为衡量参数，则大大增加了定量试验操作时数学换算的复杂性。

可以将混料试验中涉及的因子分为混料因子和过程因子两大类，前者指混合物中各组元的分量，工程上常被称为成分、组分或者配方等；而过程因子则包含了除混合成分之外的一些过程变量，例如加工制备的工艺参数、环境条件等。显然，考虑过程因子，甚至过程因子与混料因子交互作用的模型将更为复杂，本章仅讨论混料因子的影响，本章后文出现的"因子"特指混料因子。

根据式（8-1）可知，混料因子的水平不是完全独立的，而应至少遵从式（8-1）所反映的这条基本约束。如果采用"试验空间"的方式来描述混料因子的不同取值，可以较容易地借助空间维度的降低来理解这种约束所带来的自由度降低。

"试验空间"是以每一因子的连续取值范围作为一条空间坐标轴而建立起来的空间图形，试验因子的某种水平组合对应该空间内的某一点。因子个数给定了试验空间的初始维度，而工程问题本身对因子可取值的具体限制（即约束条件），则规定了试验空间的实际维度和形状边界。边界之外的区域代表不满足约束条件的水平组合，不能取值。因此试验空间也称为

"试验参数区域""约束的试验区域""因子空间""约束因子空间"，试验设计的"设计空间"或"作业空间"等。事实上在前面的章节中已经多次使用了试验空间来形象化地展示不同试验设计策略下具体试验点的取值方式。

下面以 $p=2$（2因子）和 $p=3$（3因子）两种情况为例来说明混料试验设计试验空间的独特性。

2因子常规试验（非混料试验）的试验空间表现为一个平面矩形（通常绘制为正方形），如图8-1（a）中正方形所示，该例中两个因子 x_1、x_2 的取值范围均为-1到1之间。同理，3因子常规试验（非混料试验）的试验空间通常绘制为立方体，如图8-1（b）中立方体所示，该例中三个因子 x_1、x_2 和 x_3 的取值范围也均为-1到1之间。混料试验必须同时满足式（8-1）和式（8-2）两个约束条件，因此2因子混料试验的试验空间被压缩为图8-2（a）中的斜线线段 EF，其两个端点 E 和 F 分别表示单一组元体系，线段中间的任意一点则表示两组元混料时的一种可能的配方剂量，线段之外的所有点都因违反式（8-1）这条"混料"的客观规律而不可再取。同理，3因子混料试验的试验空间被压缩为图8-2（b）中的三角形 EFG，三角形三个顶点对应单一组元体系，三条边中间线段上的点对应两组元体系，三角形内部的点对应三组元混料的情况。可直观地看出，混料试验的试验空间均比常规试验降低了一个维度，通常把降维后的线段或三角形称为单纯形（simplex）空间，借助这些单纯形空间展开的混料设计统称为单纯形设计。

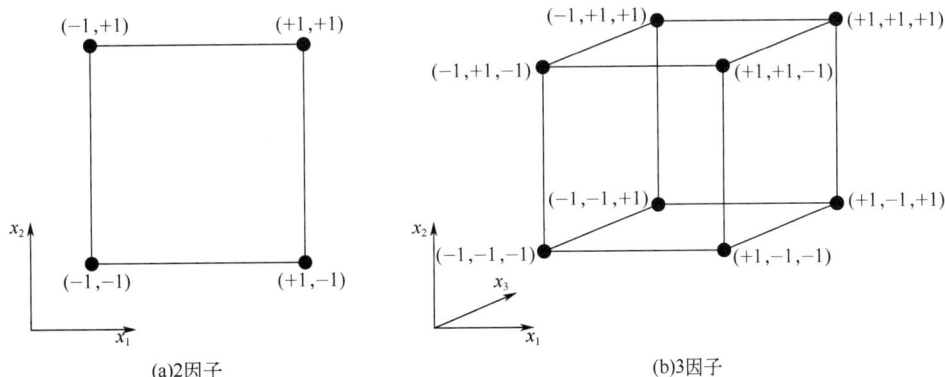

图8-1　常规试验的试验空间

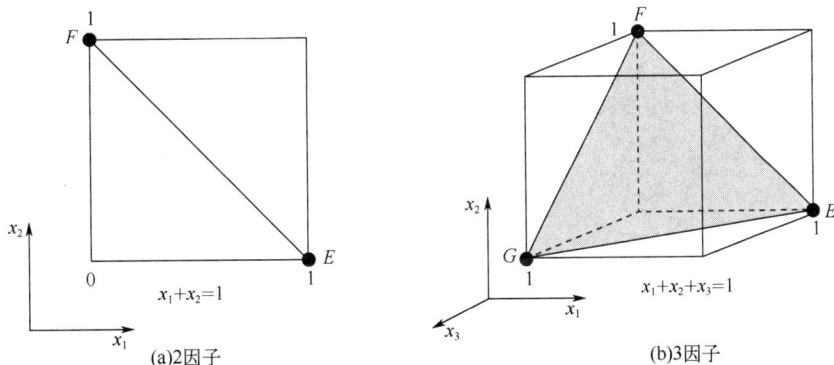

图8-2　混料试验的试验空间

在一个混合体系中，各个组元的占比 x_j 可能会在式（8-2）的基础上存在额外约束，如某组元含量有下限或上限要求等，这在日常生活和工程应用中非常常见。例如制作馒头时，面粉、水这类基本原料的含量必然不应低于一定的下限值，而如果同时要求酵母和面粉在特殊比例下实施发酵，甚至还需要考虑两者含量间的线性约束，可以将这些额外约束分为简单约束和复杂约束两大类。

简单约束指仅存在下界约束的情况，即

$$0 \leqslant a_j \leqslant x_j \leqslant 1 \quad j = 1, 2, \cdots, p$$

此时所有组元的下界求和是一个已知常数，在具体问题下固定不变，设为 $A_0 = \sum_{j=1}^{p} a_j$。若将 $1 - A_0$ 看作新的整体，则可将

$$x_j' = \frac{x_j - a_j}{1 - A_0} \quad j = 1, 2, \cdots, p$$

看作一个新的可变参量来表征新整体中 j 组元的含量，称为伪分量（pseudo component）。这时可以发现，伪分量完全符合式（8-1）和式（8-2）的要求，因此就伪分量展开试验设计和分析时，与完全无额外约束的问题没有本质区别，可以通用单纯形设计原理。

然而，如果待处理的问题出现了上界约束，不论是否同时存在下界约束，都将使问题变得复杂。图 8-3 展示了 A-B-C 三组元混合体系（即 3 因子混料试验）的试验空间。其中图（a）为无额外约束的情况，试验空间为图中完整三角形 ABC；图（b）为三组元分别存在含量下限 a_1、a_2、a_3 的情况，试验空间缩小为图中小三角形 DEF；图（c）为三组元分别存在含量上限 b_1、b_2、b_3 的情况，试验空间被切割为了图中不规则多边形 $GHIJKL$，这完全偏离了单纯形试验空间的形状（三角形），不能再简单套用后面 8.3 节介绍的单纯形设计原理。而且可以预见，如果不同组元含量之间还存在线性约束等其他限制，情况将更为复杂。本章将在 8.4 节简单介绍应对这类复杂约束问题的其中一种方法——极端顶点混料设计方法，该方法具体应用时涉及大量数学原理和计算，好在现在可以利用计算机来辅助生成试验设计方案，这对于工程人员快速上手解决实际问题大有帮助。

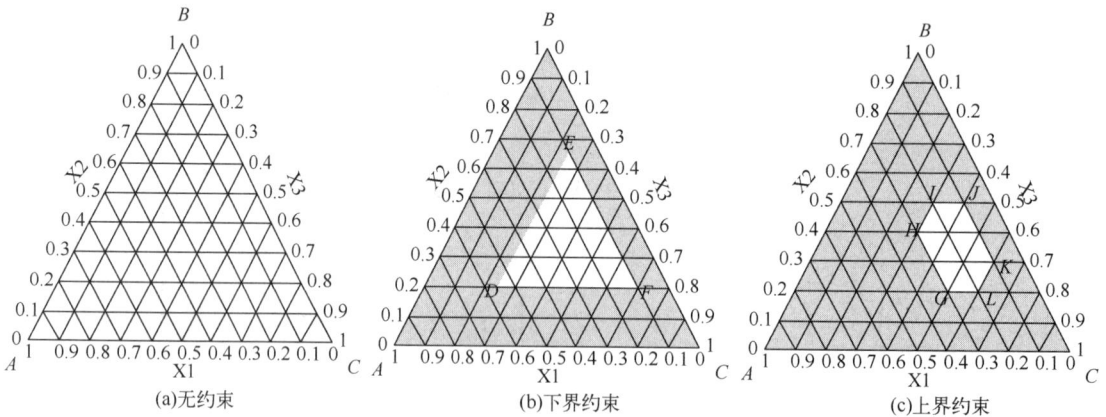

图8-3　不同约束下的混料设计试验空间

事实上，混料试验设计方法的应用场合不仅限于字面意义上的"混料设计"或"配方设计"，只要所面对的问题包含一组因子，它们的总和是一个常数，都可以借鉴本章介绍的混料试验设计方法加以处理。

8.2 混料设计模型

由于有式（8-1）的约束 $\sum\limits_{j=1}^{p} x_j = 1$ 存在，混料试验的回归模型与因子试验的标准模型，即响应曲面设计中使用的多项式模型有所不同，一般使用 Scheffe 多项式混料模型进行回归分析，其典型特征为线性模型无截距项、二次模型无平方项等。

（1）线性模型

指标函数，即目标响应

$$y = \sum_{j=1}^{p} \beta_j x_j \tag{8-3}$$

参数 β_j 表示纯组元（即 100%为组元 j）时的期望响应，即单组元的独立效应。

与式（7-3）相比，式（8-3）唯一的区别就是没有截距项，这一特点可以简单推导如下：假设混料设计线性模型亦存在截距项，则其一般形式可以写作

$$y = \beta_0' + \sum_{j=1}^{p} \beta_j' x_j$$

因为

$$\sum_{j=1}^{p} x_j = 1$$

所以有

$$y = \beta_0' + \sum_{j=1}^{p} \beta_j' x_j = \beta_0' \sum_{j=1}^{p} x_j + \sum_{j=1}^{p} \beta_j' x_j = \sum_{j=1}^{p} \beta_0' x_j + \sum_{j=1}^{p} \beta_j' x_j = \sum_{j=1}^{p} (\beta_0' + \beta_j') x_j$$

令

$$\beta_j = \beta_0' + \beta_j' \qquad j = 1, 2, \cdots, p$$

于是得式（8-3）$y = \sum\limits_{j=1}^{p} \beta_j x_j$。

由于混合组元间的交互作用可能产生协同或对立效应从而使响应偏离线性模型，即不同组分之间的混合可能引起目标响应的弯曲，此时需要使用更高阶的模型。如图 8-4 所示以 $p=2$ 的两组元混合体系（即 2 因子混料试验）为例展示二阶混合与三阶混合项的响应，其中图（a）～图（c）分别为没有交互作用的线性模型、需要使用二阶混合模型和三阶混合模型描述的情形。当同时涉及线性和交互混合部分，如图（d）与图（e）所示，总效应为诸多效应的叠加，因此在接下来介绍的非线性模型标准形式中仍包含有线性混合项 $\sum\limits_{j=1}^{p} \beta_j x_j$。

事实上，高阶模型的标准形式中均包含所有低阶混合项，如立方模型标准形式中除了包含线性混合项外还包含二阶混合项，了解这一关系后下文复杂的高阶多项式将变得更易理解。

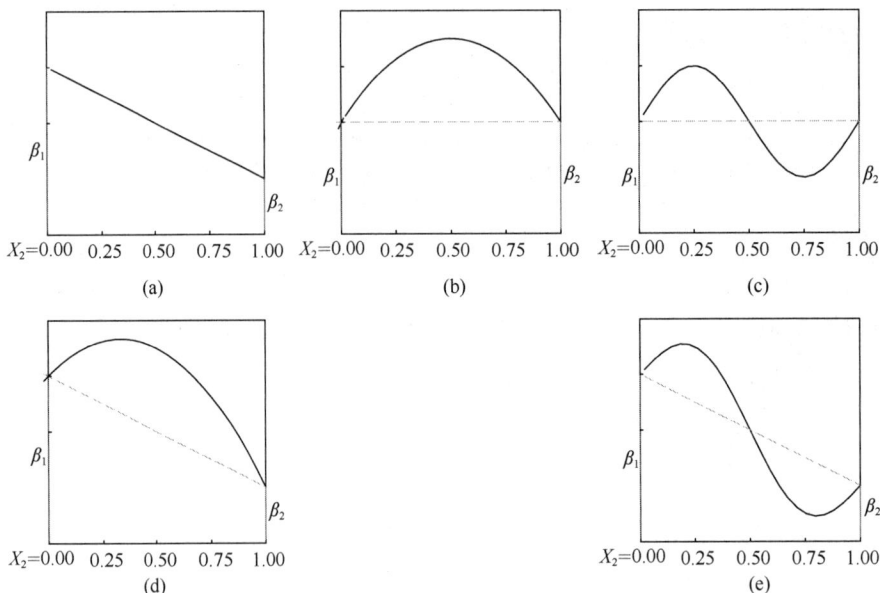

图8-4 因子混料试验中的二阶混合效应与三阶混合效应

（2）非线性模型

二阶混料试验模型标准形式为

$$y = \sum_{j=1}^{p} \beta_j x_j + \sum_{1 \leqslant j < k}^{p} \beta_{jk} x_j x_k \qquad （8-4）$$

常用的立方模型（三阶模型）标准形式为

$$y = \sum_{j=1}^{p} \beta_j x_j + \sum_{1 \leqslant j < k}^{p} \beta_{jk} x_j x_k + \sum_{1 \leqslant j < k < l}^{p} \beta_{jkl} x_j x_k x_l \qquad （8-5）$$

需要说明的是，式（8-5）为统计学化简后的立方模型，称为特殊立方模型。其相较于完全立方模型缩减了一项，大大减少了估计系数时所需的试验组数，因此虽然该模型精度有所下降，但在工程实践中可被允许且具有较大的成本优势，成为更为常用的立方模型。

式（8-4）和式（8-5）中，参数 β_{jk} 表示两组元（组元 j 与组元 k）混合时的交互效应，$\beta_{jk} > 0$ 时两效应协同增强，而 $\beta_{jk} < 0$ 时两效应对立削减。同理，参数 β_{jkl} 表示三组元（组元 j、组元 k 与组元 l）混合时的交互效应。

与一般的多项式模型相比，式（8-4）没有对应 $j = k$ 的平方项，而式（8-5）中也不存在对应 $j = k = l$ 的立方项，更高阶的情况亦如此。这也是由于式（8-1）的限制所致，数学推导与上文无截距项特点的推导类似，此处不再赘述。

如同前文将式中 $\sum_{j=1}^{p} \beta_j x_j$ 部分称为线性混合项，也将式中 $\sum_{1 \leqslant j < k}^{p} \beta_{jk} x_j x_k$ 部分称为二阶混合项，$\sum_{1 \leqslant j < k < l}^{p} \beta_{jkl} x_j x_k x_l$ 部分称为三阶混合项，这样的称呼有利于理解模型各部分的物理意义。

以二阶模型为例，在图8-4（d）所展示的效应中，线性混合项描述了向上抬升的斜线基底，而二阶混合项则描述了其中向上弧形隆起的部分。可见，越复杂的效应规律需要越高阶的模型来描述，同时越高阶的模型越精细，可以有效避免效应混杂，预测精度越高。在工程实际中，效应规律偏离线性模型的情况更为常见，但这并不意味着线性模型在实践中失去存在的价值。毕竟越高阶的模型包含越多的未知系数，需要设计更多组的试验点来完成估计，尤其是当组元数量较多时，估计低阶模型需要的试验次数往往比估计高阶非线性模型少得多，因此可以先使用较少的试验次数估计一个线性模型，筛选出更为显著的因子，进而针对性地对这些数量较少的显著因子开展进一步试验以获得非线性模型，如此可以较大幅度节省试验成本。

8.3 单纯形格子设计

8.3.1 单纯形格子设计理论

单纯形设计主要包括单纯形格点（simplex lattice）设计和单纯形重心（simplex centroid）设计两种方式，两者试验点的取值方式都可以理解为对单纯形试验空间的几何划分，因此要求保持试验空间本身几何形状的规则性，即只有各个组元的占比 x_j 无额外约束或仅存在下界约束时方可使用。

单纯形格点设计是通过均分、组合的方式进行试验点取值的设计方法，可用于估计非线性模型，其表示方式为 $\{p,m\}$，其中 P 为因子个数即组元数量，m 称为估计的阶数，$\{p,m\}$ 意为对于由 p 种组元组成的混料体系，将其总量均分为 m 等份，这 m 等份可由 P 个组元任意组合，以此得到的所有水平组合即为 $\{p,m\}$ 单纯形格点设计的试验点取值。具体到每种组元在整体中的占比则可能为 $0, \dfrac{1}{m}, \dfrac{2}{m}, \cdots, \dfrac{m}{m}$ 中的任意一种情况，可见每个因子的水平数将为 $m+1$，但鉴于混料设计的特殊性，一般直接称阶数 m 为水平数。

以 $p=3$ 的 $A\text{-}B\text{-}C$ 三组元混合体系（即 3 因子混料试验）为例，可以提出 $\{3,1\}$、$\{3,2\}$、$\{3,3\}$、$\{3,4\}$ 等多种单纯形格点设计方案，其在试验空间的试验点取值如图 8-5 所示。可以看到以这些试验点为顶点构成了一系列小的三角形网格，这正是"格点"设计这一名称的由来。

$m=1$，意味着将混料体系均分为 1 等份，只能对应 1 种组元的情形，因此只包含纯 A（$x_1=1,x_2=x_3=0$）、纯 B（$x_2=1,x_1=x_3=0$）、纯 C（$x_3=1,x_1=x_2=0$）三个水平组合。这三个试验点位于试验空间三角形顶点位置，如图 8-5（a）所示。

$m=2$，意味着将混料体系均分为 2 等份。这 2 等份可以对应同一组元，即试验空间三角形的三个顶点；也可以由 3 个组元中的任意两种组合而成，即 $A\text{-}B$ 各占 1/2 $\left(x_1=x_2=\dfrac{1}{2},\ x_3=0\right)$、$B\text{-}C$ 各占 1/2 $\left(x_2=x_3=\dfrac{1}{2},\ x_1=0\right)$、$A\text{-}C$ 各占 1/2 $\left(x_1=x_3=\dfrac{1}{2},\ x_2=0\right)$。增加的这三个试验点位于试验空间三角形的三条边上，如图 8-5（b）。

$m=3$，意味着将混料体系均分为 3 等份。这 3 等份可以对应同一组元，即试验空间三角形的三个顶点；也可以由 3 个组元中的任意两种组合而成，其中一种组元占 1/3，另一种占 2/3，根据排列组合原理共有 $C_5^3=\dfrac{5!}{3!(5-3)!}=10$ 个试验点，其中 9 个试验点位于试验空间三角形的三条边上，另一个由全部 3 个组元各占 1/3 组成，该试验点位于试验空间三角形的质心位置，如图 8-5（c）。

同理，当 $m=4$，意味着将混料体系均分为 4 等份，试验点共有 $C_6^4 = \dfrac{6!}{4!(6-4)!} = 15$ 个试验点，其中 12 个点位于试验空间三角形的三条边上，3 个试验点位于试验空间三角形的内部，如图 8-5（d）所示。

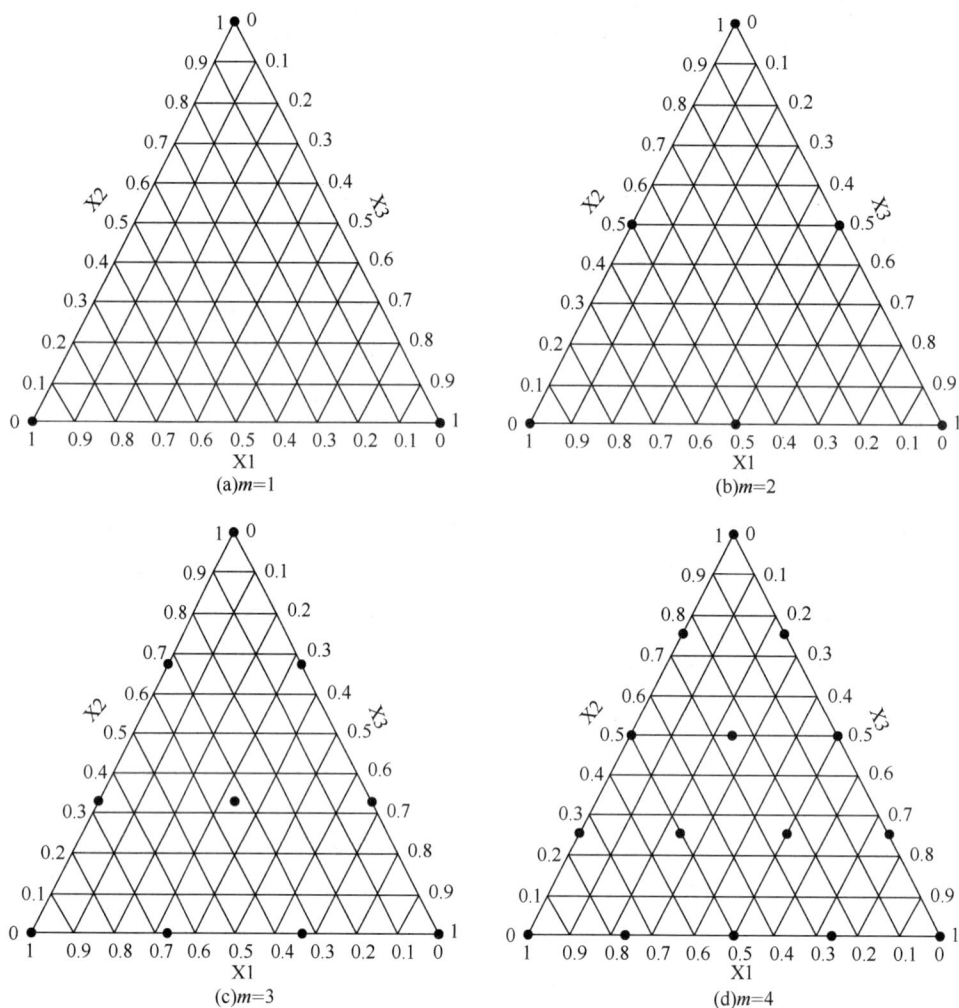

图8-5　$p=3$ 的因子混料试验点方案

推而广之，$\{p,m\}$ 单纯形格点设计的试验点数量为

$$N = C_{p+m-1}^m = \frac{(p+m-1)!}{m!(p-1)!}$$ （8-6）

借助 JMP 等试验设计软件，只需要给定核心参数 p 和 m，就可以跳过烦琐的手动罗列，轻松获得以上 N 个试验点的详细参数列表。

从以上讨论可以看出，$\{3,1\}$ 单纯形格点设计只包含纯组元成分点，只能用于估计线性模型。同理，$\{3,2\}$ 单纯形格点设计只包含纯组元与两组元成分点，只能用于估计二阶非线性模型，只有 $m \geqslant 3$ 的设计才能够涉及三组元混合，才有可能估计出三组元交互效应，得到三阶模型，且 m 取值越大，试验点数量越多，存在多余的自由度来估计更多的系数，从而获得精度更高的三阶模型。由于混料试验组元总个数 p 决定了回归模型的最大估计阶数，所以 $p=3$ 的情况下并不能获得三阶以上的更高阶模型。也就是说，$m \leqslant p$ 时，m 值直接决定了该设计可以估计的模型的最高阶数，这也是 m 被称为"估计的阶数"的原因。虽然理论上存在 $m > p$ 的单纯形格点设计，但在工程实际中，高阶模型精度的进一步提高往往意义不大，却极大地增加了试验成本，因此较少使用。

表 8-1 为单纯形格子设计点数量，其前 8 列给出了因子数 $p=3 \sim 7$ 这五种情况下，$m=1 \sim 7$ 时单纯形格点设计所需要的试验点数量 N［可由式（8-6）计算得到］。可以看出，随着 p 和 m 值的增加，N 值迅速增大，甚至需要高达成百上千个试验点，通常难以实现。因此，当因子数 $p > 5$ 后，$m > 3$ 的格点设计在工程上就已经很少使用了。而对于较大 p 值的混料试验，$\{p,3\}$ 格点设计虽然可以满足三阶模型估计的基本需求，但也存在较大的缺陷，即同时混合3种以上成分的混料体系根本就没有机会参加试验，这显然是不合理的。单纯形重心设计可以在一定程度上弥补这种缺陷。

表 8-1　单纯形设计试验点数量 N

p	单纯形格子设计							单纯形重心设计	
	m							完整设计	简化设计
	1	2	3	4	5	6	7	$k = p$	$k = 2$
3	3	6	10	15	21	28	36	7	7
4	4	10	20	35	56	84	120	15	11
5	5	15	35	70	126	210	330	31	16
6	6	21	56	126	252	462	792	63	22
7	7	28	84	210	462	924	>999	127	29

需要说明的是，通常在工程上可行的单纯形设计方案，不论是格点设计还是后面将要介绍的重心设计，所获得的试验点大多集中在试验空间的边界上，多因子混合的试验点相对较少，在对设计的均匀性和均衡性要求较高的场合将难以满足要求。这也是单纯形设计的不足之处，通常可以在试验空间内部再增加一些附加点以作补偿。

8.3.2　单纯形格子设计应用实例

【例8-1】紫杉醇（paclitaxel，PTX）是一种从裸子植物红豆杉的树皮分离提纯的天然次生代谢产物，具有良好的抗肿瘤作用，被认为是人类未来 20 年间最有效的抗癌药物之一。文献[29]利用单纯形格子混料设计，使用丙烯酸乙酯（X_1）、丙烯酸甲酯（X_2）和聚乳酸-乙醇酸（X_3）三种聚合物配制混合物试剂，以获得溶血性（Y_1，%）小于 10%、粒径（Y_2，nm）小于 180nm、药物释放率（Y_3，%）大于 70%的血液相容性与抗肿瘤活性优越的 PTX 纳米颗粒药剂，表 8-2 为三因子单纯形格子设计试验方案及试验结果。以溶血性（Y_1）为例，解答下列问题：

（1）建立表 8-2 的单纯形格子混料设计方案并录入试验数据。

（2）建立三个因子对溶血性 Y_1 影响的数学模型。

（3）给出溶血性的等高线图，根据等高线图比较混合试剂与单一试剂的溶血性，标识出溶血性小于 10%的区域。

表 8-2　PTX 药剂的单纯形格子设计试验方案及试验结果

试验序号	因子			响应		
	X_1	X_2	X_3	Y_1	Y_2	Y_3
1	0.0	1.0	0.0	23.23	65.77	82.02
2	0.2	0.8	0.0	19.76	67.74	80.23
3	0.2	0.0	0.8	7.43	210.73	66.92
4	0.0	0.6	0.4	15.89	200.92	72.66
5	0.4	0.0	0.6	9.0	203.67	68.34
6	0.4	0.2	0.4	11.33	198.42	65.58
7	0.4	0.6	0.0	16.89	71.9	78.28
8	0.8	0.2	0.0	18.98	92.77	72.65
9	0.0	0.2	0.8	7.89	209.43	67.32
10	0.0	0.8	0.2	21.58	74.77	78.51
11	0.2	0.0	0.6	10.21	206.22	66.05
12	0.2	0.4	0.4	13.58	198.27	65.7
13	0.6	0.0	0.4	12.98	203.13	69.2
14	0.0	0.4	0.6	12.07	198.36	69.8
15	0.0	0.0	1.0	2.01	214.73	65.0
16	1.0	0.0	0.0	21.0	111.83	70.02
17	0.6	0.4	0.0	20.89	88.77	74.3
18	0.2	0.6	0.2	14.23	197.27	78.64
19	0.6	0.2	0.2	13.67	195.37	68.51
20	0.8	0	0.2	18.25	116.82	69.84
21	0.4	0.4	0.2	17.36	125.97	70.27

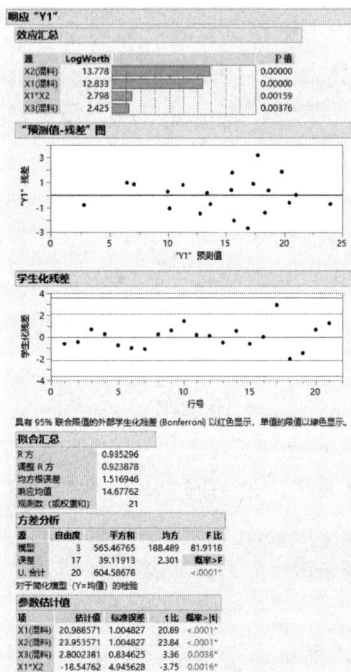

图8-6　混料响应曲面回归报表

解：

（1）根据表 8-2，这是一个没有重复试验的 3 因子 5 水平单纯形格子混料设计。在 JMP 中执行菜单命令"试验设计"→"经典"→"混料设计"，在混料设计窗口中分别输入响应 Y_1 和 3 个因子 X_1、X_2 与 X_3，在选择混料设计类型面板中点击"单纯形格子设计"按钮，默认水平数为 5，试验次数为 21，再点击"制表"按钮，即得到设计方案，参照表 8-1 依照水平组合录入响应 Y_1 的值即完成设计和数据的录入。

（2）混料设计数学模型的建立与响应曲面设计的建模相同，所以构建模型时也称为混料响应曲面。在数据表的窗格中点击"运行模型"按钮，在打开的拟合模型窗口中已自动将三个因子主效应、三个因子的二阶交互效应用于构建模型。在模型报表窗口的效应汇总面板中删除不显著的 $X_2 \times X_3$ 和 $X_1 \times X_3$ 两个交互项，模型中只保留了三个线性项和一个交互作用项 $X_1 \times X_2$，得到如图 8-6 所示报表。

由图可得 PTX 纳米颗粒药剂的溶血性与丙烯

酸乙酯、丙烯酸甲酯和聚乳酸-乙醇酸组成的关系模型为

$$Y_1 = 20.99X_1 + 23.95X_2 + 2.80X_3 - 18.54X_1X_2$$

模型的 F 显著性检验的 P 值小于 0.0001，高度显著；模型的 $R^2 = 0.9353$，接近 1，表明试验点与模型吻合很好。预测值-残差图、学生化残差图均表现出良好的效果，表明数模型和试验数据的合理性。

（3）在报表窗口中打开混料刻画器面板，在混料刻画器菜单中点击"等高线网格"，在弹出对话框中"低值"框输入 2，"增量"框输入 2，得到图 8-7（a）所示溶血性等高线图。由图可见，溶血性等高线为以 X_3 顶点为中心的一组弧线，距离越远溶血性越大，表明 X_3 代表的纯聚乳酸-乙醇酸具有最小的溶血性；X_1 和 X_2 分别代表的纯丙烯酸乙酯和纯丙烯酸甲酯具有最大和较大的溶血性；丙烯酸乙酯和丙烯酸甲酯的混合，则会降低溶血性；丙烯酸乙酯和丙烯酸甲酯与聚乳酸-乙醇酸混合得到的混合试剂，均大于纯聚乳酸-乙醇酸的溶血性，但均小于纯丙烯酸乙酯和纯丙烯酸甲酯的溶血性。

删除图 8-7（a）中等高线网格，在混料刻画器"响应"栏的"等高线"框输入 10，"上限"框输入 10，得到图 8-7（b），溶血性大于 10% 的区域用浅红色标识，溶血性小于 10% 的区域用白色标识，白色区域位于靠近聚乳酸-乙醇酸顶点的扇形区间。

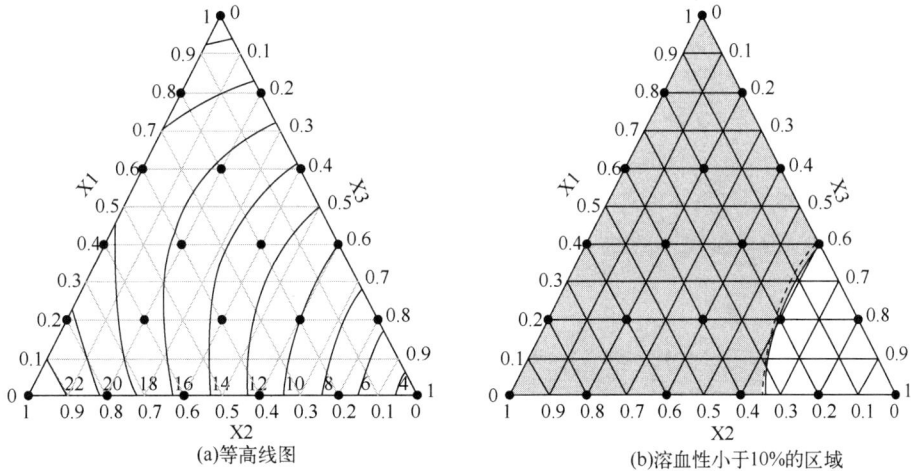

(a)等高线图　　(b)溶血性小于10%的区域

图8-7　溶血性的混料刻画图

【例8-2】混凝土中起骨架或填充作用的粒状松散材料称为混凝土骨料。用建筑工地回收材料取代部分天然砂（natural sand，NS）等天然资源作为混凝土骨料使用有利于建筑业的可持续发展。文献[30]研究了再生砖骨料（recycled brick aggregates，RBA）与再生混凝土骨料（recycled concrete aggregates，RCA）对高性能混凝土使用性能的影响规律。研究中以天然砂、再生混凝土骨料和再生砖骨料三种砂的质量分数（分别用 X_1、X_2 和 X_3 表示）作为混料因子，且要求天然砂的含量 X_1 不低于 25%，以混凝土坍落度（Y_1，cm）、7 天抗压强度（Y_2，MPa）、28 天抗压强度（Y_3，MPa）、7 天抗弯强度（Y_4，MPa）和 28 天抗弯强度（Y_5，MPa）作为响应指标，利用 3 因子 4 水平即{3,4}单纯形格点设计开展试验研究，试验方案及结果列于表 8-3。以混凝土坍落度 Y_1 为例，解答下列问题。

（1）根据表 8-3 完成{3,4}单纯形格点设计并录入试验结果数据。

（2）建立混凝土坍落度与三个因子的混料模型，讨论 RBA 与 RCA 的用量对混凝土坍落度的影响规律，并推测可使混凝土坍落度最大化的成分配比。

表 8-3 混凝土骨料试验方案及结果

试验编号	因子			响应				
	NS /（kg/m³）	RBA /（kg/m³）	RCA /（kg/m³）	Y_1	Y_2	Y_3	Y_4	Y_5
1	182.7	0	532.32	18	58.76	82.54	7.4	12.13
2	182.7	120.05	399.24	16.5	55.52	82.8	8.02	11.37
3	182.7	240.1	266.16	13	52.07	81.72	7.75	11.52
4	182.7	360.15	133.08	9	51.6	81.83	7.97	11.58
5	182.7	480.2	0	6	46.88	77.1	7.55	11.53
6	321.16	0	399.24	14	54.97	76.45	7.52	10.17
7	321.16	120.05	266.16	10	52.4	78.14	7.74	10.29
8	321.16	240.1	133.08	8	47.32	77.1	7.33	10.3
9	321.16	360.15	0	7	45.49	75	7.17	10.72
10	459.61	0	266.16	9	50.35	72.1	7.72	9.97
11	459.61	120.05	133.08	8	50.22	74	7.42	10.87
12	459.61	240.1	0	8	43.83	74.26	7.07	10.91
13	598.07	0	133.08	9	55.33	71.84	8.21	10.86
14	598.07	120.05	0	10	53.55	76.3	7.62	11.63
15	736.53	0	0	16	63.2	80.24	8.75	12.55

解：

（1）本例是一个部分因子有下界约束的单纯形格点设计问题。由于试验方案表 8-3 给出的是单位体积中试验样品各组分的质量，需要转换为质量分数，如表 8-4。可见，由于操作误差，配料并非完全按照理想的水平组成进行精准配置。

表 8-4 转换为质量分数的试验方案及结果

试验编号	因子			响应				
	X_1	X_2	X_3	Y_1	Y_2	Y_3	Y_4	Y_5
1	0.256	0.000	0.744	18	58.76	82.54	7.4	12.13
2	0.260	0.171	0.569	16.5	55.52	82.8	8.02	11.37
3	0.265	0.348	0.386	13	52.07	81.72	7.75	11.52
4	0.270	0.533	0.197	9	51.6	81.83	7.97	11.58
5	0.276	0.724	0.000	6	46.88	77.1	7.55	11.53
6	0.446	0.000	0.554	14	54.97	76.45	7.52	10.17
7	0.454	0.170	0.376	10	52.4	78.14	7.74	10.29
8	0.463	0.346	0.192	8	47.32	77.1	7.33	10.3
9	0.471	0.529	0.000	7	45.49	75	7.17	10.72
10	0.633	0.000	0.367	9	50.35	72.1	7.72	9.97
11	0.645	0.168	0.187	8	50.22	74	7.42	10.87
12	0.657	0.343	0.000	8	43.83	74.26	7.07	10.91
13	0.818	0.000	0.182	9	55.33	71.84	8.21	10.86
14	0.833	0.167	0.000	10	53.55	76.3	7.62	11.63
15	1.000	0.000	0.000	16	63.2	80.24	8.75	12.55

在 JMP 的混料设计窗口中，分别输入响应 Y_1 和因子 X_1、X_2 和 X_3，其中 X_1 的低值为 0.25，以确保其最小值不低于 25%。在单纯形格子设计中输入水平 4，即得到 3 因子 4 水平的设计方案，共计 15 次试验，如图 8-8 所示，其中图（b）所示试验空间中灰色区域对应 $X_1 \geqslant 0.25$ 的约束区。

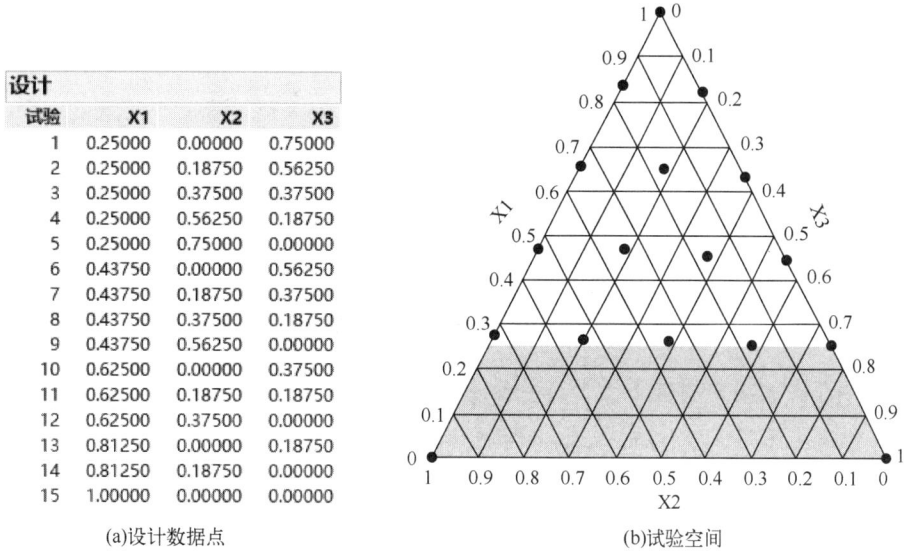

设计			
试验	X1	X2	X3
1	0.25000	0.00000	0.75000
2	0.25000	0.18750	0.56250
3	0.25000	0.37500	0.37500
4	0.25000	0.56250	0.18750
5	0.25000	0.75000	0.00000
6	0.43750	0.00000	0.56250
7	0.43750	0.18750	0.37500
8	0.43750	0.37500	0.18750
9	0.43750	0.56250	0.00000
10	0.62500	0.00000	0.37500
11	0.62500	0.18750	0.18750
12	0.62500	0.37500	0.00000
13	0.81250	0.00000	0.18750
14	0.81250	0.18750	0.00000
15	1.00000	0.00000	0.00000

(a)设计数据点   (b)试验空间

图8-8　混凝土{3,4}单纯形格点设计方案

将表 8-4 的实际配比数据和 Y_1 复制粘贴到生成的试验方案表，完成试验设计和数据录入。

（2）图 8-9 为混凝土混料回归模型分析报表。其中 X_2 与 X_3 的二阶交互作用项不显著被剔除，所得回归模型高度显著，其表达式是中约束，体现为（$X_1-0.25$）项。图 8-10 用预测刻画器和混料刻画器展示 RBA 和 RCA 对坍落度 Y_1 的影响。混料刻画器上的等高线表明，随着 RBA 的增加，混凝土的坍落度会减小，在 RBA 达到最大的 75% 时坍落度最小；相反，随着 RCA 的增加，坍落度会增大，在 RCA 达到最大的 75% 时坍落度最大。预测刻画器上则更细腻地揭示 RBA 与 RCA 的效应：自然砂的含量对坍落度的影响曲线是具有最小值的曲线；RBA 的影响则存在一个"平台"阶段，然后线性降低；在较小的 RCA 含量下，坍落度先是随 RCA 含量增加略有减小，然后随着 RCA 的增加，坍落度快速增加。利用预测刻画器的最大化意愿，可以得到最大的坍落度为 19cm，对应的混料成分点：NS 为 0.25，RBA 为 0，RCA 为 0.75，即由 25% 的天然砂和 75% 的再生混凝土骨料配成的混凝土骨料具有最大的坍落度。

响应 "Y"

方差分析

源	自由度	平方和	均方	F 比
模型	5	1927.7028	385.541	403.8273
误差	10	9.5472	0.955	概率>F
U. 合计	15	1937.2500		<.0001*

对于简化模型 (Y=0) 的检验

效应检验

源	参数数目	自由度	平方和	F 比	概率>F
(X1-0.25)/0.75	1	1	301.84890	316.1660	<.0001*
X2/0.75	1	1	55.92642	58.5791	<.0001*
X3/0.75	1	1	656.04004	687.1570	<.0001*
X1*X2	1	1	10.72193	11.2305	0.0074*
X1*X3	1	1	74.38179	77.9098	<.0001*

预测表达式

$$14.912299307 \cdot \left(\frac{X1-0.25}{0.75} \right)$$

$$+ 6.3021932281 \cdot \left(\frac{X2}{0.75} \right)$$

$$+ 19.427422585 \cdot \left(\frac{X3}{0.75} \right)$$

$$+ \left(\left(\frac{X1-0.25}{0.75} \right) \right) \cdot \left(\left(\frac{X2}{0.75} \right) \cdot -12.82017545 \right)$$

$$+ \left(\left(\frac{X1-0.25}{0.75} \right) \right) \cdot \left(\left(\frac{X3}{0.75} \right) \cdot -31.66085927 \right)$$

图8-9　混凝土混料回归模型

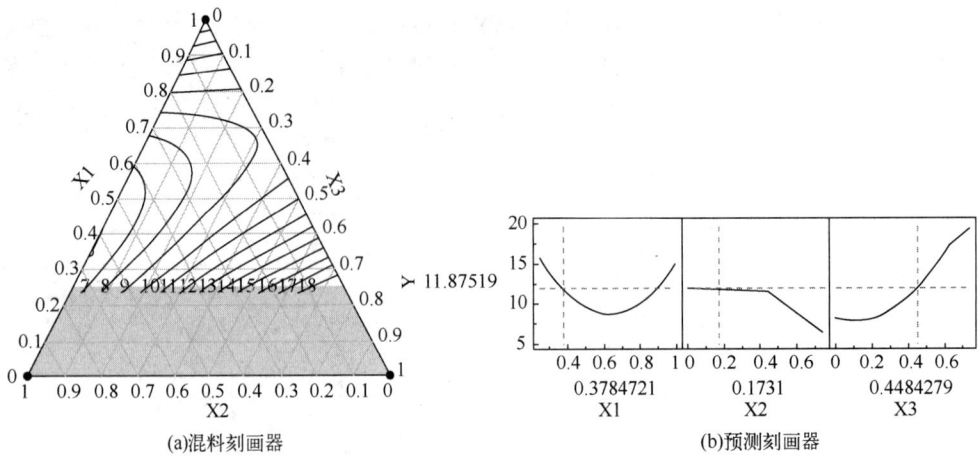

图8-10 RBA和RCA对坍落度的影响

【例8-3】我国磷矿资源丰富，但大部分为中低品位硅钙质类磷矿，含有大量石英、白云石等杂质。传统上采用正-反浮选或反-正浮选方法，均需将矿浆酸碱度进行切换，药剂耗量大、设备耐腐性要求高，而采用单一反浮选脱除镁和硅的方法能够克服上述缺点，但该方法的关键是选择合适的浮选捕收剂。文献[31]用十六烷基三甲基溴化铵、十八烷基二甲基叔胺及十二胺配制浮选捕收剂，以磷精矿品位及回收率为响应变量，通过单纯形格子混料设计方案，对云南某高镁高硅难选胶磷矿进行反浮选试验。表8-5为试验方案及试验结果，其中 X_1、X_2 和 X_3 分别表示十六烷基三甲基溴化铵、十八烷基二甲基叔胺和十二胺的百分比例，Y_1 和 Y_2 分别表示磷精矿品位（%）及回收率（%）。以磷精矿品位 Y_1 为例，解答下列问题。

（1）构建表8-5所示试验方案并录入试验结果；

（2）建立磷精矿品位与浮选捕收剂各组分的关系模型，评价各因子项的效应显著性；

（3）在等高线图上给出最高磷精矿品位的区域。

表8-5 浮选捕收剂的配比方案及浮选试验结果

序号	X_1	X_2	X_3	Y_1	Y_2
1	0.0	0.0	1.0	26.22	78.11
2	0.5	0.0	0.5	26.84	74.89
3	0.33	0.0	0.67	27.31	77.34
4	1.0	0.0	0.0	24.52	62.43
5	0.33	0.33	0.33	27.34	72.46
6	0.67	0.17	0.17	27.25	71.77
7	0.0	1.0	0.0	24.33	59.46
8	0.0	0.5	0.5	26.41	73.18
9	0.5	0.5	0.0	25.11	64.98
10	0.0	0.67	0.33	26.49	71.89
11	0.0	0.33	0.67	26.98	77.24
12	0.17	0.17	0.67	27.94	78.25
13	0.17	0.67	0.17	26.88	70.33

解：

（1）表8-5中的试验点次数与表8-1列出的各水平下的数量不同，在 X_1、X_2 和 X_3 的试验空间中的分布并不均匀。正如后面分析将会看到的，首先采用3因子2水平单纯形格子设计方案对试验体系进行了初探，发现响应 Y_1 与 Y_2 的最大值在更靠近顶点 X_3 的中部多因子混合区域。但当前试验点位于各顶点、连线中心点的边界上，因此为获得更准确的最优值描述，于是先增加一个中心点（0.33，0.33，0.33），即表8-5中 No.5；然后在各顶角的对称轴上增加了3个3等分试验点：（0.67，0.17，0.17）、（0.17，0.17，0.67）和（0.17，0.67，0.17），分别对应表8-5中的 No.6、No.12 和 No.13；再在 X_2 与 X_3 连线上增加两个3等分点：（0.0，0.67，

图8-11　试验点空间分布

0.33）、（0.0，0.33，0.67），分别对应表8-5中的 No.10 与 No.11；在 X_1 与 X_3 连线上增加一个3等分点（0.33，0.0，0.67），对应表8-5中的 No.3。13个试验点的空间分布如图8-11所示，明显的分布不对称，是根据试验需要进行设定的。

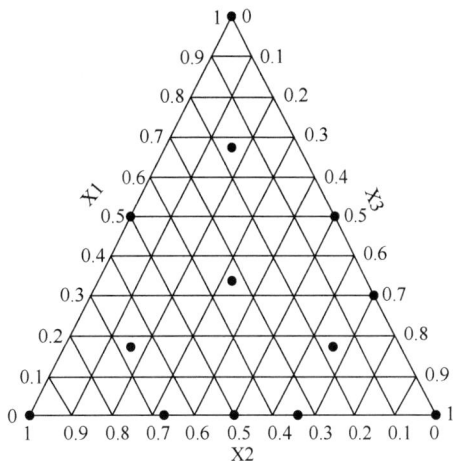

在 JMP 的混料试验设计窗口中设计一个3因子2水平的单纯形格子设计方案并生成6次试验的方案表，然后依次增加试验空间中心点、3个3等分对称轴点和3个3等分顶点连线点，再输入相应的 Y_1 值。

（2）图8-12（a）给出响应 Y_1 与 X_1、X_2 和 X_3 之间回归模型的输出报表，方差分析表明所得模型高度显著，其包含所有的线性项、二阶交互作用项和三个因子的交互作用项。除二阶交互项 X_1*X_2 的 P 值为 0.069 大于 0.05 外，其他各项 P 值都小于 0.01，说明它们都高度显著。特别是 $X_1*X_2*X_3$ 项的 P 值为 0.0077，高度显著，其包含了 X_1*X_2，虽然后者不显著，但根据效应遗传原理，其也保留在模型中。

(a)混料回归模型

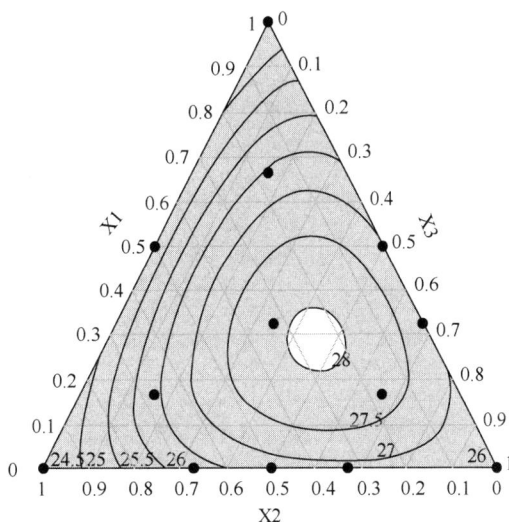

(b)最高磷精矿品位区域

图8-12　混料回归模型显著性及最高磷精矿品位区域

（3）图 8-12（b）给出混料刻画器，其中等高线图表明磷精矿品位的最大值在混料区的中部的值为 28 以上的白色区域中。最大值的分布位于试验点较密集的混料区域，表明在试验方案中增加这些点有助于更精确确定最优点。

8.4 单纯形重心设计

8.4.1 单纯形重心设计理论

单纯形重心设计是在因子个数为 p 的混料试验中，依次按照相等比例混合 $1, 2, \cdots, k(k \leqslant p)$ 种成分的方式进行试验点取值的设计方法，且当 $k < p$ 时，需额外增加成分重心试验点，即以相等比例混合 p 种成分的试验点，每种成分各占相同比例 $1/p$。单纯形重心设计亦可用于估计非线性模型。以 $p=3$ 的 A-B-C 三组元混合体系（即 3 因子混料试验）为例，一共可提出 $k=1$、$k=2$ 和 $k=3$ 三种单纯形重心设计方案，其在试验空间的试验点取值如图 8-13 所示。

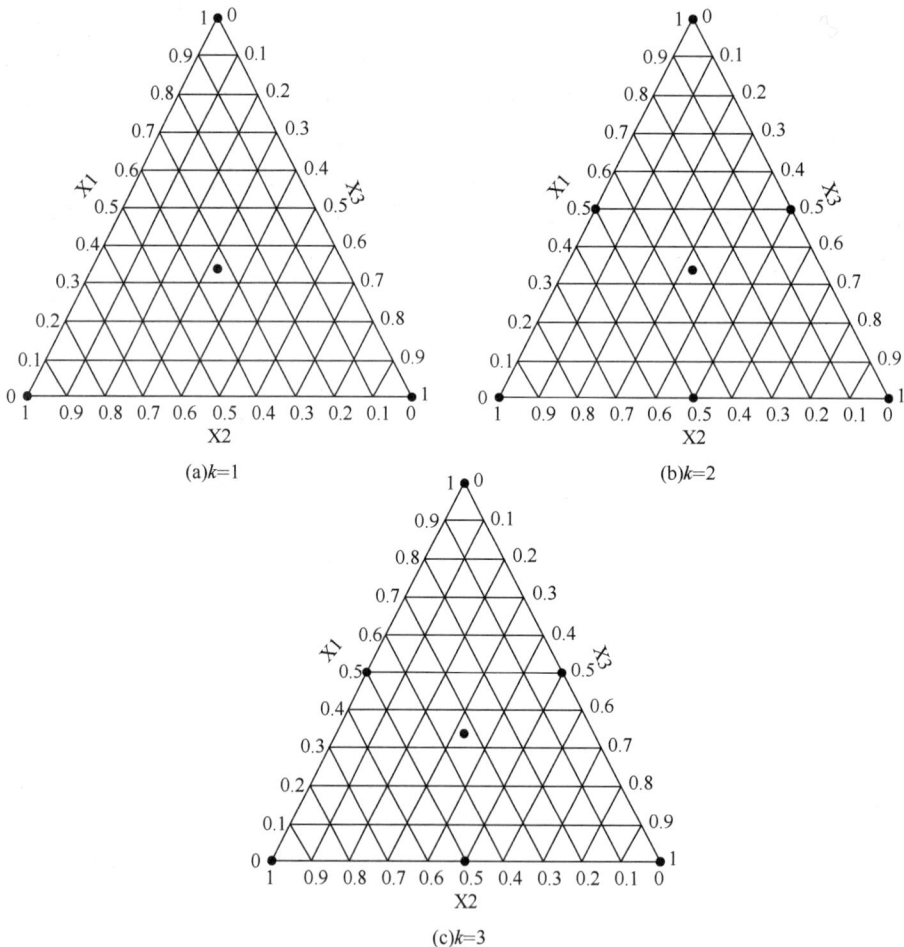

(a)$k=1$

(b)$k=2$

(c)$k=3$

图 8-13 单纯形重心设计试验点

$k=1$ 设计，仅包含以相等比例混合 1 种成分的情况，对应纯 A（$x_1=1$，$x_2=x_3=0$）、纯 B（$x_2=1$，$x_1=x_3=0$）、纯 C（$x_3=1$，$x_1=x_2=0$）三个水平组合，位于试验空间三角形顶点位置。额外增加 A-B-C 各占 1/3（$x_1=x_2=x_3=1/3$）的水平组合，位于试验空间三角形重心位置。

$k=2$ 设计，除包含三个纯组元水平组合外，还包含"以相等比例混合 2 种成分"的情况，即混料体系由其中两种组分组成，各自占比 1/2：A-B 各占 1/2（$x_1=x_2=1/2$，$x_3=0$）、B-C 各占 1/2（$x_2=x_3=1/2$，$x_1=0$）、A-C 各占 1/2（$x_1=x_3=1/2$，$x_2=0$）。这三个试验点位于试验空间三角形的三条边的中点。

$k=3$ 设计，与 $k=2$ 设计相同。

必须指出的是，JMP 等设计软件在单纯形重心设计中可以很容易地给出 $k<p$ 的设计方案，但所给出的方案并不包括额外增加的成分重心试验点，因此需要手动在所得到的试验方案中添加重心点以完成单纯形重心设计。

一般将 $k=p$ 的重心设计称为完整单纯形重心设计，其包含的试验点数量

$$N_{full}=\sum_{n=1}^{p}C_p^n=2^p-1 \tag{8-7}$$

将 $k<p$ 的重心设计称为简化的单纯形重心设计，其中 $k=2$ 的设计最为常用，该简化设计包含的试验点数量

$$N_{red}=p+C_p^2+1=p+\frac{p!}{2!(p-2)!}+1 \tag{8-8}$$

在表 8-1 的后 2 列给出了因子数 $p=3\sim7$ 这五种情况下，$k=p$ 完整重心设计和 $k=2$ 简化重心设计时所需要的试验点数量［可由式（8-7）和式（8-8）计算得到］。可以看出，当因子数 $p\geqslant5$ 后，即使是 $k=p$ 的完整重心设计，所需要的试验点数量较同阶的 $m=p$ 的格点设计都有大幅度的下降。换句话说，此时完整重心设计使用与 $\{p,3\}$ 格点设计有相近的试验次数，涵盖了同时混合 3 种以上成分的试验点，在一定程度上弥补了 $\{p,3\}$ 格点设计的不足。还可以看到，$k=2$ 简化重心设计的试验次数又有进一步的下降，这在 p 值较大的多元混料试验中是十分有利的，可以先通过简化重心设计，使用较少的试验次数完成显著因子筛选和低阶模型估计，进而针对较少的显著因子开展进一步试验，降低试验总成本。

综上，一般情况下，对于组元数较少（$p\leqslant4$）的混料试验，大可不必过多纠结于单纯形设计具体方法的选择，在试验成本允许的情况下，可以选择 m 值较高的格点设计方案来尽量多地获得多元及全因子混料试验点，提高试验均衡性；对于组元数较多（$p>4$）的混料试验，使用重心设计则可在较少的试验次数下尽量提高试验的全面性和均衡性；而当组元数特别多（$p\geqslant6$）时，则推荐先使用简化的单纯形重心设计，找到显著因子再开展后续试验，以进一步降低试验成本。

8.4.2　单纯形重心设计的应用实例

【例8-4】对乙酰氨基酚是全球使用最广泛的非处方药，用于镇痛或解热以及新冠的治疗，其具有良好的安全性，但过量服用会引发严重的肝损伤，暴露在环境中会影响生态，因此在应用后必须整合到污水系统中进行处理，光催化是对其进行分解处理的有效方法。文献[32] 研究了尿素-TiO$_2$-CeO$_2$ 催化剂对乙酰氨基酚光降解的影响，通过单纯形重心混料设计分析了 TiO$_2$（X_1）、CeO$_2$（X_2）和尿素（X_3）配比对所得混料催化剂的比表面积（Y_1，m^2/g）、颗粒孔径（Y_2，nm）、对乙酰氨基酚反应 180min 后的降解率（Y_3，%）与溶液总碳量（Y_4，%）

的贡献。表 8-6 给出试验方案和试验结果，以比表面积 Y_1 为例，解答下列问题。

（1）建立表 8-6 的单纯形重心设计试验方案；

（2）建立催化剂的比表面积与各因子之间的回归模型；

（3）分析 TiO_2、CeO_2 和尿素对催化剂比表面积的贡献。

表 8-6　TiO_2-CeO_2-尿素配比试验及结果

试验序号	因子			响应			
	X_1	X_2	X_3	Y_1	Y_2	Y_3	Y_4
1	0	0	1	111	9.7	72	27
2	1	0	0	17	6.3	92	48
3	0	1	0	62	11.1	31	21
4	0.5	0.5	0	80	5.2	51	38
5	0	0.5	0.5	49	2.6	34	23
6	0.5	0	0.5	22	8.4	94	35
7	0.16	0.16	0.66	105	5.5	59	49
8	0.66	0.16	0.16	99	6.6	57	46
9	0.16	0.66	0.16	53	6.6	40	35
10	0.33	0.33	0.33	85	5.1	65	37
11	0.33	0.33	0.33	86	5.2	66	38
12	0.33	0.33	0.33	85	5.1	64	36

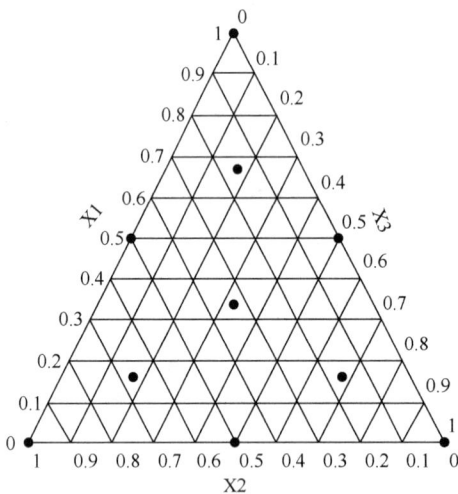

图 8-14　TiO_2-CeO_2-尿素配比试验点的空间分布

解：

（1）由表 8-6 可见，试验配方为 $k=3$ 的 3 因子单纯形重心设计（点 1～6，10）基础上，再均匀地增加对角线上的 3 个点（7，8，9）以关注三元混料区的响应特性变化，最后又在重心点（10）上重复 2 次试验以观察随机误差的影响，构成了图 8-14 所示的 3 因子 12 次试验的空间分布。因此，在混料设计窗口中选择 $k=3$ 的单纯形重心设计并生成试验方案表后按表 8-7 添加 7～9、11、12 五个试验点，再录入所有试验的比表面积 Y_1 值。

（2）图 8-15 给出所制备催化剂比表面积与 TiO_2、CeO_2 和尿素组成的回归模型报表。所得回归模型 F 检验的 $P=0.0001 \ll$ 0.05，模型高度显著。模型共包含 3 个组元的一次项和一个二阶交互作用项，其中组元 X_3 即尿素对比表面积高度显著，TiO_2 与 CeO_2 的交互作用项显著，但 TiO_2 和 CeO_2 各自的一次项不显著，基于遗传效应原理，它们仍需保留在模型中。

（3）图 8-16 的等高线图表征了各组元对催化剂比表面积的影响，其中浅色阴影部分的比表面积小于 $60m^2/g$。由图可见，由于存在比单个因子显著的交互作用项，使组元 TiO_2 与 CeO_2 对比表面积的影响比较复杂，基本上单个 TiO_2 或 CeO_2 的增加会减小比表面积；尿素组分的增加有助于增大比表面积，且比表面积最大值在尿素组分的顶点上。

响应 "Y1"

"预测值-残差" 图

学生化残差

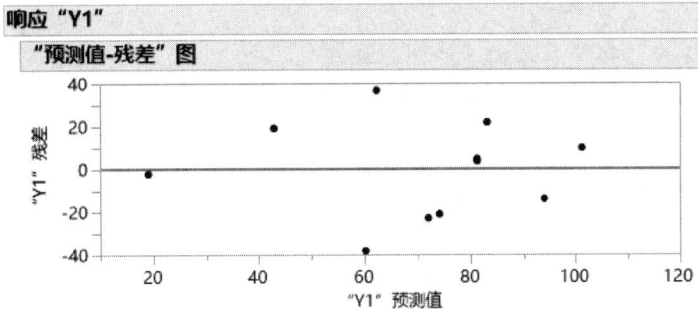

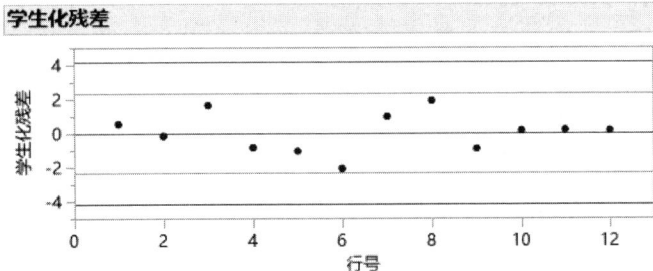

具有 95% 联合限值的外部学生化残差 (Bonferroni) 以红色显示，单值的限值以绿色显示。

方差分析

源	自由度	平方和	均方	F比
模型	4	66248.527	16562.1	26.6515
误差	8	4971.473	621.4	概率>F
U. 合计	12	71220.000		0.0001*

对于简化模型 (Y=0) 的检验

参数估计值

项	估计值	标准误差	t比	概率>|t|
X1(混料)	19.166593	21.33186	0.90	0.3952
X2(混料)	42.83326	21.33186	2.01	0.0795
X3(混料)	101.233	18.14032	5.58	0.0005*
X1*X2	252.11882	107.2254	2.35	0.0466*

图8-15 TiO$_2$-CeO$_2$-尿素制备催化剂比表面积的回归模型报表

【例8-5】地聚物混凝土具有环保、节约资源、废物循环利用的优点，成为一种替代普通硅酸盐水泥的可行性材料。文献[33]采用单纯形重心设计法探究地聚物混凝土原材料各组分之间相互影响的试验研究，分析不同模数、不同原材料用量对地聚物混凝土性能的影响，从而确定原材料相互作用的最优组合及最优模数。试验分为 3 组，每组碱激发剂模数不同，每组又设定 10 个不同量的原材料进行试验及研究。表 8-7 给出试验中偏高岭土（X_1）、粉煤灰（X_2）和矿渣微粉（X_3）的配比与所得混凝土试块的抗压强度（Y, MPa）的测量数值。以模数 1.3M 的试验结果为例，解答下列问题。

（1）建立地聚物混凝土配比试验方案并

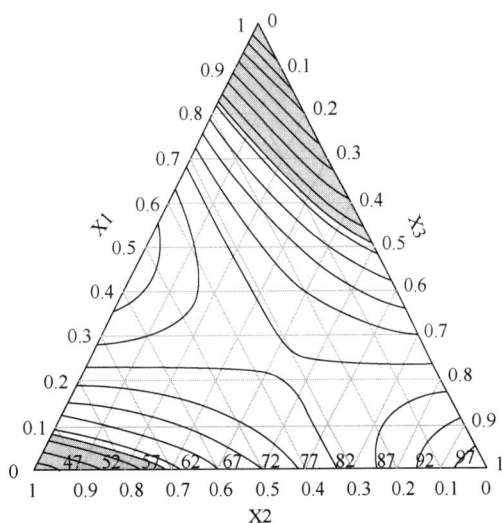

图8-16 各组元对催化剂比表面积的影响

录入试块抗压强度。

（2）建立试块抗压强度与各因子的回归模型。

（3）绘出抗压强度等高线图并分析各组元对抗压强度的影响。

表 8-7　地聚物组成配比及混凝土试块强度

试验序号	模数	因子			响应
		X_1	X_2	X_3	Y
1	1.3M	1	0	0	41.8
2		0.8	0.1	0.1	53.2
3		0.5	0.3	0.2	58.45
4		0.2	0.5	0.3	45.85
5		0	0.7	0.3	39.9
6		0.1	0.4	0.5	47.05
7		0.25	0.25	0.5	52.05
8		0.2	0.1	0.7	70.65
9		0.1	0	0.9	61.4
10		0	0	1	58.2
11	1.5M	1	0	0	48.4
12		0.8	0.1	0.1	48.3
13		0.5	0.3	0.2	53.8
14		0.2	0.5	0.3	37.7
15		0	0.7	0.3	25.3
16		0.1	0.4	0.5	40.45
17		0.25	0.25	0.5	43
18		0.2	0.1	0.7	49.1
19		0.1	0	0.9	62
20		0	0	1	61.6
21	1.8M	1	0	0	35.1
22		0.8	0.1	0.1	52.5
23		0.5	0.3	0.2	32.85
24		0.2	0.5	0.3	29.5
25		0	0.7	0.3	20.8
26		0.1	0.4	0.5	38.2
27		0.25	0.25	0.5	28.6
28		0.2	0.1	0.7	40.8
29		0.1	0	0.9	51.1
30		0	0	1	50.7

解：

（1）根据表 8-7，试验点的空间分布如图 8-17 所示，在 X_2 顶点与 X_1 顶点的连线上没有试验点，粉煤灰配比 X_2 最大值为 0.7，因此所采用的试验并非规则分布的单纯形重心设计。同理，采用这种设计的原因是关心的区域主要在图 8-17 的设计空间的右下部分。因此，在混料设计窗口选择单纯形重心设计类型，生成一个 7 次的试验方案并生成数据表，然后用表 8-7 中模数为 1.3M 的 10 次实际试验方案及结果替换即可。

（2）图 8-18 为剔除两个不显著的二阶交互作用项 X_1*X_2、X_2*X_3 后得到的试块抗压强度的回归模型报表。由图可见，当前模型中包含了三个非常显著的线性项和一个显著的二阶交互作用项 X_1*X_3；模型的 F 检验的 P 值 0.0113 远小于 0.05 的显著水平，R 方也达到较好的 0.8230，均方根误差为 4.93。

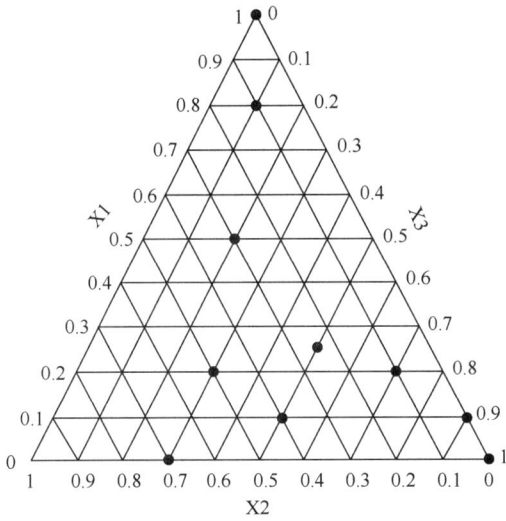

图 8-17　试验点的空间分布

响应 "Y"

拟合汇总

R 方	0.82301
调整 R 方	0.734515
均方根误差	4.927575
响应均值	52.855
观测数（或权重和）	10

方差分析

源	自由度	平方和	均方	F 比
模型	3	677.44626	225.815	9.3001
误差	6	145.68599	24.281	**概率>F**
U. 合计	9	823.13225		0.0113*

对于简化模型（Y=均值）的检验

参数估计值

项	估计值	标准误差	t 比	概率>|t|
X1(混料)	43.909328	4.192824	10.47	<.0001*
X2(混料)	30.591946	5.603026	5.46	0.0016*
X3(混料)	55.784004	4.116757	13.55	<.0001*
X1*X3	104.3667	32.24177	3.24	0.0178*

图 8-18　回归模型输出报表

（3）图 8-19（a）给出预测刻画器求解的最大化试块抗压强度为 76MPa，其对应的偏高岭土 X_1、粉煤灰 X_2 和矿渣微粉 X_3 的配比分别为 0.44∶0∶0.56。在图 8-19（b）的混料刻画器的等高线图中，白色区域的抗压强度大于 72MPa，而最大值位于 X_1 与 X_3 的边线上。预测刻画器和混料刻画器图均清楚表明，在 1.3M 的模数下，组元粉煤灰的加入能显著降低所得地聚物混凝土试块的抗压强度，偏高岭土与矿渣微粉则有利于提高试块抗压强度，但存在一个最大值的配比，即偏高岭土为 44%、矿渣微粉为 56%。

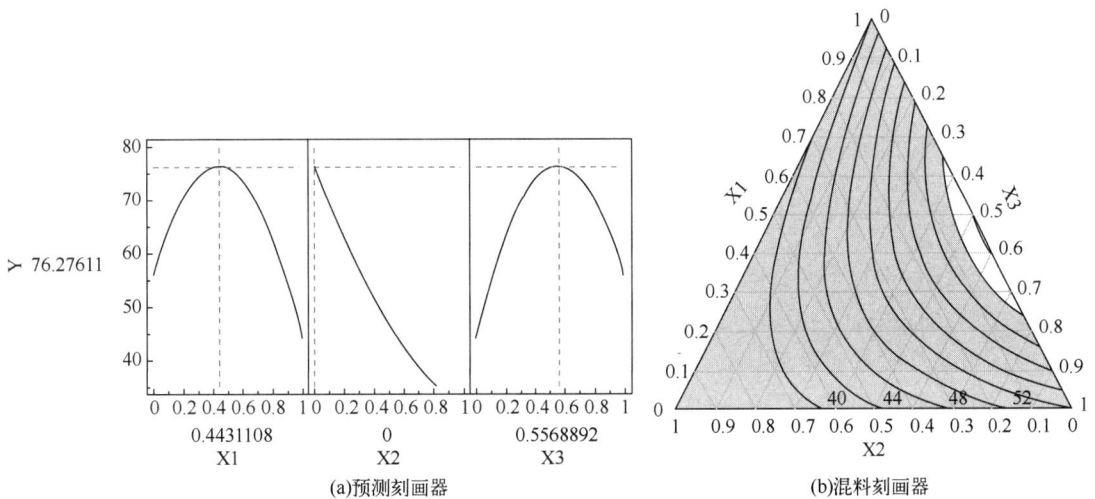

(a)预测刻画器

(b)混料刻画器

图 8-19　最大化试块抗压强度

8.5　极端顶点混料设计

8.5.1　极端顶点混料设计理论

如 8.1 节所述，极端顶点混料设计是一种用于解决混料因子出现上界约束等复杂约束时使用的设计方法。复杂约束将对试验空间产生不规则切割，使可行的试验设计空间偏离单纯形，图 8-3（c）即是上界约束将一个三元混料试验空间切割为不规则多边形的例子。与之相似，上界约束也会将因子数 $p=4$ 的试验空间切割为不规则多面体。随着因子数的进一步增多，试验空间维度增加，虽然不容易直观绘图，但显而易见的是，复杂约束对高维单纯形试验空间产生了不规则切割，从而形成非常复杂的试验空间。复杂约束下试验空间的顶点称为极端顶点。极端顶点确定后，这个复杂空间的边界也就确定了。

下面以三元和四元混料为例，简单介绍极端顶点混料设计的设计方法。类似于单纯形设计的 m 值和 k 值，极端顶点混料设计也需要指定一个表征设计阶数的核心参量，称为次数 T。

对于具有复杂约束的三元混料体系 $p=3$，可以有 $T=1、2、3$ 三种极端顶点设计方案：

① $T=1$ 时，取所有极端顶点对应的成分点作为试验点。

② $T=2$ 时，除了所有极端顶点外，还取任意两顶点连线的中心点（边中点）对应的成分点作为试验点。

③ $T=3$ 时，在 $T=2$ 取点的基础上，增加所有同面顶点连线的中心点（面重心）对应的成分点作为试验点。

对于具有复杂约束的四元混料体系 $p=4$，可以有 $T=1、2、3、4$ 四种极端顶点设计方案：

① $T=1$ 时，取所有极端顶点对应的成分点作为试验点。

② $T=2$ 时，除了所有极端顶点外，还取任意两顶点连线的中心点（边中点）对应的成分点作为试验点。

③ $T=3$ 时，在 $T=2$ 取点的基础上，增加所有同面顶点连线的中心点（面重心）对应的成分点作为试验点。

④ $T=4$ 时，在 $T=3$ 取点的基础上，增加所有顶点连线的中心点（体重心）对应的成分点作为试验点。

在复杂的情况下，通过人工计算来寻找这些极端顶点、边界中心、试验空间重心等位置对应的成分组成是一项十分辛苦且容易出错的工作，但借助计算机程序，很容易完成设计任务。作为工程人员，只需要把握设计方法的适用范围、混料因子的约束条件和需要的设计阶数就可以非常快捷地得到科学的试验方案列表。

8.5.2　极端顶点混料设计应用

【例8-6】磷石膏和粉煤灰分别是酸性磷酸厂和火力发电厂产生的两种主要副产品，它们造成了严重的环境问题。文献[34]研究了磷石膏（X_1）、粉煤灰（X_2）和石灰（X_3）三元体系作为道路基层材料的适用性。试验中，为了确保碱度水平允许粉煤灰的活化，三个组分被限制在以下区间内：$0.4<X_1<0.8$，$0.2<X_2<0.6$，$0.04<X_3<0.2$，从而采用受约束的极端顶点混料设计来组织试验。用了多个响应参数来表征混料的特性，包括：

① 最大干密度（Y_1）；

② 第 7 天的无侧限抗压强度（Y_2）；

③ 刮擦时的质量损失（Y_3）；

④ 干湿循环试验结束时的无侧限抗压强度（Y_4）。

试验方案及试验结果见表8-8。以最大干密度Y_1为例，解答下列问题：

（1）建立表8-8所示试验方案的极端顶点混料设计试验方案并录入试验数据。

（2）建立干密度与三组元的回归模型。

（3）描述各组元对干密度的影响。

表8-8　极端顶点混料试验方案及结果

试验序号	因子			响应			
	X_1	X_2	X_3	Y_1	Y_2	Y_3	Y_4
1	0.4	0.4	0.2	1.45	0.69	10.44	3
2	0.4	0.56	0.04	1.42	0.51	1.32	8.79
3	0.6	0.2	0.2	1.41	0.37	4.18	3.24
4	0.76	0.2	0.04	1.39	0.37	0.81	10.03
5	0.4	0.48	0.12	1.445	0.59	9.25	3.49
6	0.68	0.2	0.12	1.41	0.32	3.8	4.86
7	0.58	0.38	0.04	1.4	0.35	0.61	10.28
8	0.5	0.3	0.2	1.43	0.51	7.18	3.61
9	0.54	0.34	0.12	1.43	0.42	6.62	4.44

解：

（1）在混料设计窗口，将因子X_1、X_2和X_3的值0和1分别更改为：X_1 0.4，0.8；X_2 0.2，0.6；X_3 0.04，0.2。在混料设计类型中选择次数为3的极端顶点设计，得到与表8-8中配比完全相同的9次试验方案。各试验点的空间分布如图8-20所示，是一个底部与X_1-X_2顶点连线平行的梯形空间，试验点位于梯形的四个顶点、四个边线的中心点和梯形重心位置。

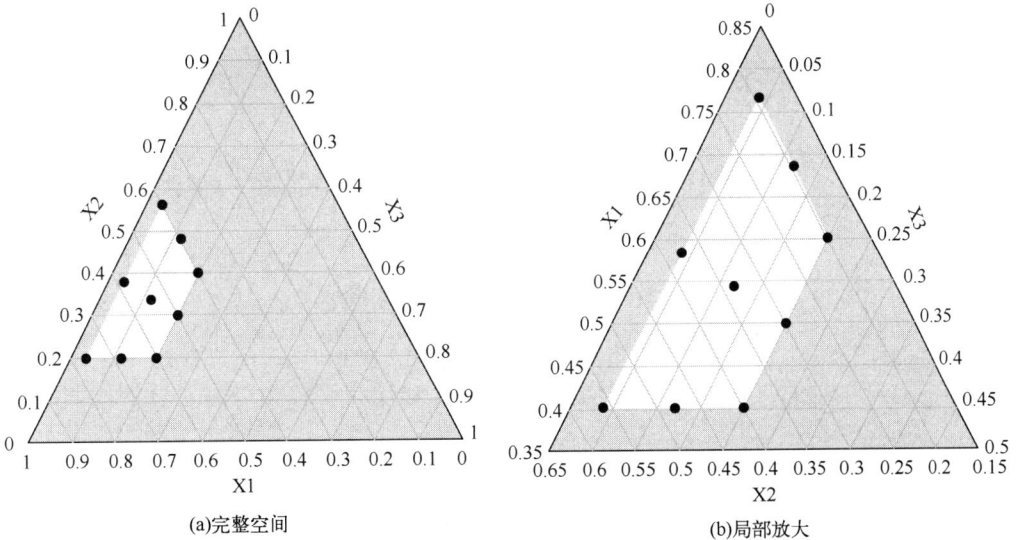

(a)完整空间　　　　　　　　　　(b)局部放大

图8-20　磷石膏-粉煤灰-石灰道路基层材料试验点空间分布

响应 "Y1"

拟合汇总

R 方	0.991475
调整 R 方	0.982951
均方根误差	0.00262
响应均值	1.420556
观测数（或权重和）	9

方差分析

源	自由度	平方和	均方	F 比
模型	4	0.00319475	0.000799	116.3086
误差	4	0.00002747	6.867e-6	概率>F
U. 合计	8	0.00322222		0.0002*

对于简化模型（Y=均值）的检验

参数估计值

项	估计值	标准误差	t 比	概率>|t|
(X1-0.4)/0.36	1.3888862	0.002325	597.34	<.0001*
(X2-0.2)/0.36	1.4177805	0.002325	609.77	<.0001*
(X3-0.04)/0.36	1.3320833	0.021805	61.09	<.0001*
X1*X3	0.1917865	0.038388	5.00	0.0075*
X2*X3	0.2807135	0.038388	7.31	0.0019*

图8-21　回归模型报表

（2）图 8-21 为根据试验数据得到的回归模型。模型显著性检验的 $P=0.0002 \ll 0.01$，高度显著。模型中包含 3 个组元的线性项和 2 个二阶交互作用项 X_1*X_3 和 X_2*X_3，它们的 t 检验的 P 值均小于 0.01，因此都高度显著。而磷石膏与粉煤灰的二阶交互作用项 X_1*X_2 的 t 检验的 $P=0.4476 \gg 0.05$，所以被从模型中剔除。得到最后的模型为：

$$Y = 1.39\frac{X_1 - 0.4}{0.36} + 1.42\frac{X_2 - 0.2}{0.36}$$
$$+ 1.33\frac{X_3 - 0.04}{0.36}$$
$$+ 0.192\frac{X_1 - 0.4}{0.36} \times \frac{X_3 - 0.04}{0.36}$$
$$+ 0.281\frac{X_2 - 0.2}{0.36} \times \frac{X_3 - 0.04}{0.36}$$

（3）回归模型包含了 3 个线性项和 2 个二阶交互作用项，在图 8-22 显示出弯曲的复杂特性。在被约束限制的试验区域内，X_1（磷石膏）组分的增加明显降低最大干密度。粉煤灰的增加，先是增大干密度，但粉煤灰在达到 0.5 左右时，出现最大值，然后急剧降低。石灰的组分增大，也显著增大干密度，但当组分值接近 0.2 时，会平滑趋向于最大值平台。

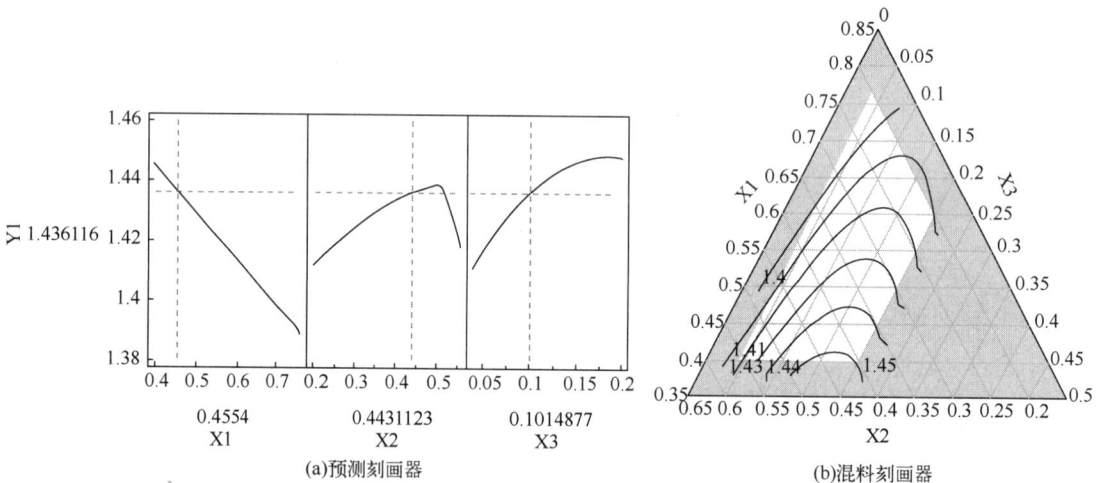

(a)预测刻画器　　　　　　　(b)混料刻画器

图8-22　组元对最大干密度的影响

练习

1. 推导二阶和三阶混料试验模型的标准形式。
2. 例 8-1 中，考察粒径、药物释放率两个响应指标，解答下列问题：
（1）建立表 8-2 的单纯形格子混料设计方案并录入试验数据；
（2）建立三个因子对粒径、药物释放率影响的数学模型；

（3）给出两个响应变量的等高线图，分别在等高线图上标识出粒径小于 180nm、药物释放率大于 70%的区域。

3. 例 8-2 中，考察 7 天抗压强度（Y_2）、28 天抗压强度（Y_3）、7 天抗弯强度（Y_4）和 28 天抗弯强度（Y_5）等响应指标，解答下列问题：

（1）根据表 8-4 完成单纯形格点设计并录入试验结果数据；

（2）建立几个响应指标与三个因子的混料模型，讨论 RBA 与 RCA 的用量对几个响应指标的影响规律，并推测可使各指标最大化的成分配比。

4. 例 8-3 中，考察回收率 Y_2，解答下列问题：

（1）构建表 8-5 所示试验方案并录入试验结果；

（2）建立磷精矿回收率与浮选捕收剂各组分的关系模型，评价各因子项的效应显著性；

（3）在等高线图上给出磷精矿最高回收率的区域。

5. 例 8-4 中，考察颗粒孔径（Y_2）、降解率（Y_3）与溶液总碳量（Y_4），解答下列问题：

（1）建立表 8-6 的单纯形重心试验方案；

（2）建立各响应变量与因子之间的回归模型；

（3）分析 TiO_2、CeO_2 和尿素对各响应变量的贡献。

6. 例 8-5 中，分别考察模数 1.5M、1.8M 的试验结果，解答下列问题。

（1）建立地聚物混凝土配比试验方案并录入试块抗压强度；

（2）建立试块抗压强度与各因子的回归模型；

（3）绘出抗压强度等高线图并分析各组元对抗压强度的影响。

7. 例 8-6 中，考察侧限抗压强度（Y_2）、刮擦质量损失（Y_3）、无侧限抗压强度（Y_4）几个指标，解答下列问题：

（1）建立表 8-8 所示试验方案的极端顶点混料设计试验方案并录入试验数据；

（2）建立各响应指标与三组元的回归模型；

（3）描述各组元对各响应指标的影响。

第9章

计算机试验设计

9.1 计算机试验的优点及分析统计方法

9.1.1 物理试验与计算机试验

当前，对许多科学现象或者工程系统的研究中，由于存在高度复杂性和要求精确刻画，通常都用数学模型来描述。例如，一个天气的变化过程，一个物理运动系统，一个化学反应过程，一种宏观或微观的经济现象等，为了描述它们，常常用一组带有若干参数的微分方程来表示。为了对这些数学模型求解，常常需要把它们转化为计算机模型（computer model），用计算机程序或代码来表达，通过运算使之在计算机上得以实现过程模拟。这种基于软件计算的模拟来补充或替代物理试验的方法就是计算机试验（computer experiment）或计算机模拟。

使用计算机试验来部分甚至全部代替物理试验，是由于物理试验存在如下的局限性：
① 难以控制输入变量，尤其是噪声变量；
② 难以改变因素水平组合；
③ 难以在多步骤复杂系统上进行试验。

物理试验的局限性典型示例包括：无法测量响应，例如化工或冶金反应器中压力、浓度、磁场及它们的时间演化现象；拓扑复杂性，例如电极反应过程的界面结构变化；试验的不可再现性，例如破坏试验；试验的危险性，例如核武器的爆炸、高危试剂之间的反应等。由于物理系统的复杂性，使用简单的分析公式来详细描述研究中的现象是不可能的，而模拟是唯一可用的试验工具。为了克服进行物理试验的困难，人们可以借助具有广泛试验选项的计算机试验获得物理测量中无法收集的信息。

与图 1-1 所示物理试验系统类似，计算机试验由模拟计算代码的多次运行组成，其中因子被参数化为代码输入的子集，如图 9-1 所示。

与物理试验相比，计算机模拟试验具有一系列优点：具有反复模拟功能，很容易改变系统的结构和系数；具有较强的灵活性和任意性，其不受时间、空间、条件的限制；可以建立更高层次的模型，并进行智能化模型处理，为决策提供数据支持。

然而，尽管计算机计算能力和速度不断提高，但运行许多分析代码的时间和费用仍然不小。比如对流体动力学或有限元代码的单次运算可能需要几分钟、几小时、几天甚至更长时间。更重要的是，当前较多使用计算机代码的模

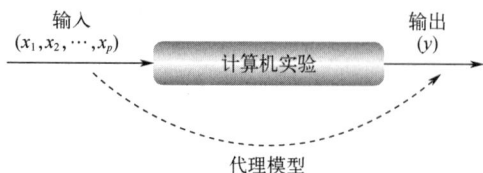

输入
$(x_1, x_2, \cdots, x_p)$

计算机实验

输出
(y)

代理模型

图9-1 计算机试验系统

拟计算通常采用试错法模式，计算分析人员可能永远不会发现输入输出之间的函数关系，因而可能永远无法确定输入参数的最佳设置。

为了解决这些问题，采用的基本方法是构建模拟计算代码的近似模型，即图 9-1 中的代理模型。使用代理模型，可以深入了解输入参数 $x = (x_1, x_2, \cdots, x_p)$ 和响应 y 之间的函数关系，运行起来效率更高。如果计算机模拟计算代码的真实性质表示为 $y = f(x)$，用 $\hat{y} = g(x)$ 来作为模拟计算代码的"模型"，即有 $y = \hat{y} + \varepsilon$，其中 ε 表示近似误差和随机测量误差。

基本的代理模型建模方法是应用试验设计来组织一组有效的计算机计算数据集，使用回归分析来创建计算机模拟代码的多项式近似，然后利用近似模型替换模拟计算代码，从而更好地理解 x 和 y 之间的关系。通过代理模型，能够将相关领域计算机模拟代码有机集成以解决复杂系统问题。更主要是通过代理模型，实现设计空间中的快速优化和探索。因此，设计计算机试验以建立代理模型具有重要的价值，越来越受到各行业领域的重视。

一般来说，有两种类型的计算机模拟模型：随机的和确定性的。

在随机模拟模型中，输出响应是随机变量。例如，半导体行业使用的工厂规划和调度模型、城市建设中使用的交通流模拟器等系统模拟，以及从概率分布中取样以研究没有直接解析解的复杂数学现象的蒙特卡罗模拟。通常，标准的试验设计技术可以应用于随机模拟模型的输出，有时使用比通常的二次响应面更高阶的多项式模型。

在确定性仿真模型中，输出响应不是随机变量，它们是完全确定的量，其值由计算机模型所基于的数学模型确定。确定性仿真模型通常被工程师和科学家用作基于计算机的设计工具。典型的例子包括用于设计电子电路和半导体器件的电路模拟器、用于机械和结构设计的有限元分析模型以及用于流体动力学等物理现象的计算模型。这些模型通常非常复杂，需要大量的计算资源和时间。除非特别指出，本章所述之计算机试验均指确定性仿真模型的试验。

9.1.2　计算机试验设计与分析的统计方法

物理系统的行为可以用数学模型 $f(x)$ 表示：

$$y = f(x) = f(x_1, x_2, \cdots, x_p) \tag{9-1}$$

其中 $x = (x_1, x_2, \cdots, x_p) \in \chi$ 是输入变量，χ 是输入变量空间，是 R^p 的子集，$y \in R$ 是输出变量。式（9-1）可能涉及在时空域上定义的普通方程或偏微分方程的解，因此函数 $f(x)$ 通常过于复杂而没有解析解，为此希望找一个近似模型

$$\hat{y} = g(x) = g(x_1, x_2, \cdots, x_p) \tag{9-2}$$

来逼近真模型 $f(x)$，使得 $\left| f(x_1, x_2, \cdots, x_p) - g(x_1, x_2, \cdots, x_p) \right|$ 在试验区域 D 达到要求的精度，并希望 $g(x)$ 最好有解析表达式和易于处理性，亦即有

$$y = \hat{y} + \varepsilon = g(x) + \varepsilon \tag{9-3}$$

与物理试验的设计一样，计算机试验设计包括两个重要环节：试验设计与建模。所谓试验设计就是在试验区域 χ 取 n 个有代表的点 $P = \{ (x_{i1}, x_{i2}, \cdots, x_{ip}), i = 1, 2, \cdots, n \}$，并用原模型式（9-1）计算相应的响应，得到 $y_1, y_2, \cdots, y_n$，然后用数据集 $\{(x_{i1}, x_{i2}, \cdots, x_{ip}), i = 1, 2, \cdots, n\}$ 来寻找一个合适的近似模型式（9-2）并进行数据分析。显然，参数空间的 n 个点在 χ 中如何分布，将决定试验和分析的效果。

典型的计算机试验需要有效的策略来对输入空间进行抽样，在试验参数空间中对未抽样

点进行准确的预测，并提供易于解释的知识描述。与传统的试验设计相比，计算机模拟试验设计具有许多不同之处：

① 计算机试验输出结果是确定的，即两次相同的输入会得到完全相同的输出，没有通常意义下的试验随机误差；

② 输入变量是确定的，由试验者严格控制。因此，随机性、重复和区组化的传统试验要求不再成立，从而缺乏进行传统统计分析的基础。

这样就需要有一套用于这种试验的理论和方法，包括建立合适的统计模型，在一定模型和准则下寻求优良的试验设计方案，对模型的参数给出好的估计，以及给出有效的算法和数据分析方法等，使得能以适当少量的输入而得到需要的输出，能有效地提取信息，高速、经济地实现对真实系统的最优预测、刻画乃至控制，找出最优解，改进系统等。

9.2　经典试验设计在计算机试验中的应用

典型的计算机模拟计算方法是在计算代码中一次改变一个参数值并观察效果，或者随机分配不同的因子设置组合以用作比较的替代分析。然而，试验设计技术正在应用于计算机模拟试验，以提高模拟计算的效率和有效性。在计算机试验中主要考虑两个方面：正交性和均匀性。选择正交性的目的是防止输入因子的共线性，从而提高预测质量。显然，前面介绍的完全析因设计、部分析因设计和中心复合设计等经典试验设计方法均满足这些要求，同时也是计算机试验设计最初选用的方法，至今仍然有较多的研究者使用。

对于式（9-1）中的响应 y 和输入参数 x，当 y 和 x 之间为线性关系时，使用部分析因设计和完全析因设计来组织模拟计算试验，进而可以估计主效应和交互效应。在使用部分析因设计时，同样需要根据分辨率选用合适的试验方案，以及进行主要的因子筛选，例如，使用分辨率为Ⅲ的部分析因设计来估计主效应和遴选主要因子；使用分辨率为Ⅳ的部分析因设计来估计主效应和部分二因子交互作用并遴选主要数据项；通过分辨率为Ⅴ的部分析因设计来估计主效应及全部二因子交互效应。

当 y 和 x 之间为二次关系时，可以选用三水平以上的分辨率为Ⅴ及以上的部分析因设计（即正交设计），但最理想的是选择中心复合设计以及相近的 Box-Behnken 设计组织计算机试验。当需要估计更高阶数的模型时，例如建立 y 与 x 之间的三次模型，则需要因子的水平数为 4 以上；而如果使用一个水平数为 5 的正交设计方案组织试验，则可以根据试验结果来估计最高 4 阶的模型。

根据计算机模拟试验的数据集，进而建立代理模型对研究体系进行深入分析、预测和优化等。显然，对于分辨率为Ⅲ的部分析因设计的线性模型用式（9-4）表征，对于分辨率为Ⅳ和Ⅴ的部分析因设计的线性模型用式（9-5）表征，而对于二次模型，则用式（9-6）来描述。模型式（9-4）～式（9-5）中的参数 β_j（$j = 0, 1, \cdots, p$）通过基于最小二乘法的多元线性回归方法对模拟计算得到的数据集 $\{(y_1, x_1), (y_2, x_2), \cdots, (y_n, x_n)\}$ 进行处理估计得到。

$$\hat{y} = \beta_0 + \sum_{j=1}^{p} \beta_j x_j \tag{9-4}$$

$$\hat{y} = \beta_0 + \sum_{j=1}^{p} \beta_j x_j + \sum_{1 \leqslant j < k}^{p} \beta_{jk} x_j x_k \tag{9-5}$$

$$\hat{y} = \beta_0 + \sum_{j=1}^{p} \beta_j x_j + \sum_{1 \leqslant j \leqslant k}^{p} \beta_{jk} x_j x_k \tag{9-6}$$

必须注意的是，模型式（9-3）中，误差项 ε 为近似误差 ε_b 与随机误差 ε_r 之和，即 $\varepsilon = \varepsilon_b + \varepsilon_r$，前者表示建立的代理模型与真实模型之差，后者则是由于试验过程中体系的不可控因素导致的随机误差。于是式（9-3）变为：

$$y = g(x) + \varepsilon_b + \varepsilon_r \tag{9-7}$$

对于确定性计算机模拟试验，随机误差项 ε_r 不存在，即

$$y = g(x) + \varepsilon_b \tag{9-8}$$

式（9-8）的确定性情况与最小二乘回归法严重冲突。首先，除非 $\varepsilon_b \sim N(0, \sigma^2)$，否则违反了对最小二乘回归模型进行统计推断的假设；其次，由于这不是随机误差，因此没有理由在数据点之间进行平滑处理，而应该准确地连接每个点并在它们之间进行插值；最后，大多数模型和参数显著性的标准检验都是基于使用 ε_r 的计算，故均方误差无法计算。因此，式（9-4）～式（9-6）等用于物理试验设计和分析的方法对于确定性计算机模型在存在系统误差而不是随机误差的情况下统计测试是不合适的。例如用于验证模型充分性的 F 统计量和均方差 MSE、检验系数显著性的 t 统计量没有统计意义，因为它们假定 $\varepsilon_r \sim N(0, \sigma^2)$，即观测值包括均值为零且标准差非零的误差项。

根据定义，决定系数 R^2 是验证确定性计算机试验模型充分性的最好度量：当 R^2 越接近 1，表明拟合模型与试验点重合性越好。使用残差图，可以逐点查验模型与试验点的接近程度及识别数据趋势、检查异常值等；此外，还需要通过使用不同的数据点模拟试验来对模型进行测试验证。

实际建模过程中存在遴选主要因子、剔除非重要因子的客观需求，还需要借用经典方差分析中因子显著性检验的 F 统计量、t 统计量及相应的概率值来进行，比如一般仍然根据把 $P < 0.05$ 作为选择重要因子的依据，同时也借助 R^2_{adj} 值、$PRESS$、$AICc$ 及 BIC 来进行重要因子的选择，有时也根据各因子的 F 值在所有因子的 F 值总和中的占比来确定。但是，上述统计量没有传统方差分析的统计学意义，只是作为因子对模型贡献的相对重要性判据，因为此时定义中的误差不是随机误差而是模型的近似误差。

在确定性计算机模拟试验中，也不存在对试验顺序进行随机化处理的需求。

【例9-1】注射成型是一种重要的塑料制品加工方式，适用于形状复杂、尺寸精度高的塑料制品的大批量生产。在注射成型过程中，注射制品的质量受注射温度、模具温度、注射时间、保压时间等工艺参数及它们之间交互作用的影响，工艺条件与制品性能分析难度大。文献[35]以汽车侧踏板用聚丙烯/三元乙丙烯（PP/EPDM）复合材料端盖为研究对象，利用 Moldflow 软件建立注射成型仿真模型，以工件最大翘曲量 Y_1、体积收缩率 Y_2 及表面缩痕指数 Y_3 为响应参数，通过析因设计筛选出对目标影响显著的工艺参数因子及交互作用。表 9-1 给出模拟试验因子水平设置，表 9-2 为模拟计算的方案和计算结果。以最大翘曲量 Y_1 为例，解答下列问题。

（1）建立析因设计方案并录入模拟计算结果；

（2）根据显著性遴选影响最大翘曲量 Y_1 的主要因子和交互作用。

表 9-1　注射成型模拟试验因子设置

水平	因子				
	熔体温度 A/℃	模具温度 B/℃	注射时间 C/s	保压时间 D/s	保压压力 E/MPa
−1	220	30	0.4	15	50
+1	240	40	2	25	60

表 9-2　模拟试验析因设计方案及计算结果

序号	因子水平					响应		
	A	B	C	D	E	Y_1 /mm	Y_2 /%	Y_3 /%
1	−1	1	1	1	−1	1.21	10.08	0.15
2	−1	−1	−1	1	−1	1.11	14.59	0
3	−1	1	−1	−1	−1	1.13	14.58	1.53
4	1	−1	1	1	1	1.01	15.64	0
5	−1	−1	−1	−1	1	1	14.49	1.25
6	1	1	1	1	1	1.5	10.03	0.4
7	−1	−1	1	1	1	1.1	9.357	0.08
8	1	1	−1	−1	1	1.51	15.63	0.6
9	1	1	1	−1	−1	1.52	16.42	0.59
10	1	1	−1	1	−1	1.54	15.74	0.72
11	−1	1	−1	1	1	1.19	14.47	0.04
12	1	−1	1	1	−1	1.15	10.84	0.36
13	−1	−1	1	−1	−1	1.45	15.23	0.34
14	1	−1	−1	−1	−1	1.09	15.75	2.35
15	1	−1	−1	1	1	1.08	16.38	0.25
16	−1	1	1	−1	1	1.14	15.23	0.06

解：

（1）根据表 9-2 的试验方案，这是一个 2^{5-1} 的部分析因设计。在 JMP 的经典设计中选择两水平筛选设计打开设计窗口，输入响应、因子水平，选定试验次数为 16、分辨率为 V 的部分析因设计，指标对照因子水平设置录入响应值即可。

（2）在数据表视图的表窗格中，点击运行筛选按钮，打开图 9-2 所示筛选因子窗口可以看到，根据因子的 t 比，默认选中因子项 B、A 和交互作用项 AB。在半正态图中也直观显示该三项显著偏离"误差线"。点击"运行模型"按钮，得到图 9-3 所示回归分析报表。由图可见，因子 A、B 和他们的交互作用项 AB 对应的 t 检验和 F 检验对应的概率值均小于 0.05，与拟合模型误差相比是显著的，且交互作用 AB 最为显著，因子 B 次之。但是，模型的 R^2 仅为 0.7746，表明由于剔除了其他数据项，模型与计算试验点偏离较大。由于本例试验的分辨率为 V，所以完全可以对所有的主效应和交互效应进行估计。

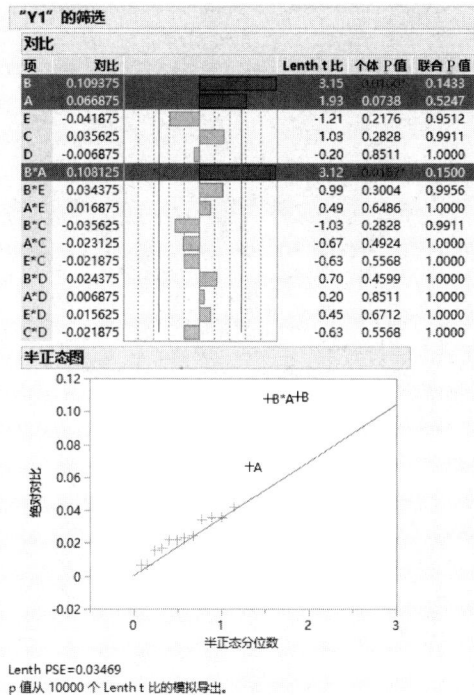

图9-2　筛选重要因子

"Y1"的筛选

对比

项	对比	Lenth t比	个体 P值	联合 P值
B	0.109375	3.15	0.0112	0.1433
A	0.066875	1.93	0.0738	0.5247
E	-0.041875	-1.21	0.2176	0.9512
C	0.035625	1.03	0.2828	0.9911
D	-0.006875	-0.20	0.8511	1.0000
B*A	0.108125	3.12	0.0117	0.1500
B*E	0.034375	0.99	0.3004	0.9956
A*E	0.016875	0.49	0.6486	1.0000
B*C	-0.035625	-1.03	0.2828	0.9911
A*C	-0.023125	-0.67	0.4924	1.0000
E*C	-0.021875	-0.63	0.5568	1.0000
B*D	0.024375	0.70	0.4599	1.0000
A*D	0.006875	0.20	0.8511	1.0000
E*D	0.015625	0.45	0.6712	1.0000
C*D	-0.021875	-0.63	0.5568	1.0000

半正态图

Lenth PSE=0.03469
p 值从 10000 个 Lenth t 比的模拟导出。

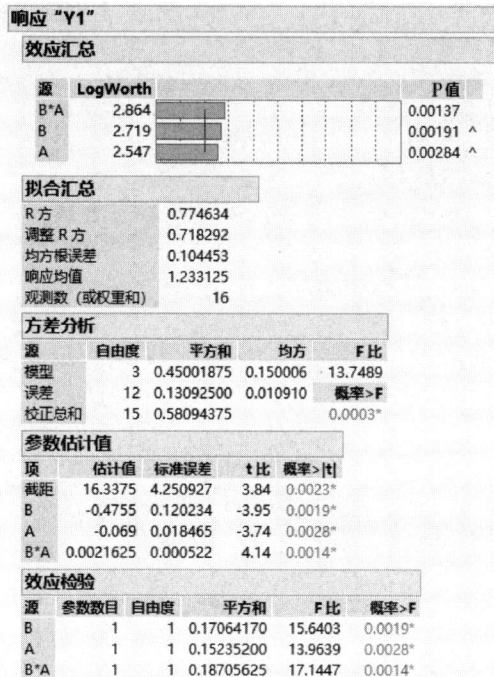

图9-3　根据显著性概率选择主要因子和交互作用报表

响应"Y1"

效应汇总

源	LogWorth		P值
B*A	2.864		0.00137
B	2.719		0.00191 ^
A	2.547		0.00284 ^

拟合汇总

R方	0.774634
调整 R方	0.718292
均方根误差	0.104453
响应均值	1.233125
观测数（或权重和）	16

方差分析

源	自由度	平方和	均方	F比
模型	3	0.45001875	0.150006	13.7489
误差	12	0.13092500	0.010910	概率>F
校正总和	15	0.58094375		0.0003*

参数估计值

项	估计值	标准误差	t比	概率>|t|
截距	16.3375	4.250927	3.84	0.0023*
B	-0.4755	0.120234	-3.95	0.0019*
A	-0.069	0.018465	-3.74	0.0028*
B*A	0.0021625	0.000522	4.14	0.0014*

效应检验

源	参数数目	自由度	平方和	F比	概率>F
B	1	1	0.17064170	15.6403	0.0019*
A	1	1	0.15235200	13.9639	0.0028*
B*A	1	1	0.18705625	17.1447	0.0014*

【例9-2】管材液压成型是板料液压精密成型的一种，在汽车、航空、航天和管道等行业有着广泛的应用。与传统的冲压、焊接工艺相比，管材液压成形的零件有着质量轻、刚度好、强度大、耐撞性好、节约材料、结构紧凑、加工工序少等优点。在成型过程中，金属材料的塑性变形依赖于载荷和边界条件，加载路径在成形过程中是一个很重要的参数，金属塑性变形是一个非线性过程，应力状态的改变很大程度上取决于加载路径。文献[36]研究并列双支管内高压成形工艺的双折线加载路径优化，构建响应目标支管高度和减薄率与轴向位移、轴向位移所需时间、初始屈服压力及屈服压力所需时间等四个参数的经验模型。模拟试验通过有限元分析软件（ABAQUS）建立有限元模型实施，表 9-3 为试验因子水平设置，表 9-4 为采用Box-Behnken 设计的试验方案及计算结果。以减薄率为例，解答下列问题。

（1）建立数值模拟试验方案表并输入数据；

（2）建立减薄率的响应模型。

表9-3　试验因子水平设置

因子	水平		
	−1	0	1
A：轴向位移/mm	10	12	14
B：轴向位移所需时间/s	20	24	28
C：初始屈服压力/MPa	2	4	6
D：屈服压力所需时间/s	4	6	8

表 9-4　试验设计及结果

试验序号	因子				响应	
	A	B	C	D	减薄率 Y_1/%	支管高度 Y_2/mm
1	12	24	4	6	14	16.8
2	10	24	4	8	11.3	16
3	12	20	4	8	8	14.9
4	12	24	2	4	11.3	16
5	10	28	4	6	17.3	18.3
6	10	24	2	6	10	15.5
7	12	24	4	6	14	16.8
8	10	24	6	6	20	19.4
9	14	24	6	6	16.7	17.9
10	12	24	4	6	14	16.8
11	14	24	4	8	8	14.9
12	10	20	4	6	14	16.9
13	12	24	2	8	4	13.9
14	12	28	4	8	11.3	16
15	14	20	4	6	10	15.6
16	12	28	6	6	20	19.4
17	12	28	4	4	19.3	19.3
18	12	20	4	4	16	17.8
19	14	28	4	6	13.3	16.7
20	12	24	6	8	14	16.9
21	14	24	4	4	16	17.7
22	14	24	2	6	6	14.1
23	12	24	4	6	14	16.8
24	12	20	6	6	16.7	17.9
25	12	24	4	6	14	16.8
26	12	20	2	6	6.7	14.3
27	10	24	4	4	20	19.4
28	12	24	6	4	22.7	20.6
29	12	28	2	6	9.3	15.2

解：

（1）在响应曲面设计中选择试验次数为 37 的 Box-Behnken 设计，将默认中心点 3 改为 5，得到试验次数为 39 的试验方案表，按表 9-4 录入相关数据。

（2）点击运行模型按钮，模型中的所有一次项、二次项和二因子交互作用项进入模型，效应汇总面板中逐项删除 BD、AB 和 A^2 等概率值明显偏大的数据项，综合效应的概率值、PRESS、调整 R 方、AICc 和 BIC 等统计量，保留了 AD、AC 和 BC 几项概率值略高于 0.5 的数据项，得到图 9-4（a）所示输出报表。可见，选定模型的 R 方为 0.9992，均方根误差仅为 0.17，最大偏差约 0.3%，相对偏差 5% 左右，表明用多元线性回归模型来描述减薄率的变化具有很好的效果，最后得到的减薄率与各参数的响应代理模型见图9-4（c）。

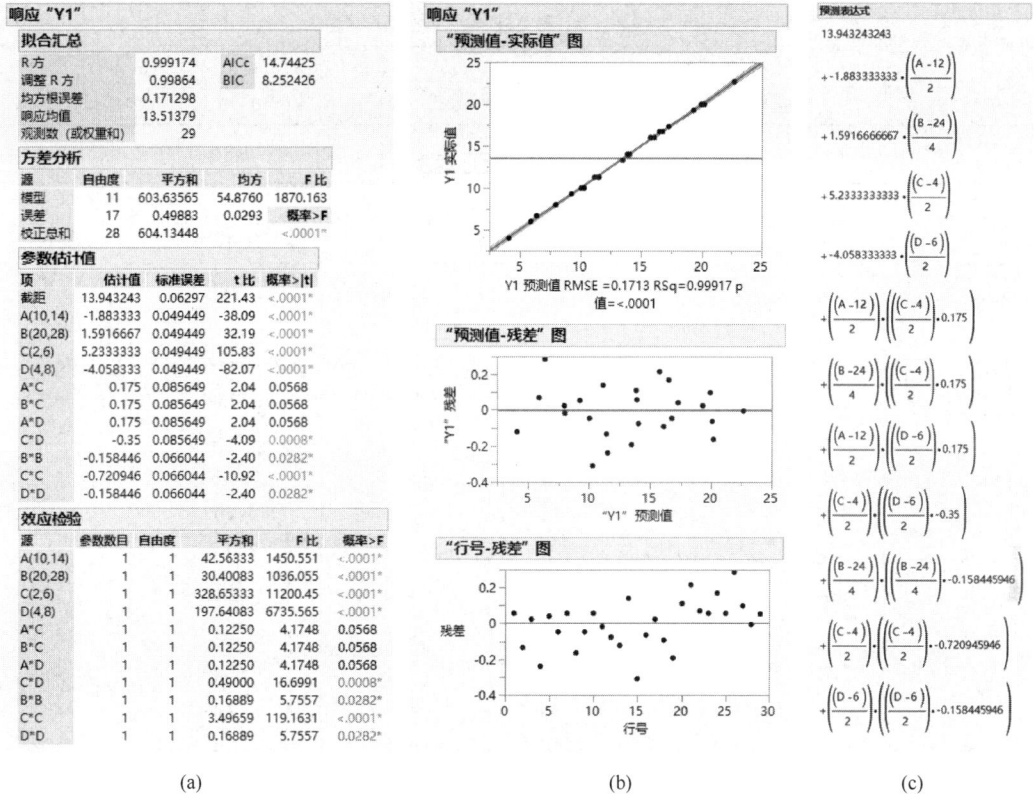

响应 "Y1"

拟合汇总

R方	0.999174
调整R方	0.99864
均方根误差	0.171298
响应均值	13.51379
观测数（或权重和）	29

AICc 14.74425
BIC 8.252426

方差分析

源	自由度	平方和	均方	F比
模型	11	603.63565	54.8760	1870.163
误差	17	0.49883	0.0293	概率>F
校正总和	28	604.13448		<.0001*

参数估计值

项	估计值	标准误差	t比	概率>|t|
截距	13.943243	0.06297	221.43	<.0001*
A(10,14)	-1.883333	0.049449	-38.09	<.0001*
B(20,28)	1.5916667	0.049449	32.19	<.0001*
C(2,6)	5.2333333	0.049449	105.83	<.0001*
D(4,8)	-4.058333	0.049449	-82.07	<.0001*
A*C	0.175	0.085649	2.04	0.0568
B*C	0.175	0.085649	2.04	0.0568
A*D	0.175	0.085649	2.04	0.0568
C*D	-0.35	0.085649	-4.09	0.0008*
B*B	-0.158446	0.066044	-2.40	0.0282*
C*C	-0.720946	0.066044	-10.92	<.0001*
D*D	-0.158446	0.066044	-2.40	0.0282*

效应检验

源	参数目	自由度	平方和	F比	概率>F
A(10,14)	1	1	42.56333	1450.551	<.0001*
B(20,28)	1	1	30.40083	1036.055	<.0001*
C(2,6)	1	1	328.65333	11200.45	<.0001*
D(4,8)	1	1	197.64083	6735.565	<.0001*
A*C	1	1	0.12250	4.1748	0.0568
B*C	1	1	0.12250	4.1748	0.0568
A*D	1	1	0.12250	4.1748	0.0568
C*D	1	1	0.49000	16.6991	0.0008*
B*B	1	1	0.16889	5.7557	0.0282*
C*C	1	1	3.49659	119.1631	<.0001*
D*D	1	1	0.16889	5.7557	0.0282*

(a)

响应 "Y1"

"预测值-实际值"图

Y1 预测值 RMSE=0.1713 RSq=0.99917 p
值=<.0001

"预测值-残差"图

"行号-残差"图

(b)

预测表达式

$$13.943243243$$
$$+ \ -1.883333333 \cdot \left(\frac{A-12}{2}\right)$$
$$+ \ 1.5916666667 \cdot \left(\frac{B-24}{2}\right)$$
$$+ \ 5.2333333333 \cdot \left(\frac{C-4}{2}\right)$$
$$+ \ -4.058333333 \cdot \left(\frac{D-6}{2}\right)$$
$$+ \ \left(\frac{A-12}{2}\right) \cdot \left(\left(\frac{C-4}{2}\right) \cdot 0.175\right)$$
$$+ \ \left(\frac{B-24}{4}\right) \cdot \left(\left(\frac{C-4}{2}\right) \cdot 0.175\right)$$
$$+ \ \left(\frac{A-12}{2}\right) \cdot \left(\left(\frac{D-6}{2}\right) \cdot 0.175\right)$$
$$+ \ \left(\frac{C-4}{2}\right) \cdot \left(\left(\frac{D-6}{2}\right) \cdot -0.35\right)$$
$$+ \ \left(\frac{B-24}{4}\right) \cdot \left(\left(\frac{B-24}{4}\right) \cdot -0.158445946\right)$$
$$+ \ \left(\frac{C-4}{2}\right) \cdot \left(\left(\frac{C-4}{2}\right) \cdot -0.720945946\right)$$
$$+ \ \left(\frac{D-6}{2}\right) \cdot \left(\left(\frac{D-6}{2}\right) \cdot -0.158445946\right)$$

(c)

图9-4 模型拟合回归报表

细心的读者可能已经注意到，本例的计算机试验结果中5个中心点的值都是相等的，这就是计算机试验的特征，不可能通过重复计算来获得"随机"误差的估计，所进行的"显著性"分析是依赖于舍去低效应项产生的近似误差进行的评估。

【例9-3】锂离子电池的性能受温度影响显著，其可接受的工作温度在-20~50℃范围，且电池模组的温差要求在5℃以下。文献[37]提出了一种新型的锂电池液冷热扩散结构，以电池模组的最高温度（Y_1，℃）和温差（Y_2，℃）为响应指标，采用正交试验设计和流体力学数值模拟相结合的方式对电池热管理系统的散热结构进行研究和优化。试验选择如表9-5的因子和水平设置，用$L_{25}(5^4)$正交表组织模拟计算试验，表9-6为试验方案和试验结果。以温差Y_2为例，解答下列问题。

（1）建立表9-6所示正交试验方案并录入数据；

（2）建立电池模组温差Y_2与各因子之间的代理模型。

表9-5 模拟试验因子及水平设置

因子		水平				
符号	意义	1	2	3	4	5
A	导热柱半径/mm	1	2	3	4	5
B	热扩散板厚度/mm	0.2	0.65	1.1	1.55	2

因子		水平				
符号	意义	1	2	3	4	5
C	电池间距/mm	2	3	4	5	6
D	导热柱高度/mm	45	47.5	50	52.5	55

表 9-6　正交试验方案及结果

试验序号	因子				试验结果	
	A	B	C	D	Y_1	Y_2
1	1	0.2	2	45	57.66	4
2	1	0.65	3	47.5	57.6	3.89
3	1	1.1	4	50	57.64	3.82
4	1	1.55	5	52.5	57.67	3.76
5	1	2	6	55	57.7	3.72
6	2	0.2	3	50	54.17	3.52
7	2	0.65	4	52.5	53.74	3.51
8	2	1.1	5	55	53.8	3.39
9	2	1.55	6	45	52.52	3.24
10	2	2	2	47.5	52.95	3.32
11	3	0.2	4	55	51.49	4.61
12	3	0.65	5	45	49.45	4.58
13	3	1.1	6	47.5	49.37	4.45
14	3	1.55	2	50	49.51	4.67
15	3	2	3	52.5	49.71	4.53
16	4	0.2	5	47.5	48.53	4.83
17	4	0.65	6	50	47.66	5.25
18	4	1.1	2	52.5	47.29	5.54
19	4	1.55	3	55	47.6	5.57
20	4	2	4	45	46.35	4.89
21	5	0.2	6	52.5	47.43	5.31
22	5	0.65	2	55	44.97	5.41
23	5	1.1	3	45	44.81	5.37
24	5	1.55	4	47.5	45.1	5.39
25	5	2	5	50	45.35	5.42

解：

（1）对于该多水平的正交表设计，用 JMP 提供的"定制设计"窗口进行设计。选择菜单命令"试验设计"→"定制设计"打开定制设计窗口，输入响应 Y_2、因子 $A \sim D$ 及表 9-5 指定的因子水平。在模型窗口中可以指定进入模型的数据项、别名项，比如高次项、交互作用项等，系统会给出建议的试验次数。这里默认试验次数为 25 次，生成设计。正交设计作为具有众多可选方案的一种部分析因设计，JMP 给出的设计方案与表 9-6 不同，将表 9-6 的数据覆盖生成新的数据表即可。

（2）图 9-5 为 Y_2 随各因子变化的散点图，其表明 Y_2 与各因子之间没有简单的线性或二阶函数关系，特别是 Y_2 与因子 A 之间，呈现了比较复杂的高次项函数关系；另外，Y_2 与因子 A 的散点图上在 A 各水平值上出现的离散点不是由常规试验的随机误差引起的，而是该水平下其他因子 B、C 和 D 的变化导致的。利用响应曲面来拟合数据的结果表明拟合效果不理想，如图 9-6 所示，最终变成了一阶模型，特别是 A 的效应仅仅是一条直线，明显与图 9-5 相违背。鉴于各因子的水平为 5，可以采用 4 阶模型进行拟合。在拟合模型窗口中，将全部因子的二因子到四因子交互作用均选入模型，同时也将各因子的二次、三次和四次数据项均选入模型，在"特质"中选择"逐步"，打开逐步回归窗口。以默认的"最小"BIC 为准则，点击"执行"按钮，软件自动遴选出合适的进入模型的数据项，如图 9-6 所示。点击"运行模型"按钮，打开如图 9-7 所示回归模型分析窗口，"效应汇总"面板中按重要性降序排序列出进入模型的数据项，可见因子 A 的主效应、二阶到四阶效应都非常重要，B 与 C 的二阶项、A 和 B 的交互作用项都进入模型。"参数估计值"面板中列出各数据项的系数，拟合汇总里的 R 方为 0.9884、均方根误差为 0.1126，表明拟合效果很好。最后的拟合模型在预测表达式中给出，如图 9-8（b）所示。

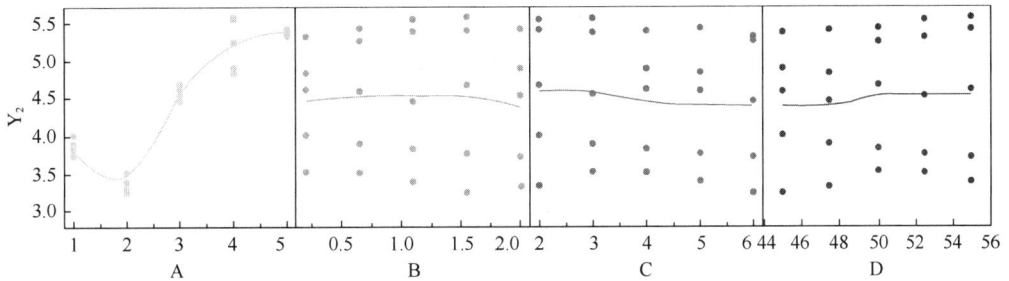

图9-5　响应 Y_2 随各因子变化的散点图

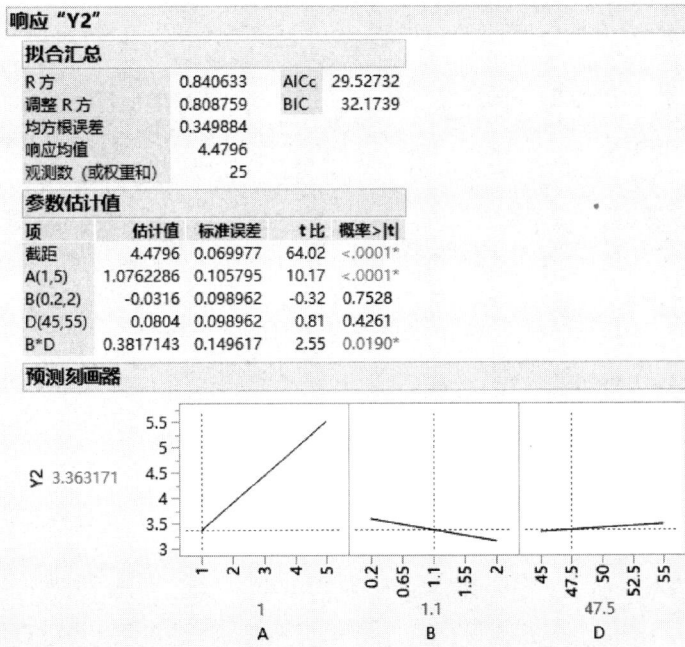

图9-6　利用二阶响应曲面得到的建模结果

"Y2" 的逐步拟合

逐步回归控制

停止规则: 最小 BIC

方向: 前进

规则: 合并

误差平方和	误差自由度	RMSE	R 方	调整 R 方	Cp	p	AICc	BIC
0.1776488	14	0.1126464	0.9884	0.9802	3.8142037	11	-2.72363	-14.0971

当前估计值

锁定	已进入	参数	估计值	自由度	平方和	"F 比"	"概率>F"
☑	☑	截距	4.56586335	1	0	0.000	1
☐	☑	A(1,5)	2.16966667	5	14.86339	234.268	5.6e-13
☐	☑	A*A	-1.411	3	2.708688	71.155	1.02e-8
☐	☑	B(0.2,2)	-0.0316	3	0.206174	5.416	0.01102
☐	☑	B*B	-0.1205714	1	0.063601	5.012	0.04193
☐	☑	C(2,6)	-0.0660348	2	0.121263	4.803	0.02581
☐	☑	C*C	0.12484472	1	0.052279	4.120	0.06183
☐	☑	D(45,55)	0.12796522	1	0.168137	13.250	0.00268
☐	☐	D*D	0	1	0.000122	0.009	0.9261
☐	☑	A*B	0.19026087	1	0.130091	10.252	0.0064
☐	☐	A*C	0	1	0.008538	0.656	0.43245
☐	☐	A*D	0	1	0.000142	0.010	0.92034
☐	☐	B*C	0	1	0.008538	0.656	0.43245
☐	☐	B*D	0	1	0.016186	1.303	0.27423
☐	☐	C*D	0	1	0.004629	0.348	0.56549
☐	☑	A*A*A	-1.3986667	2	2.539637	100.071	5.1e-9
☐	☑	A*A*A*A	1.452	1	0.338835	26.703	0.00014
☐	☐	B*B*B	0	1	0.002738	0.203	0.65934
☐	☐	B*B*B*B	0	2	0.009253	0.330	0.72547
☐	☐	C*C*C	0	1	0.013778	1.093	0.31485
☐	☐	C*C*C*C	0	1	0.004183	0.313	0.58506
☐	☐	D*D*D	0	2	0.01705	0.637	0.54586
☐	☐	D*D*D*D	0	1	0.000441	0.032	0.86003

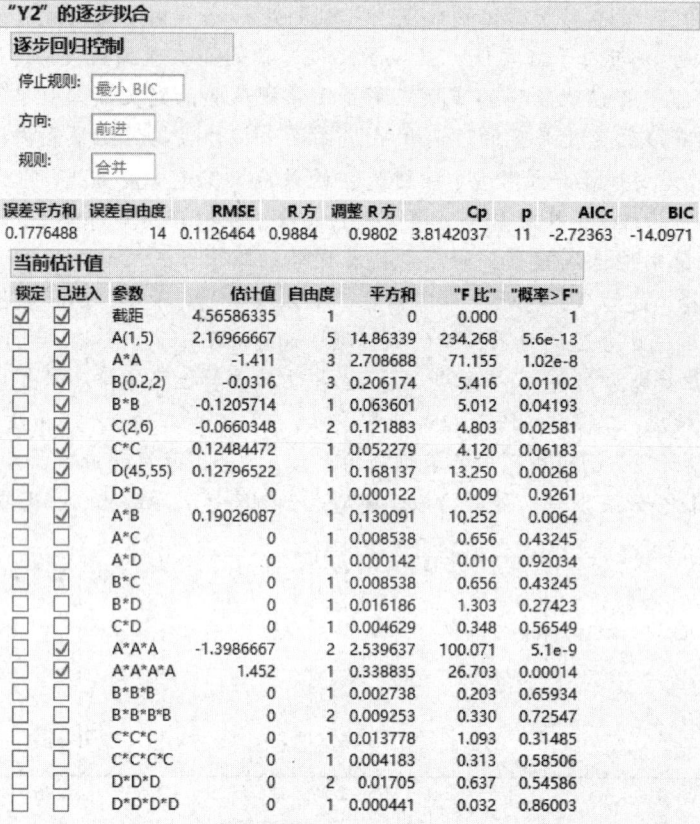

图9-7　在逐步回归窗口自动遴选进入模型的数据项

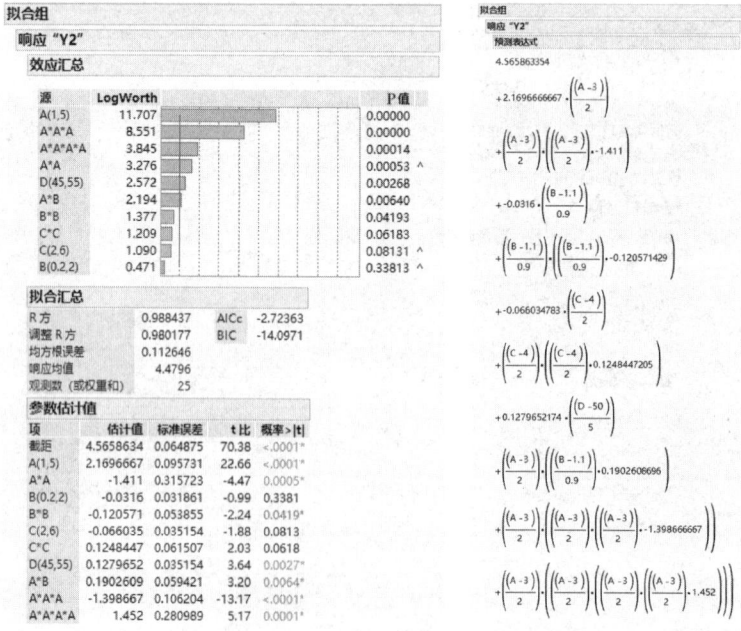

拟合组

响应 "Y2"

效应汇总

源	LogWorth		P 值
A(1,5)	11.707		0.00000
A*A*A	8.551		0.00000
A*A*A*A	3.845		0.00014
A*A	3.276		0.00053 ^
D(45,55)	2.572		0.00268
A*B	2.194		0.00640
B*B	1.377		0.04193
C*C	1.209		0.06183
C(2,6)	1.090		0.08131 ^
B(0.2,2)	0.471		0.33813 ^

拟合汇总

R 方	0.988437	AICc	-2.72363
调整 R 方	0.980177	BIC	-14.0971
均方根误差	0.112646		
响应均值	4.4796		
观测数（或权重和）	25		

参数估计值

项	估计值	标准误差	t 比	概率>|t|
截距	4.5658634	0.064875	70.38	<.0001*
A(1,5)	2.1696667	0.095731	22.66	<.0001*
A*A	-1.411	0.315723	-4.47	0.0005*
B(0.2,2)	-0.0316	0.031861	-0.99	0.3381
B*B	-0.120571	0.053855	-2.24	0.0419*
C(2,6)	-0.066035	0.035154	-1.88	0.0813
C*C	0.1248447	0.061507	2.03	0.0618
D(45,55)	0.1279652	0.035154	3.64	0.0027*
A*B	0.1902609	0.059421	3.20	0.0064*
A*A*A	-1.398667	0.106204	-13.17	<.0001*
A*A*A*A	1.452	0.280989	5.17	0.0001*

(a)

拟合组
响应 "Y2"
预测表达式

$$4.565863354$$
$$+2.1696666667 \cdot \left(\frac{A-3}{2}\right)$$
$$+\left(\frac{A-3}{2}\right) \cdot \left(\left(\frac{A-3}{2}\right) \cdot -1.411\right)$$
$$+-0.0316 \cdot \left(\frac{B-1.1}{0.9}\right)$$
$$+\left(\frac{B-1.1}{0.9}\right) \cdot \left(\left(\frac{B-1.1}{0.9}\right) \cdot -0.120571429\right)$$
$$+-0.066034783 \cdot \left(\frac{C-4}{2}\right)$$
$$+\left(\frac{C-4}{2}\right) \cdot \left(\left(\frac{C-4}{2}\right) \cdot 0.1248447205\right)$$
$$+0.1279652174 \cdot \left(\frac{D-50}{5}\right)$$
$$+\left(\frac{A-3}{2}\right) \cdot \left(\left(\frac{B-1.1}{0.9}\right) \cdot 0.1902608696\right)$$
$$+\left(\frac{A-3}{2}\right) \cdot \left(\left(\frac{A-3}{2}\right) \cdot \left(\left(\frac{A-3}{2}\right) \cdot -1.398666667\right)\right)$$
$$+\left(\frac{A-3}{2}\right) \cdot \left(\left(\frac{A-3}{2}\right) \cdot \left(\left(\frac{A-3}{2}\right) \cdot \left(\left(\frac{A-3}{2}\right) \cdot 1.452\right)\right)\right)$$

(b)

图9-8　回归模型分析报表

该例表明，由于计算机试验的范围较宽，可以用多水平的正交设计来组织试验，而代理模型可能会用到比一阶和二阶响应曲面更高阶乃至更复杂的形式。

9.3 计算机试验的现代设计方法

9.3.1 使用经典试验设计存在的问题

在计算机试验中，最先应用经典试验设计方法来规划模拟计算试验以获得最佳的代理模型一直延续至今。但是，经典试验设计存在如下的问题。

一是经典试验设计假定已知响应变量与输入变量的关系，比如当可以用线性描述时选用析因设计，当可以用二次模型描述时选用中心复合设计或者含有中心点的两水平析因设计。然而，对于一个未知的体系，特别是参数范围较宽时，难以用简单的线性或二次关系来描述。

二是经典设计中试验处理点往往在研究区域轮廓上，比如超立方体的顶点，在超立方体的中心一般只有一个中心点，在中心点和轮廓之间缺少试验点来描述，即存在"空白"区域的问题。在响应变量与因子变量存在不确定关系时，用经典设计存在较大风险。

三是如果在经典设计的中心点与几何顶点之间增加试验点以获得更接近真实的关系时，虽然可以增加析因设计的水平数，比如四水平、五水平及以上水平数的正交设计，但同时试验点的数量增加也会非常巨大。即使使用部分析因设计来减少试验次数，但析因设计本身的特点同样会大幅度增加试验次数，进而增大计算成本。

四是析因设计和中心复合设计的试验因子数不宜太多，而计算机试验往往面对复杂的系统，通常需要较多的输入因子，同样给析因设计和响应曲面设计带来严重的试验次数后果。

五是基于析因设计和中心复合设计，通过最小二乘法回归建立的模型仅仅为一阶或二阶多元线性模型，这种模型难以描述一个复杂的系统。虽然有基于析因设计特别是中心复合设计试验点建立神经网络模型，但由于试验点在空间分布的特殊性使数据点的代表性受到限制。

鉴于计算机模拟试验的特殊情况，从 20 世纪 70 年代末开始，国内外相继提出了许多针对计算机试验的新的试验设计方法，其中代表性的有我国方开泰和王元提出的均匀设计方法和国外采用较多的拉丁超立方设计方法，它们都属于空间填充设计，本章后续部分将介绍这两种方法，特别是它们的应用及其建模。

9.3.2 计算机试验现代设计的策略

析因设计的目标是通过因子水平的正交性和因子水平的均匀性在有限的试验次数下实现对因子主效应和交互效应的估计。在计算机试验中，试验因子数和因子水平数往往很大，目的是获得更好的近似代理模型，见式（9-2）。试验点应当均匀地散布在参数空间中，故需要一个空间填充设计（space filling design）或均匀设计（uniform design）。这里的"空间填充设计"的名称由美国学者首先采用，并在国际上广泛使用；几乎同时，方开泰、王元采用"均匀设计"名称，这两种名称表达了同一思想，即将试验点均匀地散布在参数空间之中。假如设计点在参数空间中分布不均匀，建立的近似模型在布点稀疏的试验区域可能会产生较大误差。与经典试验设计方法相比，空间填充设计更强调试验点在参数空间的分布均匀性，忽略或者部分强调因子的正交性。

记 $P = \{x_1, x_2, \cdots, x_n\}$ 为参数空间的一个有 n 个试验点的空间填充设计，其中

$x_i = (x_{i1},\ x_{i2}, \cdots,\ x_{ip}) \in \chi$，$i = 1, 2, \cdots, n$，$\chi$ 为输入参数空间。计算 $y_i = f(x_i)$，得到的数据集 $\{(x_i, y_i)$，$i = 1, 2 \cdots, n\}$ 是建模的基础。空间填充设计按其产生的方法，可分为：

① 完全随机抽样，即试验点是 χ 上均匀分布的一个随机样本。该方法简单易行，但表现不够稳定，即试验点有时候在 χ 上分布并不十分均匀。

② 分层随机抽样，它的表现比完全随机抽样稳定，故在实际中大量使用。著名的拉丁超立方抽样（latin hypercube sampling）就是一种分层随机抽样。

③ 确定性方法，即在 χ 上选一个有 n 个点的集合，使其在 χ 上有最好的均匀性，这些点是确定的、非随机的。均匀设计就属于这种方法，还有使试验点之间达到最大化最小（maximin）准则距离的抽样方法（也称为最优拉丁超立方设计）也是确定性方法。

④ 随机和确定性混合的方法，该方法是从确定性方法中选择一个设计，然后进行某种随机化，比如基于正交表的拉丁超立方设计。

9.3.3 拉丁超立方设计

利用在输入参数空间 χ 上的试验点 $P = \{x_1,\ x_2, \cdots,\ x_n\}$ 来估计 y 在 χ 上的均值

$$\mu = \int_{\chi} y(x)\,\mathrm{d}x \tag{9-9}$$

若试验点是 χ 上的一个随机样本，则用样本均值 $\hat{\mu} = \bar{y}(P) = \dfrac{1}{n}\sum_{i=1}^{n} y_i$ 来估计 μ，称式（9-9）为总均值模型。希望选择一个设计 P，使得对总体均值的估计 $\bar{y}(P)$ 是无偏的或者渐进无偏的，并且使其方差越小越好。从蒙特卡洛方法出发，可以在试验域 $C^s = [0,1]^s$ 上独立均匀分布地选择试验点 $x_1, x_2, \cdots, x_n$，这样抽取出来的设计称为简单随机抽样。显然，简单随机抽样的样本均值点是 μ 的无偏估计，其方差为 $V(y(x))/n$，其中 $x \sim U([0,1]^s)$，即在单位立方体上均匀分布。为了减少估计方差，人们提出了一些改进方法。

（1）随机拉丁超立方抽样

当试验点之间有负相关时，方差 $V(y(x))/n$ 可以提高估计总体均值的精度。基于这种思想，提出了拉丁超立方抽样（LHS）方法，即采用两步随机化，可以给出总体均值的无偏估计，且其渐进方法比简单随机抽样更简便，其本质是分层抽样方法。假如试验点次数为 n，LHS 方法首先对区域进行分层，即区域的每一维度等分为 n 个小区间，这样试验域就等分为 n^p 个小方格，然后在 n^p 个方格中选取 n 个方格，使得任一行和任一列都仅有一个方格被选中，最后在选中的 n 个方格中各自随机选取一个点组成最后的 n 个试验点，这种方法使试验域 C^s 内任一点都可能被抽到。给定试验点数 n 和因子个数 p，LHS 的构造过程分为两步，具体构造步骤如下。

步骤 1：取 p 个独立的 $\{1, 2, \cdots, n\}$ 的随机置换 $\pi_j(1)$、$\pi_j(2) \cdots \pi_j(n)$，$j = 1, 2, \cdots, p$，将它们作为一个列向量组成一个 $n \times p$ 的设计矩阵，称为拉丁超立方设计，记为 $\mathrm{LHD}(n, p)$，它的第 i 行第 j 列的元素为 $\pi_j(i)$。

步骤 2：取 $[0,1]$ 上 np 个均匀分布的独立抽样，$U_{ij} \sim U(0,1)$，$i = 1, 2, \cdots, n$，$j = 1, 2, \cdots, p$，记 $x_i = (x_{i1}, x_{i2} \cdots, x_{ip})$，其中

$$x_{ij} = \frac{\pi_j(i) - U_{ij}}{n}, \quad i = 1、2、\cdots、n, \quad j = 1、2、\cdots、p \tag{9-10}$$

则设计 $D = \{x_1, x_2, \cdots, x_n\}$ 即为一个 LHS 设计，并记为 $LHD(n, p)$。

上面的步骤 1 是为了保证在 n^p 个方格中随机选取 n 个方格，使得任一行和任一列都仅有 1 个方格被选中；而步骤 2 中在 [0,1] 上再取随机数的目的是使得 LHS 能取遍整个试验区域。这种分层构造的方法可以避免简单随机抽样最坏的情形出现。现已证明，LHS 的方差比简单随机抽样的小。

从 LHS 的构造过程可知：①它很容易产生；②它可以处理试验次数 n 与因子个数 p 较大的问题；③与完全随机抽样相比，它各级 y 的样本均值的样本方差要小。然而，有些 LHS 设计会显得试验点分布很不均匀，从而达不到很好的估计效果。为了排除一些质量差的 LHS，对正交表进行随机化抽样以及正交拉丁超立方设计是两种有效的方法。

（2）随机化正交表

随机化正交表（randomized orthogonal array）是由一个正交阵列产生的拉丁超立方设计，该类设计可以有效地减少估计方差。一个试验次数为 n、因子个数为 p、水平数为 q 的部分析因设计称为强度为 r 的正交表，记为 $OA(n, p, q, r)$。假设该设计的任意 $m（m \leqslant r）$ 列都构成完全析因设计。

从一个正交表 $OA(n, p, q, r)$ 出发，构造随机化正交表的步骤如下。

步骤 1：选择合适的正交表 $OA(n, p, q, r)$，记为 A，并设 $\lambda = n/q$；

步骤 2：对 A 的每一列的 λ 个水平为 k（$k = 1, 2, \cdots, q$）的元素，用 $\{(k-1)\lambda+1、(k-1)\lambda+2, \cdots, (k-1)\lambda+\lambda\}$ 的一个随机置换代替，产生的超拉丁方即为随机化正交表，记为 $OH(n, n^s)$。

正交表水平组合的平衡性保证了随机化正交表的稳定性比一般拉丁超立方设计好，即不会产生很差的设计。然而，构造随机化正交表的前提是存在正交表，只有部分特殊的 n、p、q 才能存在强度为 $r(r \geqslant 2)$ 的正交表，因此这种方法不能构造任意的 n、p 的拉丁超立方设计。

（3）最优拉丁超立方设计

最优拉丁超立方抽样设计是对拉丁超立方抽样进行了最优化改进，通过控制各抽样点之间的距离，实现空间填充率的提升。在构建设计过程中，通过

$$\max\left\{\min_{1 \leqslant i, j \leqslant n, i \neq j} d(x_i, x_j)\right\}$$

$$d(x_i, x_j) = \left[\sum_{k=1}^{m} |x_{ik} - x_{jk}|^t\right]^{1/2}$$

来控制抽样点的产生。其中 $d(x_i, x_j)$ 为抽样点 x_i 与 x_j 之间的距离。通过使各采样点空间距离的最小值在整个采样空间中最大的方式，使所有样本点尽量均匀地分布在设计空间中。图 9-9 以 2 因子 9 抽样点为例，建立在二维坐标系中的样本点分布。

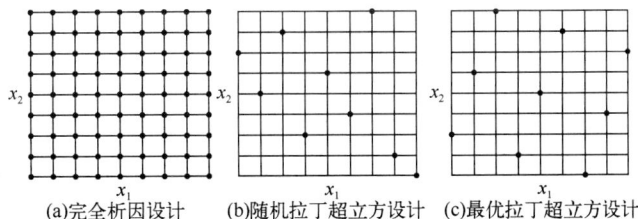

(a)完全析因设计   (b)随机拉丁超立方设计   (c)最优拉丁超立方设计

图9-9　完全析因设计、随机拉丁超立方设计与最优拉丁超立方设计的比较

JMP 软件中提供的是最优拉丁超立方抽样的设计方法。

9.3.4 均匀设计

与随机抽样的方法不同，均匀设计是一种确定性的方法。均匀设计是考虑试验点在试验范围内均匀散布的一种试验设计方法，是空间填充设计的一种，由方开泰、王元最先提出，是"数论方法"在试验设计中的延伸。

均匀设计有很强的数学背景，其运用数论中的一致分布理论将数论和多元统计相结合。均匀设计由于只考虑试验点在试验范围内均匀散布，挑选试验代表点的出发点是"均匀分散"而不考虑"整齐可比"。正交设计在一定意义上可视为一种特殊的均匀设计，它可保证试验点在一定限制下具有均匀分布的统计特性。均匀设计着重在试验范围内考虑试验点均匀散布以求通过最少的试验来获得最多的信息。

当然，在应用均匀设计时不能一味追求试验次数少，需要考虑试验的实际情况，因而均匀设计特别适合多因子多水平的试验和系统模型完全未知的情况。例如，当试验中有 p 个因子，每个因子有 q 个水平时，如果进行全面试验，共有 q^p 种组合，而均匀设计是利用数论中的一致分布理论选取 n 个点进行试验，常取 n 为 q 的整数倍数，即 $n=kq$ ，$n=1,2,\cdots$。应用数论方法使试验点在积分范围散布得十分均匀，并使分布点距离被积函数的各种值充分接近，便于计算机建模。

简单地说，均匀设计就是在给定的均匀性测度下，使试验点集在试验区域 C^p 上达到最均匀。它要求：

① 任一因子的诸水平做相同数目的试验；
② 所选的试验点在试验范围内分布均匀。

（1）均匀设计的特点

同部分析因设计的正交设计一样，均匀设计也用规格化的表格来安排试验，这种规格化的表格称为均匀设计表，其表示形式为 $U_n(q^p)$，其中 n 为试验次数，p 为因子个数，q 为因子水平数。如 $U_{11}(11^{10})$ 表示 10 因子 11 水平的均匀设计，总共需要进行 11 次试验。

在试验区域 C^p 上布置 n 个点，用均匀度 D 来度量这 n 个点在 C^p 中散布的均匀程度，其定义为：设 $C^p=[0,1]$，在 C^p 中上的 n 个试验点 $P=\{x_1,\ x_2,\cdots x_n\}$ 可表示为一个 $n\times p$ 的矩阵，

$$X=\begin{bmatrix} x_{11} & \cdots & x_{1p} \\ \vdots & \ddots & \vdots \\ x_{n1} & \cdots & x_{np} \end{bmatrix}$$

其中 p 表示因子的个数，n 为试验的个数，$0\leqslant x_{ij}\leqslant 1$。用 $D(X)$ 表示试验点 P 的均匀度，则均匀度必须满足如下的条件：

① $D(X)$ 在 X 的行交换或列交换是不变的，即改变试验点的编号，或改变因子的编号，不影响 $D(X)$ 的值。

② 若将 X 关于平面 $x_j=1/2$ 反射，即将 X 的任意一列 $(x_{1j},\ x_{2j},\cdots,\ x_{nj})'$ 变为 $(1-x_{1j},1-x_{2j},\cdots,1-x_{nj})'$，$D(X)$ 值相同，即具有旋转不变性。

③ $D(X)$ 不仅能度量 X 的均匀性，而且也能度量 X 投影至 R^p 中任意子空间的均匀性，因为由因子设计的理论可知，低维空间的效应（如主效应、低阶交互效应）是非常重要的。

均匀表的均匀分散性可用均匀度的偏差表示，偏差值越小，表示均匀度越好。常用的偏

差计算方法有 L_p-星偏差、中心化偏差 CD、可卷偏差 WD、离散偏差 DD 及 Lee 偏差 LD 等，但采用不同方法计算的偏差结果不同，各种偏差都有其自身特点：

① 各种偏差均具有对设计矩阵列的行变换、列变换的不变性。

② L_p-星偏差（$p \neq \infty$）未考虑设计点投影的均匀性，而其他的均匀性测度（CD、WD、DD、LD）则照顾到所有低维投影的均匀性。

③ L_p-星偏差不满足反射不变性，而推广的 CD、WD、DD、LD 均满足反射不变性。

④ 理论上用中心化偏差 CD 和可卷偏差 WD 来构建均匀设计比较合适，具有更好的均匀性，因为它们对试验点有更多的选择。修正 L_p-星偏差 MD 虽然也是在 $\boldsymbol{R}^P$ 上选择试验点，但没有反射不变性。

⑤ 离散偏差 DD 和 Lee 偏差 LD 更适合探索均匀设计、析因设计和中心复合设计之间的关系。其中 DD 只能判断的设计中对应分量是否相等，对于多水平的情况不太合适。

如进行两因子六水平的均匀设计，设计的第一列都固定为 1、2、3、4、5、6，用穷举法搜索全部的组合，有 6!＝720 种置换。设计发现，用 CD、WD 和 LD 的设计分别有 2、26、38 个具有最小偏差值的设计，且其偏差值分别为 0.0873、0.01285 和 0.0833。对比一个均匀性差的设计（U_{6-1}）、均匀性一般的设计（U_{6-2}）、中心化偏差（U_{6-3}）、可卷偏差（U_{6-4}）和 Lee 偏差（U_{6-5}）下各选择一个均匀设计，如表 9-7、表 9-8 所示。此处可卷偏差与 Lee 偏差下的均匀设计一致，但不是一定会重合。

表 9-7　两因子六水平的设计

U_{6-1}		U_{6-2}		U_{6-3}		U_{6-4}/U_{6-5}	
1	5	1	0	1	4	1	6
2	4	2	6	2	2	2	4
3	3	3	2	3	6	3	1
4	2	4	5	4	5	4	3
5	1	5	1	5	1	5	5
6	6	6	4	6	3	6	2

表 9-8　两因子六水平设计的不同偏差值

设计	星偏差 D^*	L_p-星偏差 D_2^*	修正 L_p-星偏差 MD	中心化偏差 CD	可卷偏差 WD	Lee 偏差 LD
U_{6-1}	0.2708	0.0836	0.1078	0.1023	0.1394	0.1596
U_{6-2}	0.2292	0.0683	0.0964	0.0902	0.1298	0.0833
U_{6-3}	0.2014	0.0645	0.0937	0.0873	0.1337	0.1389
U_{6-4}	0.2431	0.0772	0.1029	0.0971	0.1285	0.0833

均匀设计表具有以下的特点：

① 表中安排的每个因子的每个水平只做一次试验，即每一列无水平重复。

② 均匀设计表的试验次数与水平数相等，因而水平数与试验次数是等量增加的。

③ 任意两个因子的试验点，点在平面的格子点上。每行每列有且仅有一个试验点。均匀设计表 $U_6^*(6^6)$ 试验点的分布如图 9-10 所示。

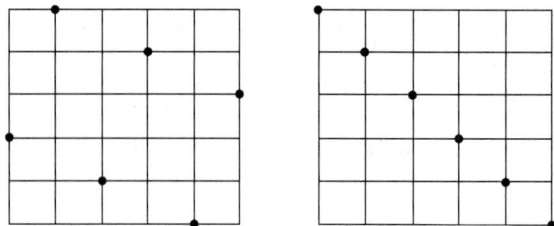

(a)用1、3列　　　　　　　　　(b)用1、6列

图9-10　均匀设计表 U_6（6^6）试验点的分布

④ 试验点的分布很均匀，但因为不同列分散性不同，表中任意两列并不等价，因此各列不能随意变动。与正交表不同，每个均匀设计表必须有一个附加的使用表。但可以依原来的次序进行平滑，即将原来的第一个水平和最后一个水平连接起来，构成一个封闭圈，再从任意处开始，按原来方向或反方向进行排序。

对于均匀设计，在每张均匀设计表后附有一张该表的使用表来配合使用，可以从相关网站上下载，它们是用中心化偏差 CD 作为均匀测度构建的。均匀设计中，用设计合理的选择表来降低均匀度的偏差的研究较多，并通过在均匀表 U 的右上角加"*"与不加"*"来代表两种不同分散度的均匀设计表，一般加"*"的均匀设计表均匀分散性更好、偏差更小，应优先选用。当试验次数为偶数时，可用试验次数比它多 1 的奇数均匀设计表划去最后一行来安排偶数试验次数的试验。

与正交试验设计相比，均匀试验设计的特点在于：

① 试验工作量少，这是均匀设计的一个突出优点。如考察 5 个因子的影响，每个因子有 5 个水平，用正交表安排试验，至少要进行 25 次试验，而用均匀试验设计表只需进行 5 次试验。虽然试验次数减少了很多，但其试验结果仍能反映研究对象的基本特征。

② 在正交设计中，当考察某一因子各水平效应时，其他因子与待考察因子各水平组合的机会是相等的，正交设计表中各列的地位是相等的，因此待考察安排在任何一列都是允许的。均匀设计表则不同，表中各列的地位是不平等的，因此，因子安排在设计表格的哪一列是不能随便变动的，需根据试验中欲考察的实际因子个数，依照附在每一张均匀设计表后的使用表来确定因子所应处的列号。例如对于 $U_{11}(11^{10})$ 的均匀设计，如果只安排 2 因子 11 水平试验，则将因子安排在第 1 与第 7 列，若考察 4 个因子，则将因子安排在第 1、2、5、7 列。

③ 由于试验安排的特点，试验数据失去了整齐可比性。因此，不能像正交试验设计那样，用方差分析来处理数据，而需要用回归分析来处理试验数据。

④ 均匀试验设计法的试验次数少，试验精度差，可以采用两种方案来提高试验精度。

一种方案是采用重复安排因子各水平的试验，即选用 $U_n(q^p)$ 类型的均匀设计表，这里试验次数 n 与因子水平数 q 之间是整数倍的关系，亦即 $n=kq$，$k=1$，2，$\cdots$，以确保每个水平的重复次数相等。

另一种方案是增加因子水平来提高试验精度，即选用 $U_n(q^p)$ 类型的均匀设计表，JMP 软件提供的就是这种均匀设计表。如考察 5 个因子的影响，每个因子取 6 个水平，可选用 $U_6(6^5)$ 表安排试验，如果认为该设计的试验精度不够，则可以通过增加因子水平，比如每个因子水平增加到 12，则选用 $U_{12}(12^5)$，偏差度由 0.0706 降低到 0.0267；如果因子水平增加到 18，偏差度则进一步降低到 0.0153。可见，试验次数增加 2 倍，偏差度减少约 2/3；试验次数增加 3 倍，偏差度减少约 4/5。利用均匀设计这种试验次数与因子水平数等量增加的特性，可以对研究区域较宽、响应变化复杂的系统进行多水平的精细研究，因此特别适合复杂系统的计算机模拟试验以建立精准的代理模型。

（2）均匀设计方法

当研究 p 个因子对响应 y 的影响时，在不考虑因子高次项与因子之间交互作用的条件下，只需要选用试验处理数等于（$p+1$）的均匀设计表来安排试验就可以了。而当要考虑因子的高次项与因子之间的交互作用时，需用多项式回归来描述相应函数。若研究的因子数为 p，在回归方程中，一次项与二次项各有 p 项，交互效应项有 C_p^2 项，共有（$2p+C_p^2$）项，因此至少要选用（$2p+C_p^2+1$）次试验的均匀设计表来安排试验。例如要研究 3 因子的影响，如果因子与响应值之间的关系为线性，选用 $U_5(5^3)$ 表安排试验；当各因子与响应之间的关系为二次多项式，而又要考虑因子之间的交互作用时，则回归方程的一次项与二次项各有 3 项，因子之间的交互作用项有 $C_3^2=3$ 项，在回归方程中至少有 10 个待定系数，因此选用 $U_{10}^*(10^8)$ 来安排试验。如果因子与响应变量之间的关系复杂到难以用多项式来近似，则需要安排更多试验处理数（因子水平数）的均匀设计表。

在安排试验之前，应根据专业知识来判断与选择回归方程中的交互作用项与高次项，对于那些对响应值没有显著影响或者影响较小的交互作用项与高次项尽量不要安排在试验中，以减少试验工作量。

9.4　计算机试验的数据建模

为了使代理模型式（9-2）尽可能精确地逼近真实模型式（9-1），选择合适的统计模型是非常重要的。通常大多数代理模型都是试验区域 χ 上定义的基本函数的线性组合，通过试验结果估计组合中的未知系数。之前讨论的物理试验及计算机试验中，均是式（9-6）的二阶多项式回归代理模型。这种多项式模型可以提供局部范围的物理现象的合理近似。但计算机试验通常包含许多因素，在较宽或全局范围可能具有高度非线性的输入输出关系。

使用最小二乘方法建立式（9-6）的回归模型可能会存在如图 9-11 所示的结果。对于如图 9-11（a）所示非确定性（具有随机误差的实体试验或者模拟）试验结果，采用最小二乘的回归模拟能够有效消除随机误差的影响。但是对于如图 9-11（b）所示具有确定性的模拟计算结果，具有高度非线性的输入输出关系，仍然简单地使用最小二乘法对数据进行平滑处理建立回归模型显然是不合适的，必须采用插值拟合的方法使模型曲线命中每个数据点才合理。

计算机试验的数据建模有多种非线性建模方法，如多元自适应回归样条、高斯过程回归、神经网络和归纳学习等，这里介绍常用的高斯过程回归方法和神经网络回归方法。

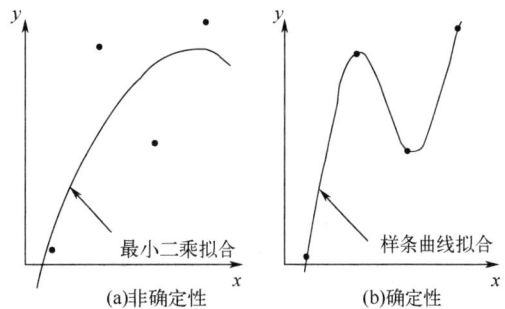

图 9-11　确定性和非确定性的曲线拟合

9.4.1　高斯过程回归

高斯过程回归（gaussian process regression，GPR）是近年来被广泛使用的一种机器学习方法，适用于具有高维数、小样本及非线性等特点问题的预测分析。GPR 方法容易实现，且具有超参数自适应获取和预测输出、具有概率意义等优点。

对于一个随机过程，如果其中任意多个随机变量都服从多维联合高斯分布，则这个随机过程被称为高斯过程（GP）。用数学公式表示为：

$$f(\boldsymbol{x}) \sim GP[m(\boldsymbol{x}), k(\boldsymbol{x}, \boldsymbol{x}')] \tag{9-11}$$

其中，$f(\boldsymbol{x})$ 表示高斯过程，$\boldsymbol{x}$、$\boldsymbol{x}'$ 为 p 维实数空间内的任意随机变量，$m(\boldsymbol{x})$ 为 $f(\boldsymbol{x})$ 的均值函数，$m(\boldsymbol{x}) = E[f(\boldsymbol{x})]$，$k(\boldsymbol{x}, \boldsymbol{x}')$ 为 $f(\boldsymbol{x})$ 和 $f(\boldsymbol{x}')$ 的协方差函数，其中 $k(\boldsymbol{x}, \boldsymbol{x}') = E[(f(\boldsymbol{x}) - m(\boldsymbol{x})) \times (f(\boldsymbol{x}') - m(\boldsymbol{x}'))]$。

GPR 是将 GP 理论运用至回归分析领域的具体方法。根据贝叶斯线性回归模型假设，一个高斯过程为 $f(\boldsymbol{x}) = \varphi(\boldsymbol{x})'\boldsymbol{w}$，其中 $\boldsymbol{w}$ 为权重函数且其先验分布服从 $\boldsymbol{w} \sim N(0, \Sigma_p)$，$E(\boldsymbol{w}) = 0$，$E(\boldsymbol{w}\boldsymbol{w}') = \Sigma_p E(\boldsymbol{w}\boldsymbol{w}^T) = \Sigma_p$，则 $f(\boldsymbol{x})$ 的均值函数和协方差函数分别为：

$$E[f(\boldsymbol{x})] = \varphi(\boldsymbol{x})' E(\boldsymbol{w})$$

$$E[f(\boldsymbol{x}) f(\boldsymbol{x}')] = \varphi(\boldsymbol{x})' E(\boldsymbol{w}\boldsymbol{w}') \varphi(\boldsymbol{x}') = \varphi(\boldsymbol{x})' \Sigma_p \varphi(\boldsymbol{x}')$$

可见，$f(\boldsymbol{x})$ 与 $f(\boldsymbol{x}')$ 均服从多维联合高斯分布 $N[0, \varphi(\boldsymbol{x})' \Sigma_p \varphi(\boldsymbol{x}')]$。对于任意 n 个输入向量 $\boldsymbol{x}_1, \boldsymbol{x}_2, \cdots, \boldsymbol{x}_n$，其对应函数值 $f(\boldsymbol{x}_1), f(\boldsymbol{x}_2), \cdots, f(\boldsymbol{x}_n)$ 均服从多维联合高斯分布 $N[0, \varphi(\boldsymbol{x})' \Sigma_p \varphi(\boldsymbol{x}')]$。

已知 n 对观测数据集 $D = [(\boldsymbol{X}, f) | \boldsymbol{X} \in \boldsymbol{R}^{n \times p}, f \in \boldsymbol{R}^n]$，对于观测输入值 $\boldsymbol{X}$，其对应函数值 f 服从高斯分布 $f \sim N[0, K(\boldsymbol{X}', \boldsymbol{X})]$，假定 $\boldsymbol{X}_*$ 为测试集的输入，f_* 是测试集的输出，f_* 同样服从高斯分布 $f_* \sim N[0, K(\boldsymbol{X}_*', \boldsymbol{X}_*)]$。高斯过程定义的联合分布是高斯分布，则 f 与 f_* 对应的多维联合高斯先验分布为：

$$\begin{bmatrix} f \\ f_* \end{bmatrix} \sim N\left(0, \begin{bmatrix} K(\boldsymbol{X}, \boldsymbol{X}) & K(\boldsymbol{X}, \boldsymbol{X}_*) \\ K(\boldsymbol{X}, \boldsymbol{X}_*)' & K(\boldsymbol{X}_*, \boldsymbol{X}_*) \end{bmatrix}\right)$$

$$K(\boldsymbol{X}, \boldsymbol{X}) = \begin{bmatrix} k(\boldsymbol{x}_1, \boldsymbol{x}_1) & k(\boldsymbol{x}_1, \boldsymbol{x}_2) & \cdots & k(\boldsymbol{x}_1, \boldsymbol{x}_n) \\ k(\boldsymbol{x}_2, \boldsymbol{x}_1) & k(\boldsymbol{x}_2, \boldsymbol{x}_2) & \cdots & k(\boldsymbol{x}_2, \boldsymbol{x}_n) \\ \vdots & \vdots & \ddots & \vdots \\ k(\boldsymbol{x}_n, \boldsymbol{x}_1) & k(\boldsymbol{x}_n, \boldsymbol{x}_2) & \cdots & k(\boldsymbol{x}_n, \boldsymbol{x}_n) \end{bmatrix}$$

$$K(\boldsymbol{X}, \boldsymbol{X}_*) = \begin{bmatrix} k(\boldsymbol{x}_1, \boldsymbol{x}_*) \\ k(\boldsymbol{x}_2, \boldsymbol{x}_*) \\ \vdots \\ k(\boldsymbol{x}_n, \boldsymbol{x}_*) \end{bmatrix}$$

实际观测值存在噪声 ε，ε 为高斯噪声且相互独立，也符合高斯分布，即 $\varepsilon \sim N(0, \sigma^2)$，故观测值 $\boldsymbol{y} = f + \varepsilon$，$cov(\boldsymbol{y}) = K(\boldsymbol{X}, \boldsymbol{X}) + \sigma_n^2 \boldsymbol{I}$，$\boldsymbol{I}$ 为单位矩阵。所以含有噪声的观测值 $\boldsymbol{y}$ 与 f_* 对应的多维联合高斯分布先验表达式为：

$$\begin{bmatrix} \boldsymbol{y} \\ f_* \end{bmatrix} \sim N\left(0, \begin{bmatrix} K(\boldsymbol{X}, \boldsymbol{X}) + \sigma_n^2 \boldsymbol{I} & K(\boldsymbol{X}, \boldsymbol{X}_*) \\ K(\boldsymbol{X}, \boldsymbol{X}_*)' & K(\boldsymbol{X}_*, \boldsymbol{X}_*) \end{bmatrix}\right)$$

根据贝叶斯原理，由多维联合高斯分布的先验表达式可以推得 f_* 的条件后验分布为：

$$f_* |_{\boldsymbol{X}, \boldsymbol{y}, \boldsymbol{X}_*} \sim N(\overline{f_*}, cov(f_*)) \tag{9-12}$$

式中

$$\overline{f_*} = E[f_* |_{\boldsymbol{X}, \boldsymbol{y}, \boldsymbol{X}_*}] = K(\boldsymbol{X}_*, \boldsymbol{X})[K(\boldsymbol{X}, \boldsymbol{X}) + \sigma_n^2 \boldsymbol{I}]^{-1} \boldsymbol{y}$$

$$cov(f_*) = K(\boldsymbol{X}_*, \boldsymbol{X}_*) - K(\boldsymbol{X}_*, \boldsymbol{X})[K(\boldsymbol{X}, \boldsymbol{X}) + \sigma_n^2 \boldsymbol{I}]^{-1} K(\boldsymbol{X}, \boldsymbol{X}_*)$$

在已知观测数据集的输入与输出以及测试样本的输入时，即可根据式（9-12）来估计测试样本输出 f_*。

根据上述推导可以看到，GPR 模型中最关键的是均值函数和协方差函数，统称为核函数。由预测推导可知，GPR 在假设 0 均值高斯过程先验条件下得到的后验往往不是 0 均值的，因此 0 均值先验具有泛用性。同样 GPR 也可以使用均值不为 0 的高斯过程先验，这里均采用均值为 0 的高斯过程先验。协方差函数用于衡量不同样本之间相似或相关程度，是影响 GPR 模型预测效果的关键因素，需满足半正定要求，如

$$k(\boldsymbol{x}, \boldsymbol{x}') = \sigma_f^2 \exp\left[-\frac{(\boldsymbol{x}_i - \boldsymbol{x}_j)'(\boldsymbol{x}_i - \boldsymbol{x}_j)}{2\sigma_l^2}\right]$$

即为一种满足条件的协方差核函数。可以看到，上述协方差核函数含有超参数 σ_f 和 σ_l，所以确定核函数类型后需进行超参学习以确定核函数的具体表达式。目前 GPR 多采用极大似然估计进行超参学习。

采用观测数据样本和未知超参数构造极大似然函数，假设 $\boldsymbol{X}$ 为观测数据的输入，$\boldsymbol{y}$ 为输出，$\boldsymbol{\theta}$ 为所有超参数组成的向量，包括噪声的方差 σ_n^2，根据贝叶斯原理

$$P(\boldsymbol{\theta} |_{\boldsymbol{y}, \boldsymbol{X}}) = \frac{P(\boldsymbol{y} |_{\boldsymbol{X}, \boldsymbol{\theta}}) P(\boldsymbol{\theta})}{P(\boldsymbol{y} |_{\boldsymbol{X}})}$$

式中，$P(\boldsymbol{y} |_{\boldsymbol{X}}) = \sum P(\boldsymbol{y} |_{\boldsymbol{X}, \boldsymbol{\theta}_i}) P(\boldsymbol{\theta}_i)$，$P(\boldsymbol{y} |_{\boldsymbol{X}, \boldsymbol{\theta}})$ 为边缘似然函数，取对数得到对数自然函数。

$$\lg P(\boldsymbol{y} |_{\boldsymbol{X}, \boldsymbol{\theta}}) = -\frac{1}{2} \boldsymbol{y}'(K + \sigma_n^2 \boldsymbol{I})^{-1} \boldsymbol{y} - \frac{1}{2} \lg |K + \sigma_n^2 \boldsymbol{I}| - \frac{1}{2} \lg 2\pi$$

对其求导并用最优化方法求得概率最大时的 $\boldsymbol{\theta}$ 值，即确定了核函数 K 的具体表达式，进而根据 f 的后验分布得到测试样本的输出 f_*。

高斯过程回归已经在确定性模拟中成功应用。之所以能够将式（9-11）的随机模型应用于确定性模拟模型，是由于模拟输出 f 与均值 $m(\boldsymbol{x})$ 的偏差构成一个随机过程，具有"协方差平稳过程"的特性。

9.4.2 神经网络回归

在计算机模拟试验中，虽然希望通过较少的取样获得足够多的响应信息，但也经常需要借助大样本数据集以给出系统的细节信息。对于大样本的高度非线性数据集，高斯过程的计

算效率很低，此时采用神经网络方法来进行代理模型的回归模拟。

神经网络回归是借用人类的神经元和神经系统发展起来的一种建模方法，对非线性系统十分有用。仿照生物的神经元，可以用数学的方式表示神经元。假定 x_1, x_2, $\cdots$, x_p 为一组输入信号，它们经过权值 w_j 加权后求和，再加上阈值 θ，输出 u 的值，可以认为该值为输入信号与阈值所构成的广义输入信号的线性组合，如图 9-12 所示，其输入、输出的关系可描述如下。

$$u = \sigma\left(\sum_{j=1}^{p} w_j x_j - \theta\right) \tag{9-13}$$

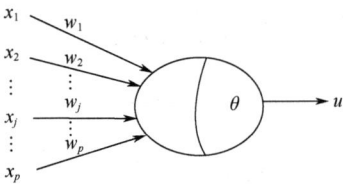

图 9-12　人工神经元模型

式中，σ 表示激活函数。在神经元中，权值和激活函数是两个关键因素。其中权值 w_j 训练采用误差逆向传播方式，通过神经元对样本点反复的学习过程（训练）选用相应算法对神经网络参数进行统一训练获得。

激活函数负责将神经元的输入端映射到输出端。引入激活函数是为了增加神经元的非线性，其必须是非线性的连续可微的单调函数。如果不用激活函数，每一层的输出都是上层输入的线性函数，无论神经网络有多少层，输出的都是输入的线性组合。而使用激活函数，则给神经元引入了非线性因素，使得神经网络可以逼近任何非线性函数，这样神经网络就可以应用到众多模型中。

在神经网络中，常用的激活函数有 3 种，分别是 Sigmoid（）函数、Tanh（）函数和 Relu（）函数，它们的图形及公式如图 9-13 所示。

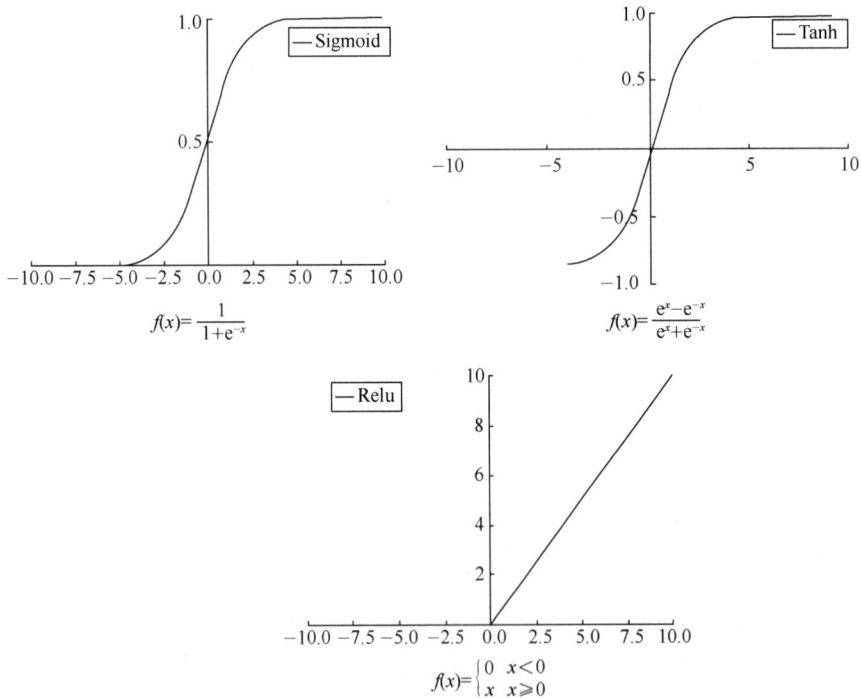

$$f(x) = \frac{1}{1+e^{-x}}$$

$$f(x) = \frac{e^x - e^{-x}}{e^x + e^{-x}}$$

$$f(x) = \begin{cases} 0 & x < 0 \\ x & x \geq 0 \end{cases}$$

图 9-13　神经网络的三种激活函数图形及公式

一个神经网络是由多个神经元组合而成的。最常见的神经网络是前馈神经网络，其由输入层、隐藏层、输出层组成。含有两个隐藏层的前馈神经网络如图 9-14 所示。要确定神经网络的结构，主要是确定隐藏层的层数和各层的节点数。

隐藏层的层数多的会降低网络误差、提高精度，但会使网络复杂化，从而增加网络的训练时间，并出现"过拟合"的倾向。一般来说，设计神经网络应优

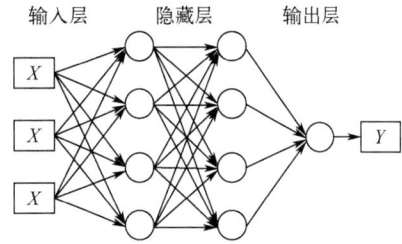

图9-14　前馈神经网络结构

先考虑 3 层网络（即有一个隐藏层）。一般地，靠增加隐藏层节点数来获得较低的误差，其训练效果要比增加隐藏层数更容易实现。

网络节点数量根据节点所在层的属性来确定。在输入层，节点用于接收输入变量的值，因子节点数与因子数量相等。输出层节点的数量由输出特性确定，二分类输出层的节点数为 1，多分类输出层的节点数与类别数相同。

隐藏层的节点数对建立的神经网络模型性能影响很大，其数量不仅与输入层和输出层的节点数有关，更与需解决的问题的复杂程度和激活函数的形式以及样本数据的特性因素有关。节点数量 l 一般参照经验公式 $l = \sqrt{m+n} + a$ 来确定，其中 m 为输入层节点数，n 为输出层节点数，a 为 1～10 之间的调节常数。隐藏层必须满足两个条件：

① 隐藏层节点数必须小于 $N-1$，N 为训练集样本数；

② 训练集样本数必须多于网络模型的连接权重数，一般为连接权重数的 2～10 倍。

神经网络模型的主要优点是它能够有效地对不同的响应曲面建模。只要有足够多的隐藏层和隐藏层节点，任何曲面可以达到任意精度的近似。与高斯过程回归方法建模相比，神经网络往往用于样本数较大的情况。在 JMP 中，进行计算机试验设计时，样本数量低于 500，默认采用高斯过程回归方法建模，而当样本数量多于 500 时，则默认用神经网络拟合模拟方法建模。虽然神经网络更适用于大样本大数据，但不妨碍其应用于小样本的情况，只是在应用过程中注意参数的选择，以避免其导致的过拟合情况。

神经网络模型的主要缺点是结果不容易解释，这是因为它在因子变量和响应变量之间存在中间层，并不像一般的回归模型那样在两个变量之间直接关联。所以，在不需要描述响应曲面的函数形式、不存在过拟合时，选择神经网络来拟合较小样本试验数据的模型是可行的。

前述表明，与多元线性回归和高斯过程回归建模不同，使用神经网络回归建模存在较多的参数选择，其基本流程如下：

首先确定激活函数、隐藏层层数与节点个数。在大多数情况下，使用 1 个隐藏层就够，不宜太多。节点个数一般从 3 个开始，不断增加，如果维度比较多，那么节点个数一般要大于维度数，后面层次的节点个数不宜太多。

然后是训练结果分析。通过观察测试误差是否达到我们的精度要求来衡量神经网络的优劣，是否需要改进。训练结果中主要关注训练集和验证集的 R^2 这个指标，被称为判定系数，是衡量拟合效果的重要参数。R^2 的范围是[0,1]，越趋近于 1，说明拟合效果越好，越趋近于 0，说明拟合效果越差。另外，还可以把预测值与实际值进行可视化比较，直观比较预测效果。

最后，修正网络结构。通过多次训练，循环迭代修正网络结构，使得网络结构达到最稳定状态。

9.5 计算机试验的现代设计应用实例

【例9-4】热冲压是镁合金部件成形的主要加工方式，其具有生产部件结构复杂、成形精度高的优点，但由于需要对成形过程进行加热，因此存在能耗高的固有不足。文献[38]研究了镁合金热冲压工艺对能耗和质量的影响，通过拉丁超立方方法组织试验，利用有限元对冲压过程进行计算机模拟，考察 ZK60 镁合金在热冲压过程中冲压边力（A，kN）、冲压速率（B，mm/s）和冲压温度（C，℃）对冲压能耗（Y_1，J）和增厚率（Y_2，%）的影响，以建立响应模型对过程进行优化，表9-9给出数值计算试验方案及结果。以 Y_1 为例，解答下列问题。

（1）参照表9-9，建立试验方案表并录入试验数据；

（2）建立冲压能耗 Y_1 与各参数变量的响应模型。

表9-9　模拟试验方案及结果

试验序号	A/kN	B/（mm/s）	C/℃	Y_1/J	Y_2/%
1	2.1	4.7	250	46212.27	8.1
2	2.5	3.5	225	32165.84	8.0
3	2.8	5.1	200	28919.08	7.3
4	3.1	8.3	250	48726.87	7.6
5	3.5	4.3	225	33066.23	6.8
6	3.8	6.3	250	47463.92	7.0
7	4.2	9.5	225	37347.17	7.8
8	4.5	5.9	200	29853.32	6.8
9	4.8	7.5	200	31439.71	7.4
10	5.2	9.9	225	37667.46	8.0
11	5.5	7.1	225	35622.9	7.1
12	5.8	5.5	250	46978.99	6.0
13	6.2	9.1	200	32932.06	7.7
14	6.5	8.7	200	32596.56	7.5
15	6.9	3.1	250	44981.23	6.2
16	7.2	6.7	200	30775.07	7.0
17	7.5	7.9	250	48664.86	6.4
18	7.9	3.9	225	32835.24	5.7

解：

（1）根据表9-9，可知三个参数因子的水平范围分别为2.1～7.9、3.1～9.9和200～250。在 JMP 主窗口中，选择菜单命令"试验设计"→"特殊目的"→"空间填充设计"，在打开的空间填充设计窗口中，输入响应 Y_1、输入三个因子 A、B、C 及其相应的低水平（−1）值和高水平（+1）值。在空间填充设计栏的"试验次数"中输入18，然后点击"拉丁超立方"按钮，软件给出生成的设计方案及设计诊断。在设计诊断中，注意当前生成的设计的偏离度为0.004985。点击"制表"按钮，即生成试验设计表。

由于 LHD 是通过分层后随机抽样生成的，软件没有生成与文献一样的试验点，因此上面的操作仅仅是演示 JMP 设计 LHD 的流程与方法。用表9-7的因子和 Y_1 的数据将生成的试验方案数据完全覆盖即可。

（2）通常情况下计算机试验的因子范围相对较宽，因子对响应的影响可能是超过线性和二阶的高度非线性，因此在 JMP 的数据表中默认采用高斯过程（样本数小于 500）或神经网络（样本数超过 500）等机器学习方法来建模，以获得更好的效果。然而，当根据经验已经知道响应与因子之间是线性或者简单的二次响应曲面时，则没有必要使用高斯过程或者神经网络，因为它们建立的模型非常复杂且不易理解，并且容易造成过拟合现象。

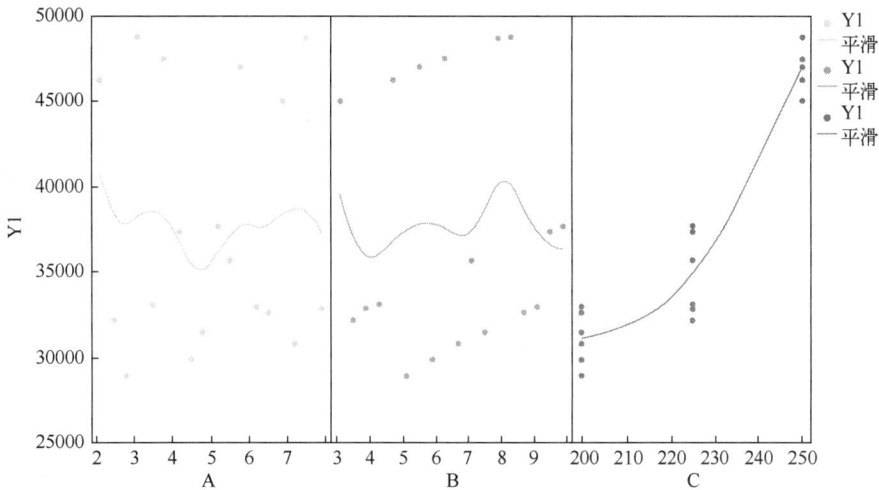

图9-15　在图形生成器中初探因子对响应的影响

用散点图来初探因子与响应的关系模式，如图 9-15 所示。根据图 9-15，因子 C（热冲压温度）对 Y_1 的影响最显著。因为仅有的三个水平上数据集中，且具有典型的二次曲线关系。相对于因子 C，A 与 B 的水平虽然较多，但各水平下的因子分散度大，虽然平滑曲线上有复杂的弯曲，但几乎在平均值上变化不大，远小于 C 因子的平滑曲线，表明 A、B 两个因子对 Y_1 的影响不是很显著。因此，可以参照文献使用的二阶响应曲面方法来拟合模拟试验数据。

因此，通过菜单命令"分析"→"拟合模型"，选择响应曲面模型进行拟合，在报表窗口的"效应汇总"中删除相对残差不显著的 A^2、AB 和 AC，得到图 9-16 所示回归分析报表，从中可以看到所建立模型的 R^2 高达 0.9999 以上，已经非常接近 1，而拟合的均方根误差仅为 18.2，仅为响应均值 37680 的 0.05%左右，模型的拟合效果非常好。对应的预测模型在下方给出，表明除因子 A 只有主效应外，B 与 C 均包含不可忽略的二阶效应，且 C 的二阶效应更显著。

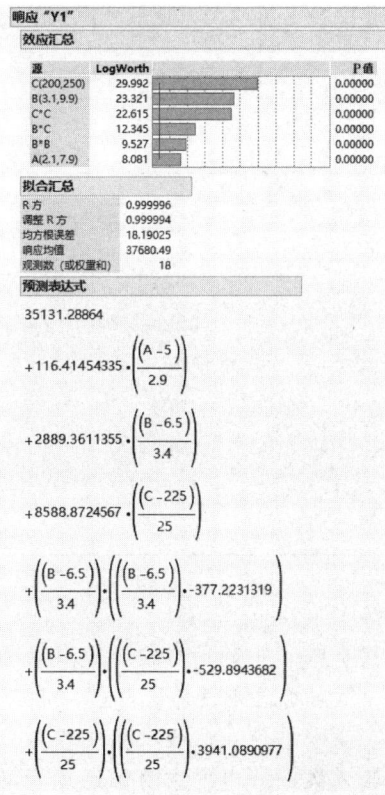

图9-16　响应 Y_1 的回归模型输出报表

本例表明，即使使用 LHD 设计，在一定的因子变化空间，使用响应曲面拟合模型效果也非常好，同时它能直观给出各因子对响应的效应。

【例9-5】 抛光是降低工件表面粗糙度、去除损伤层以得到高精度和高质量工件表面的主要加工手段。传统的机械抛光和化学机械抛光以磨粒与工件的刚性接触为主，抛光工具容易磨损，难以实现表面的无损伤加工。液动压悬浮抛光方法（HSP）在抛光工具盘的平行区域后面增设约束边界，用约束边界调控平行流场内的压力分布，有效改善工件区域的流体压力均匀性，实现表面的高质量加工。文献[39]在 ANSYS Fluent 软件平台上采用固液两相流的欧拉模型，对液动压悬浮抛光流场进行 CFD 数值模拟，研究抛光工艺参数对压力大小和均匀性的影响。所考察的抛光工艺参数包括加工间隙、抛光工具盘转速和抛光液浓度，其变化区间如表 9-10 所示。流体压力和均匀性分别用平均压力（Y_1，Pa）与压力标准差（Y_2，Pa）表示。表 9-11 给出采用均匀设计表 $U_7(7^4)$ 生成的试验方案和模拟计算结果，基于该表建立响应变量与工艺参数之间的模型。以流体压力 Y_1 为例，解答下列问题。

（1）参照表 9-10 和表 9-11 建立均匀设计试验方案表并录入数据；

（2）分别用二阶、三阶多项式回归和高斯过程回归建立平均压力的响应模型，比较三者的拟合效果；

（3）讨论各因子对平均压力的影响。

表 9-10　抛光试验因子及水平范围

因子	参数	单位	低水平	高水平
A	加工间隙	μm	150	750
B	工具盘转速	r/min	400	1600
C	抛光液浓度		0.05	0.35

表 9-11　模拟试验方案及结果

试验序号	因子			响应	
	A	B	C	Y_1	Y_2
1	150	600	0.15	5135	520.2
2	250	1000	0.3	11076	930.4
3	350	1400	0.1	24125	2099
4	450	400	0.25	2257.2	186.35
5	550	800	0.05	4194.2	342.06
6	650	1200	0.2	15224	1507.6
7	750	1600	0.35	26657	3285.6

解：

（1）JMP 中的均匀设计也包含在空间填充设计中。选择菜单"实验设计"→"特殊目的"→"空间填充设计"，输入响应 Y_1，以及 3 个因子 A、B 和 C 以及表 9-10 中列出的对应低、高水平值，试验次数中输入 7，点击"均匀"按钮，JMP 生成 3 因子 7 次的均匀设计试验方案，给出方案的偏离度指标，点击"制表"按钮得到试验方案表。虽然均匀设计能够得到确定的水平组合，但由于 JMP 生成均匀设计的算法不同，故设计表的试验点也不同。因此本例中仍然复制表9-11中的各因子及Y_1的数值覆盖原来生成的方案，完成数据的录入。

（2）回归建模。①二阶多项式回归建模。打开拟合模型窗口，选定三个因子，然后选择响应曲面，即三个因子的一次项、二次项和两因子交互作用项进入模型。由于进入模型的数据项多，而试验点少，应用逐步回归的方法来建立模型。以最小BIC为判定规则，让系统自动遴选数据项进入模型，依次剔除$C*C$和C两项后得到如图9-17所示建模结果。由图9-17可见，模型中包含B、B的平方项和A，模型的R方为0.9892，均方根误差为1439。虽然A的P值大于0.05，但保留A时模型的$PRESS$最小，得到的调整R方增大。

② 三阶多项式回归建模。在拟合模型窗口中，选定三个因子后选择完全析因，再选定三个因子后选择多项式次数为3，即三个因子的一次项、二次项、三次项和两因子交互作用项、三因子交互作用项进入模型。应用逐步回归方法得到如图9-18所示建模结果。由图9-18可见，与图9-17的二阶模型相比，增加了因子B的立方项，模型的R方为0.9983，均方根误差为689，拟合效果更优。

响应 "Y1"

拟合汇总

R方	0.989156
调整 R 方	0.978312
均方根误差	1439.103
响应均值	12666.91
观测数（或权重和）	7

参数估计值

项	估计值	标准误差	t比	概率>|t|
截距	10124.343	860.0284	11.77	0.0013*
A(150,750)	-2438.914	999.2628	-2.44	0.0924
B(400,1600)	14313.3	956.7213	14.96	0.0006*
B*B	5720.7857	1498.894	3.82	0.0316*

图9-17　二阶回归模型的建模结果

响应 "Y1"

拟合汇总

R方	0.998344
调整 R 方	0.995031
均方根误差	688.8339
响应均值	12666.91
观测数（或权重和）	7

参数估计值

项	估计值	标准误差	t比	概率>|t|
截距	10124.343	411.657	24.59	0.0016*
A(150,750)	-2438.914	478.3022	-5.10	0.0364*
B(400,1600)	17591.633	1085.571	16.20	0.0038*
B*B	5720.7857	717.4533	7.97	0.0154*
B*B*B	-4215	1265.469	-3.33	0.0795

图9-18　三阶回归模型的建模结果

③ 高斯过程回归建模。高斯过程回归是JMP中包括拉丁超立方设计、均匀设计和填充设计的默认建模方法，因此点击数据表面板中的模型运行按钮，即打开图9-19（a）的高斯过程回归的报表。在该报表中，主要给出均值预测模型和方差预测模型中的未知参数μ、σ^2和$\theta_j(j=1、2、3)$。评价预测变量的重要性通过总灵敏度来进行比较：总灵敏度越大，表示该变量越重要，对于总灵敏度相对很小的变量可以从模型中剔除。总灵敏度为主效应和二因子交互效应之和，它们分别表示某因子或某两个因子的联合变化导致的变化量与结果值的变化量之比。模型效果的评价通过"-2*对数似然"值来评价，值越小效果越好。

从图9-19（a）可知，$\mu=14686$，$\sigma^2=136954922$，$\theta_A=1.65\times10^{-7}$，$\theta_B=1.11\times10^{-6}$，$\theta_C=0.00686$。在该报表中，因子$B$总灵敏度最大，为0.9818，即为响应$Y_1$贡献了98%的效应，主要是其主效应的贡献；因子$A$的总灵敏度次之，为0.0185，为$Y_1$贡献了近2%的效应；$C$因子仅为0.00003。根据各因子对效应的贡献，在Y_1模型中忽略因子C甚至因子B，图9-19（b）和（c）分别为剔除因子C和剔除因子A和C后的高斯回归过程报表。比较三个报表中"-2*对数似然"值的大小，剔除因子C后模型的拟合效果几乎没有影响，再剔除因子A后，则拟合效果略有增加。

(a)包含3个因子的高斯回归报表

(b)包含因子A和B的高斯过程回归

(c)仅含因子B的高斯过程回归

图9-19　高斯过程回归报表

高斯过程回归的报表中没有给出预测模型，但可以通过保存预测公式，然后在预测列的公式编辑器中得到如下非常复杂的预测模型，该模型中包含了3个因子：

$$\hat{Y}_1 = 14686.2 + 154448 e^{-\left[1.654\times10^{-7}(A-150)^2 + 1.11\times10^{-6}(B-600)^2 + 6.86\times10^{-3}(C-0.15)^2\right]}$$

$$-186413 e^{-\left[1.654\times10^{-7}(A-250)^2 + 1.11\times10^{-6}(B-1000)^2 + 6.86\times10^{-3}(C-0.3)^2\right]}$$

$$+149418 e^{-\left[1.654\times10^{-7}(A-350)^2 + 1.11\times10^{-6}(B-1400)^2 + 6.86\times10^{-3}(C-0.1)^2\right]}$$

$$-82740 e^{-\left[1.654\times10^{-7}(A-450)^2 + 1.11\times10^{-6}(B-400)^2 + 6.86\times10^{-3}(C-0.25)^2\right]}$$

$$+1107 e^{-\left[1.654\times10^{-7}(A-550)^2 + 1.11\times10^{-6}(B-800)^2 + 6.86\times10^{-3}(C-0.05)^2\right]}$$

$$+20766 e^{-\left[1.654\times10^{-7}(A-650)^2 + 1.11\times10^{-6}(B-1200)^2 + 6.86\times10^{-3}(C-0.2)^2\right]}$$

$$-56587 e^{-\left[1.654\times10^{-7}(A-750)^2 + 1.11\times10^{-6}(B-1600)^2 + 6.86\times10^{-3}(C-0.35)^2\right]}$$

④ 模型比较。保存两个响应曲面回归模型、三个高斯回归模型的预测公式，并分别命名为 Y_1_RS2（二阶回归模型）、Y_1_RS3（三阶回归模型）、$Y_1\_G\_ABC$（含 A、B、C 的高斯过程回归模型）、$Y_1\_G\_AB$（含 A 和 B 的高斯过程回归模型）、$Y_1\_G\_B$（仅含 B 的高斯过程回归模型）。图 9-20 为五个模型预测值与试验样本响应的比较，可见五个模型的拟合效果都很

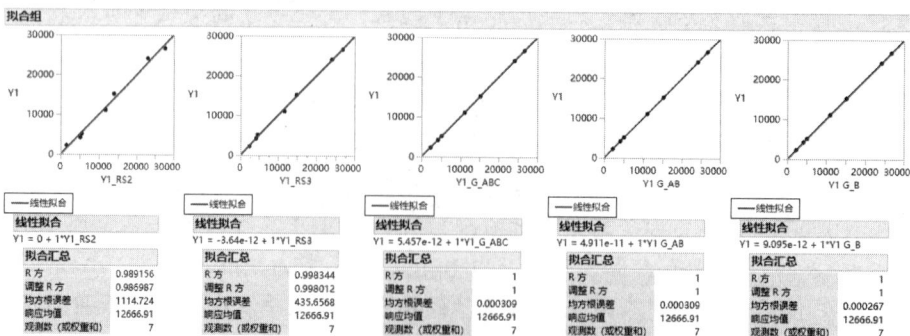

图9-20　五个模型预测值与响应的拟合对比

好。在两个多项式回归模型中，三阶模型的效果优于二阶模型，其增加因子 B 的三次项，均方根误差由 1114 减小到 436。三个高斯过程回归的均方根误差均几乎为 0，说明全部预测数据与试验数据完全吻合，或者说拟合线通过每个试验点。剔除贡献不大的因子 C 和 A，并不影响回归效果，或者说用因子 B，就可以简单准确地预测出响应值。

（3）以含三因子的高斯过程回归模型来讨论因子对响应的影响。图 9-21 和图 9-22 分别为因子对响应影响的刻画和三维曲面表征。A 因子的影响呈现一定的线性减小趋势，而 B 因子的影响最主要，按复杂的曲线（三次甚至以上）随 B 递增。三维曲面图表明，在整个试验空间，因子 B 导致的急剧递增模式没有受到 A 因子的影响，而 C 因子对响应几乎没有作用。

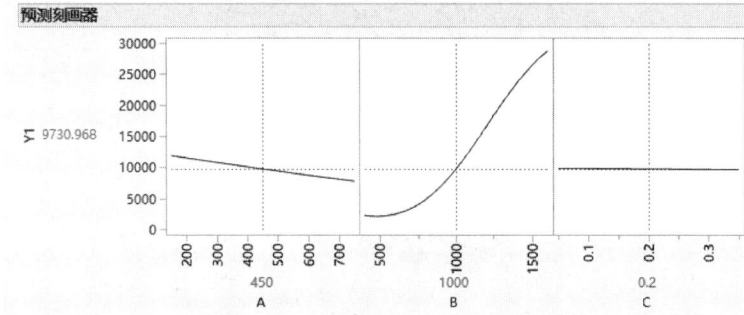

图9-21　因子对响应影响的刻画

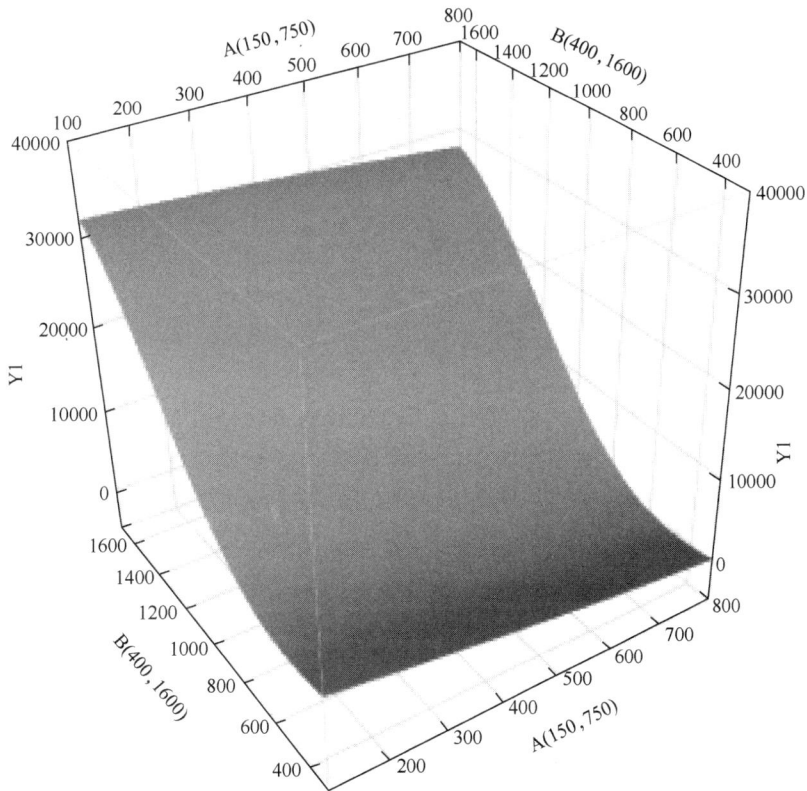

图9-22

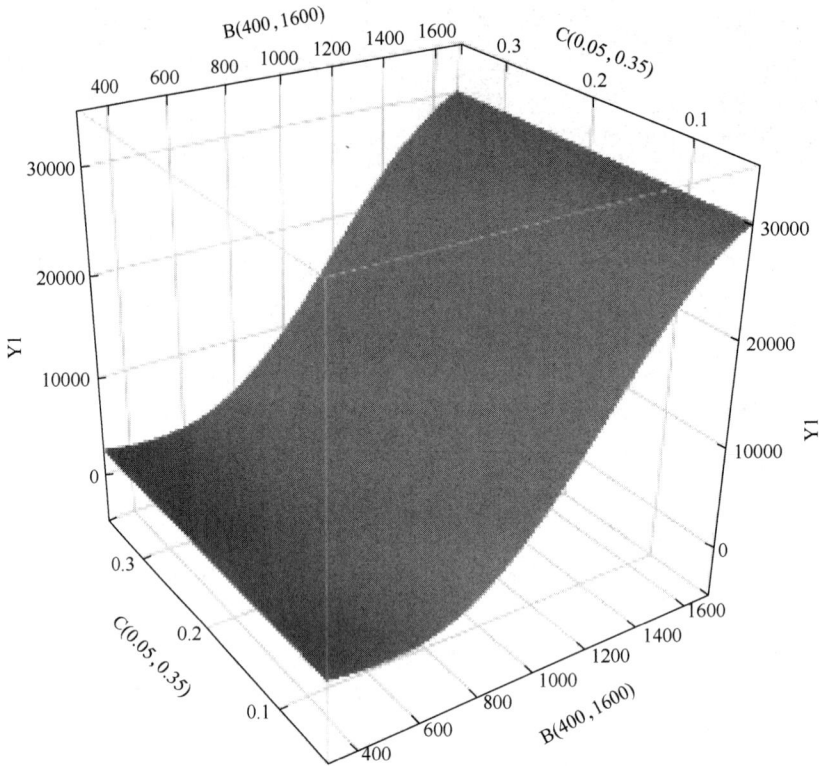

图9-22　因子对响应影响的曲面表征

　　本例表明，在具有较宽范围的计算机试验中，模型更为复杂，用经典的二阶曲面可能难以描述，而更高阶的模型特别是基于机器学习的高斯过程方法以及神经网络方法则更为合适。另外，在高斯过程回归报表中的总灵敏度可以作为筛选重要因子的依据，当某因子的总灵敏度很小时，完全可以从模型中剔除。

　　【例9-6】石油产品、天然气等易爆易燃类化学品在生产、存放和运输等环节中，极易引发爆炸事故造成巨大的生命财产损失。具有薄壁骨架的塑料抑爆球作为一种新型抑爆材料具有潜在的应用前景。由于抑爆球的隔片较薄，注塑成型过程中，易造成注塑压力过大、成型较差、翘曲变形及体积收缩等缺陷，使抑爆球结构发生改变，严重地影响抑爆性能且为抑爆球的成型工艺带来严重的影响。因此，选择合适的抑爆球注塑成型工艺参数对提高产品质量及生产效率具有重要的意义。文献[40]以抑爆球成型的最大锁模力（Y_1，kA）和隔片收缩率（Y_2，%）为优化目标，以影响抑爆球成型质量的 5 个重要工艺参数作为自变量，基于抑爆球注射成型数值仿真模型，利用拉丁超立方设计方法组织模拟试验，建立抑爆球成型指标的代理模型以对生产工艺进行优化。表 9-12 给出主要工艺参数及其水平范围，表 9-13 给出试验方案及结果，表 9-14 则为拉丁超立方抽样以进行验证的样本及其模拟结果。以最大锁模力 Y_1 为例，解答下列问题。

　　（1）建立试验方案表并录入试验数据；

　　（2）根据表 9-13 的模拟试验结果，分别用四阶多项式的多元线性回归、高斯过程回归和神经网络回归方法建立代理模型；

　　（3）比较三种方法所得模型的拟合精度；

（4）分别用刻画器和表面图讨论最大锁模力与各工艺参数之间的关系。

表 9-12　工艺参数表

参数	单位	低水平	高水平	参数意义
X_1	℃	50	100	模具温度
X_2	℃	200	280	熔体温度
X_3	s	15	30	保压时间
X_4	MPa	150	240	保压压力
X_5	s	15	30	冷却时间

表 9-13　试验方案及模拟计算结果

序号	X_1	X_2	X_3	X_4	X_5	Y_1	Y_2
1	98.39	251.61	16.94	225.48	19.84	442.33	7.678
2	83.87	264.52	29.03	210.97	27.58	410.84	8.81
3	61.29	277.42	27.58	199.35	20.32	395.44	9.433
4	88.71	238.71	20.81	152.9	28.06	506.49	6.226
5	90.32	261.94	26.61	231.29	18.39	412.51	8.739
6	51.61	228.39	28.55	181.94	17.9	627.15	5.571
7	74.19	215.48	30	219.68	21.29	657.76	4.432
8	66.13	212.9	15.97	164.52	23.23	645.99	4.4
9	93.55	236.13	17.9	167.42	17.42	509.53	6.358
10	91.94	280	23.71	170.32	21.77	355.12	10.39
11	59.68	218.06	19.35	184.84	15	653.15	4.545
12	75.81	246.45	29.52	155.81	24.68	491.87	6.943
13	77.42	202.58	25.16	158.71	19.35	624.6	3.9
14	96.77	259.35	19.84	208.06	29.52	416.53	8.511
15	53.23	220.65	24.68	161.61	26.61	649.72	4.681
16	62.9	272.26	23.23	173.23	28.55	412.22	9.001
17	50	254.19	18.39	196.45	22.26	495.6	8.434
18	58.06	241.29	24.19	237.1	16.94	546.32	7.563
19	64.52	256.77	21.29	150	18.87	460.87	8.206
20	87.1	207.74	21.77	216.77	16.45	664.63	4.244
21	85.48	223.23	22.74	240	26.13	595.47	5.005
22	82.26	249.03	28.06	176.13	15.48	470.88	7.413
23	80.65	205.16	26.13	187.74	29.03	641.77	4.081
24	54.84	243.87	27.1	222.58	27.1	540.04	7.755
25	95.16	210.32	16.45	193.55	25.65	651.38	3.762
26	72.58	269.68	18.87	205.16	15.97	408.39	8.847
27	67.74	233.55	17.42	202.26	30	570.16	5.917
28	69.35	225.81	15.48	228.39	20.81	605.08	5.191
29	70.97	274.84	20.32	234.19	25.16	394.07	9.212
30	79.03	267.1	15	179.03	24.19	407.7	8.863

序号	X_1	X_2	X_3	X_4	X_5	Y_1	Y_2
31	100	230.97	25.65	190.65	22.74	525.52	5.771
32	56.45	200	22.26	213.87	23.71	463.23	9.774
33	98.39	246.45	17.9	179.03	28.06	457.05	7.622
34	80.65	277.42	19.84	216.77	27.1	374.15	9.726
35	87.1	256.77	23.71	240	18.39	436.05	8.169
36	91.94	249.03	29.52	190.65	16.94	454.2	7.694
37	58.06	220.65	21.77	152.9	20.81	653.64	4.675
38	93.55	233.55	24.19	150	22.26	522.28	5.833
39	51.61	230.97	25.65	202.26	17.42	609.59	5.564
40	54.84	225.81	15.48	196.45	18.87	632.84	5.06
41	70.97	236.13	22.74	155.81	30	551.42	6.579
42	64.52	274.84	28.55	210.97	19.84	400.15	9.356
43	95.16	254.19	28.06	213.87	26.13	432.72	8.242
44	96.77	272.26	20.32	187.74	19.35	373.27	9.937
45	59.68	243.87	16.45	199.35	29.52	530.13	7.778
46	75.81	218.06	29.03	228.39	21.77	644.03	4.673
47	77.42	200	27.1	176.13	17.9	607.73	4.04
48	67.74	269.68	18.39	205.16	15.48	411.14	8.872
49	82.26	280	26.13	164.52	25.65	363.07	10.12
50	79.03	205.16	16.94	181.94	25.16	640.3	4.1

表 9-14　验证样本及模拟结果

序号	X_1	X_2	X_3	X_4	X_5	Y_1	Y_2
1	83.87	241.29	15	222.58	21.29	503.05	83.87
2	53.23	261.94	19.35	234.19	22.74	458.32	53.23
3	69.35	264.52	24.68	158.71	16.45	426.63	69.35
4	56.45	202.58	25.16	193.55	26.61	509.83	56.45
5	85.48	228.39	17.42	170.32	15.97	565.06	85.48
6	90.32	207.74	27.58	184.84	27.58	668.45	90.32
7	62.9	251.61	26.61	219.68	28.55	489.52	62.9
8	50	267.1	23.23	173.23	24.68	443.22	50
9	74.19	212.9	20.81	225.48	15	658.25	74.19
10	100	215.48	22.26	208.06	20.32	610.18	100

解:

（1）在 JMP 的空间填充设计窗口中输入响应 Y_1、5 个因子及其高低水平值，以及试验次数 50，然后选择拉丁超立方设计建立方案，生成设计表后将表 9-13 中的数据覆盖原来的水平组合及 Y_1 的值。同时，为应用方便，将表 9-14 的数据也粘贴在设计表中，其对应的序号为 51～60。为避免验证数据进入模型，选中它们后将其设置为"排除"。

（2）根据图 9-23 所示 Y_1 与各因子的散点图，因子 X_2 具有最大的复杂影响，难以用线性乃至二阶函数来描述。根据文献[32]的建议，采用四阶函数来描述较好，其他因子的影响虽然不十分重要，但在平滑曲线上表现得较复杂。

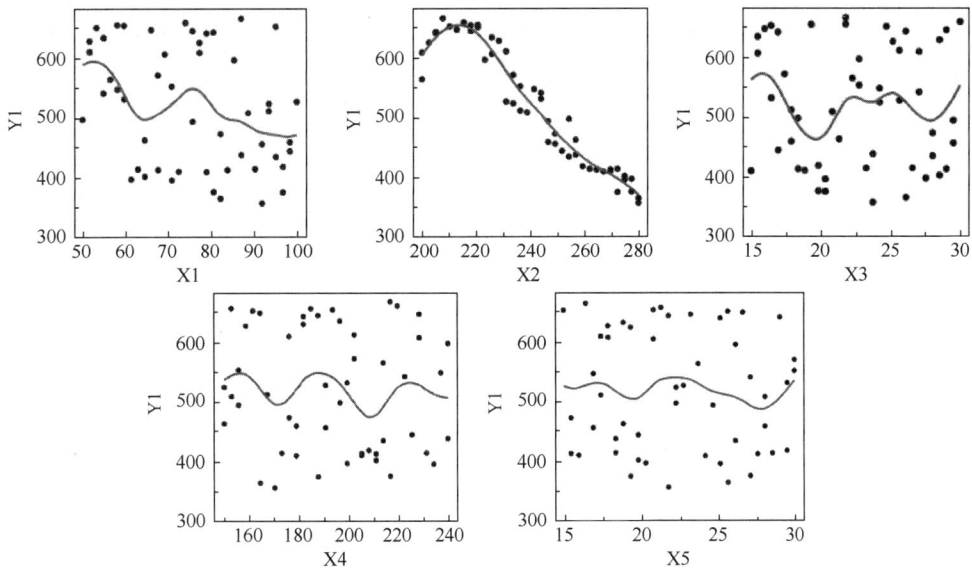

图9-23　响应 Y_1 与各因子的散点图

① 四阶多元线性模型的建立。用逐步回归方法建立四次回归模型，得到图9-24所示回归分析报表，此时均方根误差、R^2 和调整 R^2 分别为9.636、0.9985和0.9909。参数估计值面板中列出了回归模型中的常数项和41个数据项系数值以及对应的 P 值，可见拟合模型数据项众多，模型非常复杂，但可以在效应汇总面板直观得到最重要的数据项及其排序。

② 高斯过程模型的建立。点击数据表面板中运行按钮，即打开高斯过程模型报表窗口，如图9-25所示。总灵敏度的数值表明，因子 X_2 对响应 Y_1 的影响最大，而 X_3 和 X_5 因为总灵敏度为0，表明该两个因子几乎没有影响，可以从模型中剔除。根据因子的主效应和交互效应数值，可以判断出 X_2 对主效应的影响是最主要的，X_2 与 X_1 的交互效应、X_2 与 X_4 的交互效应的影响都非常小；而对于因子 X_1，其主效应为0.01205，X_1 与 X_2 的交互效应为0.07455，X_1 与 X_4 的主效应为 9.4×10^{-7}，因此 X_1 对响应的影响主要是通过 X_1 与 X_2 的交互作用体现出来的。

报表给出回归模型的均值 μ 为485，拟合残差方差 σ^2 为2850。

③ 神经网络拟合模型。由于神经网络具有无限接近试验点的能力，容易导致模型过拟合而缺乏泛化能力，即

拟合组				
响应 "Y1"				
拟合汇总				
R 方	0.998515			
调整 R 方	0.990905			
均方根误差	9.635778			
响应均值	514.9224			
观测数（或权重和）	50			
参数估计值				
项	估计值	标准误差	t比	概率>|t|
截距	615.6255	15.59936	39.46	<.0001*
X1(50,100)	-25.78177	9.580298	-2.69	0.0274*
X2(200,280)	-249.3514	19.8722	-12.55	<.0001*
X1*X2	-22.71604	8.928747	-2.54	0.0345*
X3(15,30)	11.192286	3.251995	3.44	0.0088*
X1*X3	-47.9103	10.62879	-4.51	0.0020*
X2*X3	-35.53298	9.963814	-3.57	0.0073*
X1*X2*X3	182.83978	35.71654	5.12	0.0009*
X4(150,240)	-105.4606	22.7071	-4.64	0.0017*
X1*X4	-16.04257	9.351568	-1.72	0.1246
X2*X4	19.518815	5.885126	3.32	0.0106*
X1*X2*X4	10.249123	32.78131	0.31	0.7625
X3*X4	1.5252281	7.526689	0.20	0.8445
X1*X3*X4	-81.7382	22.15813	-3.69	0.0061*
X2*X3*X4	-41.20016	18.29414	-2.25	0.0544
X1*X2*X3*X4	122.62937	71.67377	1.71	0.1255
X5(15,30)	-97.95781	13.68429	-7.16	<.0001*
X1*X5	-1.898113	8.276279	-0.23	0.8244
X2*X5	-20.47751	13.08259	-1.57	0.1562
X1*X2*X5	85.206593	34.89972	2.22	0.0573
X3*X5	97.999514	15.84729	6.18	0.0003*
X1*X3*X5	11.82256	12.95422	0.91	0.3881
X2*X3*X5	-69.83782	24.01886	-2.91	0.0197*
X1*X2*X3*X5	43.160945	47.76105	0.90	0.3926
X4*X5	37.480396	10.6112	3.53	0.0077*
X1*X4*X5	-50.59397	17.74233	-2.85	0.0214*
X2*X4*X5	23.51435	16.37688	1.44	0.1890
X1*X2*X4*X5	201.77471	74.27305	2.72	0.0264*
X3*X4*X5	102.22458	26.16691	3.91	0.0045*
X1*X3*X4*X5	401.40849	77.90601	5.15	0.0009*
X2*X3*X4*X5	-511.9807	108.4944	-4.72	0.0015*
X1*X2*X3*X4*X5	-870.5631	173.7356	-5.01	0.0010*
X1*X1	52.988862	29.13066	1.82	0.1064
X1*X1*X1	-10.85867	14.19216	-0.77	0.4662
X1*X1*X1*X1	-148.4819	35.81099	-4.15	0.0032*
X2*X2	31.734397	38.54459	0.82	0.4342
X2*X2*X2	174.10823	30.98752	5.62	0.0005*
X2*X2*X2*X2	-199.7417	40.6386	-4.92	0.0012*
X4*X4	-87.92074	12.76777	-6.89	0.0001*
X4*X4*X4	148.68181	32.04003	4.64	0.0017*
X5*X5	-47.27113	11.21008	-4.22	0.0029*
X5*X5*X5	161.03655	22.23579	7.24	<.0001*

图9-24　逐步回归得到 Y_1 的
多元拟合回归报表

将模型应用到非试验点时会产生较大的偏差，因此在建模过程中包含模型训练和模型验证两个部分，通过训练结果与验证结果的对比来控制模型参数的选择。一般地，当训练模型得到的 R^2 和验证的 R^2 接近且都很高，二者的剩余偏差都相近且都很小的情况下，训练得到的模型才是比较理想的。在试验设计中，每个试验点代表因子的一个试验水平组合，因此抽样试验的每个点都应该用于训练，而用抽样产生的验证样本数据（即表 9-14 的数据）作为验证数据。

图9-25　Y_1 的高斯过程模型报表

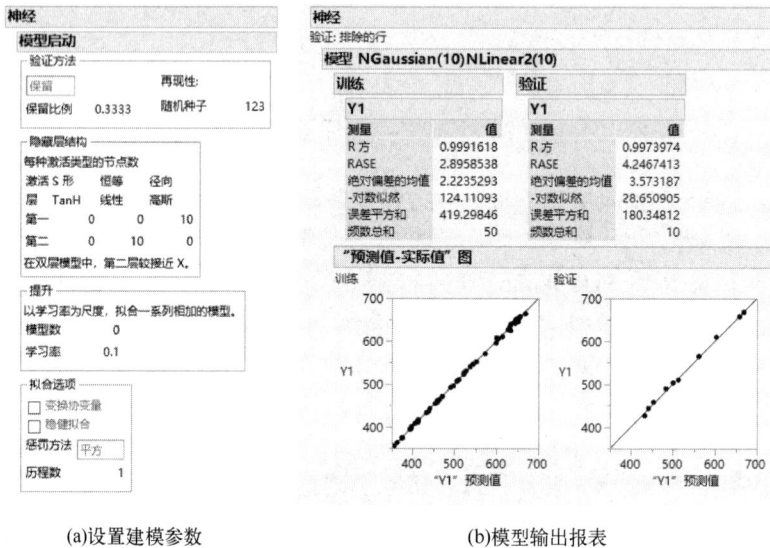

(a)设置建模参数　　　　　　　　(b)模型输出报表

图9-26　神经网络建模及结果

在 JMP 中，选择菜单命令"分析"→"预测建模"→"神经"，打开神经网络建模的第一个设置对话框，将 Y_1 设定为响应，$X_1 \sim X_5$ 为因子。点击"确定"按钮打开第二个设置对话框，在验证方法中选择"保留排除行"，隐藏层中第一层选择"径向高斯"激活函数，节点数为 10，第二层为"相等线性"激活函数，节点数为 10，拟合选项中选中"变换协变量"，如图 9-26（a）所示。点击"执行"按钮，打开图 9-26（b）所示神经网络建模结果。

由图 9-26（b）可见，使用抽样得到的 50 个试验点数据训练得到模型的 R 方为 0.9992，$RASE$ 为 2.896；使用 10 个抽样样本得到的验证结果为 R 方为 0.9974，低于训练样本，$RASE$ 为 4.247，较高于训练样本；预测值-实际值图表明，无论是训练样本还是验证样本，均很好地与 45° 线吻合，表明当前模型具有很好的拟合和泛化效果。

必须指出的是，图 9-26（a）中的参数设置是在反复多次试验后得到的结果，在此参数下验证的 R 方和 $RASE$ 最接近训练的指标值。在更大的节点数下，可能能够获得更高的训练模

型的 R 方，甚至达到 1，但验证的 R 方反而会减小，这就是过拟合的结果。

（3）各模型的几何效果可以通过它们对试验响应和验证样本的响应的逼近程度来描述。分别将多元回归、高斯回归和神经网络回归模型的预测值保存到数据表中，分别命名为 Y_1_RS、Y_1_Gaus 和 Y_1_NN，图 9-27（a）给出对试验样本响应的逼近结果，而图 9-27（b）则给出对验证样本响应的逼近状况。

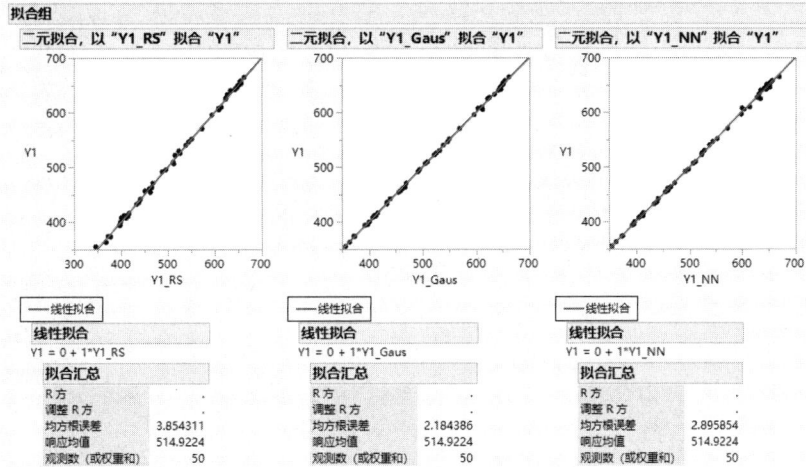

(a)试验样本逼近结果

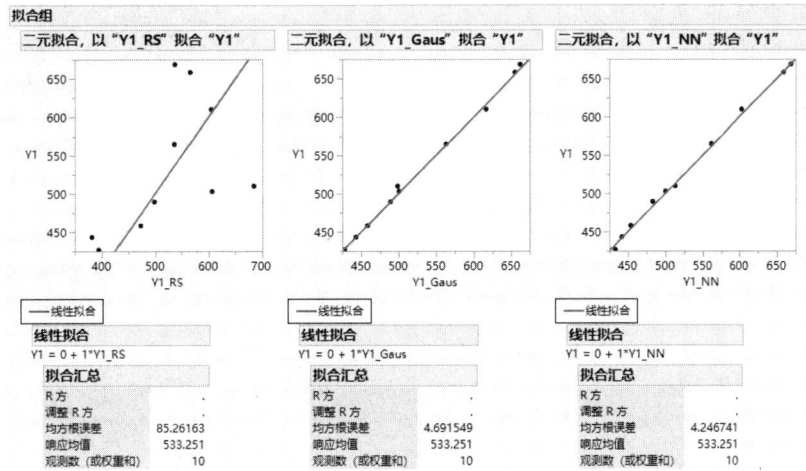

(b)验证样本逼近结果

图9-27　三种模型的比较

由图可见，当对于试验样本数据，三种模型的结果都非常逼近响应值，表明拟合效果都很好，均方根误差分别为 3.854、2.184 和 2.896，非常接近。但是，对于验证样本数据，多元回归的效果明显很差，数据点都远远偏离 45° 线，对应的均方根误差高达 85.26，平均偏差高达 16%；相反，高斯过程模型和神经网络模型的数据点基本位于 45° 线上，均方根误差仅仅为 4.692 和 4.247，平均偏差低于 1%，表明这两种模型都有更好的预测效果和泛化能力。这也说明，在高度非线性系统中，由于最小二乘回归的"平滑"作用，导致对非试验点存在交叉的预测能力。

（4）以高斯过程模型为例来讨论各因子对响应的影响。图9-28为刻画器展示的各因子对响应的影响，而图9-29为三维图展示的因子变化影响。由图可见，X_2对响应具有决定性的影响，X_1具有一定影响，$X_3 \sim X_5$影响明显非常小，X_1对X_2会产生较大的扭曲，X_2的影响具有典型的高度非线性。

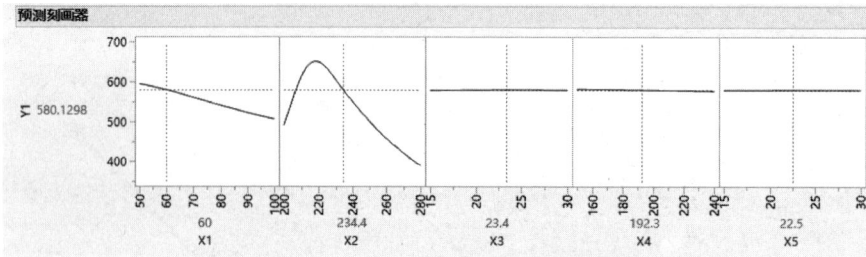

图9-28　刻画器显示各因子对响应的影响

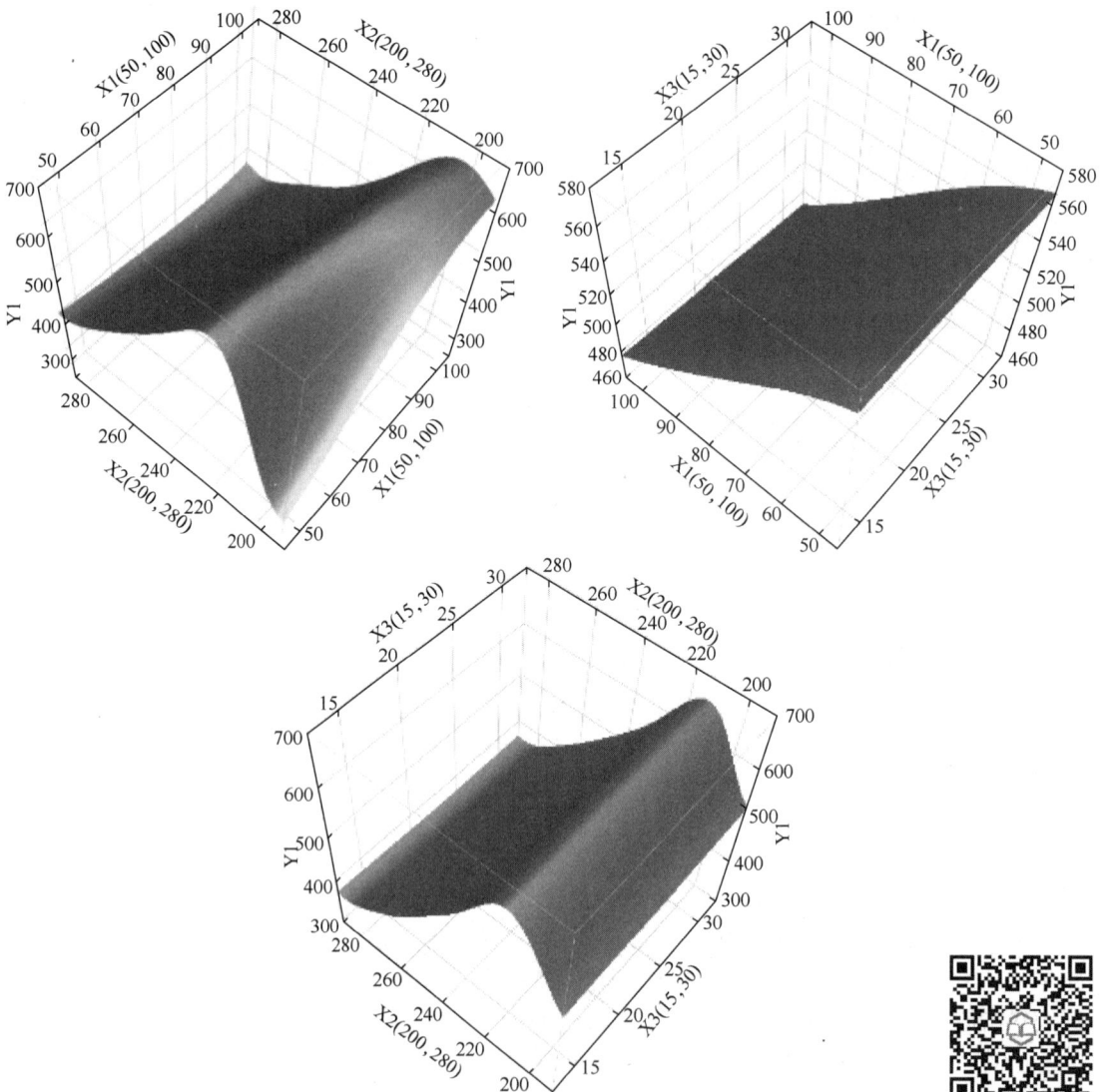

图9-29　响应随各因子的变化

本例说明，在存在高度非线性的较大因子空间中，传统的多元回归方法建模，其预测效果会受到方法本身的限制。而基于高斯过程和神经网络方法，会有更好的效果。但神经网络存在较多的参数选择，参数选择不合适，回归效果也会受到显著影响。神经网络的参数选择更多是基于经验，如果对该方法本身不十分熟悉，高斯过程回归可以作为优先选择。

最近我们注意到，著名多场数值模拟软件 COMSOL Multiphysics®在其最新的 6.2 版本中集成了拉丁超立方试验设计和对应的高斯过程回归建模、深度神经网络 (DNN) 回归建模，这一现象表明代理模型已经成为一种发展趋势。基于深度神经网络的回归建模，是一种非监督的机器学习方法，将会提供更精准的神经网络预测模型。

练习

1. 叙述物理试验和计算机试验中进行回归建模时，模型检验和模型诊断的异同。

2. 例 9-1 中，考察体积收缩率和表面缩痕指数，解答下列问题：

（1）建立析因设计方案并录入模拟计算结果；

（2）根据显著性分别遴选影响体积收缩率和表面缩痕指数的主要因子和交互作用。

3. 例 9-2 中，考察支管高度，解答下列问题：

（1）建立数值模拟试验方案表并输入数据；

（2）建立支管高度的响应模型。

4. 例 9-3 中，考察响应指标电池模组的最高温度（Y_1），解答下列问题：

（1）建立表 9-6 所示正交试验方案并录入数据；

（2）建立电池模组最高温度 Y_1 与各因子之间的代理模型。

5. 例 9-4 中，考察响应增厚率 Y_2，解答下列问题：

（1）参照表 9-7，建立试验方案表并录入试验数据；

（2）建立增厚率与各参数变量的二阶回归和高斯过程回归模型，比较二者的拟合效果；

（3）讨论各因子对增厚率的影响。

6. 例 9-5 中，考察响应指标压力标准差 Y_2，解答下列问题：

（1）参照表 9-8 和表 9-9 建立均匀设计试验方案表并录入数据；

（2）分别用多项式回归和高斯过程回归建立压力标准差的响应模型并给出回归模型，比较二者的拟合效果；

（3）讨论各因子对平均压力的影响。

7. 例 9-6 中，考察抑爆球成型的隔片收缩率 Y_2，解答下列问题：

（1）建立试验方案表并录入试验数据；

（2）根据表 9-11 的模拟试验结果，分别用多项式的多元线性回归、高斯过程回归和神经网络回归方法建立代理模型；

（3）比较三种方法所得模型的拟合精度；

（4）分别用刻画器和表面图讨论隔片收缩率与各工艺参数之间的关系。

第10章

参数优化

10.1　优化算法

通过最小二乘法的多项式拟合建模，抑或是高斯过程、神经网络等机器学习算法构建的模型，目的是获得最大、最小或者指定目标下的最佳参数组合条件。通过建立模型来寻找最优参数条件是非常复杂的，需要采用相关的优化算法。本章将结合通过试验设计构建的模型，介绍优化算法以及在 JMP 中的实现，以及通过 JMP 的仿真器获得稳健参数的方法。

10.1.1　数学模型的优化求解问题

（1）二维响应曲面模型的优化求解

在两个因子变量的响应曲面方法中，可以将两个参数变量与响应变量构建三维的立体表面，根据立体表面在参数平面上的投影构成的等高线，可以直观地估计响应最优的点或区域，如图 10-1 所示。这种方法简单直观，是"响应曲面"方法的名称来源。

（2）二阶响应曲面的直接解析方法优化求解

然而，多数情况下获得的模型往往不只有二维参数变量，这时构建的超几何空间曲面就不能直观地获取响应的结果。但是，如果得到的模型仅仅包含各项的二次项和二阶交互项，这样的模型可以简单地用解析方法求解，比如模型式（10-1），需要计算极值 y_{min} 或者 y_{max}，可以通过令 y 对各变量的偏导等于零来构建方程组，进而获得极值及对应的参数组合。

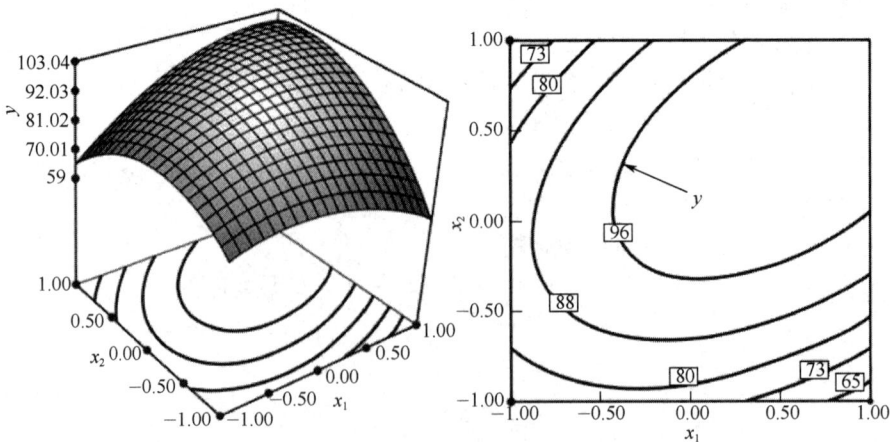

(a)根据曲面和等高线估计最大值

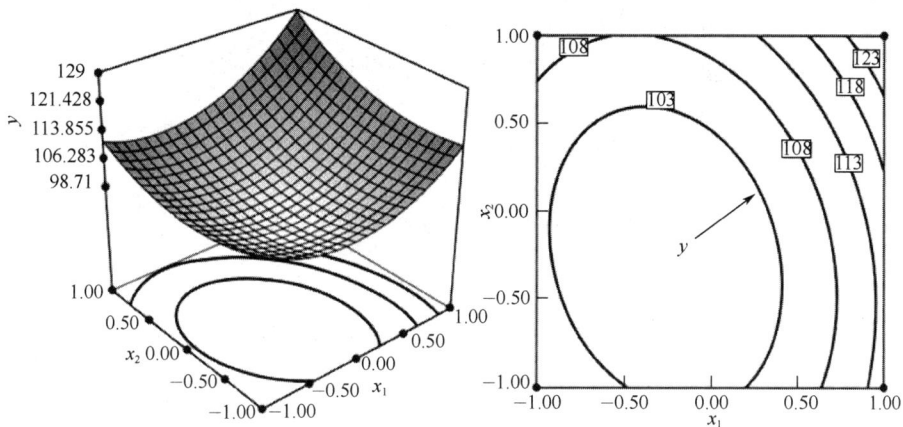

(b)根据曲面和等高线估计最小值

图10-1 二维响应曲面模型的可视化求解

$$y = \beta_0 + \beta_1 x_1 + \beta_2 x_2 + \beta_3 x_3$$
$$+ \beta_{11} x_1^2 + \beta_{22} x_2^2 + \beta_{33} x_3^2 \qquad (10\text{-}1)$$
$$+ \beta_{12} x_1 x_2 + \beta_{13} x_1 x_3 + \beta_{23} x_2 x_3$$

$$\begin{cases} \dfrac{\partial y}{\partial x_1} = 0 & \beta_1 + 2\beta_{11} x_1 + \beta_{12} x_2 + \beta_{13} x_3 = 0 \\[2mm] \dfrac{\partial y}{\partial x_2} = 0 & \beta_2 + \beta_{12} x_1 + 2\beta_{22} x_2 + \beta_{23} x_3 = 0 \\[2mm] \dfrac{\partial y}{\partial x_3} = 0 & \beta_3 + \beta_{13} x_1 + \beta_{23} x_2 + 2\beta_{33} x_3 = 0 \end{cases}$$

$$\boldsymbol{B} = \begin{bmatrix} \beta_{11} & \dfrac{1}{2}\beta_{12} & \dfrac{1}{2}\beta_{13} \\[2mm] \dfrac{1}{2}\beta_{21} & \beta_{22} & \dfrac{1}{2}\beta_{23} \\[2mm] \dfrac{1}{2}\beta_{31} & \dfrac{1}{2}\beta_{32} & \beta_{33} \end{bmatrix}$$

$$\boldsymbol{\beta} = (\beta_1, \ \beta_2, \ \beta_3)'$$

$$\boldsymbol{x}_s = -\frac{1}{2} \boldsymbol{B}^{-1} \boldsymbol{\beta}$$

$$y_s = \beta_0 + \frac{1}{2} \boldsymbol{x}_s' \boldsymbol{\beta}$$

（3）高阶响应曲面模型的优化求解

上述两种情况是比较理想的。一般地，例如模型式（10-2），仅仅在其中增加了一个三阶交互项，就不能简单地通过解析方法计算出来。

$$y = \beta_0 + \beta_1 x_1 + \beta_2 x_2 + \beta_3 x_3$$
$$+ \beta_{11} x_1^2 + \beta_{22} x_2^2 + \beta_{33} x_3^2 \qquad (10\text{-}2)$$
$$+ \beta_{12} x_1 x_2 + \beta_{13} x_1 x_3 + \beta_{23} x_2 x_3 + \beta_{123} x_1 x_2 x_3$$

$$\begin{cases} \dfrac{\partial y}{\partial x_1} = 0 & \beta_1 + 2\beta_{11}x_1 + \beta_{12}x_2 + \beta_{13}x_3 + \beta_{123}x_2x_3 = 0 \\[3mm] \dfrac{\partial y}{\partial x_2} = 0 & \beta_2 + \beta_{12}x_1 + 2\beta_{22}x_2 + \beta_{23}x_3 + \beta_{123}x_1x_3 = 0 \\[3mm] \dfrac{\partial y}{\partial x_3} = 0 & \beta_3 + \beta_{13}x_1 + \beta_{23}x_2 + 2\beta_{33}x_3 + \beta_{123}x_1x_2 = 0 \end{cases}$$

（4）复杂条件模型的优化求解

更一般地，多数情况下的模型是包含约束条件、模型是非线性，以及多目标、分权重等情况，此时数值方法是求解工程优化问题的最主要方法。

10.1.2 单目标函数的最优化方法

（1）无约束问题的最优化方法

任何求解最大、最小和目标的优化方法都可以通过数学变换为求解最小的优化方法。无约束优化问题的一般数学表达式为：

$$\begin{cases} \min f(\boldsymbol{x}) = f(x_1, \ x_2, \cdots, \ x_p) \\ \boldsymbol{x} \in R^p \end{cases} \tag{10-3}$$

求解这类问题的方法，称为无约束优化方法。无约束优化方法分为两类：解析法（间接法）和直接法。

解析法是利用函数的一阶偏导数甚至二阶偏导数构建搜索方向，如梯度法、共轭梯度法、牛顿法和变尺度法等。该方法需要计算偏导数，所以计算量大，但收敛较快。

直接法是利用迭代点的函数值来构造收缩方向，如坐标轮换法、Powell 共轭梯度法和单纯形法。直接法只需要计算函数值，对于无法求导或求导困难的函数，则这类方法具有突出的优越性，但是其收敛速度较慢。

下面以经典的梯度法为例，介绍优化算法的思想。

梯度方向是函数变化率最大的方向。在求目标函数极小值时，函数的负梯度方向是函数值下降最快的方向，因此，梯度法又被称为最速下降法或梯度下降法。

对于 n 维问题，第 k 轮次计算得到定的点为 $\boldsymbol{x}^{(k+1)}$：

$$\boldsymbol{x}^{(k+1)} = \boldsymbol{x}^{(k)} + \alpha^{(k)}\boldsymbol{s}^{(k)} \tag{10-4}$$

式中，$\boldsymbol{x}^{(k)}$ 为第 k 次迭代初始点；$\alpha^{(k)}$ 是第 k 次迭代的最优步长，$\boldsymbol{s}^{(k)}$ 是第 k 次迭代方向，即有

$$\boldsymbol{s}^{(k)} = \frac{-\nabla f(\boldsymbol{x}^{(k)})}{\left\| \nabla f(\boldsymbol{x}^{(k)}) \right\|} = \frac{-g^{(k)}}{\left\| g^{(k)} \right\|}$$

$$g^{(k)} = \nabla f(\boldsymbol{x}^{(k)}) = \left[\frac{\partial f(\boldsymbol{x}^{(k)})}{\partial x_1}, \ \frac{\partial f(\boldsymbol{x}^{(k)})}{\partial x_2}, \cdots, \ \frac{\partial f(\boldsymbol{x}^{(k)})}{\partial x_p} \right]^T$$

$\left\| g^{(k)} \right\|$ 是梯度向量的模。按照式（10-4）持续迭代，直到 $\left\| g^{(k)} \right\| \leqslant \varepsilon$，即该点的最大变化率小于或等于指定的允许误差 ε，则得到 $f(\boldsymbol{x})$ 的最优点 $\boldsymbol{x}^* = \boldsymbol{x}^{(k)}$。图 10-2 给出二维参数下梯度下降法的求解过程。

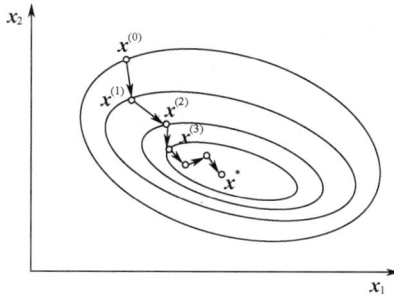

图10-2　二维参数下梯度下降法的求解过程

（2）约束问题的最优化方法

在工程的优化问题中，大多数属于约束优化问题，其数学模型为

$$\begin{cases} \min f(\boldsymbol{x}) = f(x_1,\ x_2, \cdots,\ x_p) & \boldsymbol{x} \in R^p \\ \text{s.t.} g_k(\boldsymbol{x}) \leqslant 0 & k = 1,\ 2,\ \cdots,\ q \\ h_l(\boldsymbol{x}) = 0 & l = 1,\ 2,\ \cdots,\ r \end{cases}$$

式中，s.t. 为 subject to 的缩写，表示服从的条件；$h_l(\boldsymbol{x})$ 表示等式约束条件，$g_k(\boldsymbol{x})$ 表示不等式约束条件。

处理等式约束和不等式约束的方法有所不同，使约束问题的最优化方法也大致分为两类：直接解法和间接解法。直接解法主要用于求解仅含不等式约束条件的最优化问题。间接解法对于求解不等式约束问题和等式约束问题均有效，其基本思想是按照一定的原则构造一个包含原目标函数和约束条件的新目标函数，即使约束最优化问题的求解转化成无约束最优化问题求解。属于间接解法的约束问题的最优化方法有消元法、拉格朗日乘子法、增广拉格朗日乘子法、简约梯度法、惩罚函数法等。下面简要介绍简约梯度法的基本思路。

简约梯度法是 Wolfe 提出的，因此也称为 Wolfe 简约梯度法。其基本思想是利用线性约束条件将问题的某些变量用一组独立变量表示，从而显著降低问题的维数，并且利用无约束梯度法的概念，直接构造出下降可行方向，做线性搜索，逐步地逼近问题的最优解。

在线性约束简约梯度法中，首先将线性约束优化问题模型转化为如下标准形式：

$$\begin{cases} \min f(\boldsymbol{x}) = f(x_1,\ x_2,\ \cdots,\ x_p) & \boldsymbol{x} \in R^p \\ \text{s.t.} \boldsymbol{A}\boldsymbol{x} = \boldsymbol{b} \\ \boldsymbol{x} \geqslant 0 \end{cases} \tag{10-5}$$

然后将约束问题转变为无约束问题：

假定 $\boldsymbol{A}$ 为 $p \times q$ 矩阵，$q < p$，$\boldsymbol{A}$ 的秩为 q，于是可以将 $\boldsymbol{A}$ 分解为一个 $q \times q$ 的非奇异的基矩阵 $\boldsymbol{B}$ 和 $q \times (p-q)$ 阶的非基矩阵 $\boldsymbol{C}$，对应的向量 $\boldsymbol{x}$ 分解为 q 维的基本变量 $\boldsymbol{x}_B$ 和 $(p-q)$ 维的非基本变量 $\boldsymbol{x}_C$，即有 $\boldsymbol{A} = (\boldsymbol{B}, \boldsymbol{C})$，$\boldsymbol{x} = \begin{pmatrix} \boldsymbol{x}_B \\ \boldsymbol{x}_C \end{pmatrix}$。这样，就把线性约束 $\boldsymbol{A}\boldsymbol{x} = \boldsymbol{b}$ 转化成 $\boldsymbol{x}_B = \boldsymbol{b}\boldsymbol{B}^{-1} - \boldsymbol{B}^{-1}\boldsymbol{C} = \boldsymbol{x}_B(\boldsymbol{x}_C)$ $\boldsymbol{x}_B = \boldsymbol{b}\boldsymbol{B}^{-1} - \boldsymbol{B}^{-1}\boldsymbol{C} = \boldsymbol{x}_B(\boldsymbol{x}_C)$，对应的约束优化问题模型式（10-5）就转变成无约束优化问题式（10-6）：

$$\begin{cases} \min F(\boldsymbol{x}_C) = f(\boldsymbol{x}_B(\boldsymbol{x}_C)\ ,\ \boldsymbol{x}_C) & \boldsymbol{x} \in R^P \\ \boldsymbol{x} \geqslant 0 \end{cases} \quad (10\text{-}6)$$

简约后的目标函数 $F(\boldsymbol{x}_C)$ 是（p-q）个非基本变量 $\boldsymbol{x}_C$ 的函数，因此可以利用迭代公式 $\boldsymbol{x}_C^{(k+1)} = \boldsymbol{x}_C^{(k)} + \lambda \boldsymbol{v}_C^{(k)}$ 进行优化。其中，λ 为迭代步长，$\boldsymbol{v}_C$ 为搜索方向。

基于线性约束简约梯度法发展的广义的简约梯度法，解决了非线性约束的优化问题。有兴趣的读者可以参阅相关资料。

在 JMP 中，使用梯度下降法来求解无约束的优化问题，使用 Wolfe 简约梯度法来求解约束的优化问题。

10.1.3　多目标函数的最优化方法

在多目标函数的情况下，优化问题的模型为

$$\begin{cases} \boldsymbol{x} = [x_1,\ x_2,\ \cdots,\ x_p]^T \in R^p \\ \quad \min f_1(\boldsymbol{x}) \\ \quad \min f_2(\boldsymbol{x}) \\ \quad\quad \vdots \\ \quad \min f_m(\boldsymbol{x}) \\ \text{s.t.} g_k(\boldsymbol{x}) \leqslant 0 & k = 1,\ 2,\ \cdots,\ q \\ \quad h_l(\boldsymbol{x}) = 0 & l = 1,\ 2,\ \cdots,\ r \end{cases} \quad (10\text{-}7)$$

期望 m 个目标函数均达到最优值。然而，各个目标 $f_1(\boldsymbol{x})$，$f_2(\boldsymbol{x})$，…，$f_m(\boldsymbol{x})$ 的优化往往是互相矛盾的，不能期望它们的极小值点重叠在一起，即不能同时达到最优解，甚至有时还会产生完全对立的情况，即对一个目标函数是优点，而对另一个目标函数却是劣点，这就需要在各个目标的最优点之间进行协调，相互做出"让步"，以便取得整体最优方案，而不能像单目标函数的最优化那样，通过简单比较函数值大小的方法取最优值。由此可见，多目标函数的最优化问题要比单目标函数的最优化问题复杂得多，求解难度也较大。多目标函数的最优化方法也较多，这里介绍几种常用的方法。

（1）统一目标法

统一目标法的实质就是将式（10-7）中的各个目标函数 $f_1(\boldsymbol{x})$，$f_2(\boldsymbol{x})$，…，$f_m(\boldsymbol{x})$ 统一到一个总的"统一目标函数" $f(\boldsymbol{x})$ 中，即令

$$f(\boldsymbol{x}) = \{f_1(\boldsymbol{x})\ ,\ f_2(\boldsymbol{x})\ ,\cdots,\ f_m(\boldsymbol{x})\} \quad (10\text{-}8)$$

于是模型式（10-7）的模型转化为

$$\begin{cases} \min f(\boldsymbol{x}) & \boldsymbol{x} \in R^p \\ \text{s.t.} g_k(\boldsymbol{x}) \leqslant 0 & k = 1,\ 2,\cdots,\ q \\ \quad h_l(\boldsymbol{x}) = 0 & l = 1,\ 2,\cdots,\ r \end{cases} \quad (10\text{-}9)$$

的形式，把多目标函数的问题转化为单目标函数的最优化问题来求解。在极小化"统一目标函数" $f(\boldsymbol{x})$ 的过程中，为了使各个分目标函数能均匀一致地趋向各自的最小值，可以采用如下的一些方法。

① 线性加权法。线性加权法又称为加权因子法，即在将各个分目标函数组合为总的"统

一目标函数"的过程中,引入加权因子,给予相对重要的分目标指标 $f_i(\boldsymbol{x})$ 较大的权重系数 ω_i,$0 < \omega_i < 1$,且 $\sum_{i=1}^{m} \omega_i = 1$,为此,式(10-8)可写为

$$f(\boldsymbol{x}) = \sum_{i=1}^{m} \omega_i f_i(\boldsymbol{x})$$

② 理想点法。在该方法中,先分别求出各个分目标函数的最优值 $f_i(\boldsymbol{x}^*)$,然后根据多目标函数最优化设计的总体要求作适当调整,制定出理想的最优值 $f_i^{(0)}$,则统一目标函数可以按如下的无量纲平方和法来构成:

$$f(\boldsymbol{x}) = \sum_{i=1}^{m} \left[\frac{f_i(\boldsymbol{x}) - f_i^{(0)}}{f_i^{(0)}} \right]^2$$

这意味着当各项分目标函数分别达到各自的理想最优值 $f_i^{(0)}$ 时,统一目标函数 $f(\boldsymbol{x})$ 为最小。该方法的关键在于选择适当的 $f_i^{(0)}$ 值,一般可取 $f_i^{(0)} = f_i(\boldsymbol{x}^*)$。

③ 乘除法。将多目标函数最优化问题中的全部 m 个目标分为两类:目标函数值越小越好的一类 $\phi_1(\boldsymbol{x})$,$\phi_2(\boldsymbol{x})$,…,$\phi_s(\boldsymbol{x})$、目标函数值越大越好的一类 $\phi_{s+1}(\boldsymbol{x})$,$\phi_{s+2}(\boldsymbol{x})$,…,$\phi_m(\boldsymbol{x})$,前者有 s 项,后者有($m-s$)项,则统一目标函数定义为

$$f(\boldsymbol{x}) = \frac{\phi_1(\boldsymbol{x}) , \phi_2(\boldsymbol{x}) , \cdots , \phi_s(\boldsymbol{x})}{\phi_{s+1}(\boldsymbol{x}) , \phi_{s+2}(\boldsymbol{x}) , \cdots , \phi_m(\boldsymbol{x})} = \frac{\prod_{i=1}^{s} \phi_i(\boldsymbol{x})}{\prod_{i=s+1}^{m} \phi_i(\boldsymbol{x})}$$

显然,使 $f(\boldsymbol{x}) \to \min$ 时,可得最优解。

④ 期望函数法。期望函数法是将各分目标函数通过几何加权构建成一个统一的目标函数,然后对统一目标函数进行最优化的方法,是目前应用最广泛的方法,将在 10.2 节中详细介绍。

(2)主要目标法

在多目标函数最优化问题中,各目标的重要程度并不一样,在最优化设计中应当首先考虑主要目标,同时兼顾次要目标。主要目标法就是以此思想作为指导,首先将多目标最优化问题中的全部目标函数,按其重要程度排列,最重要的排在最前面,然后依次求各个分目标函数的最优值,这时其他目标函数则根据初步设计的考虑给予适当的最优值的估计值作为辅助约束进行处理。这样就将多目标函数的最优化问题转换成一些单目标函数的最优化问题,寻求整个设计可以接受的相对最优解。

10.2 期望函数法

期望函数(desirability function)法,又称为意愿函数法、满意度函数法。该方法是将各分目标 $f_i(\boldsymbol{x})$ 转化成[0,1]区间上的满意度 d_i,然后取所有单个满意度的几何平均构建总体满意度函数 D 并对其求极大化,从而得到最佳因子水平组合。

10.2.1 期望函数的定义

为简化起见，用 y 表示目标函数响应。具有单边规格的目标函数的期望函数定义为式（10-10）和式（10-11），其中前者对应期望获得最大值的情况，即望大，后者对应期望获得最小值的情况，即望小。而具有双边规格的目标函数的期望函数定义为式（10-12），其对应期望获得目标值的情况，即望目。

$$\begin{cases} 0 & y \leqslant L \\[2mm] \left[\dfrac{y-L}{U-L}\right]^r & L < y < U \\[2mm] 1 & y \geqslant U \end{cases} \tag{10-10}$$

$$\begin{cases} 1 & y \leqslant L \\[2mm] \left[\dfrac{y-U}{L-U}\right]^r & L < y < U \\[2mm] 0 & y \geqslant U \end{cases} \tag{10-11}$$

$$\begin{cases} \left[\dfrac{y-L}{T-L}\right]^s & L < y \leqslant T \\[2mm] \left[\dfrac{y-U}{T-U}\right]^t & T \leqslant y < U \\[2mm] 0 & y \leqslant L \ or \ y \geqslant U \end{cases} \tag{10-12}$$

上列各式中，L、U 和 T 分别为目标函数的下限值、上限值和目标值，r、s 和 t 为描述满意度 d 形状变化特征的参数，其值大于 0 但小于或等于 1。一般情况下，形状参数均等于 1，d 随目标函数 y 线性变化，如图 10-3 所示。

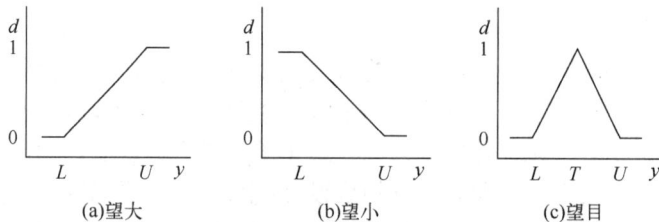

图 10-3 期望函数 d 与目标函数 y 的关系

由图 10-3 可见，对于望大情况，希望获得较大的目标值，当 $y \geqslant U$ 时 $d=1$；$y \leqslant L$ 时 $d=0$；y 在下限值和上限值之间时，d 在 0 和 1 之间变化，当目标值最接近确定的上限 U 时，将被视为处于最佳水平。对于望小情况，希望获得较小的目标值，当 $y \leqslant L$ 时 $d=1$；$y \geqslant U$ 时 $d=0$；y 在下限值和上限值之间时，d 在 0 和 1 之间变化，目标值在最接近定义的下限值 L 时将被视为最佳水平。在望目的情况下，希望达到指定的目标值 T，此时 $d=1$；而当 $y \leqslant L$ 和 $y \geqslant U$ 时 $d=0$；当 $L < y \leqslant T$ 和 $T \leqslant y < U$ 时，d 在 0 和 1 之间变化，目标值最接近确定的值 T 时，将其视为最佳水平。

10.2.2　多目标函数的总期望函数

多目标函数的统一目标函数用总期望函数来描述，其被定义为每个分目标函数的期望函数的加权几何均值：

$$D = d_1^{\omega_1} d_2^{\omega_2} \cdots d_m^{\omega_m} = \prod_{i=1}^{m} d_i^{\omega_i} \quad\quad (10\text{-}13)$$

$$\omega_i = \frac{w_i}{\sum_{j=1}^{m} w_j}$$

$$\sum_{i=1}^{m} \omega_i = 1$$

式中，w_i 和 ω_i 分别为分目标函数 y_i 的权重和权重系数。通过 w_i，可以将优先级分配给 d_i，即重要的分目标其权重越大，在总期望函数 D 中的重要性就越大。当所有分目标函数的权重相同时，$w_1 = w_2 = \cdots = w_1 = w_m = 1/m$，式（10-13）简化为

$$D = (d_1 d_2 \cdots d_m)^{1/m} \quad\quad (10\text{-}14)$$

优化的目标是使总期望函数 D 最大化。根据式（10-14），当所有响应都在目标值时，$d_i = 1$，$i = 1, 2, \cdots, m$，D 等于 1；当至少一个分目标超出规定的上限值或下限值时，即存在任何 i，$d_i = 0$，$i = 1, 2, \cdots, m$，D 等于 0；否则，d_i 的乘法组合产生小于或等于 d_i 的最小值的值。

10.3　参数优化实施

JMP 软件以期望函数的方式提供模型的参数优化，即实现模型响应的最大化、最小化或目标值。这种模型来自前述完全析因设计、部分析因设计、响应曲面设计、混料设计及计算机试验设计等方法构建的模型，也可以来自其他通过数据分析方法构建的模型。在 JMP 中，利用式（10-10）～式（10-12）定义的单一期望函数 d 的形状参数 r、s 和 t 均为 1，即 d 从 0 到 1 的变化是线性的。为了保证意愿函数在上下限时的连续可微，上下限对应的 d 值并非为 0 或 1，而是接近 0 和 1 的小数，比如在望大、望小的定义中，用 0.982 和 0.066 代替 1 与 0；在望目的定义中，用 0.0183 代替 0，等等。另外，JMP 将期望函数集成在预测刻画器中，并与因子随响应的影响刻画一起，将因子的变化导致的意愿变化同步在预测刻画器中。并且，无论是单目标还是多目标，都通过意愿函数的最大化、最小化和目标设置来实现因子组合的优化。

本节用实际例子来演示 JMP 的优化功能。

10.3.1　最大意愿的参数优化

（1）响应曲面设计模型的优化

【例10-1】在激光熔覆表面改性技术中，单道熔覆是多道熔覆搭接的前提，较宽的熔覆层有利于多道熔覆的搭接，较低的熔覆层有利于熔覆层的多道成形，较大的熔覆层面积意味

着较大的粉末利用率。文献[41]针对W-C-Ni原位合成法制备的激光熔覆复合涂层，采用响应曲面法，研究激光功率、扫描速率、气流量和粉末配比等工艺参数对熔覆层高度、宽度、面积的影响规律，通过多目标优化获得最佳工艺参数组合，为工艺参数和复合涂层几何形貌的预测和控制提供依据。表10-1为试验因子水平设置，表10-2给出试验方案与试验结果。解答下列问题。

（1）建立熔覆层宽度、高度和面积的响应模型；

（2）分别给出独立实现熔覆层宽度最大化、高度最小化、面积最大化的参数条件及响应数值；

（3）给出实现总意愿函数最优的条件组合及各响应对应的响应数值和参数组合；

（4）给出JMP中单意愿函数和总意愿函数的定义。

表10-1　单道激光熔覆成形工艺参数水平

水平	因子			
	激光功率 P/W	扫描速率 V_s/（mm/s）	气流量 V_g/（L/min）	粉末配比 R_p/%
−2	1100	4	11	30
−1	1300	5	13	40
0	1500	6	15	50
1	1700	7	17	60
2	1900	8	19	70

表10-2　中心复合设计试验与结果

试验序号	因子				响应		
	P	V_s	V_g	R_p	宽度 W/mm	高度 H/mm	面积 A/mm^2
1	1100	6	15	50	2.105	1.159	1.881
2	1500	6	15	50	2.386	1.362	2.567
3	1300	5	13	40	2.337	1.607	3.111
4	1700	7	13	40	2.578	1.337	2.678
5	1500	6	15	30	2.375	1.359	2.552
6	1300	5	17	60	2.175	1.403	2.46
7	1500	6	15	50	2.301	1.302	2.49
8	1300	7	17	40	2.191	1.194	2.038
9	1500	6	15	50	2.356	1.362	2.447
10	1700	7	17	40	2.55	1.283	2.477
11	1700	5	17	60	2.492	1.686	3.405
12	1900	6	15	50	2.667	1.448	2.953
13	1700	5	13	40	2.756	1.781	3.929
14	1300	5	13	60	2.254	1.359	2.371
15	1700	5	17	40	2.626	1.753	3.671
16	1500	6	11	50	2.48	1.301	2.447
17	1500	6	19	50	2.318	1.521	2.912

试验序号	因子				响应		
	P	V_s	V_g	R_p	宽度 W /mm	高度 H /mm	面积 A /mm²
18	1500	8	15	50	2.318	1.054	1.794
19	1500	6	15	70	2.394	0.997	1.783
20	1700	5	13	60	2.502	1.632	3.202
21	1500	6	15	50	2.359	1.296	2.309
22	1300	7	13	60	2.207	1.07	1.722
23	1500	6	15	50	2.35	1.368	2.491
24	1700	7	17	60	2.438	1.184	2.148
25	1300	7	17	60	2.235	1.124	1.885
26	1500	4	15	50	2.638	1.813	3.899
27	1300	7	13	40	2.134	1.083	1.719
28	1500	6	15	50	2.33	1.334	2.397
29	1300	5	17	40	2.286	1.511	2.777
30	1700	7	13	60	2.534	1.194	2.298

解：

（1）根据表10-1与表10-2可知，试验采用的是4因子旋转中心复合设计，中心点试验次数为6。由题意得知，熔覆层宽度 W、高度 H 和面积 A 三个响应的目标分别是最大化、最小化和最大化。据此，建立响应的试验设计方案表，录入相应的响应值。通过"分析"→"拟合模型"菜单命令来构建三个响应变量的响应曲面模型，注意在模型规格对话框中勾选"分别拟合"复选框，这样保证对三个响应建立独立的模型。在打开报表中分别剔除不显著项，以及进行模型方差分析、失拟检验、模型诊断和数据诊断后，得到如图10-4所示三个响应的模型系数和显著性检验以及如图10-5所示三个响应的数学模型。

在图10-4给出的模型系数估计值及显著性检验中，响应 H 与 A 的模型里分别保留有2项和4项不显著的数据项。这是由于在剔除不显著项的过程中，不仅只根据概率值是否小于0.05，同时还根据剔除数据项时引起的模型调整 R 方、$PRESS$、$AICc$ 和 BIC 等几个参数的变化，所以在 H 和 A 的系数中保留了0.06左右的项。对于存在 P 值远大于0.05的数据项，是由于存在包含该项的显著的高次项，例如图10-4（b）的响应 H 中 Vg 项的 t 检验概率为0.0847，但 $Vg*Vg$ 项的 t 检验概率为0.02，所以予以保留；同理，图10-4（c）中响应 A 中的 Vg 项也予以保留。

响应 "W"
参数估计值

项	估计值	标准误差	t比	概率>|t|
截距	2.3673611	0.011359	208.41	<.0001*
P(1300,1700)	0.1575417	0.009837	16.02	<.0001*
Vs(5,7)	-0.050042	0.009837	-5.09	<.0001*
Vg(13,17)	-0.026375	0.009837	-2.68	0.0136*
Rp(40,60)	-0.024292	0.009837	-2.47	0.0218*
P*Vs	-0.029187	0.012048	-2.42	0.0241*
Vs*Rp	0.0339375	0.012048	2.82	0.0100*
Vs*Vs	0.0271319	0.00898	3.02	0.0063*

(a)

响应 "H"
参数估计值

项	估计值	标准误差	t比	概率>|t|
截距	1.3383452	0.020046	66.76	<.0001*
P(1300,1700)	0.0865417	0.011859	7.30	<.0001*
Vs(5,7)	-0.199208	0.011859	-16.80	<.0001*
Vg(13,17)	0.0214583	0.011859	1.81	0.0847
Rp(40,60)	-0.067542	0.011859	-5.70	<.0001*
P*Vs	-0.027813	0.014545	-1.91	0.0692
Vs*Vs	0.0332589	0.01098	3.03	0.0064*
Vg*Vg	0.0276339	0.01098	2.52	0.0200*
Rp*Rp	-0.030616	0.01098	-2.79	0.0110*

(b)

响应 "A"
参数估计值

项	估计值	标准误差	t比	概率>|t|
截距	2.4579405	0.052637	46.70	<.0001*
P(1300,1700)	0.327875	0.03114	10.53	<.0001*
Vs(5,7)	-0.507125	0.03114	-16.29	<.0001*
Vg(13,17)	0.0317083	0.03114	1.02	0.3207
Rp(40,60)	-0.185292	0.03114	-5.95	<.0001*
P*Vs	-0.078187	0.038139	-2.05	0.0537
Vs*Rp	0.0744375	0.038139	1.95	0.0651
Vs*Vs	0.1132054	0.02883	3.93	0.0008*
Vg*Vg	0.0714554	0.02883	2.48	0.0222*
Rp*Rp	-0.056545	0.02883	-1.96	0.0639

(c)

图10-4　三个响应的模型系数及显著性检验

响应 "W"
预测表达式

$$
\begin{aligned}
&2.3673611111\\
&+0.1575416667\cdot\left(\frac{P-1500}{200}\right)\\
&+-0.050041667\cdot(Vs-6)\\
&+-0.026375\cdot\left(\frac{Vg-15}{2}\right)\\
&+-0.024291667\cdot\left(\frac{Rp-50}{10}\right)\\
&+\left(\frac{P-1500}{200}\right)\cdot\left(\left(\frac{Rp-50}{10}\right)\cdot-0.0291875\right)\\
&+(Vs-6)\cdot\left(\left(\frac{Rp-50}{10}\right)\cdot0.0339375\right)\\
&+(Vs-6)\cdot\left((Vs-6)\cdot0.0271319444\right)
\end{aligned}
$$

(a)

响应 "H"
预测表达式

$$
\begin{aligned}
&1.3383452381\\
&+0.0865416667\cdot\left(\frac{P-1500}{200}\right)\\
&+-0.199208333\cdot(Vs-6)\\
&+0.0214583333\cdot\left(\frac{Vg-15}{2}\right)\\
&+-0.067541667\cdot\left(\frac{Rp-50}{10}\right)\\
&+\left(\frac{P-1500}{200}\right)\cdot\left((Vs-6)\cdot-0.0278125\right)\\
&+(Vs-6)\cdot\left((Vs-6)\cdot0.0332589286\right)\\
&+\left(\frac{Vg-15}{2}\right)\cdot\left(\left(\frac{Vg-15}{2}\right)\cdot0.0276339286\right)\\
&+\left(\frac{Rp-50}{10}\right)\cdot\left(\left(\frac{Rp-50}{10}\right)\cdot-0.030616071\right)
\end{aligned}
$$

(b)

响应 "A"
预测表达式

$$
\begin{aligned}
&2.4579404762\\
&+0.327875\cdot\left(\frac{P-1500}{200}\right)\\
&+-0.507125\cdot(Vs-6)\\
&+0.0317083333\cdot\left(\frac{Vg-15}{2}\right)\\
&+-0.185291667\cdot\left(\frac{Rp-50}{10}\right)\\
&+\left(\frac{P-1500}{200}\right)\cdot\left((Vs-6)\cdot-0.0781875\right)\\
&+(Vs-6)\cdot\left(\left(\frac{Rp-50}{10}\right)\cdot0.0744375\right)\\
&+(Vs-6)\cdot\left((Vs-6)\cdot0.1132053571\right)\\
&+\left(\frac{Vg-15}{2}\right)\cdot\left(\left(\frac{Vg-15}{2}\right)\cdot0.0714553571\right)\\
&+\left(\frac{Rp-50}{10}\right)\cdot\left(\left(\frac{Rp-50}{10}\right)\cdot-0.056544643\right)
\end{aligned}
$$

(c)

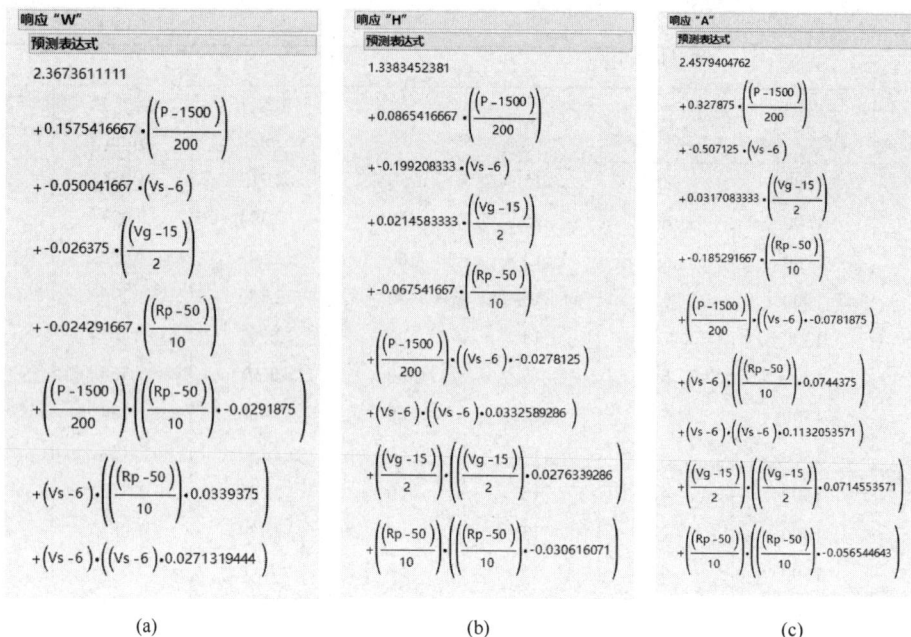

图 10-5　建立的响应预测模型

（2）在报表的三个响应面板中，分别展开对应的"预测刻画器面板"，点击前面的红色三角菜单，选择"优化和意愿"→"设置意愿"命令，打开图10-6所示"设置意愿"对话框，分别设置 W、H 和 A 的响应目标为最大化、最小化、最大化，以及默认的响应值与意愿值、重要性值后，再次分别点击相应的红色三角菜单，选择"优化和意愿"→"最大化意愿"命令得到图10-7所示三个响应的独立优化计算结果。

由图10-6和图10-7可见，通过设置意愿和最大化意愿操作，就可以根据响应模型进行最优化计算，进而找到响应的最大化、最小化以及接近某一目标值及对应的参数组合。如果在试验方案的设计过程中指定了响应的目标为最大化、最小化或匹配目标值，则在打开设置意愿对话框时就默认设置了，但可以进行更改。另外，如果在试验方案的设计过程中没有指定响应的目标，则在红色三角菜单中先点击"优化和意愿→意愿函数"命令，然后才能设置意愿和进行最大化意愿的优化计算。在设置意愿对话框中，系统会默认取临近测量结果中对应响应的最大值、最小值及中间值作为高值、低值与中值。

在预测刻画器的图中用虚线标识对应的响应值和参数值，并分别在响应和参数的标题中以红色字显示。从图10-7（a）看到，熔覆层宽度 W 与激光功率 P、气流量 Vg 和粉末配比 Rp 是线性关系，与扫描速率 V_s 具有一定的下凹的曲线关系；单独优化得到宽度的最大值为3.245mm，对应的因子组合为：功率1900W、扫描速率4mm/s、气流量11L/min、粉末配比为30%；在该参数组合下的意愿值为0.9995。这里的意愿超过了图10-6（a）对话框中的意愿高值，是由于根据预测模型优化计算得到的宽度的值远高于意愿设置对话框中相应的高值，也就是超过了试验测量得到的最大值，以下同理。根据图10-7（b），熔覆层高度与激光功率是线性关系，与扫描速率、气流量是下凹的曲线关系，与粉末配比是上凸的曲线关系；单独优化得到最小的高度为0.7494mm，对应的因子参数组合为：功率1100W、扫描速率8mm/s、气流量14.2L/min、粉末配比70%；在该参数组合下的意愿值为0.9980。同理，根据图10-7（c），熔覆层面积在功率1900W、扫描速率4mm/s、气流量19L/min和粉末配比30%时达到最大值

5.685mm²；对应的意愿值为 0.9995。可见，在存在多个响应的系统中，单独优化达到每个响应最优化的条件往往各不相同。

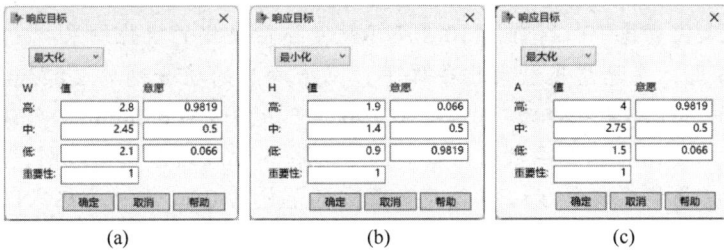

图 10-6　设置响应的意愿函数参数

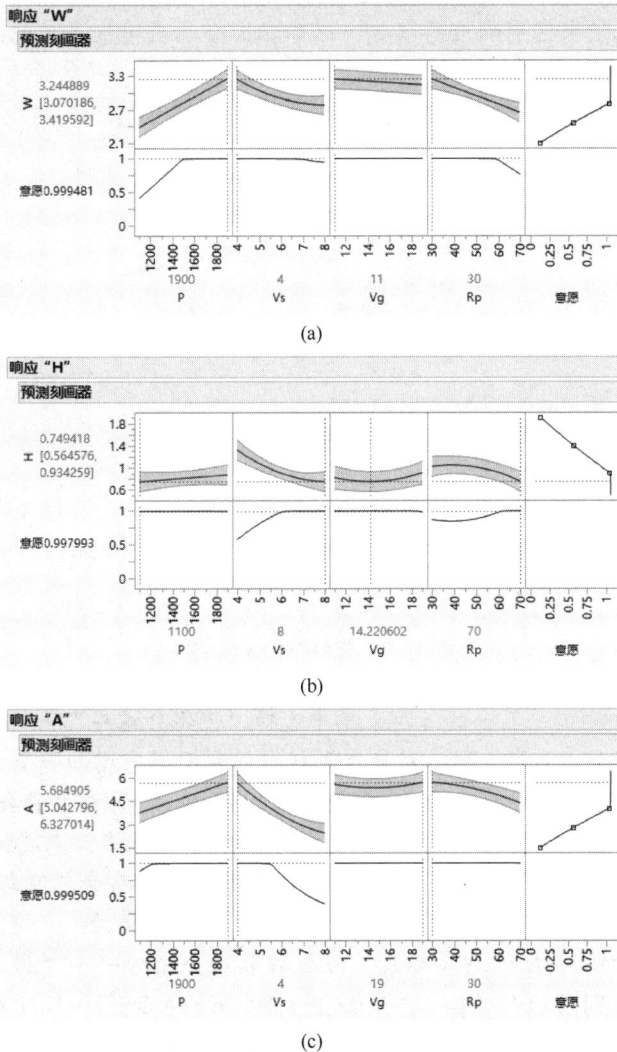

(a)

(b)

(c)

图 10-7　基于意愿函数的独立响应最优化结果

（3）点击报表最顶端"拟合组"前的红色三角菜单，选择"刻画器"命令，打开集成三个响应于一体的预测刻画器面板。同样，在预测刻画器前的三角菜单中选择"优化和意愿"→

"设置意愿"，将打开同图 10-6 所示的意愿设置对话框，注意这里将按宽度 W、高度 H 和面积 A 的顺序依次先后打开以对各响应的意愿进行单独的设置，且由于在此之前进行了单个响应的优化计算，对应响应的高值、低值及中值会有所不同。然后再执行三角菜单命令"优化和意愿"→"最大化意愿"，得到图 10-8 所示总意愿最大化的优化结果。

由图 10-8 可见，在总意愿最大化条件下，三个响应的值分别为 2.872mm、1.520mm 和 3.267mm²，对应的因子参数组合为：激光功率 1900W、扫描速率 6.08mm/s、气流量 12.47L/min、粉末配比 30%，对应的总意愿函数值为 0.3921。通过各响应的意愿曲线图，还可以估计出此时对应的宽度的意愿值略大于 0.5，而高度和面积的意愿约 0.3。该总意愿优化结果与文献[41]给出的试验验证结果比较一致。

对比图 10-8 与图 10-7，总响应目标的优化是各单个响应目标的折中处理，没有单独满足某个单目标的优化而忽略其他响应目标。当然，可以在图 10-6 所示的意愿设置对话框中通过设置各响应的重要性值来区别响应的权重，比如在三个响应中优先考虑高度，然后是面积，则可以将高度 H 的重要性设置为 10，面积的重要性设定为 5，宽度设定为 2，表明高度最重要，面积次之，则会得到完全不同的优化结果。

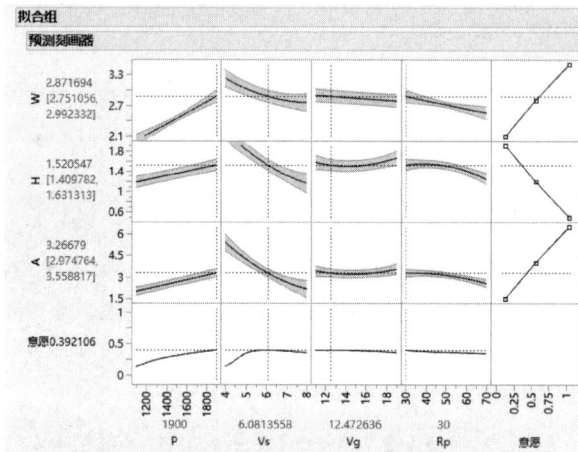

图 10-8　总意愿最优化结果

（4）在响应 W 预测刻画器前的三角菜单中选择"优化和意愿"→"保存意愿公式"，则在数据表中会增加一个"意愿"列，对应在表视图的列面板中增加一个意愿列，点击其后的加号✚，打开图 10-9（a）所示最大化 W 意愿函数的定义，可见意愿函数为 Desirability（），其中包含三个参数，第一个参数用向量方式指明响应的下限值、中间值和上限值，即对应图 10-6（a）中响应的低值、中值和高值；第二个参数也用向量方式指明与第一个参数的低值、中值和高值对应的意愿值；第三个参数则是指明为响应 W 定义的。

按同样方式保存响应 H 的意愿公式，在数据表中会增加一个"意愿 2"列，点击表视图的列面板中意愿 2 列后的加号✚，得到如图 10-9（b）所示最小化 H 意愿函数的定义。比较图 10-9 的（a）和（b），就容易发现对响应的最大化与最小化定义是通过指定响应在高值和低值时的意愿值来实现的。比如响应最大化，响应的高值对应的意愿值为接近 1 的 0.982，响应的低值对应的意愿值为接近 0 的 0.066，如图 10-9（a）所示；反之，响应最小化，则响应的高值对应的意愿值为接近 0 的 0.066，响应的低值对应的意愿值为接近 1 的 0.982，如图 10-9（b）所示。

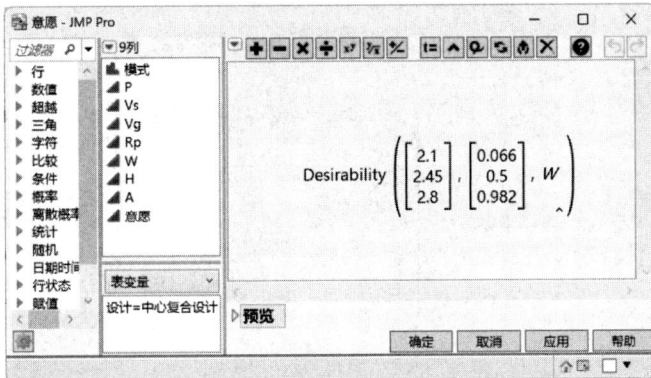

(a)

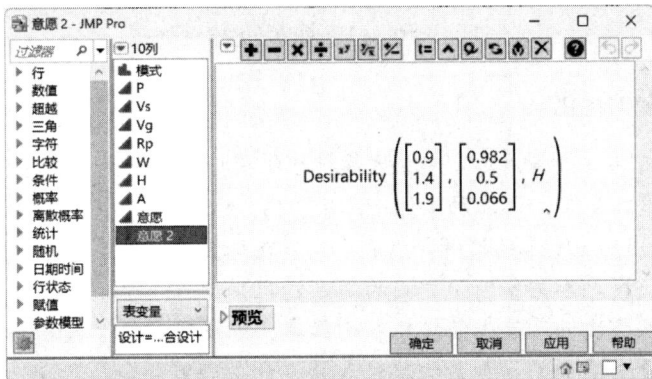

(b)

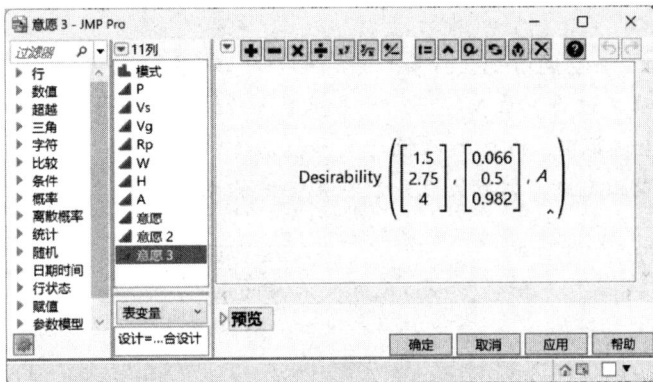

(c)

图10-9　单个意愿函数的定义

同样地，在拟合组预测刻画器前的三角菜单中选择"优化和意愿"→"保存意愿公式"，则得到图 10-10 所示总意愿函数的定义，其用指数函数的形式描述了单个响应意愿函数的几何平均值的形式，其中的 0.3333 是各响应意愿的权重系数，由于它们设置相同，故均为 1/3。如果用 D 表示三个响应的总意愿函数，d_1、d_2 和 d_3 分别表示响应宽度、高度和面积的意愿函数，根据图 10-10，有 $D = e^{\left(\frac{1}{3}\ln d_1 + \frac{1}{3}\ln d_2 + \frac{1}{3}\ln d_3\right)} = e^{\ln d_1^{1/3} + \ln d_2^{1/3} + \ln d_3^{1/3}} = d_1^{1/3} d_2^{1/3} d_3^{1/3}$，即与式（10-13）一致。

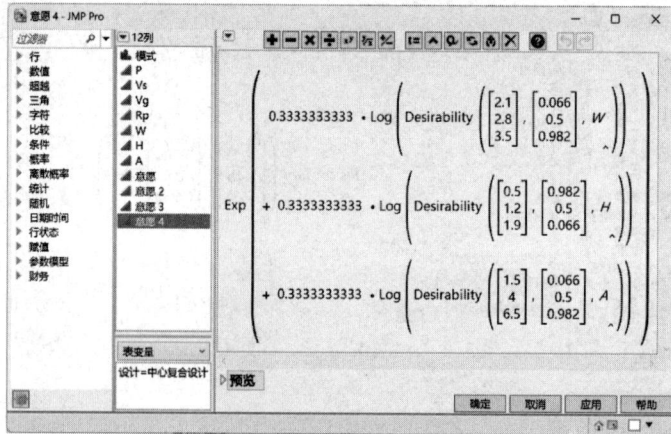

图 10-10　总意愿函数的定义

（2）计算机试验的优化

【**例10-2**】在例9-4中，用拉丁超立方设计组织模拟试验研究了热冲压成型加工ZK60镁合金工艺过程中的能耗（Y_1，J）和加工件增厚率（Y_2，%）受冲压边力（X_1，kN）、冲压速率（X_2，mm/s）和冲压温度（℃）的影响。以最小化能耗与最小化增厚率为目标，解答下列问题。

（1）建立能耗、增厚率与各因子之间的高斯过程模型；

（2）利用期望函数法计算最小的能耗和增厚率，以及对应的参数条件；

（3）比较用二阶响应曲面模型最优化计算得到的最小能耗和增厚率，分析与高斯过程回归不同的原因。

解：

（1）参照例9-4，在空间填充设计窗口中，响应Y_1和Y_2均为最小值，建立对应表9-7的18次试验的拉丁超立方设计，录入数据。点击模型运行按钮，直接得到图10-11所示Y_1与Y_2的高斯过程回归报表。其中，Y_1的预测值与实际值基本位于拟合线上，而Y_2的预测值与实际值虽然也有很好的线性关系，但数据点分散在拟合线的两侧。

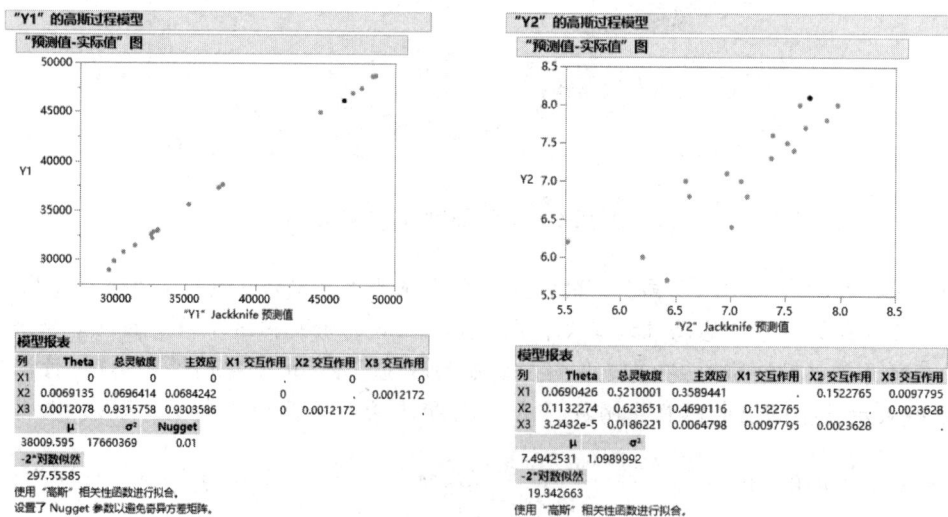

图 10-11　热冲压成型模拟的高斯过程回归模型

（2）在高斯过程回归报表的拟合组前的红色菜单中，打开刻画器，通过设置意愿、最大化意愿的操作，得到图 10-12 所示高斯过程回归模型的最优化计算结果，可见在同时最小化能耗和增厚率的最优结果为 $Y_1=27973J$、$Y_2=5.7\%$，对应的参数条件为 $X_1=7.4kN$、$X_2=4.0mm/s$、$X_3=208℃$。

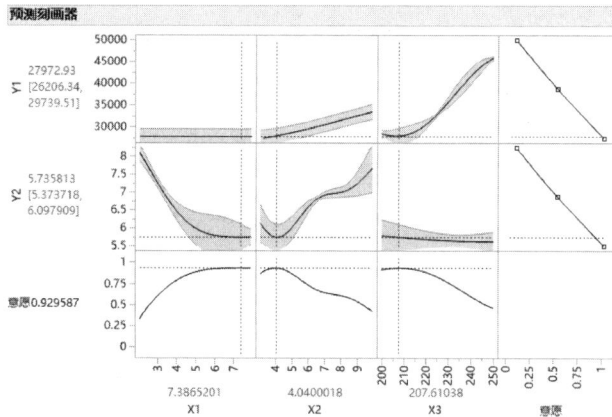

图 10-12　高斯回归模型最小化能耗 Y_1 和增厚率 Y_2 的优化计算结果

（3）作为对比，在数据表视图的分析菜单中通过拟合模型命令，分别对 Y_1 和 Y_2 建立二阶响应曲面模型，删除不显著的项后，在拟合组菜单中打开刻画器并进行最优化，得到图 10-13 所示的响应曲面模型最小化能耗 Y_1 和增厚率 Y_2 的优化计算结果为：$Y_1=28651J$、$Y_2=6.1\%$，对应的参数条件为 $X_1=7.9kN$、$X_2=3.2mm/s$、$X_3=213℃$。

比较两种回归模型的优化结果，可见无论是响应的最优值还是响应的参数，均有所差异。这种差异可以从图 10-12 和图 10-13 的 Y_2 的刻画曲线上看出来。正如第 9 章所说，使用响应曲面的多元线性回归方法，是对试验数据点进行平滑处理来建立回归模型，所以在图 10-13 中 X_1、X_2 对 Y_2 的刻画曲线是单拐点平滑的；而在高斯过程回归中，是对试验数据点进行插值来构建模型，所以在图 10-12 的 X_1 特别是 X_2 对 Y_2 的刻画曲线很复杂，存在多个拐点，也就是说高斯过程会尽量逼近每一个试验点。在没有随机误差的计算机模拟试验中，在试验空间响应比较复杂的情况下，采用更多的试验点，以及使用基于插值的数据处理方法，比如高斯过程回归，可能会有更好的效果。

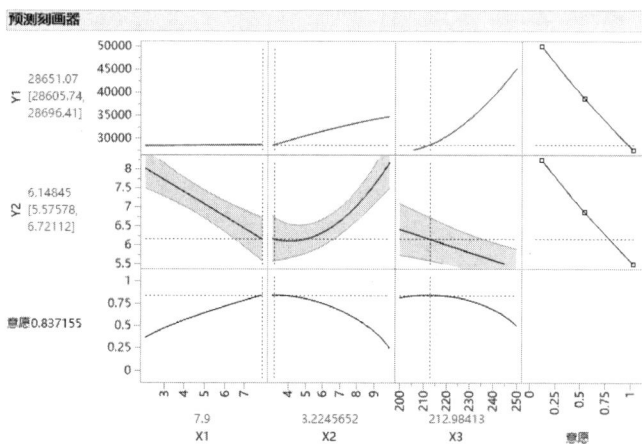

图 10-13　响应曲面模型最小化能耗 Y_1 和增厚率 Y_2 的优化计算结果

本例也表明，不仅响应曲面模型可以进行多目标优化，通过高斯回归建立的插值复杂模型，也一样容易使用意愿函数进行最优化计算。

10.3.2 基于等高线的参数区间优化

意愿函数通常用于确定响应曲面的最优设置，通过预测刻画器中的最大化意愿功能提供一个因子水平设置组合，它可以得到优化意愿的预测响应。但是，通常有很多可优化意愿函数的因子水平组合，形成一个或多个区域。等高线刻画器可用于找到优化意愿的区域设置。

【例10-3】AA7075/SiC复合材料具有高比强度和耐磨性，其部件被用于汽车、船舶和航空等领域，但由于表面粗糙度差和刀具磨损大，AA7075/SiC复合材料的加工非常困难。文献[42]在数控机床上用碳化钨刀具对碳化硅颗粒增强的7075铝合金进行了车削试验。试验按照面心中心复合设计进行规划，用响应曲面方法建立切削速率（X_1，m/min）、进给量（X_2，mm/rad）、切削深度（X_3，mm）和刀尖半径（X_4，mm）等参数对响应表面粗糙度（Y_1，μm）和刀具寿命（Y_2，h）影响的数学模型进行优化，目标是获得$Y_1 < 1.7$μm、$Y_2 > 6$h的操作工艺参数条件。表10-3和表10-4分别给出因子的试验水平设置及试验结果。解答下列问题。

（1）建立表10-4的试验方案及结果的RSM模型；

（2）应用期望函数进行表面粗糙度最小化、刀具寿命最大化的独立优化与联合优化；

（3）给出表面粗糙度$Y_1 < 1.7$μm、刀具寿命$Y_2 > 6$h的车削工艺参数范围。

表 10-3　车削试验的加工参数水平

因子	加工参数	因子水平		
		−1	0	+1
X_1	切削速率/（m/min）	90	150	210
X_2	进给量/（mm/rad）	0.15	0.2	0.25
X_3	切削深度/mm	0.2	0.4	0.6
X_4	刀尖半径/mm	0.4	0.8	1.2

表 10-4　车削试验方案及试验结果

序号	X_1	X_2	X_3	X_4	Y_1	Y_2
1	90	0.15	0.2	0.4	1.499	8.1
2	210	0.15	0.2	0.4	1.284	7.2
3	90	0.25	0.2	0.4	1.562	6.4
4	210	0.25	0.2	0.4	1.338	4.3
5	90	0.15	0.6	0.4	2.269	5.8
6	210	0.15	0.6	0.4	1.923	3.6
7	90	0.25	0.6	0.4	2.412	5.1
8	210	0.25	0.6	0.4	2.189	3.1
9	90	0.15	0.2	1.2	1.251	6.3
10	210	0.15	0.2	1.2	1.071	4.4
11	90	0.25	0.2	1.2	1.302	5.7
12	210	0.25	0.2	1.2	1.115	3.1
13	90	0.15	0.6	1.2	1.826	4.4

续表

序号	X_1	X_2	X_3	X_4	Y_1	Y_2
14	210	0.15	0.6	1.2	1.569	3.4
15	90	0.25	0.6	1.2	1.999	4.3
16	210	0.25	0.6	1.2	1.732	2.1
17	90	0.2	0.4	0.8	1.913	5.7
18	210	0.2	0.4	0.8	1.688	5.1
19	150	0.15	0.4	0.8	1.797	4.8
20	150	0.25	0.4	0.8	1.862	4.2
21	150	0.2	0.2	0.8	1.461	4.3
22	150	0.2	0.6	0.8	1.991	3.2
23	150	0.2	0.4	0.4	2.064	6.8
24	150	0.2	0.4	1.2	1.698	5.1
25	150	0.2	0.4	0.8	1.879	6.6
26	150	0.2	0.4	0.8	1.851	6.5
27	150	0.2	0.4	0.8	1.848	6.4
28	150	0.2	0.4	0.8	1.824	5.9
29	150	0.2	0.4	0.8	1.821	5.7
30	150	0.2	0.4	0.8	1.802	5.6

解：

（1）在响应曲面设计窗口中构建中心试验次数为 6、总试验次数为 30 的面心中心复合设计，将表 10-4 结果数据录入试验方案数据表中。运行模型，得到图 10-14 所示的两个模型。由图 10-14 可见，通过结合 *PRESS* 和数据项显著性检验的概率 *P* 值，删除两个模型中不显著的项，所得模型的失拟检验、显著性检验均通过，*R* 方分别高达 0.99 和 0.82，数据点与模型吻合较好。

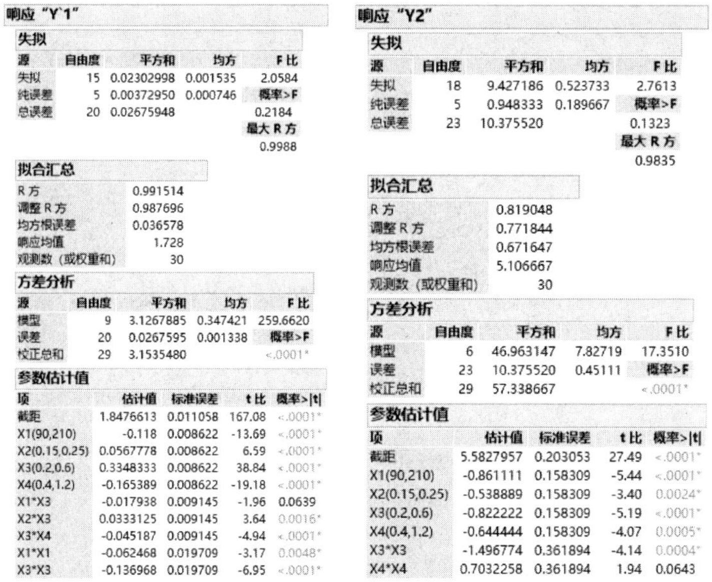

响应“Y`1”

失拟

源	自由度	平方和	均方	F 比
失拟	15	0.02302998	0.001535	2.0584
纯误差	5	0.00372950	0.000746	概率>F
总误差	20	0.02675948		0.2184
				最大 R 方
				0.9988

拟合汇总

R 方	0.991514
调整 R 方	0.987696
均方根误差	0.036578
响应均值	1.728
观测数（或权重和）	30

方差分析

源	自由度	平方和	均方	F 比
模型	9	3.1267885	0.347421	259.6620
误差	20	0.0267595	0.001338	概率>F
校正总和	29	3.1535480		<.0001*

参数估计值

项	估计值	标准误差	t 比	概率>|t|
截距	1.8476613	0.011058	167.08	<.0001*
X1(90,210)	-0.118	0.008622	-13.69	<.0001*
X2(0.15,0.25)	0.0567778	0.008622	6.59	<.0001*
X3(0.2,0.6)	0.3348333	0.008622	38.84	<.0001*
X4(0.4,1.2)	-0.165389	0.008622	-19.18	<.0001*
X1*X3	-0.017938	0.009145	-1.96	0.0639
X2*X3	0.0333125	0.009145	3.64	0.0016*
X3*X4	-0.045187	0.009145	-4.94	<.0001*
X1*X1	-0.062468	0.019709	-3.17	0.0048*
X3*X3	-0.136968	0.019709	-6.95	<.0001*

响应“Y2”

失拟

源	自由度	平方和	均方	F 比
失拟	18	9.427186	0.523733	2.7613
纯误差	5	0.948333	0.189667	概率>F
总误差	23	10.375520		0.1323
				最大 R 方
				0.9835

拟合汇总

R 方	0.819048
调整 R 方	0.771844
均方根误差	0.671647
响应均值	5.106667
观测数（或权重和）	30

方差分析

源	自由度	平方和	均方	F 比
模型	6	46.963147	7.82719	17.3510
误差	23	10.375520	0.45111	概率>F
校正总和	29	57.338667		<.0001*

参数估计值

项	估计值	标准误差	t 比	概率>|t|
截距	5.5827957	0.203053	27.49	<.0001*
X1(90,210)	-0.861111	0.158309	-5.44	<.0001*
X2(0.15,0.25)	-0.538889	0.158309	-3.40	0.0024*
X3(0.2,0.6)	-0.822222	0.158309	-5.19	<.0001*
X4(0.4,1.2)	-0.644444	0.158309	-4.07	0.0005*
X3*X3	-1.496774	0.361894	-4.14	0.0004*
X4*X4	0.7032258	0.361894	1.94	0.0643

图 10-14　复合材料车削试验的响应曲面模型输出

（2）在表面粗糙度和刀具寿命的预测刻画器中，分别给出最小化表面粗糙度和最大化刀具寿命的最优化计算结果，然后再对二者的协同优化，给出图 10-15 所示模型计算结果。由图可见，表面粗糙度的最小值为 1.070μm，对应的参数为 X_1=210、X_2=0.15、X_3=0.2、X_4=1.2，见图 10-15（a）；刀具寿命的最大值为 8.4h，对应的参数为 X_1=90、X_2=0.15、X_3=0.345、X_4=0.4，见图 10-15（b），可见二者是相冲突的；而同时满足表面粗糙度最小、刀具寿命最大的协同优化结果为 Y_1=1.51μm、Y_2=7.6h，均不是二者的单独优化最佳值，是二者的折中处理结果，对应的参数条件为 X_1=90、X_2=0.15、X_3=0.2、X_4=0.4，见图 10-15（c）。

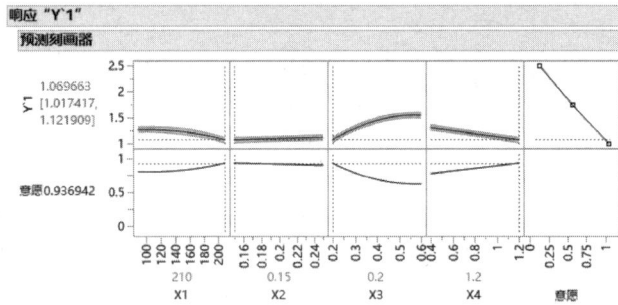

(a)表面粗糙度的最小值优化

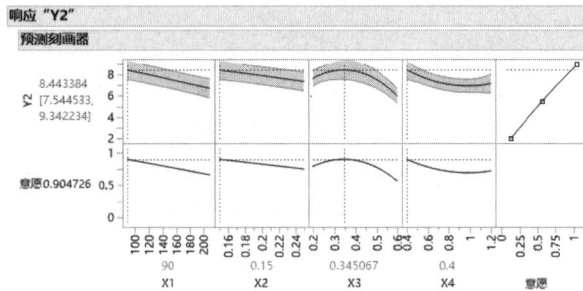

(b)刀具寿命的最大值优化

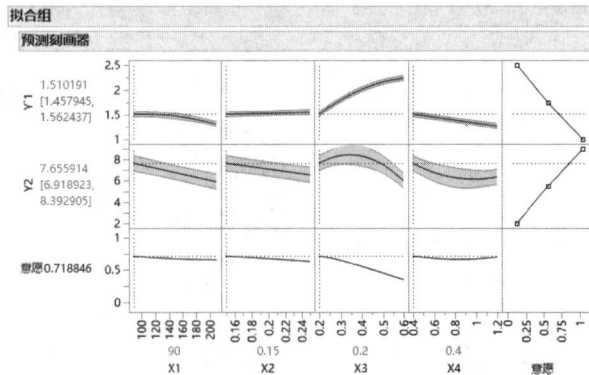

(c)表面粗糙度与刀具寿命的协同优化

图10-15　对响应的独立优化和协同优化结果

（3）图 10-16 给出 Y_1 小于 1.7、Y_2 大于 6 时，X_3 和 X_4 分别设定为 0.3 和 0.8 情况下的 X_1 与 X_2 的可选择区域。其中，浅红色表示 Y_1 大于 1.7μm 的区域，浅蓝色表示 Y_2 小于 6h 的区域，

而浅红色与浅蓝色重叠区则表示 Y_1 大于 1.7μm 且 Y_2 小于 6h 的区域，只有白色区域是可选择的满足 Y_1 小于 1.7μm、Y_2 又大于 6h 的区域，可见，满足要求的点非常多。十字线交叉点对应参数的组合值从因子当前值读出为 $X_1=109$、$X_2=0.188$、$X_3=0.3$ 和 $X_4=0.8$，而该点的 Y_1 和 Y_2 从响应的当前值读出为 $Y_1=1.68$μm、$Y_2=6.3$h。

图10-16 等高线刻画器给出满足响应要求的参数优化区域

【例10-4】在例 8-1 中，利用单纯形格子混料设计，使用丙烯酸乙酯（X_1）、丙烯酸甲酯（X_2）和聚乳酸-乙醇酸（X_3）三种聚合物配制混合物试剂，以获得溶血性（Y_1，%）小于 15%、粒径（Y_2，nm）小于 180nm、药物释放率（Y_3，%）大于 70% 的血液相容性与抗肿瘤活性优越的 PTX 纳米颗粒药剂。解答下列问题。

（1）根据表 8-2 的试验数据建立三个因子对溶血性 Y_1、粒径 Y_2 和药物释放率 Y_3 影响的数学模型。

（2）应用期望函数进行溶血性和粒径最小化、药物释放率最大化的独立优化与联合优化；

（3）给出溶血性小于 15%、粒径小于 180nm、药物释放率大于 70% 的组元配方区域。

解：

（1）在混料设计窗口中建立水平数为 5、试验次数为 21 的 3 因子 3 响应单纯形格子设计并录入数据，运行模型，剔除不显著的因子项，得到图 10-17 所示混料回归模型。三个模型的 F 检验概率 $P<0.0001 \ll 0.01$，可见模型均非常显著。

响应 "Y1"

方差分析

源	自由度	平方和	均方	F 比
模型	5	4848.6602	969.732	55.4114
误差	16	280.0091	17.501	概率>F
U. 合计	21	5128.6693		<.0001*

对于简化模型 (Y=0) 的检验

参数估计值

项	估计值	标准误差	t 比	概率>|t|
X1(混料)	2.2165046	0.41718	5.31	<.0001*
X2(混料)	22.372232	2.777995	8.05	<.0001*
X3(混料)	2.011518	2.777995	0.72	0.4795
X1*X2	25.915361	11.42551	2.27	0.0375*
X1*X3	39.509111	11.42551	3.46	0.0032*

响应 "Y2"

方差分析

源	自由度	平方和	均方	F 比
模型	6	561191.89	93532.0	115.7644
误差	15	12119.26	808.0	概率>F
U. 合计	21	573311.15		<.0001*

对于简化模型 (Y=0) 的检验

参数估计值

项	估计值	标准误差	t 比	概率>|t|
X1(混料)	11.481072	2.834585	4.05	0.0010*
X2(混料)	41.591852	22.72864	1.83	0.0872
X3(混料)	196.67995	22.72864	8.65	<.0001*
X1*X2	283.40344	79.22905	3.58	0.0028*
X1*X3	410.80374	79.22905	5.19	0.0001*
X2*X3	287.53125	94.95951	3.03	0.0085*

响应 "Y3"

方差分析

源	自由度	平方和	均方	F 比
模型	5	105216.19	21043.2	136.8772
误差	16	2459.81	153.7	概率>F
U. 合计	21	107676.00		<.0001*

对于简化模型 (Y=0) 的检验

参数估计值

项	估计值	标准误差	t 比	概率>|t|
X1(混料)	7.3627587	1.236482	5.95	<.0001*
X2(混料)	76.880487	8.233721	9.34	<.0001*
X3(混料)	58.686439	8.233721	7.13	<.0001*
X1*X2	141.45355	33.86416	4.18	0.0007*
X1*X3	144.68866	33.86416	4.27	0.0006*

图10-17 三响应的混料模型

（2）分别在各响应的预测刻画器中进行独立的最优化，在拟合组的预测刻画器中进行三个响应的协同优化，得到图 10-18 所示优化结果。可见，在混料回归模型中各响应的单独优化是相互冲突的，而协同优化则是各响应折中的结果。

（3）图 10-19 利用混料刻画器标识出同时满足响应溶血性小于 15%、粒径小于 180nm、药物释放率大于 70% 的组元配方区域，其中溶血性小于 15%、粒径小于 180nm 用图 10-19 上部的响应面板的上限设定，药物释放率大于 70% 用下限设定，不满足的区域分别用浅红色、浅绿色和浅蓝色背景覆盖，最终在试验空间中只留下同时符合响应要求的 A、B 两个白色小区域，位

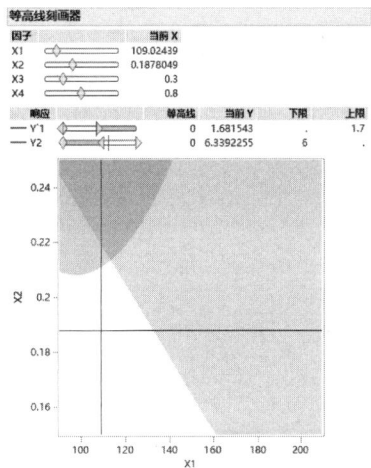

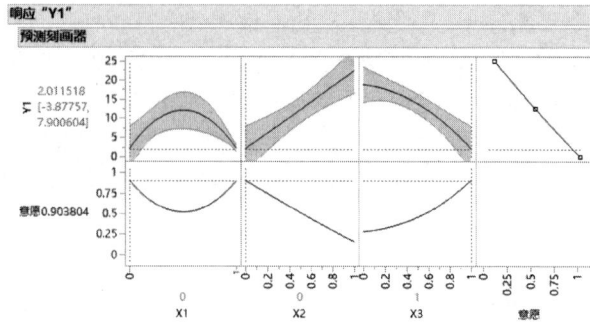

(a)溶血性的优化

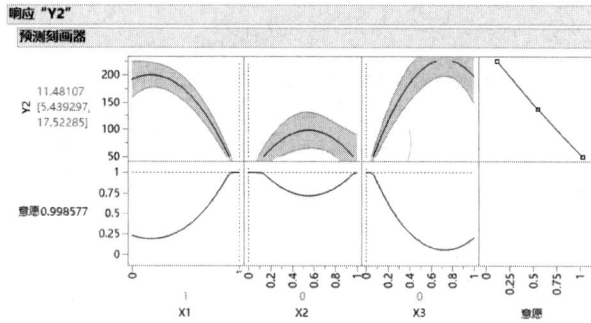

(b)粒径的优化

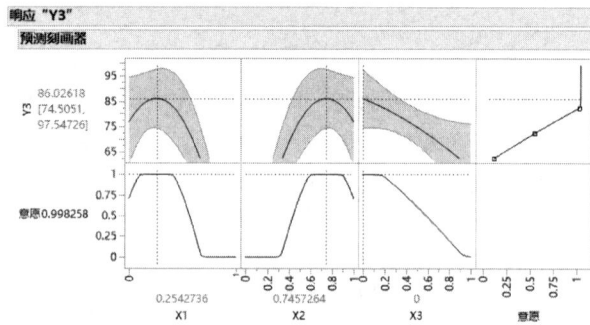

(c)药物释放率的优化

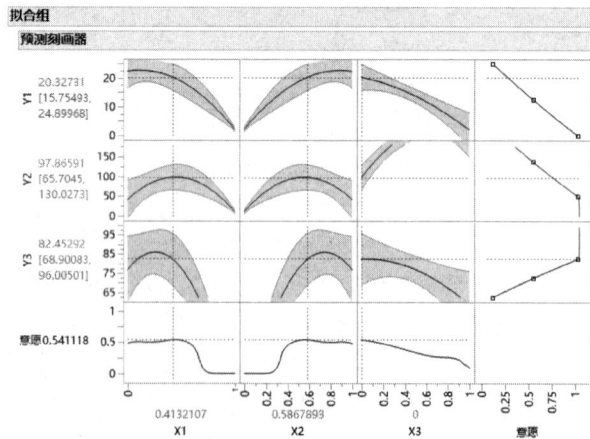

(d)三个响应的协同优化

图10-18　基于期望函数独立优化和协同优化结果

于 A 区域的当前点组元配比可以从图 10-19 上部的因子面板当前值给出：$X_1=0.525$、$X_2=0.207$、$X_3=0.268$，对应该配比的响应值从响应面板的当前值读出：$Y_1=14.7\%$、$Y_2=172\text{nm}$、$X_3=71\%$。通过在 A 或 B 中移动当前点的位置，可以得到其他可能的配比和对应的满足要求的响应值。

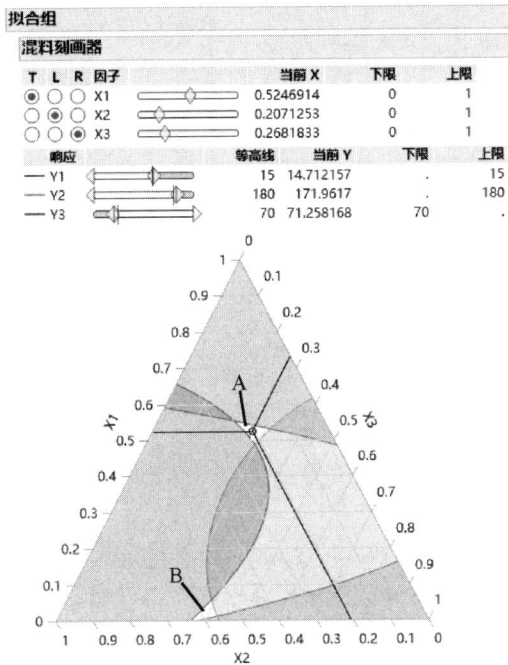

图 10-19　混料刻画器中标识出同时满足三个响应的组元配比区域

10.4　基于数值模拟的参数区间优化

现实中的试验设计涉及的输入变量、感兴趣的响应和某些其他参数具有随机特征。输入变量本身可能具有一定程度的不可控性，这种不可控性形成输入变量的随机误差传递到响应；通过响应曲面等方法建立的模型，本身是在将过程中的不可控因素对响应的影响视为服从正态分布、方差齐性的随机误差（称为模型误差），因此响应本身就是随机变量，通过模型估计到的实际是响应的期望值 $E(Y)$。在参数优化过程中必须对这种输入变量和响应的随机特性进行估计，以保证优化条件的准确性和稳健性。当然，对于确定性计算机试验，使用插值方法建立代理模型，根据代理模型得到的响应值不是随机变量，只需要考虑输入变量的不可控性即可。

10.4.1　误差传递

在表 4-4 的回归模型方差分析表中，已给出了响应变量的模型误差方差 $\sigma^2 = MS_E = \dfrac{SS_E}{n-p-1}$，在 JMP 的回归模型报表的方差分析表和拟合汇总中分别给出了模型方差和标准差的值，该值汇聚试验系统的不可控噪声造成的误差的估计，也包含了不显著因子项的贡献。

但是，对于难以准确控制的因子，其产生的误差会通过回归模型进一步传递到响应变量中。

对于回归模型 $y = g(x_1, x_2, \cdots, x_p)$，变量 $x_1, x_2, \cdots, x_p$ 在一定范围内分别产生微小的增量 $\delta_1, \delta_2, \cdots, \delta_p$，它们引起的响应 y 的增量 δ_x 通过对回归模型的全微分来进行估计：

$$\delta_x = \left|\frac{\partial y}{\partial x_1}\right|\delta_1 + \left|\frac{\partial y}{\partial x_2}\right|\delta_2 + \cdots + \left|\frac{\partial y}{\partial x_p}\right|\delta_p = \sum_{j=1}^{p}\left|\frac{\partial y}{\partial x_j}\right|\delta_j \tag{10-15}$$

当已知各因子变量的变异标准差 $s_1, s_2, \cdots, s_p$，则因子变异导致的响应的标准差用式（10-16）估计：

$$s_x = \sqrt{\left(\frac{\partial y}{\partial x_1}\right)^2 s_1^2 + \left(\frac{\partial y}{\partial x_2}\right)^2 s_2^2 + \cdots + \left(\frac{\partial y}{\partial x_p}\right)^2 s_p^2} = \sqrt{\sum_{j=1}^{p}\left(\frac{\partial y}{\partial x_j}\right)^2 s_j^2} \tag{10-16}$$

式（10-15）和式（10-16）表示了响应变量与各因子变量之间的误差综合与累积关系，其计算的难易程度取决于回归模型的复杂程度。在大多数多变量的条件下，简单地使用式（10-15）难以完成诸如指明响应变量的范围条件下估计相关因子变量许可变化区间等任务，如果再结合回归模型本身的误差，靠算术计算式难以完成，而使用蒙特卡罗模拟是一种很有效的方法。

10.4.2 蒙特卡罗模拟

蒙特卡罗模拟（Monte-Carlo simulation）也称为随机模拟、统计试验，其理论基础是概率统计，其基本手段是随机抽样。蒙特卡罗模拟要求进行大量重复抽样，计算量非常大。但随着现代计算机的发展，它在实际中得到日益广泛的应用。

蒙特卡罗模拟将不确定性以概率分布的形式表示，建立随机模型，对随机变量抽样试验，模拟结果分析不仅能得出决策目标输出的期望值等多种统计量，也可给出概率分布。

蒙特卡罗模拟的实质是利用服从某种分布的随机数来模拟现实系统中可能出现的随机现象。由于每次模拟试验只能描述所考察系统可能出现的一次情况，在进行了大量次数的模拟试验后，根据概率论中心极限定理和大数定理，即可得出有价值的统计结论。

根据概率论，如果某一因子变量 x 的期望 μ 和方差 σ^2 均存在，且 $\sigma \neq 0$（否则 x 就不存在误差），蒙特卡罗模拟的误差 ε 为：

$$\varepsilon = \frac{\lambda_\alpha \sigma}{\sqrt{n}} \tag{10-17}$$

其中 n 为样本数，σ 为标准差，λ_α 为显著水平 α 下的正态差，其值由式（10-18）式确定。

$$\frac{1}{\sqrt{2\pi}}\int_{-\infty}^{\lambda_\alpha}e^{-\frac{1}{2}t^2}\mathrm{d}t = 1 - \frac{\alpha}{2} \tag{10-18}$$

式（10-17）说明，蒙特卡罗模拟的误差 ε 只与标准差 σ 和样本容量 n 有关，而与样本元素所在空间无关，模拟收敛的速率和概率性与问题的维数无关，这特别有助于解决多维数问题。

由于蒙特卡罗模拟是通过大量简单重复抽样来实现的，受条件限制影响较小，故方法简单灵活，易于实现和改进，不受状态函数是否非线性、随机变量是否非正态分布等条件限制，只要模拟次数足够多就可以得到比较精确的统计特征值，且模拟估计的标准差及收敛速率与所解决问题的维数具有较强的独立性，适用于多变量、多时间阶段的高维问题。

应用蒙特卡罗模拟对各因子 $x_1, x_2, \cdots, x_p$ 在其误差分布特征下产生特定的值组合，按回归模型计算得到相应的响应值。在足够多的抽样次数下，能够模拟出响应变量的数据分布特征，然后利用各种基本统计量（平均值、中值数、标准差和变异系数等）表示，可建立均值置信区间和结果的频数分布，解决与优化有关的各种问题。

JMP 在其预测刻画器中集成了基于蒙特卡罗方法的模拟器。

通过模拟器的模拟，可以发现作为因子和模型噪声中随机变异的函数的模型输出的分布。刻画器中的模拟器提供了一种设置随机输入和运行模拟的方式，其结果是一个模拟值输出表。模拟器集成在预测刻画器图形布局中，因子规格在每个因子的刻画图下方对齐，模拟直方图显示在每个响应的右侧。

下一节通过两个例子演示 JMP 中使用蒙特卡罗模拟计算进行优化的功能和过程。

10.4.3　应用实例

（1）计算机数值模拟实例

【例10-5】在例 9-4 中建立了 ZK60 镁合金在热冲压过程中压边力（A，kN）、冲压速率（B，mm/s）和冲压温度（C，℃）对能耗（Y_1，J）影响计算机数值模拟试验结果的代理模型，根据表 9-7 的模拟试验数据，解答下列问题。

（1）建立响应增厚率（Y_2，%）随因子压边力、冲压速率和冲压温度变化的代理模型；

（2）获得最小能耗、最大增厚率的参数条件和响应值；

（3）假设在最佳参数条件下压边力、冲压速率和冲压温度的控制波动服从标准差为 2% 的正态分布，试模拟能耗和增厚率的分布；

（4）假设能耗和增厚率的允许上下界范围为最佳值的 ±2%，试估计在该生产条件下产品的合格率。

解：

（1）在数据表视图中点击"分析"→"专业建模"→"高斯过程"，为增厚率 Y_2 建立高斯过程回归模型，然后保存 Y_2 的预测公式。在数据表视图增加一列："Y_2 预测公式"，该列中给出的值与 Y_2 完全一致。

（2）在数据表视图中点击"图形"→"刻画器"，在刻画器窗口中将 Y_1 和 Y_2 预测公式指定为"Y，预测公式"，点击"确定"按钮，打开刻画器窗口，在预测刻画器中设置 Y_1 和"Y_2 预测公式"目标均为最小值，然后进行最大化意愿计算，得到图 10-20 所示 Y_1 与 Y_2 同时最优结果和对应的因子参数条件，在条件 A：7.38、B：3.92、C：200 下，Y_1 和 Y_2 达到共同最优值 Y_1：27773，Y_2：5.79。

（3）点击预测刻画器前红三角菜单中的模拟器，在预测刻画器图下方显示"模拟器"面板，默认试验次数为 10000。在刻画器图下的三个因子项分别增加了设置因子误差的选项，将默认的固定值均更改为随机正态分布，按最佳条件值的 2% 设定为因子误差的标准差，点击模拟按钮，调整纵坐标尺度，得到如图 10-21 所示模拟计算结果，最右侧给出当前因子分布条件下 Y_1 和 Y_2 的数值变化分布。在模拟器面板中点击模拟结果输出表中的"制表"按钮，包括三个因子和两个响应的 10000 次的模拟试验数据生成一个新的表，对表中的 Y_1 和 Y_2 模拟值进行正态分布分析，如图 10-22 所示，可见，Y_1 严重偏离正态分布，但 Y_2 很好地服从正态分布。这说明经过回归模型的处理，其响应的分布与因子的分布类型不完全一样。

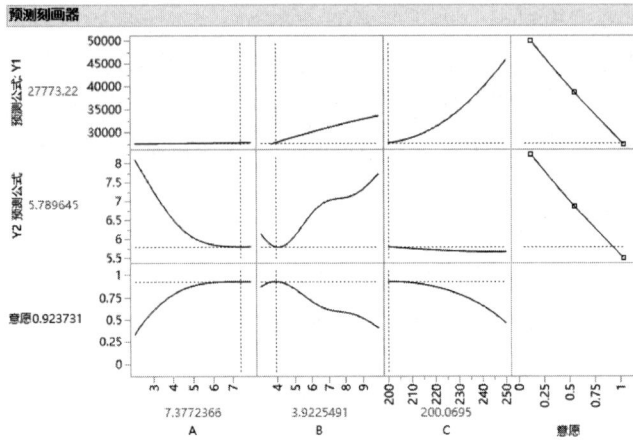

图10-20　响应 Y_1 和 Y_2 的最优化结果

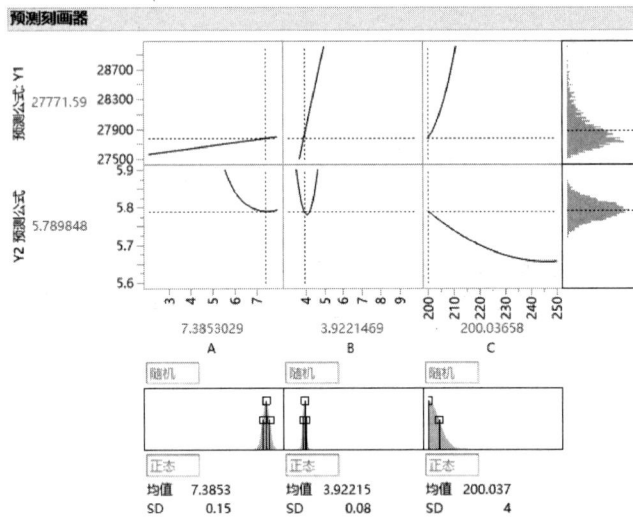

图10-21　设定因子为指定标准差的随机正态分布模拟结果

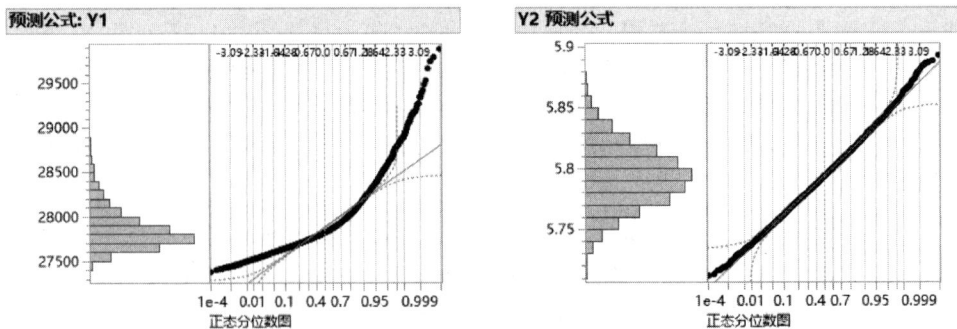

图10-22　模拟响应 Y_1 和 Y_2 的数值分布特征

（4）点击模拟器前红色三角菜单的"规格限"命令，在"规格限"面板中输入响应 Y_1 和 Y_2 最佳值的 ±2% 作为上、下规格限，然后点击"模拟"按钮，得到图 10-23 所示模拟计算结果。在 Y_1、Y_2 的分布图中显示了规格限，当响应的分布图跨过规格限，说明当前因子的控制条件下存在缺陷，比如 Y_1。图 10-23 中的缺陷率表明，当前模拟试验中，Y_1 的缺陷比率为 0.056（全部是超过上限的缺陷率），或者说合格率可达到 94.4%，Y_2 的缺陷比率为 0.0001，或者说合格率高达 99.99%。

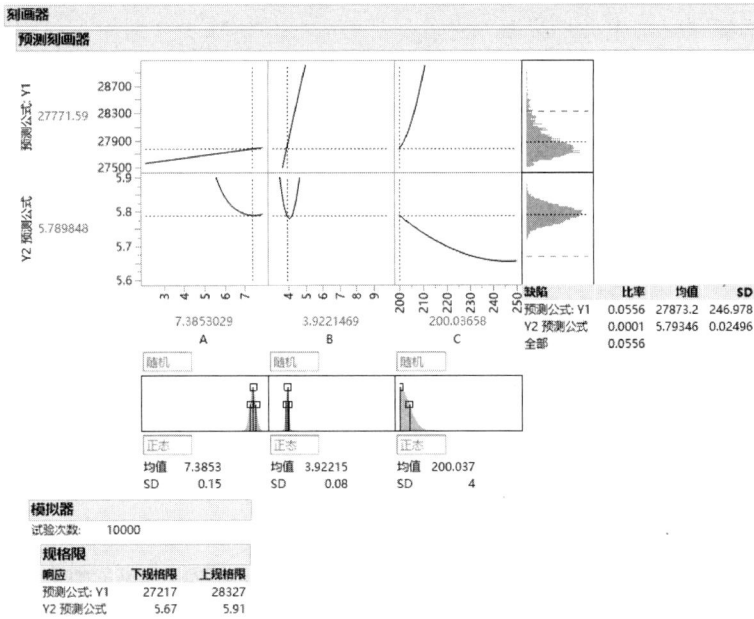

图10-23　通过响应规格限模拟当前因子误差条件下的缺陷率

必须指出的是，由于进行随机抽样的模拟计算，所以每点击一次"模拟"按钮重新计算，得到的缺陷率结果都会略有偏差，但基本稳定在一个范围。比如本例，Y_1 的合格率在 94%，而 Y_2 的合格率基本为 100%。可以通过点击模拟器前红色三角菜单命令"模拟实验"同时进行 128 次试验，生成一个有 128 行的模拟试验结果表，分析得到 Y_1 缺陷率平均值为 0.072，Y_2 的缺陷率平均值为 0。

本例针对的是计算机模拟试验代理模型的模拟估计，所以没有考虑模型误差问题。另外，无论是 Y_1 的二阶响应曲面模型，还是复杂的 Y_2 高斯过程回归模型，乃至其他更复杂的神经网络等机器学习模型，都能够方便地通过模拟器估计出因子控制误差对响应的影响。

可见，利用模拟器可以将因子的控制误差对响应缺陷率的影响定量地模拟出来，从而优化过程条件的参数控制。

（2）考虑模型误差的示例

【例10-6】在例 10-3 中建立了 AA7075/SiC 复合材料车削加工过程切削速率（X_1）、进给量（X_2）、切削深度（X_3）和刀尖半径（X_4）四个参数对表面粗糙度（Y_1）和刀具寿命（Y_2）影响的二阶回归模型，给出最小粗糙度和最大刀具寿命的参数条件。利用建立的模型和优化结果，解答下列问题。

（1）在不考虑因子控制误差时，根据模型误差评估最优参数条件下表面粗糙度超过 1.7μm、刀具寿命小于 6h 的概率；

（2）在最优参数条件下，设各因子的控制误差的标准差分别为10%、20%，试模拟粗糙度和刀具寿命的缺陷率。

解：

（1）在图10-15（c）所示的最优操作条件下，打开预测刻画器的模拟器，分别在刻画器的响应栏 Y_1 和 Y_2 的选项中选择"添加随机噪声"，软件会自动列出建立两个模型时得到的标准差（即回归报表拟合汇总中的均方根误差）。在响应的规格限中分别输入粗糙度的上限1.7和刀具寿命的下限6，点击"模拟"按钮，得到图10-24所示模拟结果，粗糙度超过规格限的概率为0，但刀具寿命低于6h的概率为0.0079，也很小。

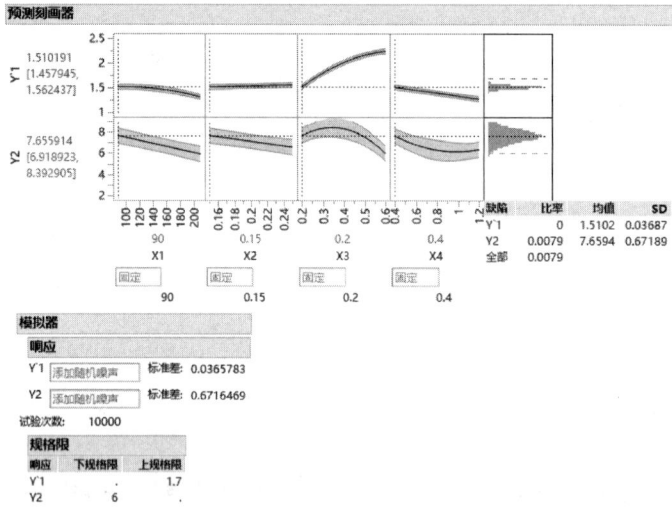

图10-24　仅考虑模型误差时响应缺陷率模拟

（2）在图10-24中设置各因子均为以最优参数为均值、以最优参数的10%和20%为标准差的随机正态分布进行模拟，得到图10-25所示缺陷率的模拟结果。在模型误差和因子控制误差的共同效应作用下，响应的缺陷率会增加。例如，10%的因子控制标准差下，粗糙度的缺陷率为0.0056，刀具寿命的缺陷率为0.0158，见图10-25（a）；而如果因子控制标准差升高到20%，粗糙度的缺陷率为0.063，刀具寿命的缺陷率为0.054，均显著增大，见图10-25（b）。

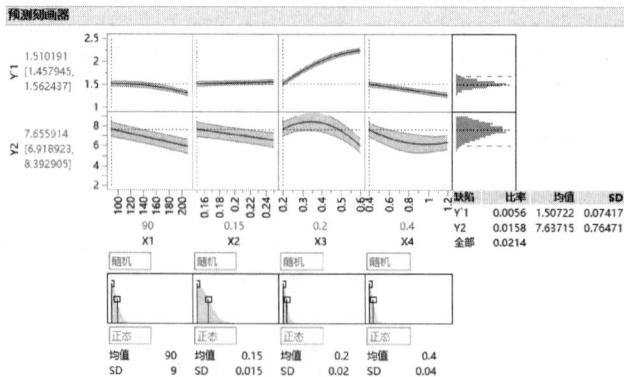

(a)因子控制标准差为10%

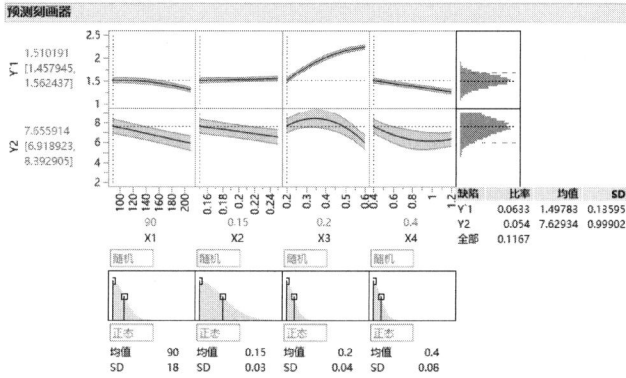

(b)因子控制标准差为20%

图10-25　在模型误差和因子控制误差作用下的响应缺陷率变化

上述模拟试验过程中，可以对单个因子改变其因子控制误差的分布类型和分布参数来考察相应的响应变化，特别是存在规格限的条件下，可以模拟出增加响应合格率的控制条件，从而实现过程的稳健操作。

练习

1. 叙述期望函数法求解多目标最优化问题的原理。

2. 在例10-1中，分别设定熔覆层高度、宽度和面积的权重比为10：10：10、10：6：4、10：3：1，分别给出对应的高度、宽度和面积的最优值、意愿值以及响应的参数组合，并进行对比。

3. 在例10-2中，利用建立的高斯过程回归模型，分别求解在能耗和加工件增厚率的权重比为10：8、10：5和10：3时的最优值、对应的参数组合和意愿值。

4. 例10-3中，应用等高线刻画器给出表面粗糙度 $Y_1<1.5\mu m$、刀具寿命 $Y_2>6.5h$ 的车削工艺参数范围。

5. 例10-4中，应用等高线刻画器给出溶血性小于18%、粒径小于190nm、药物释放率大于60%的组元配方区域。

6. 例10-5中，解答下列问题：

（1）假设在最佳参数条件下冲压边力、冲压速率和冲压温度的控制波动服从标准差为1.5%的正态分布，试模拟能耗和增厚率的分布；

（2）假设能耗和增厚率的允许上下界范围为最佳值的±5%，试估计在该生产条件下产品的合格率。

7. 例10-6中解答下列问题：

（1）不考虑因子控制误差，根据模型误差评估最优参数条件下表面粗糙度超过1.5μm、刀具寿命小于6.5h的概率；

（2）在最优参数条件下，设各因子的控制误差的标准差分别为5%、10%，试模拟粗糙度和刀具寿命的缺陷率。

第11章

JMP 应用基础

11.1 常用试验设计与分析软件

11.1.1 Minitab

Minitab 是一款现代质量管理统计软件，被誉为"全球六西格玛实施的共同语言"。Minitab 于 1972 年诞生于美国的宾夕法尼亚州州立大学（Pennsylvania State University），已经在全球 120 多个国家、5000 多所高校广泛使用。

Minitab 提供一套全面一流的数据分析、预测分析和过程改进工具。试验设计是 Minitab 的重要组成部分，其提供的设计方法包括筛选设计、Plackett-Burman 设计、两水平析因设计、裂区设计、一般析因设计、响应曲面设计、混料设计等，为用户提供了丰富的选择。软件结合本身的数据分析功能，形成了试验设计到试验数据分析的完整解决方案。

Minitab 的官网地址是 https://www.minitab.com/zh-cn/。

11.1.2 Design-Expert

Design-Expert 是 Stat-Ease Inc 提供的一款专用于执行试验设计的软件。Design-Expert 提供了比较测试、筛选、表征、优化、稳健的参数设计、混料设计和组合设计等众多试验设计功能。

使用 Design-Expert 软件对产品和过程进行改进。筛选重要因素和组成部分，表征交互作用并最终获得最佳工艺设置和产品配方。在交互式 2D 图形上设置并标记浏览轮廓，然后使用可旋转的 3D 图从各个角度可视化响应表面。最后，最大程度地同时满足所有响应的需求，并将其叠加以查看符合所有规范的"最佳位置"。Design-Expert 允许用户构建新设计、跳过向导并直接构建设计，也可以打开设计以引入现有的 Design-Expert 文件，这些都可以让设计能够得到很好的支持和解决。Stat-Ease 公司最新发布的 Stat-Ease 360 为 Design-Expert 的专业版，提供了用于计算机试验设计的空间填充设计和高斯过程模型功能。

Design-Expert 的官网地址为：https://www.statease.com/software/design-expert/。

11.1.3 JMP

JMP 是全球最大的统计学软件公司 SAS 推出的一款交互式可视化统计发现软件，被誉为"卓越绩效的统计发现引擎"。JMP 主要有三个特点：一是具有操作简便、交互性强、可视化效果好的特点，专业版中还集成了预测、聚类、质量与过程、可靠性与生存、消费者研究等分析工具，适合非统计专业背景的数据分析人员使用；二是有强大的试验设计功能，几乎涵盖了所有主流的试验设计工具；三是提供强大的二次开发功能，JMP 可以作为一个服务器引擎，提供调用接口，实现用户个性化需求，为用户节省大量复杂设计和计算时间。

鉴于 JMP 的强大试验设计和数据分析能力，被作为本教程的实践操作工具，因此将在本章中较详细介绍其相关的主要功能。本书使用的是 JMP16 版，其他相近版本的界面与其相近或相同，不再赘述。

11.2　JMP简介

JMP 是一款功能强大的交互式数据可视化和统计分析工具。使用 JMP 来执行并通过数据表、图形、图表和报表与数据进行交互分析，可以更多地了解数据。

JMP 支持研究人员执行广泛多种的统计分析和建模，使用 JMP 来快速发现数据的趋势和模式。例如，可以使用 JMP 执行下列操作：

① 创建交互式图形和图表以探索数据并发现数据之间的关系；

② 同时发现多个变量的变异模式；

③ 探索和汇总大量数据；

④ 开发强大的统计模型以预测未来。

11.2.1　JMP窗口界面

（1）JMP 主窗口

JMP 提供了基于 Windows 和 Macintosh 两种操作系统的版本，且两种操作系统下 JMP 的工作方式都非常相似。本书基于 Windows 环境的 JMP，在开始菜单或桌面找到 JMP 图标并启动它，将看到如图 11-1 所示的主窗口或称启动窗口，在主窗口中默认地按时间倒序显示最近打开的 JMP 文件，以方便作者打开和操作文件。如果是首次打开，还会启动一个今日提示窗口，引导新用户学习和使用软件。

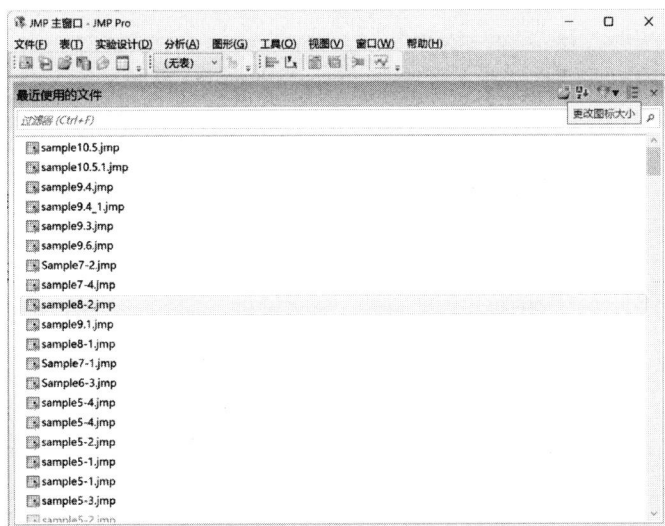

图11-1　JMP主窗口

在 JMP 中，每个数据文件对应一个单独的主窗口，因此每打开一个数据文件就会打开一个对应的主窗口，所以关闭数据文件时，不仅要关闭数据文件本身，还需要再关闭相应的主窗口。

通过主窗口的菜单，可以新建数据表、进行试验设计、开展数据分析、查找帮助等系列操作。

（2）JMP 数据表

数据表是 JMP 的核心。每一个数据表保存为一个独立的.jmp 文件，数据表有独立的窗口，如图 11-2 所示。数据表窗口拥有比主窗口更多的菜单命令以进行数据表的操作，其主体是数据表。

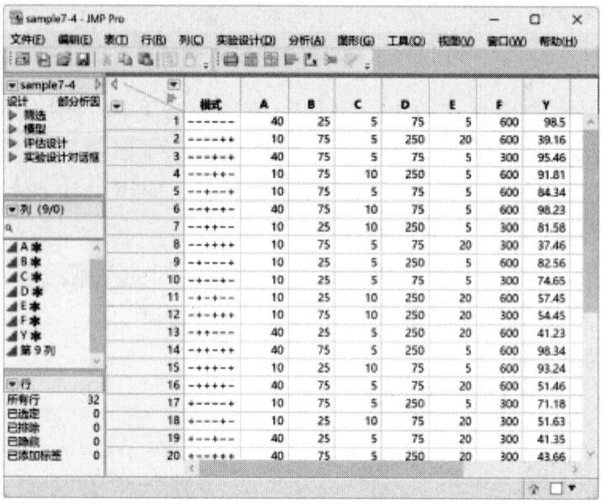

图 11-2　JMP 数据表窗口

数据表包含下面几个部分：

① 数据网格　数据网格包含按行和按列排列的数据。数据网格中的每一行是一个观测，列称为变量，提供关于观测数据属性的信息。网格的顶部为列名或列标题，每列的列名是唯一的，其唯一代表该列。双击列名，可以打开图 11-3 所示列信息窗口进行列的定义，包括列

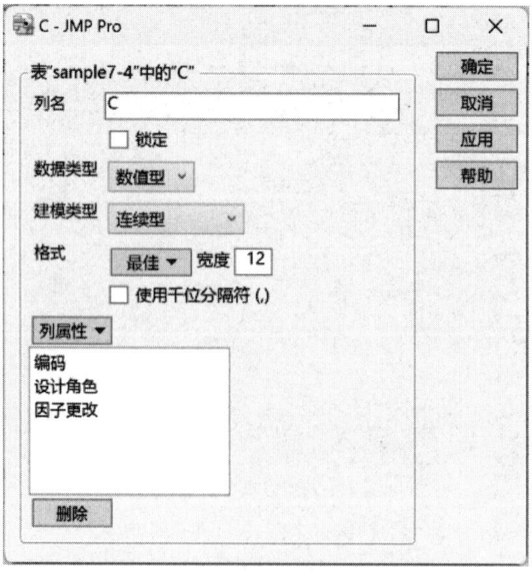

图 11-3　数据表列的定义窗口

名、数据类型、建模类型及列属性等的指定。在 JMP 中，数据类型主要提供了数值型和字符型两种类型，选择前者表明该列的值仅可以是由阿拉伯数字构成的数据，可用于常规的数学运算；而选择后者则可以是任何 JMP 接受的字符构成的文本数据。

数据网格的每行代表一组观测值。若行中没有观测值，则该行的单元格留空。若行中有缺失值，则用点表示缺失数值，空白表示缺失字符值。

在图 11-2 中，数据表视图的左侧包括表、列和行三个面板。

② 表面板　表面板给出了表文件的名称、在表中定义的操作脚本。鼠标左键点击其文本前的绿色小三角按钮▶可以进行筛选因子、构建模型等操作，鼠标右键点击该按钮，则可以对脚本进行编辑。

③ 列面板　列面板中给出表中列的数量、列名称、列数据类型等概要信息。

④ 行面板　行面板给出表中行的数量，被选中的行数，隐藏和排除的行数等信息。

利用菜单中的表、列和行下的菜单命令，可以分别对表、列、行和它们的数据进行相应的操作。

（3）功能平台

JMP 拥有三大功能：试验设计、数据分析和数据可视化，所有功能都位于平台中，基本上都可以在试验设计、分析或图形菜单中找到。试验设计功能将在 11.6 中专门介绍。分析和图形菜单下的平台提供各种分析功能和数据检索工具。平台处理结果会显示在报表窗口中，具有很高的交互性，与数据表链接并且互相链接。图 11-4 给出图形报表窗口和分析报表窗口。

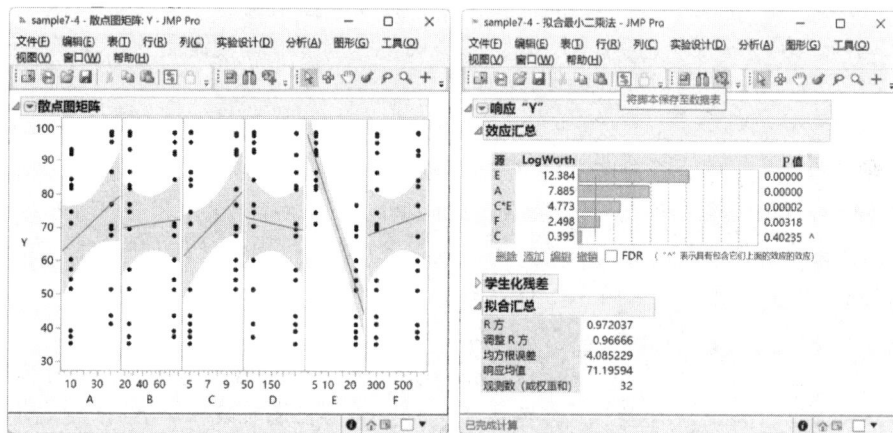

(a)图形报表窗口　　　　　　　　　(b)回归分析报表窗口

图11-4　图形报表和分析报表窗口

值得注意的是，在数据表窗口和报表中，会频繁出现红色小三角菜单▼和展开图标◢，点击前者，会以菜单形式打开一系列命令，扩展平台的功能选项；点击后者会显示或隐藏对应部分的面板或表格。

11.2.2　JMP工作流程

当数据填入数据表后，便可以创建图形并执行分析。"分析"和"图形"菜单下的平台提供各种分析功能和数据检索工具，利用平台生成图形或分析的一般步骤如下所示：

① 打开一个数据表；

② 从“图形”或“分析”菜单中选择一个平台；

③ 完成平台启动窗口以设置分析；

④ 点击确定以创建包含图形和统计分析的报表窗口；

⑤ 使用报表选项定制报表；

⑥ 保存、导出，与他人共享结果。

下面将结合具体的例子简要演示对数据表数据进行的一些操作。

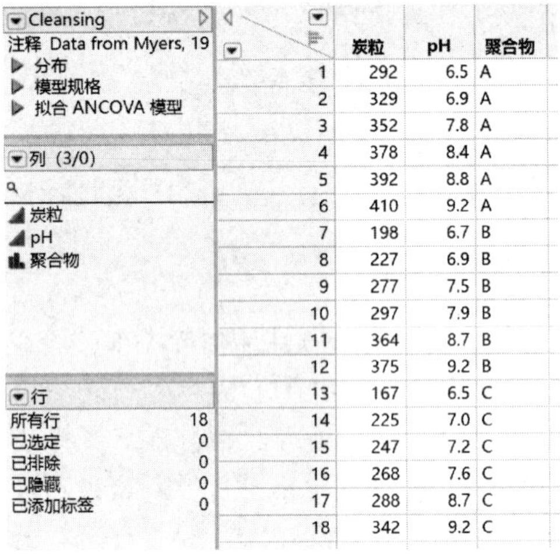

	炭粒	pH	聚合物
1	292	6.5	A
2	329	6.9	A
3	352	7.8	A
4	378	8.4	A
5	392	8.8	A
6	410	9.2	A
7	198	6.7	B
8	227	6.9	B
9	277	7.5	B
10	297	7.9	B
11	364	8.7	B
12	375	9.2	B
13	167	6.5	C
14	225	7.0	C
15	247	7.2	C
16	268	7.6	C
17	288	8.7	C
18	342	9.2	C

图11-5　Cleansing 文件的数据表

【例11-1】 JMP 示例文件夹 Samples/Data 中文件 Cleansing.jmp 记录了用 A、B 和 C 三种聚合物去除清洁罐中的炭粒的试验结果，目的是考查哪种聚合物的去除效果更好，同时还记录了清洁罐的 pH 值水平，以了解 pH 值是否会影响不同聚合物的清洁能力。解答下列问题。

（1）打开数据表浏览数据；

（2）用分布分析观察各种聚合物和 pH 值的去除效果；

（3）用多元回归分析建立炭粒的去除效果与聚合物和 pH 值关系的模型，定量评价去除效果；

（4）保存报表文件以共享分析结果。

解：

（1）启动 JMP，点击菜单“帮助”▸“样本数据库”，在打开的文件夹 Samples/Data 中双击打开文件 Cleansing.jmp，得到图 11-5 所示数据表窗口。由图可见，整个表包含了炭粒（去除量）、pH 值和聚合物共 3 列 18 行数据。表面板中包含了注释，点击其可以打开一个注释窗口，给出当前表的简要注释说明；列面板中分别用◢和▮标识连续数值型数据和字符数据。

（2）点击菜单“分析”▸“分布”，打开图 11-6（a）所示“分布”启动窗口，在“选择列”框中同时选择三列并点击“*Y*，列”按钮，三个变量随即出现在“*Y*，列”角色中，点击“确定”按钮，打开图 11-6（b）所示“分布”报表窗口。报表中同时以基本图形（直方图、箱线图）以及“分位数”“汇总统计量”三个可展开和折叠的面板来对炭粒和 pH 列进行初步分析。由于聚合物为字符类型，所以没有箱线图、“分位数”和“汇总统计量”分析，只有直方图和“频数”分析。在“分布”报表窗口中，点击聚合物直方图中的 A，其以阴影显示，与其对应的炭粒和 pH 值的分布也加深显示。可见使用聚合物 A 时，炭粒的值分布在比较大的区域，但 pH 值的分布比较均匀，说明 A 对炭粒的去除量效果较好，但对 pH 值影响不大。此时切换到数据表，则发现所有的聚合物为 A 的测量值均被选中，可见 JMP 具有良好的交互性。

（3）在数据表窗口中点击“分析”▸“拟合模型”，打开“拟合模型”启动窗口，如图 11-7（a）所示。用鼠标将“选择列”框中的“炭粒”列拖拽到“*Y*”角色，选中“pH”和“聚合物”列，点击“构造模型效应”框中的“添加”按钮，点击“运行”按钮，打开“拟合模型”报表。点击“响应“炭粒””前的红色三角菜单，调整相关项，并点击显示图表隐藏一些面板，得到如图 11-7（b）所示报表窗口。从该报表中的方差分析表可见，所建立的模型显著；从效应汇总面板图可见，pH 值和聚合物均对炭粒去除率有显著效应。回归图表明，不同聚合物下，随着 pH 值增加，炭粒去除率加大；在同样的 pH 下，聚合物 A 的去除率最高，B 的去除率次之，C 最差。

（4）分别在分布报表窗口和拟合模型报表窗口单击"文件▶保存"，分别命名为 sample11-1-分布.jrp 和 sample11-1-拟合最小二乘法.jrp。在弹出的对话框中，选择"嵌入"，即将数据表的数据嵌入到保存的报表文件中，这样可以在任何地方用 JMP 打开。如果选择"引用"，则不会将数据表保存在报表文件中，此时如果需要查看报表，则 JMP 会访问当前位置的数据表文件，没有数据表文件，则无法打开报表。

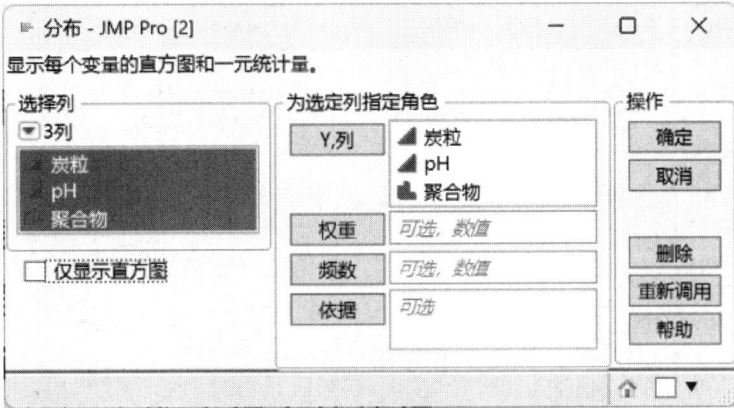

(a)"分布"启动窗口

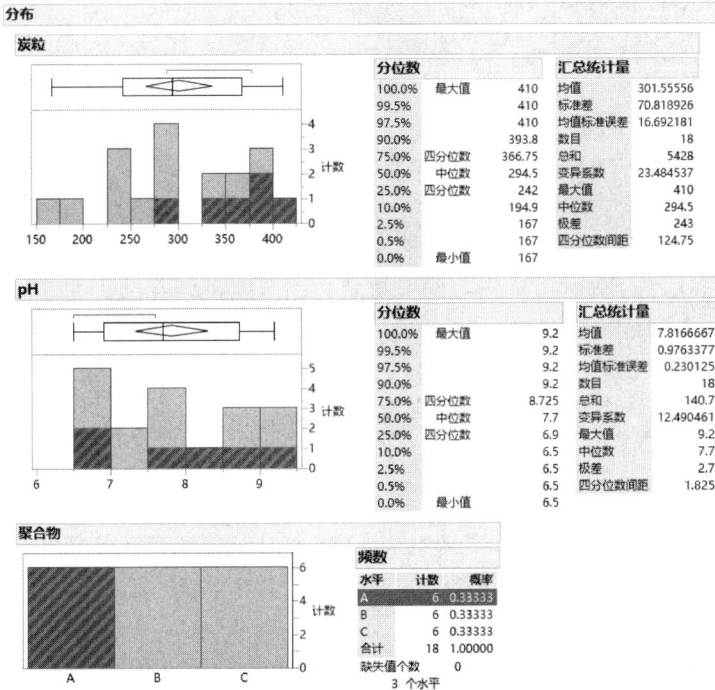

(b)"分布"报表窗口

图 11-6　分布分析

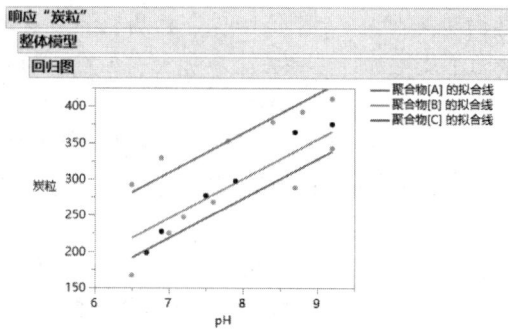

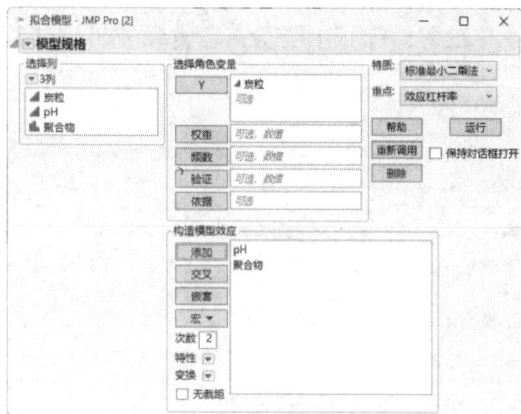

(a)"拟合模型"启动窗口　　　　　　　　(b)"拟合模型"报表窗口

图11-7　多元回归分析

11.3　使用数据表

11.3.1　输入数据

数据表是 JMP 的核心，如何将数据输入到数据表，是进行数据分析的第一步。和其他电子表格软件一样，可以手工向单元格逐个录入测量数据，不在此赘述。

但是由于各种原因，待分析的数据可能存放在 Word 文档的表格、PDF 文件表格、文本文件中，更多的是存放在 Excel 文件中，需要快速、高效地将这些电子数据输入到 JMP 的表格中，也可能是其他的 JMP 表格。另外，作为数据交互，也可能需要将 JMP 表格数据转化为其他数据格式。为了满足这种频繁存在的需求，JMP 提供了多种将数据导入 JMP 的方法：

① 从其他应用程序中复制和粘贴数据；

② 从其他应用程序中导入数据；

③ 从数据库导入 JMP。

【例11-2】在本书配套示例文件夹的 samples11-2.xlsx 文件保存了一个轮胎橡胶试验结果，包含了硅石、硅烷和硫黄三种成分对橡胶耐磨、弹性系数、伸长和硬度几个属性的影响，共计 20 行试验数据记录。解答下列问题。

（1）用复制和粘贴方法将 samples11-2.xlsx 中的数据输入 JMP 数据表中；

（2）用导入方法将 samples11-2.xlsx 中的数据输入 JMP 数据表中。

解：

（1）在 Microsoft Excel 或 WPS 中打开 samples11-2.xlsx 文件，选择所有 21 行和 7 列，包括第一行列名，复制选定的数据。在 JMP 中，选择"文件▶新建▶""数据表"以创建一个空表，选择“编辑▶带列名一起粘贴”以粘贴数据和列标题。得到的表中，JMP 自动识别粘贴的数据类型并将其定义为数值型或字符型。

（2）在 JMP 中选择“文件▶打开”，在“打开数据文件”对话框中导航至示例文件夹，选择 samples11-2.xlsx，点击“打开”按钮，打开“Excel 导入向导”窗口，在其中显示数据预览以及导入选项。设置电子表格第一行中的文本默认为列标题，点击“导入”按钮，生成一个新的表，包含了列标题和所有数据。

在例（2）中的打开对话框中，可以指定很多的文件格式，表明 JMP 支持从多种文件中导入数据。

【例11-3】 在示例文件夹的 samples11-3.pdf 文件为一篇通过车削辅助深度冷轧工艺提高 AISI 4140 钢轴表面特性和残余应力的研究论文。论文采用中心复合试验设计方法研究了球体直径、滚压力、工件初始粗糙度和传球次数 4 个因子对工件表面硬度的影响。文件中用表格列出了大量的材料、试验设计、试验结果及分析的数据试用导入方法将论文中表 8 的试验方案及结果数据输入到 JMP 中。

解：

在 JMP 中选择“文件▶打开”菜单，在“打开数据文件”对话框中设置文件类型为 pdf，导航至示例文件夹中的 samples11-3.pdf，点击“打开”按钮，打开“PDF 导入向导”窗口，窗口左侧给出文档页面预览，其中所有表格部分都有一个红色三角菜单，对于我们不感兴趣的表格，从菜单中选择“忽略该表”，则右侧的“表预览”窗格中就会剔除该表。在“表预览”窗格中点击“忽略所有表”按钮，然后在左侧窗格中定位到表 8 所在的 11 页，点击页面左上角的红色三角菜单并选择“自动检测该页上的表”命令，表 8 自动在右侧窗格显示出来。由于该表为复杂的三线表样式，JMP 不能自动识别对应的列标题，默认以第 X 列作为列标题。点击“确定”按钮，则表 8 会自动导入到 JMP 中并建立一个新的表，如图 11-8 所示。原表中所有的试验数据共 31 行、6 列都完整地输入到对应单元格中，同时还将原文件名及页码和表顺序默认作为新表的默认名。根据原文中表 8 中的列名重新定义图 11-8 中各列名即可。

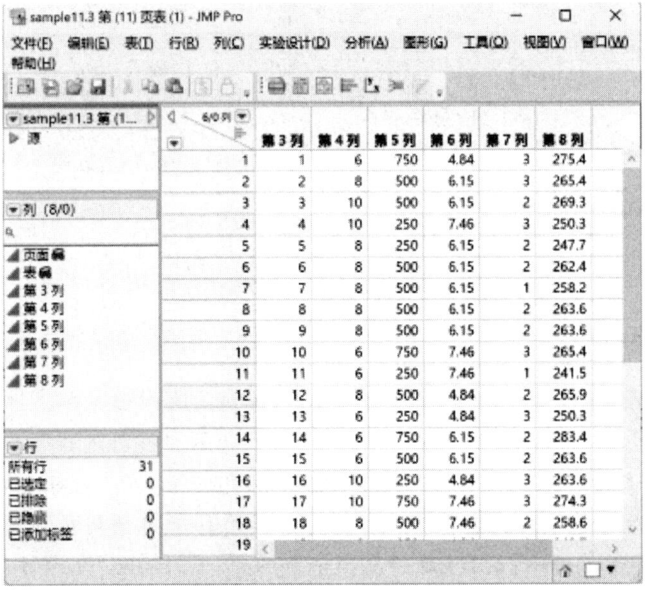

	第 3 列	第 4 列	第 5 列	第 6 列	第 7 列	第 8 列
1	1	6	750	4.84	3	275.4
2	2	8	500	6.15	3	265.4
3	3	10	500	6.15	2	269.3
4	4	10	250	7.46	3	250.3
5	5	8	250	6.15	2	247.7
6	6	8	500	6.15	2	262.4
7	7	8	500	6.15	1	258.2
8	8	8	500	6.15	2	263.6
9	9	8	500	6.15	2	263.6
10	10	6	750	7.46	3	265.4
11	11	6	250	7.46	1	241.5
12	12	8	500	4.84	2	265.9
13	13	6	250	4.84	3	250.3
14	14	6	750	6.15	2	283.4
15	15	6	500	6.15	2	263.6
16	16	10	250	4.84	3	263.6
17	17	10	750	7.46	3	274.3
18	18	8	500	7.46	2	258.6

图 11-8　导入 pdf 文件中的表生成的数据表

用拷贝复制和打开文件方式获取其他格式文件数据时，完成操作后所得 JMP 表中的数据与原表数据不再有联系：原表中的数据增加、更新和删除，都不会引起 JMP 表中的数据变化。同样，使用复制粘贴的方法也方便地将 JMP 表中的数据添加到 Excel、文本文件中。如果需要将 JMP 数据表数据保存为新的其他格式文件，则可以使用文件菜单中的"另存为"或"导出"命令，即可实现。当另存为其他格式文件后，原来 JMP 表中定义的表格操作、列属性等功能，在新文件中完全消失。

11.3.2 使用数据

当数据输入到数据表后，可以对数据进行一系列操作。下面用一个例子演示对数据表数据的简单操作，读者通过举一反三，自行练习数据表中的丰富的数据管理功能。

【例 11-4】在 JMP 中打开示例文件中的 sample11-4.jmp，如图 11-9 所示数据表，这是一个 5 因子 2 水平的 32 次完全析因设计表。根据该表，完成下列操作。

（1）将数据表数据按列"进料速率"递增、"搅拌速率"递减进行排序；
（2）选择"进料速率"列值为 10、"催化剂"列值为 2 的行；
（3）隐藏（2）中选定的行，排除除（2）中选定行之外的行；
（4）将（3）中排除的行生成新的数据表；
（5）在原表中新建一列，命名为"速率比"，其值为"搅拌速率/进料速率"。

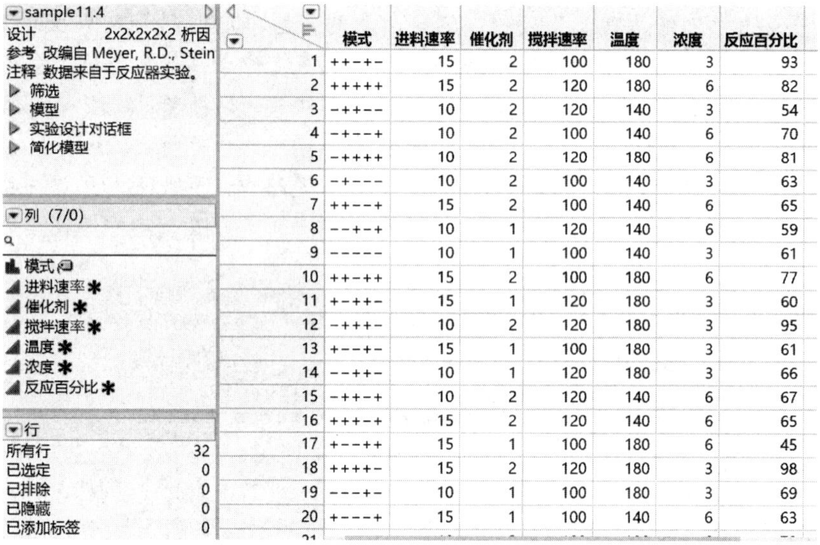

图 11-9　sample11-4 数据表视图

解：
（1）鼠标右键点击列标题"进料速率"，选中该列同时弹出菜单，选择"排序▶升序"，整个数据表数据按该列递增顺序排序；再右键点击列标题"搅拌速率"，选择弹出菜单中的"排序▶降序"，得到如图 11-10 所示对两列进行排序后的结果。与 Excel 中的排序不同，在 JMP 数据表中，排序时是对整个数据表按行进行排序，其他列与排序列联动。
（2）点击菜单命令"行▶行选择▶选择复合条件的行…"，打开选择行对话框，设定"进料速率"等于 10，点击添加条件按钮，再设定"催化剂"等于 2，如图 11-11（a）所示，再点击添加条件按钮，最后点击确定按钮，得到如图 11-11（b）所示行选择结果，发现总共 32 行数据中选中了满足条件的 8 行，在数据表中用蓝色背景标识，同时在行面板中显示已选定 8 行。

	模式	进料速率	催化剂	搅拌速率	温度	浓度	反应百分比
1	−++−−	10	2	120	140	3	54
2	−+−−+	10	2	100	140	6	70
3	−++++	10	2	120	180	6	81
4	−+−−−	10	2	100	140	3	63
5	−−+−+	10	1	120	140	6	59
6	−−−−−	10	1	100	140	3	61
7	−+++−	10	2	120	180	3	95
8	−−++−	10	1	120	180	3	66
9	−++−+	10	2	120	140	6	67
10	−−−+−	10	1	100	180	3	69
11	−+−++	10	2	100	180	6	78
12	−−−++	10	1	100	180	6	44
13	−−+++	10	1	120	180	6	49
14	−−+−−	10	1	120	140	3	53
15	−−−−+	10	1	100	140	6	56
16	−+−+−	10	2	100	180	3	94
17	++−+−	15	2	100	180	3	93
18	+++++	15	2	120	180	6	82
19	++−−+	15	2	100	140	6	65
20	++−++	15	2	100	180	6	77
21	+−++−	15	1	120	180	3	60

(a)按进料速率递增排序

	模式	进料速率	催化剂	搅拌速率	温度	浓度	反应百分比
1	−++−−	10	2	120	140	3	54
2	−++++	10	2	120	180	6	81
3	−−+−+	10	1	120	140	6	59
4	−+++−	10	2	120	180	3	95
5	−−++−	10	1	120	180	3	66
6	−++−+	10	2	120	140	6	67
7	−−+++	10	1	120	180	6	49
8	−−+−−	10	1	120	140	3	53
9	+++++	15	2	120	180	6	82
10	+−++−	15	1	120	180	3	60
11	+++−+	15	2	120	140	6	65
12	++++−	15	2	120	180	3	98
13	+−+−+	15	1	120	140	6	55
14	+++−−	15	2	120	140	3	61
15	+−+−−	15	1	120	140	3	56
16	+−+++	15	1	120	180	6	42
17	−+−−+	10	2	100	140	6	70
18	−+−−−	10	2	100	140	3	63
19	−−−−−	10	1	100	140	3	61
20	−−−+−	10	1	100	180	3	69
21	−+−++	10	2	100	180	6	78

(b)按搅拌速率递减排序

图 11-10　按列对数据进行排序结果

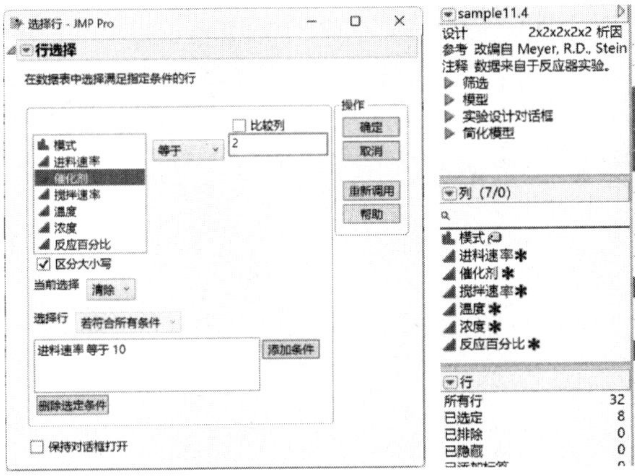

	模式	进料速率	催化剂	搅拌速率	温度	浓度	反应百分比
1	++−+−	15	2	100	180	3	93
2	+++++	15	2	120	180	6	82
3	−++−−	10	2	120	140	3	54
4	−+−−+	10	2	100	140	6	70
5	−++++	10	2	120	180	6	81
6	−+−−−	10	2	100	140	3	63
7	++−−+	15	2	100	140	6	65
8	−−+−+	10	1	120	140	6	59
9	−−−−−	10	1	100	140	3	61
10	++−++	15	2	100	180	6	77
11	+−++−	15	1	120	180	3	60
12	−+++−	10	2	120	180	3	95
13	+−−+−	15	1	100	180	3	61
14	−−++−	10	1	120	180	3	66
15	−++−+	10	2	120	140	6	67
16	+++−+	15	2	120	140	6	65
17	+−−++	15	1	100	180	6	45
18	++++−	15	2	120	180	3	98
19	−−−+−	10	1	100	180	3	69
20	+−−−+	15	1	100	140	6	63

(a)设定行选择条件　　(b)行选择结果

图 11-11　选择行操作及结果

（3）点击菜单命令“行”▸“隐藏/撤销隐藏”，或者直接用鼠标右键点击选中的行，点击弹出菜单中的隐藏/撤销隐藏命令，则在选定的行前面增加隐藏标识。再点击菜单命令行“▸行选择”▸“反转选择”，则选择了前面选定的 8 行之外的 24 行数据，用鼠标右键点击其中任何一行，选择弹出菜单中的“排除/撤销排除”命令，则在这 24 行的前面标识上排除符号。再次点击“隐藏/撤销隐藏”和“排除/撤销排除”，则取消相应的隐藏和排除标识。在数据表中，被隐藏的数据不会在图形上显示出来，被排除的数据则不会参与计算，但它们在图形上会显示出来。同时被隐藏和排除的行数据，在图形上既不显示，也不参与数据的分析计算。

（4）在保持 24 行被选中的状态下，点击菜单命令“表▸子集”，在子集对话框中点击确定按钮，则 24 行数据生成一个新的表，包含原表的操作定义、列定义和行状态都被完全继承。注意此时该操作生成了一个新的.jmp 文件。

（5）双击原表的后面的空白列，打开列定义窗口，命名为"速率比"，点击"列属性"的下拉三角，选择"公式"，点击"编辑公式"按钮，在编辑公式对话框中先后点击"搅拌速率"、除号和"进料速率"，如图11-12所示。点击"确定"按钮，完成定义，在数据表中新增1列"速率比"，该列中的各单元格均显示按定义公式计算得到的值，如图11-13所示。注意此时在数据表的列面板中也自动增加"速率比"列，其后有一个➕，表示该列为计算列，单击它则打开公式编辑器窗口编辑计算公式。

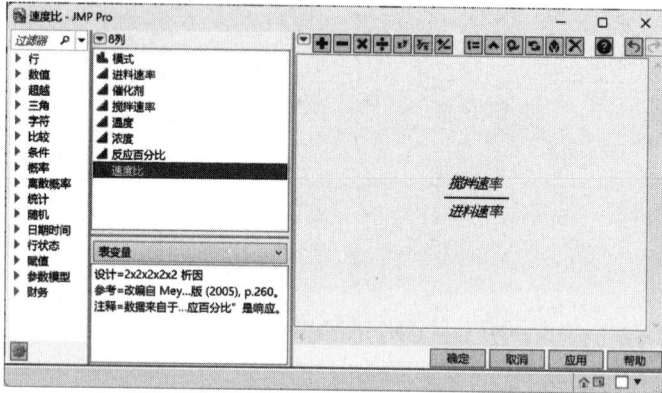

图 11-12　编辑公式

图 11-13　新增的计算列

11.4　JMP数据可视化

数据可视化是理解和分析试验测量数据的第一步，比如判断数据的变化趋势、查找异常的数据点等。

下面介绍几个最常见的图形、图形工具和平台，以帮助读者在JMP中直观地检索数据。

11.4.1　单变量的可视化

通过单变量图形可以深入关注一个变量的特征，比如集中趋势、分布趋势、变化趋势等，这也是分析多个变量之间如何相互影响的基础。下面用例子演示直方图对单个变量的探索。

【例11-5】示例文件 sample11-5.jmp 中记录了一些公司的经营效益信息，包含公司的类型、规模、销售金额、利润等数据。解答下列问题。

（1）分析利润的分布状况，有没有利润特别突出或特别差的公司？

（2）利润分布是否具有正态特征？

（3）这些公司的最大利润、最小利润和平均利润是多少？

（4）给出最常见的公司类别和公司规模；

（5）分析 Computer 公司中的规模情况。

解：

（1）打开 sample11-5.jmp 文件，点击菜单"分析▶分布"，在"分布"启动窗口中，指定列利润为"Y，列"角色，点击"确定"按钮打开"分布"报表窗口，如图 11-14 所示。图 11-14（a）为一个直方图和离群值箱线图。直方图中以 500 为间隔区间构建一个直条，直条的长度大小表示各利润区间范围的数值的计数或在总数中所占的比例。可见大部分数据都集中在−1000 到 1500之间，且在 0~500 区间的数值最多；在较远的 4000 存在一个很小的直条，它与主体数据之间有较宽的空白区间。在对应的离群值箱线图上清晰地标识利润 4000 时存在一个点，该点远离箱线图中分布的上边缘线，表明该点是离群值，说明有一个公司的利润远高于其他公司。

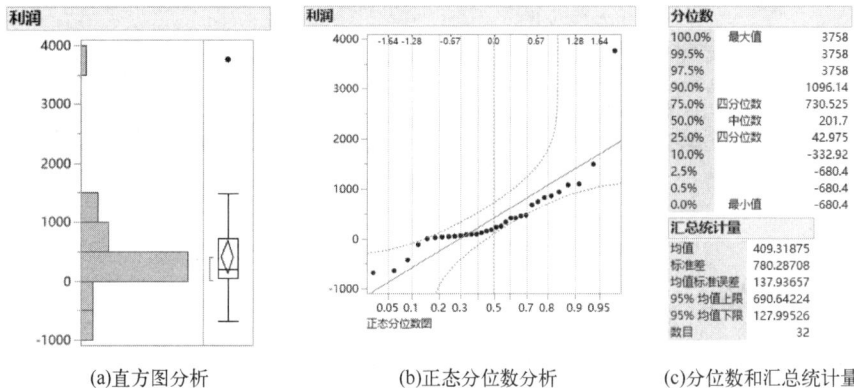

(a)直方图分析   (b)正态分位数分析   (c)分位数和汇总统计量

图 11-14　利润的分布分析

（2）点击"利润"前的红色三角菜单，选择正态分位数图，得到如图 11-14（b）的利润正态分位数图。所有数据点都在 95%置信度的虚线之间的直线两旁，表明利润列的数据服从正态分布。

（3）根据如图 11-14（c）所示分布报表给出的分位数和汇总统计量面板，可见利润列的最大值为 3758，最小值为−680.4，而平均值为 409.3。其他的分位数、统计量均可以从图中找到，或者从"汇总统计量"前的红色三角菜单进行选取定值得到。

（4）重新启动"分布"分析，将数据表中的"类型和规模"两列均设定为"Y，列"，得到如图 11-15 所示分布报表。与图 11-14 相比，数据表中的"类别"和"规模"均为字符型数据，所以在直方图中直接给出了它们的值以及该值对应的计数。没有分位数及汇总统计量，取而代之的是一个"频数"表，给出列的值的计数和频率。由图可见，数据表中，Computer 公司多于 Pharmaceutical 公司显然是最常见的；同理，small 规模的公司的数量多于 big 和medium 公司，也是最常见的规模。

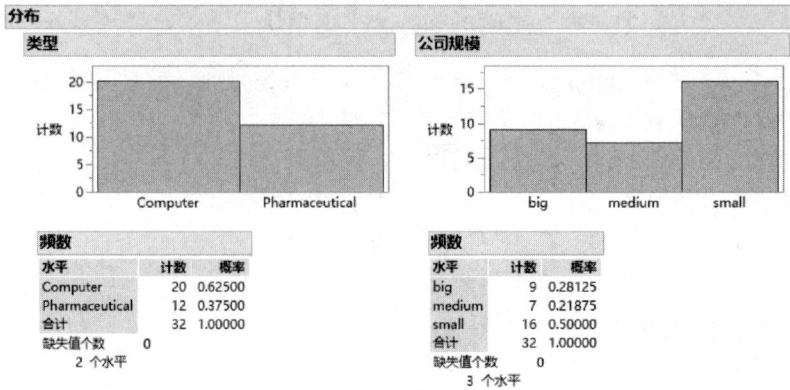

图11-15 "类型"与"规模"的分布分析

（5）点击选中图11-15的 Computer 条，其显示为斜条纹阴影，同时在公司规模中的 big、medium 和 small 条中也用斜条纹阴影突出显示其中的 Computer 类，如图11-16所示。可见在 Computer 类公司中，最主要是 small 规模的公司；同时，small 规模的公司中，绝大多数是 Computer 公司。

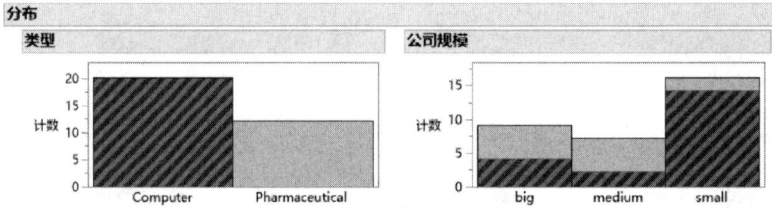

图11-16 公司规模中的Computer类占比

11.4.2 多个变量的可视化

在试验设计及数据分析中，考察的是响应目标变量与多个因子变量之间的关系。在构建相应模型前，一般都会通过散点图等方式概要地浏览响应目标变量随因子变量的变化趋势，这可以通过 JMP 提供的图形生成器来快速实现。

图形生成器是 JMP 提供的一个集成的图形分析平台。在一个图形界面上，通过拖、拉、拽等简单操作，以散点图、柱形图、折线图、饼图等图形类型，水平或垂直分割图形，以及数据平滑等多种交互方式浏览数据。

【例11-6】示例文件 sample11-6.jmp 中保存了例 11-2 中从 sample11-2.xlsx 导入的试验数据，包含了硅石、硅烷和硫黄三种成分对橡胶耐磨、弹性系数、伸长和硬度几个属性的影响，共计 20 行试验数据记录，如图 11-17 所示。解答下列问题。

（1）用散点图查看硅石量对伸长的影响；

（2）用散点图同时查看硅石、硅烷和硫黄量对硬度的影响；

（3）用散点图同时查看硅石、硅烷和硫黄量对硬度、单行系数、磨损、伸长的影响。

解：

（1）打开 sample11-6.jmp 文件，点击"绘图▶图形生成器"，打开"图形生成器"窗口，如图 11-17 所示。从变量列表中将"伸长"拖放到图形区域的"Y"位置，将硅石拖放到"X"位置，图形区中显示所有数据点，以及默认的对数据点的平滑线。由图可见，随着硅石量的增加，伸长表现为线性减小的趋势，可以用线性模型来描述硅石量对伸长的影响。在硅石量为 0.7、1.2 和 1.7 的三个水平下，数据点显示出较大的均匀分散程度，这是由于当硅石去掉这些水平值时，存在硅烷和硫黄两个参数分别变化。经验上，当分散程度越大，说明其他因子的影响是很大的；相反，如果这些点都比较集中，则表明当前的因子影响巨大。在硅石量为 0.28 和 2.02 时，均只显示一个点，是由于该两个水平下各只进行了 1 次试验测试。

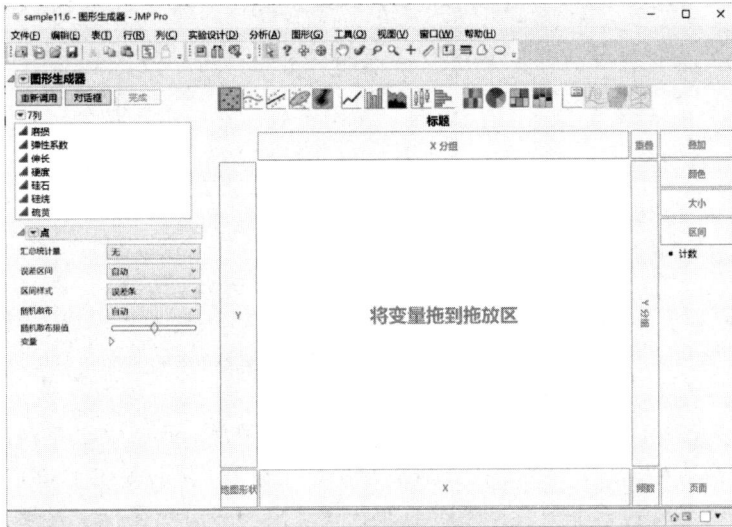

图 11-17　图形生成器窗口

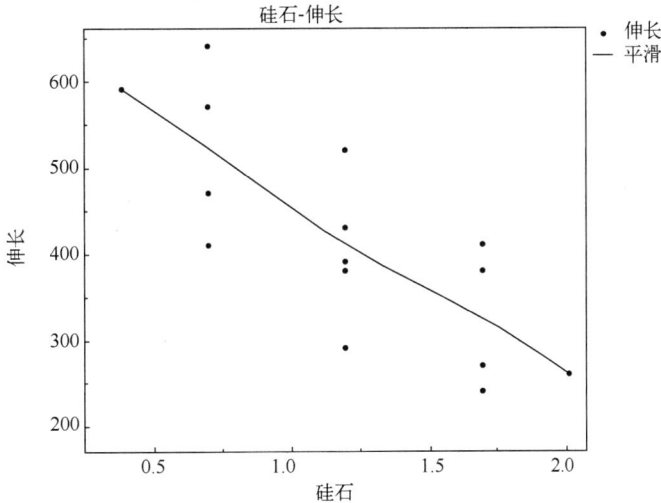

图 11-18　伸长随硅石量的变化

（2）在图 11-18 的基础上，用鼠标从变量列表中拖住"硅烷"列在图形中标题"硅石"后释放，则将图形区域纵向分割成两个图，分别是伸长随硅石和硅烷的变化，再将硫黄列拖放到标题硅烷之后，则得到如图 11-19 所示的同时显示伸长随硅石、硅烷和硫黄 3 个变量的变化。从该图中，可以粗略地判断出，随着硅烷量从 33.67 增加到 40，伸长先快速降低，但增加到 50 以上时，降低的趋势明显变缓，显示出典型的非线性特征，可能需要用非线性模型来描述。伸长与硫黄之间关系图中的平滑线具有微微的弯曲，但伸长随硫黄的线性下降趋势还是特别明显的。

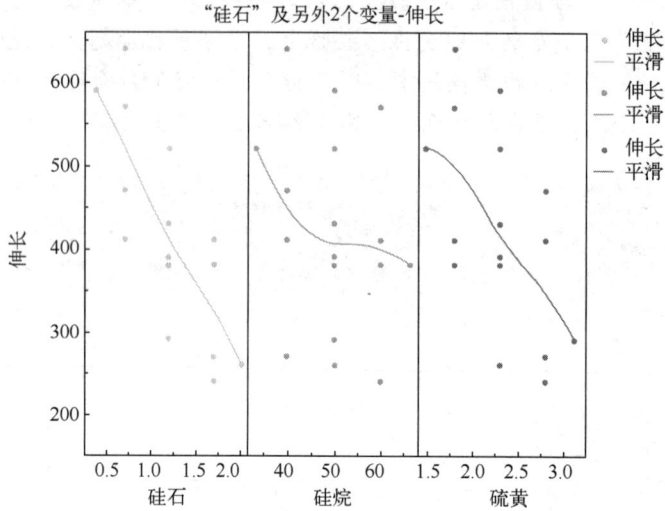

图11-19　伸长随硅石、硅烷和硫黄量的变化

（3）类似地，在图11-19上，分别用鼠标将响应变量硬度和弹性系数拖到图形区域的 Y 列位置伸长标题下面释放，则在横向方向上对图形进行了分割，得到如图11-20所示多个响应变量随多个因子变量变化的一个图形阵列。显然，硬度随硅石量的变化、弹性系数随硫黄量的变化的非线性特征特别显著，均是先下降后上升，存在最低点。而随着因子变量的增大，硬度和弹性系数均增大，但具有一定的非线性特征，建模时应予以关注。

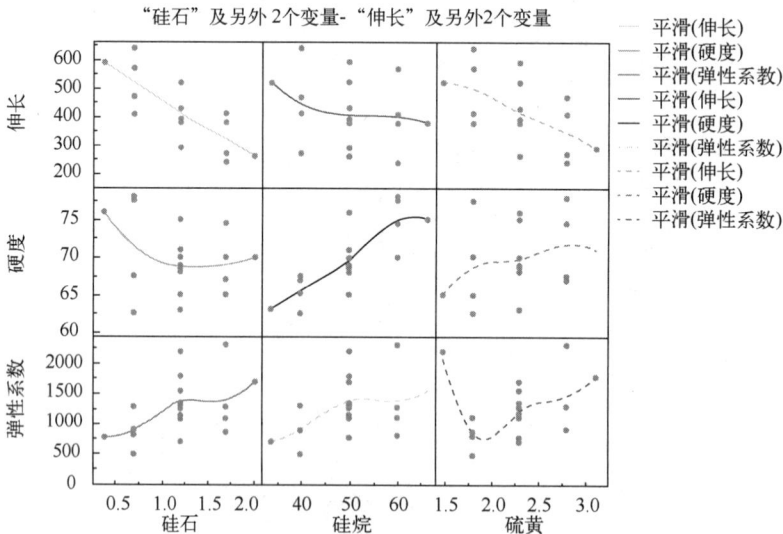

图11-20　多个响应随多个变量之间的变化

对于如图11-20所示同时概览多个响应变量和多个因子变量的图形阵列，还可以用 JMP 的"图形"菜单中"散点图矩阵"来简单完成，即在该命令下打开的"散点图矩阵"启动窗口中将 sample11-6 表中的伸长、硬度、弹性系数三个响应变量指定为 Y 角色，硅石、硅烷和弹性系数指定为 X 角色，即可得到图形矩阵报表，再在报表中散点图矩阵前红色三角菜单命令

中选择拟合线，得到如图 11-21 所示结果。与图 11-20 相比，散点图矩阵可以简要看出各响应均受到因子变量的影响，但不能更丰富地刻画出非线性特征。

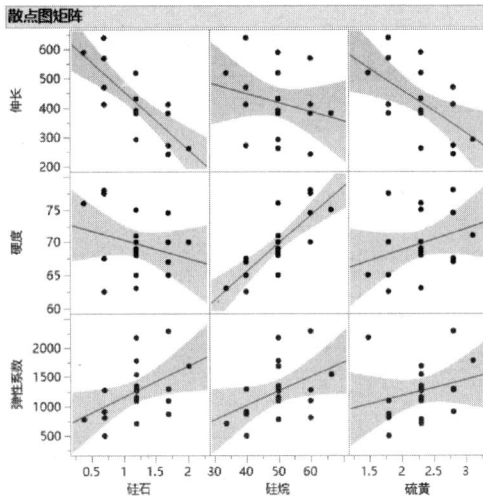

图 11-21　散点图矩阵

JMP 的菜单"图形"中还提供了其他许多图形方法，可以自行练习使用。

11.5　JMP数据分析

通过散点图和其他类似图形可以可视化变量之间的关系。可视化变量间的关系之后，下一步就是分析这些关系，以便可以通过数字进行描述。用数字描述变量之间的关系称为模型，利用模型可以根据一个变量（X）的值预测另一个变量（Y）的平均值。通常情况下，该模型称为回归模型。

在 JMP 中，以"X拟合Y"平台和"拟合模型平台"可以创建回归模型。

11.5.1　以 X 拟合 Y 平台

【例11-7】示例文件 sample11-7.jmp 表中包含来自医药和计算机行业的 32 家公司的财务数据，包括公司类别、规模、销售额、雇员数量等信息。从直觉上来看，相比雇员较少的公司，雇员较多的公司产生的销售收入更高。数据分析人员希望根据雇员数量预测每家公司的总体销售收入。解答下列问题。

（1）建立根据销售人员预测销售额的回归模型；

（2）利用回归模型预测雇员为 7000 时的平均销售额；

（3）试比较计算机公司和制药公司的利润情况。

解：

（1）打开示例文件 sample11-7.jmp，点击"分析▶以 X 拟合 Y"，在"以 X 拟合 Y"启动窗口，分别从选择列中指定"销售额"为"Y，响应"角色，指定"雇员数量"为"X，因子"角色，点击"确定"按钮，打开的报表窗口中默认显示如图 11-22 所示销售额随雇员数量的散点图，可以看出二者之间有明显的线性关系。点击"二元拟合…"前的红色三角菜单中的"拟合线"命令，报表中散点图绘出红色拟合线，如图11-23（a）所示，同时给出了销售额与雇员数量的回归模型，如图11-23（b）所示。

二元拟合，以"雇员数量"拟合"销售额"

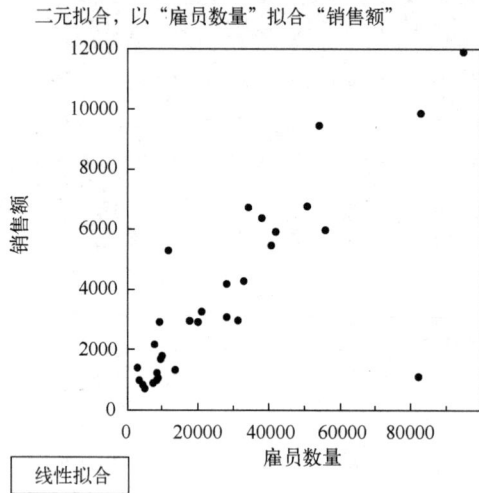

图11-22　销售额与雇员数量的关系

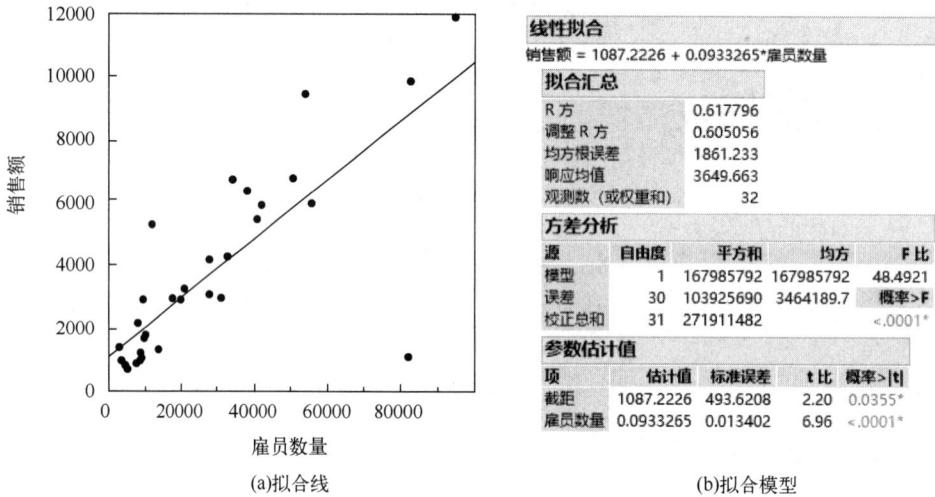

(a)拟合线

线性拟合
销售额 = 1087.2226 + 0.0933265*雇员数量

拟合汇总	
R 方	0.617796
调整 R 方	0.605056
均方根误差	1861.233
响应均值	3649.663
观测数（或权重和）	32

方差分析				
源	自由度	平方和	均方	F 比
模型	1	167985792	167985792	48.4921
误差	30	103925690	3464189.7	概率>F
校正总和	31	271911482		<.0001*

参数估计值				
项	估计值	标准误差	t 比	概率>|t|
截距	1087.2226	493.6208	2.20	0.0355*
雇员数量	0.0933265	0.013402	6.96	<.0001*

(b)拟合模型

图11-23　销售额与雇员数量的线性回归模型

　　根据图11-23，模型的方差分析给出的概率 $P < 0.0001$，高度显著；但是，在拟合汇总栏中，R 方仅有 0.618，拟合线在较大的雇员数量时明显偏低数据点，显然是存在一个明显的离群值相关。右键选择该离群值点，在弹出菜单中点击"排除/取消排除"，然后再在"二元拟合…"前的红色三角菜单中点击"拟合线"，被排除的离群点不参与新的回归计算，则得到如图11-24 所示的新回归模型，新拟合线为绿色。拟合线对比表明，消除离群点后的拟合线与数据点更接近，方差分析的 F 值显著增大，由原来的 48 增加到 215，对应模型的 R 方也由 0.618 增加到 0.881，均方根误差由 1861 降低到 1043，回归效果显著提高。

　　（2）点击在图11-24（a）中两个线性拟合前的红色三角菜单，点击保存预测公式，则在表中自动增加两列""销售额"预测值"和""销售额"预测值2"，其中前者是包含了离群值的回归预测公式，而后者是排除了离群值后得到的回归预测公式，这两列对应的各行均分别计算出响应的值。在第33行中雇员数量输入7000，回车后即可得到两个预测模型预测的销售额分别是7620（含离群值）、9057（剔除离群值）。第二个模型的预测值比第一个模型的预测值高，对照图11-24（a），显然后者的可信度更高。

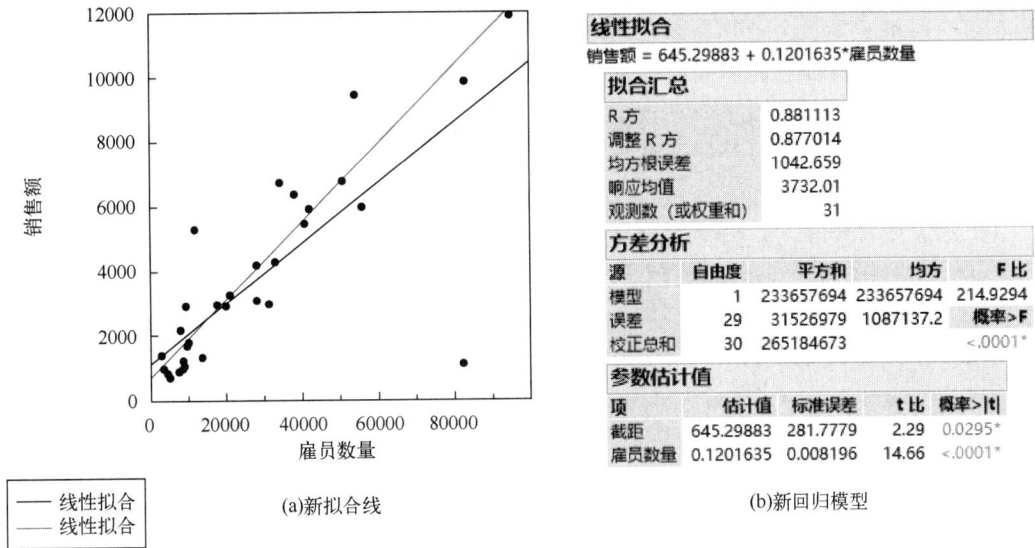

(a)新拟合线

线性拟合

销售额 = 645.29883 + 0.1201635*雇员数量

拟合汇总

R 方	0.881113
调整 R 方	0.877014
均方根误差	1042.659
响应均值	3732.01
观测数（或权重和）	31

方差分析

源	自由度	平方和	均方	F 比
模型	1	233657694	233657694	214.9294
误差	29	31526979	1087137.2	概率>F
校正总和	30	265184673		<.0001*

参数估计值

项	估计值	标准误差	t 比	概率>|t|
截距	645.29883	281.7779	2.29	0.0295*
雇员数量	0.1201635	0.008196	14.66	<.0001*

(b)新回归模型

图 11-24　排除离群值后的回归分析报表

（3）重新打开"以 X 拟合 Y"启动窗口，指定"利润"为"Y，响应"，指定"类别"为"X，因子"，在打开的报表窗口的红色小三角菜单中，选择"均值/方差分析/合并的 t"，即用方差分析的 t 检验方法比较两类公司的利润的均值大小，图 11-25 给出分析结果报表。图 11-25（a）的散点图表明，两种公司的利润都比较分散，且数值明显有交叉，但计算机公司的平均利润小于制药公司。图 11-25（b）的方差分析面板中，清晰地给出均值数值的差异：计算机公司的均值为 71，制药公司为 690。"方差分析"表的 F 对应的概率值 0.0001，说明公司类型对利润的影响是显著的。在"合并 t 检验"栏中，用 t 检验判断制药公司与计算机公司平均利润的差值 Pharmaceutical-Computer 与 0 的比较，概率>|t|项的值小于 0.0001，表明两类公司的利润显著不相等，概率>t 项的值小于 0.0001，表明制药公司的平均利润大于计算机公司。

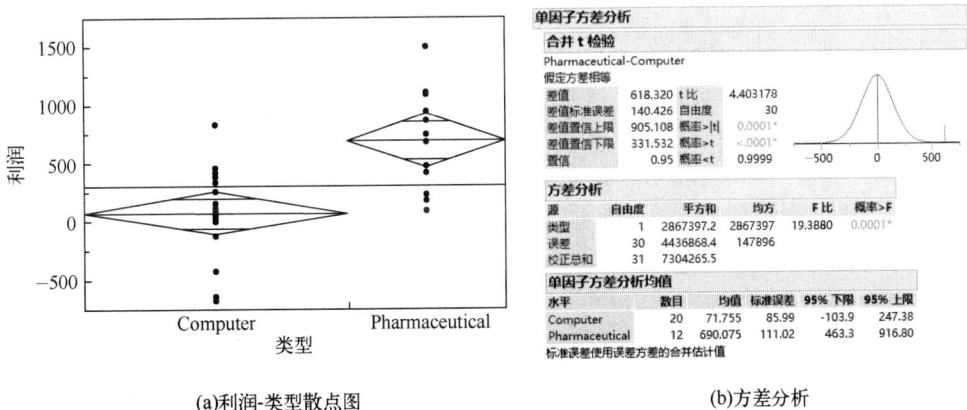

(a)利润-类型散点图

单因子方差分析

合并 t 检验

Pharmaceutical-Computer

假定方差相等

差值	618.320	t 比	4.403178
差值标准误差	140.426	自由度	30
差值置信上限	905.108	概率>|t|	<.0001*
差值置信下限	331.532	概率>t	<.0001*
置信	0.95	概率<t	0.9999

方差分析

源	自由度	平方和	均方	F 比	概率>F
类型	1	2867397.2	2867397	19.3880	0.0001*
误差	30	4436868.4	147896		
校正总和	31	7304265.5			

单因子方差分析均值

水平	数目	均值	标准误差	95% 下限	95% 上限
Computer	20	71.755	85.99	-103.9	247.38
Pharmaceutical	12	690.075	111.02	463.3	916.80

标准误差使用按误差方差的合并估计值

(b)方差分析

图 11-25　公司利润比较的方差分析

11.5.2　拟合模型平台

上一节介绍了单变量对响应影响的量化分析，但多数情况下多个变量同时影响响应变量，此时可采用拟合模型平台。

【例11-8】在例 11-6 中用散点图展示了数据文件 sample11-6.jmp 给出的因子变量硅石、硅烷和硫黄对橡胶伸长、硬度和弹性系数三种响应变量的影响，比如硅石和硫黄会导致伸长线性减小，而硅烷对伸长的影响则具有一定的非线性。试解答下列问题。

（1）确定影响伸长的因子的数据项及其重要性；

（2）建立用硅石、硅烷和硫黄预测橡胶伸长的回归模型。

解：

（1）点击菜单命令"分析▶拟合模型"，在"拟合模型"启动窗口中设定"伸长"为"Y"角色，同时选中"硅石、硅烷和硫黄"三个变量，"构建模型效应"框中单击"宏▶响应曲面"，三个变量的一次项、二阶交互作用项和二次项进入模型，点击"运行"按钮打开默认的用最小二乘法拟合模型的报表窗口，默认给出了所有三个变量的一次项、二次项和二阶交互作用项都进入模型的拟合结果。实际上正如图 11-20 所看到的，硅石和硫黄与伸长之间基本是线性的，这在报表中的"效应汇总"面板中可以清楚地看出来，如图 11-26（a）所示，不显著项的 P 值大于 0.05。在图 11-26（a）中从下至上逐项选择 P 值大于 0.05 的数据项，单击下面的"删除"命令，直到剩下各项的 P 值均小于 0.05，如图 11-26（b）所示，最后的回归模型中只包含了硅石和硫黄的一次项，硅烷则有一次项和二次项。根据 LogWorth 值由大到小的顺序，或者 P 值由小到大的顺序，可知影响伸长的因子数据项中，硅石最重要，硫黄次之，硅烷和硅烷*硅烷依次排在最后。

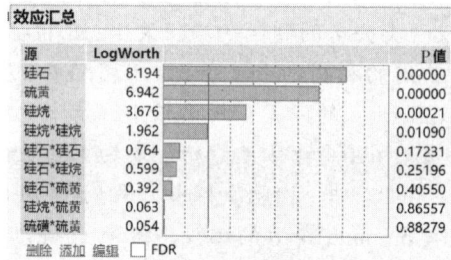

(a)包含所有选择项的效应汇总

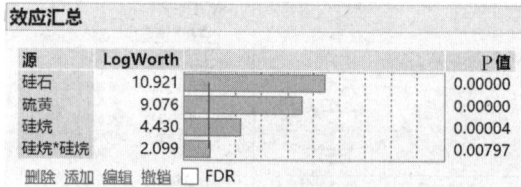

(b)剔除不显著项后的效应汇总

图11-26　利用效应汇总筛选显著数据项

（2）最后得到的回归拟合报表中，包括图方差分析、拟合汇总、失拟检验、参数估计、效应检验等面板，如图 11-27（a）所示。给出了模型的方差分析、回归模型的系数项及其对应的 t 检验、F 检验结果，表明模型和模型中的各项均显著，失拟检验也证明当前用的线性拟合模型是合理的。在图 11-27（b）里给出的实际值与模型预测值在 45° 线附近，说明拟合效果很好；预测值-残差图、学生化残差图均表明模型的合理性。图 11-28 为报表给出的预测模型表达式和模型的预测刻画器。

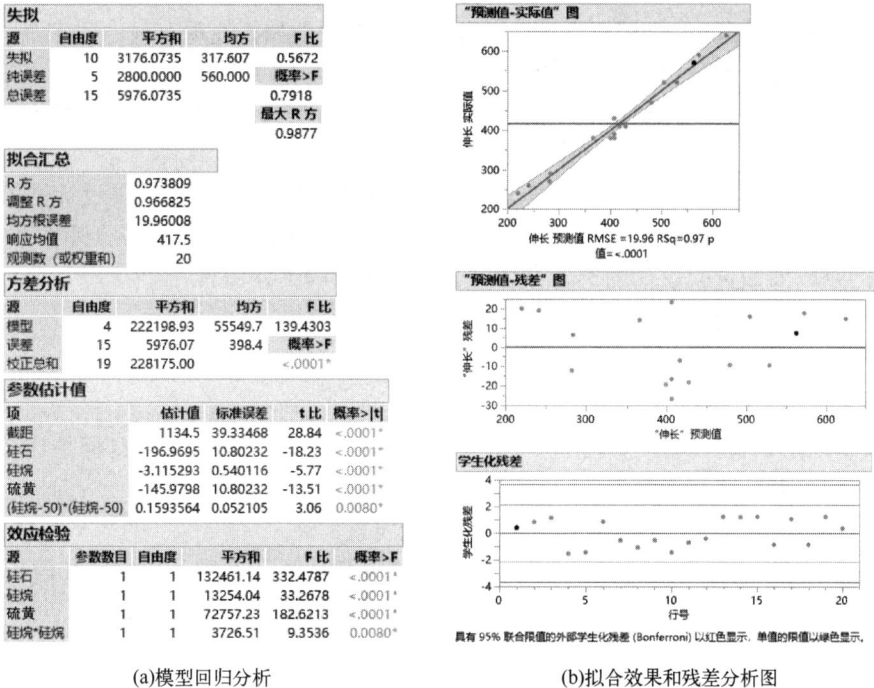

(a)模型回归分析

(b)拟合效果和残差分析图

图 11-27　回归分析报表

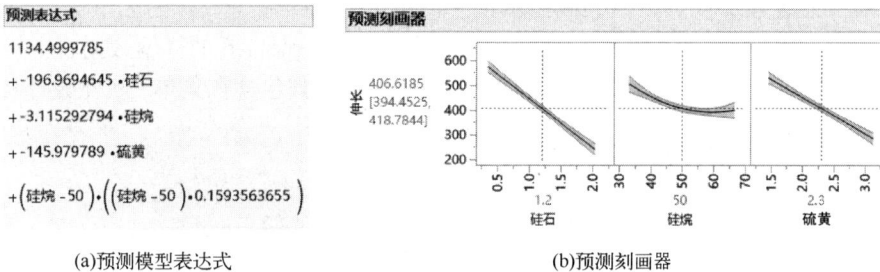

(a)预测模型表达式

(b)预测刻画器

图 11-28　预测模型表达式和模型的预测刻画器

11.6　JMP 试验设计

JMP 包含十分丰富的试验设计工具平台，以帮助用户创建特定情形的高效试验设计。它们包括：

① "定制设计"平台：该平台构建的设计可适应任意类型、任意数量的因子以及难以更改的因子（裂区情形）。

② "确定性筛选设计"平台：构造一类创新型筛选设计，其中的主效应彼此之间没有别名关系，且主效应与双因子交互作用之间也没有别名关系，还允许估计二次项。

③ 经典试验设计：包括 "筛选设计" "响应曲面设计" "完全析因设计" "混料设计" 等平台。

④ 专业设计：包括 "覆盖阵列" "选择设计" "空间填充设计" "加速寿命试验设计" "非线性设计" 等设计平台。

另外，"评估设计" 和 "扩充设计" 平台提供用于评估和扩充现有设计的工具，"样本大小与功效" 平台处理特殊化情形的样本大小与功效计算。

本书仅介绍最常用的几种经典试验设计平台，另外也介绍了计算机试验设计中常用的拉丁超立方设计和均匀设计，它们均属于填充设计。

JMP 试验设计平台由一系列表示工作流程的步骤构成，该工作流程是设计试验所必经的流程。下面以 sample11-6.jmp 中所包含的硅石、硅烷和硫黄量对橡胶磨损、弹性系数、伸长、硬度影响的响应曲面试验设计为例，介绍试验设计平台的工作流程。

（1）定义响应和因子

在试验设计框架的 "描述" 步骤中：

① 需要标识关注的响应和因子。

② 需要确定试验目标，是要让响应最大化，还是要实现特定目标？目标是什么？还是只想确定哪些因子对响应有影响？

③ 需要确定描述试验范围或设计空间的因子设置。

多数 JMP 试验设计平台会在打开时显示分级显示项，可在其中列出响应和因子。"响应" 分级显示项在不同平台中是通用的。需要在此插入响应和其他信息，如响应目标、下限、上限和重要性。

"因子" 分级显示项在不同平台中各有不同，这是为了适应每个平台所处理的不同类型因子和特定设计情形的需要。在某些平台中，一旦输入响应和因子，点击 "继续" 后即显示 "定义因子约束" 分级显示项。在该分级显示项中，可以限制可用于设计的因子值。

图 11-29 显示了使用 "响应曲面设计" 平台构造在 sample11-6 的样本数据表中构造设计所用到的 "响应" 和 "因子" 分级显示项。响应曲面设计平台被包含在菜单 "实验设计▶经典" 中。

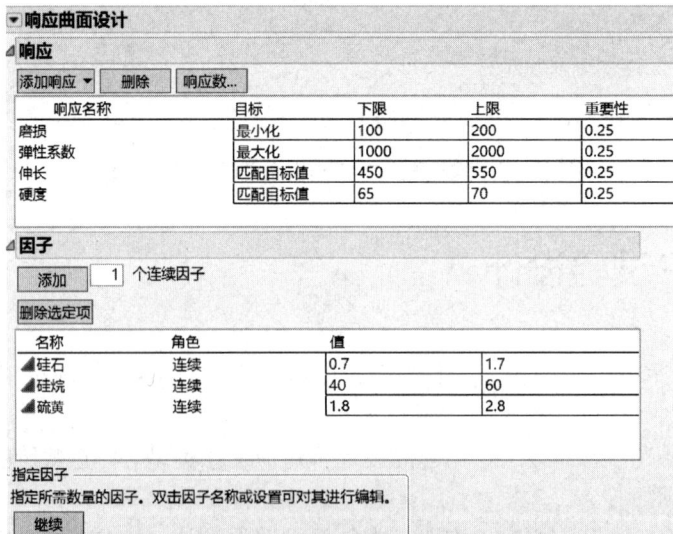

图 11-29　响应曲面设计中定义响应和因子

（2）指定设计

完成填写"响应"和"因子"分级显示项，即可点击"继续"按钮，进入下一个设计构造阶段，在该阶段中需要显式或隐式选择一个假设模型。对于响应曲面设计，使用的模型均为包含因子的一阶项、二阶项和二因子交互作用项，但实现的设计方法有多种，因此此选项为选定设计的方法，如图 11-30（a）所示。

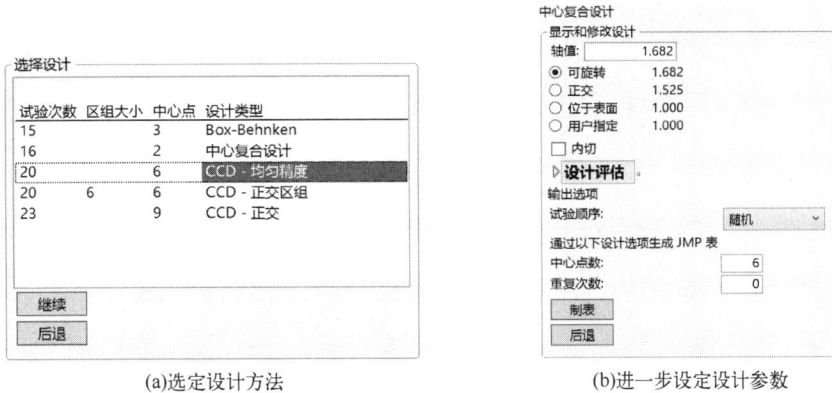

(a)选定设计方法

(b)进一步设定设计参数

图 11-30　选择试验设计方法

（3）评估设计

在多数平台中，选定设计方法并生成设计后，则出现"设计评估"分级显示项。通过该分级显示项，可以在以下方面探索创建的设计：检测效应的能力、预测方差、估计效率、别名关系、效应之间的相关性，以及其他设计效率测度等。对于响应曲面设计，当选定了某种设计方法，比如图 11-30 所示选择了均匀精度的中心复合设计，就出现"设计评估"分选显示项。展开该显示项，如图 11-31（a）所示，列出可对当前设计进行评估的内容。比如，展开相关性色图，如图 11-31（b）所示，其给出一阶效应项、二阶效应项、三阶效应项和二阶交互效应项之间的相关性，可见当前设计中，一阶效应与二阶效应、二阶效应之间不相关，但一阶效应与对应的三阶效应项强相关，只有当完全忽略三阶效应项时，才能估计出一阶效应项。同时也发现，二阶效应项之间存在微弱的相关，比如硅石*硅石=硅石*硅石+0.0903 硅烷*硅烷+0.0903 硫黄*硫黄。显然，如此小的相关系数，完全可以忽略这种相关性。因此，本试样方案中，通过试验完全可以估计出所有一阶效应项、二次效应项和二阶交互效应项。

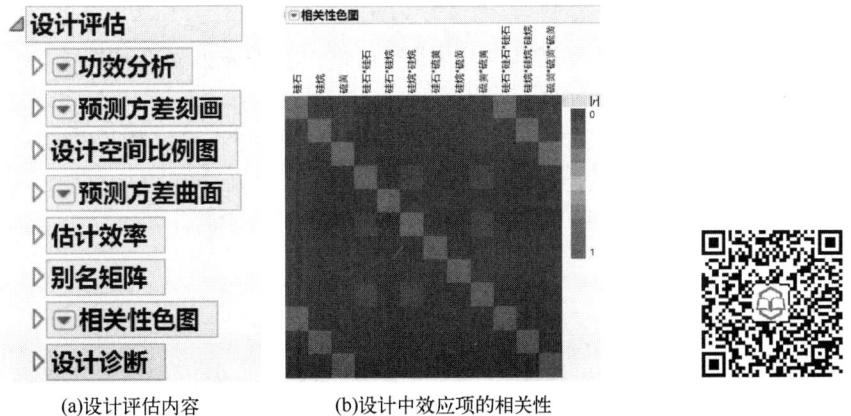

(a)设计评估内容

(b)设计中效应项的相关性

图 11-31　设计评估

（4）生成试验方案表

满足要求的设计，在设定好中心点次数、重复次数及排序等后，即可生成如图 11-32 所示的试验设计方案。其给出了根据设计方法算法得到的设计水平组合，对应的响应显示空白，

	模式	硅石	硅烷	硫黄	腐损	弹性系数	伸长	硬度
1	– + –	0.7	60	1.8	•	•	•	•
2	+ + –	1.7	60	1.8	•	•	•	•
3	A00	2.04	50	2.3	•	•	•	•
4	0A0	1.2	66.82	2.3	•	•	•	•
5	000	1.2	50	2.3	•	•	•	•
6	– – –	0.7	40	1.8	•	•	•	•
7	00a	1.2	50	1.459	•	•	•	•
8	+ – –	1.7	40	1.8	•	•	•	•
9	– – +	0.7	40	2.8	•	•	•	•
10	000	1.2	50	2.3	•	•	•	•
11	+ – +	1.7	40	2.8	•	•	•	•
12	– + +	0.7	60	2.8	•	•	•	•
13	000	1.2	50	2.3	•	•	•	•
14	+ + +	1.7	60	2.8	•	•	•	•
15	000	1.2	50	2.3	•	•	•	•
16	000	1.2	50	2.3	•	•	•	•
17	a00	0.359	50	2.3	•	•	•	•
18	000	1.2	50	2.3	•	•	•	•
19	0a0	1.2	33.18	2.3	•	•	•	•
20	00A	1.2	50	3.141	•	•	•	•

图 11-32　生成的试验设计表

等待完成试验后输入响应的试验结果，然后进行数据分析即可。像响应曲面等设计还在表的模式列中给出因子水平组合的提示，比如"000"表示中心点的试验，"++–"表示第一个和第二个因子为+1 水平，第三个因子为–1 水平，"0A0"表示第二个因子的正方向轴点。

11.7　JMP 帮助

使用软件自带的帮助是学习掌握新软件的最重要手段。使用帮助菜单中的 JMP 帮助，在联网条件下可以搜索有关 JMP 功能、统计方法的信息。

打开"JMP 帮助"有以下几种方式：

① 在 Windows 系统中，通过选择帮助 ▸JMP 帮助或按 F1 键在默认浏览器搜索和查看"JMP 帮助"。

② 从工具菜单选择帮助工具，然后点击数据表或报表窗口中的任意位置，获取有关数据表或报表窗口特定部分的帮助。

JMP 提供了丰富强大的试验设计和数据分析功能，可以从帮助▸JMP 文档库打开随软件安装到本地的 pdf 文件格式的手册，还可以从地址 https://www.jmp.com/zh_cn/support/jmp-documentation.html 下载专题的 pdf 文件来进行系统学习。

参考文献

[1] Sun J Z, Wu B, Chen B W, et al. Application of response surface methodology in optimization of bioleaching parameters for high-magnesium nickel sulfide ore[J]. J Cent South Univ, 2022, 29（5）: 1488-1499.

[2] 何源, 王高俊, 商照聪. 统计检验在毛细管法及 DSC 法熔点测试一致性分析中的应用[J]. 福建分析测试, 2020, 29(6): 56-59.

[3] 张娟, 刘熠盎, 周洪飞. 不同溶洗方法测试预浸料树脂含量研究[J]. 高科技纤维与应用, 2021(1): 43-46.

[4] 李龙. 配对样本 t 检验在实验室分析质量控制中的应用[J]. 上海计量测试, 2020, 47(5): 32-37.

[5] 范洪涛, 铁军, 曾箐雨, 等. 400kA 铝电解槽阳极电流的测量与分析[J]. 轻金属, 2019(5): 26-30.

[6] Chinnadurai P, Murugesan J, Mani R. Experimental Investigation into Fatigue Behaviour of EN-8 STeel (080M40/AISI 1040) Subjected to Heat Treatment and Shot Peening Processes[J]. Transactions of Famena, 2019, 43(3): 125-136.

[7] 张美道, 饶运章, 徐文峰, 等. 全尾砂膏体充填配比优化正交试验[J]. 黄金科学技术, 2021, 29(5): 740-748.

[8] Amini S, Bagheri A, Teimouri R. Ultrasonic assisted ball burnishing of aluminum 6061 and AISI 1045 steel[J]. Materials and Manufacturing Processes, 2018, 33(11): 1250-1259.

[9] 李文瀚, 孙尧, 宋浩, 等. 6xxx 铝合金韦氏硬度与抗拉强度线性关系研究[J]. 有色金属加工, 2021, 50(5): 34-36.

[10] 范鹏飞, 张冠. 基于线性回归和神经网络的金属陶瓷激光熔覆层形貌预测[J]. 表面技术, 2019, 48(12): 353-359.

[11] Armağan M. Cutting of St37 steel plates in stacked form with abrasive water jet[J]. Materials and Manufacturing Processes, 2021, 36(11): 1305-1313.

[12] Gorzina H, Ghaemi A, Hemmati A, et al. Studies on effective interaction parameters in extraction of Pr and Nd using Aliquat 336 from NdFeB magnet-leaching solution: Multiple response optimizations by desirability function [J]. Journal of Molecular Liquids, 2021, 324: 115123.

[13] Cauich-Cupul J I, Herrera-Franco P J, García-Hernández E, et al. Factorial design approach to assess the effect of fiber–matrix adhesion on the IFSS and work of adhesion of carbon fiber/polysulfone-modified epoxy composites[J]. Carbon Letters, 2019, 29: 345-358.

[14] Yi L, Chen T, Ehmsen S, et al. A study on impact factors of the energy consumption of the fused deposition modeling process using two-level full factorial experiments[J]. Procedia CIRP, 2020, 93: 79-84.

[15] Buapool S, Thavarungkul N, Srisukhumbowornchai N, et al. Modeling and Analysis of the Effect of Dip-Spin Coating Process Parameters on Coating Thickness Using Factorial Design Method[J]. Advances in Materials Science and Engineering, 2017: 9639306.

[16] Bora B, Kumar R, Chattopadhyaya S, et al. Analysis of Variance of Dissimilar Cu-Al Alloy Friction Stir Welded Joints with Different Offset Conditions[J]. Applied Sciences（Basel）, 2021, 11: 4604.

[17] Salerno D, Jordo H, La Marca F, et al. Using factorial experimental design to evaluate the separation of plastics by froth flotation[J]. Waste Management, 2018, 73: 62-68.

[18] Saikaew C. Process Factors Affecting Deposition Rate of TiN Coating on A Machine Component[J]. Materiali in Tehnologije, 2019, 53(3): 409-415.

[19] Salleh E M, Zuhailawati H, Ramakrishnan S. Synthesis of biodegradable Mg-Zn alloy by mechanical alloying: Statistical prediction of elastic modulus and mass loss using fractional factorial design[J]. Trans Nonferrous Met Soc China, 2018, 28: 687-699.

[20] Biataa N R, Dimpea K M, Ramontja J. Determination of thallium in water samples using inductively coupled plasma optical emission spectrometry (ICP-OES) after ultrasonic assisted-dispersive solid phase microextraction [J]. Microchemical Journal, 2018, 137: 214-222.

[21] Gu Q Y, Cui X L, Shang H. Optimization of a modular continuous flow bioreactor system for acid mine drainage treatment using Plackett-Burman design[J]. Asia-Pacific Journal Chemical Engineering, 2020: 2469.

[22] 王玲玲, 谢宇航, 司晨玉, 等. SAP 透水混凝土制备与性能研究[J]. 混凝土, 2021(4): 146-151.

[23] Faisal S, Ali M, Siddique S, et al. Inkjet Printing of Silk: Factors Influencing Ink Penetration and Ink Spreading[J]. Pigment & Resin Technology, 2020, 50(4): 285-292.

[24] 赵阳, 刘世宏, 张建良, 等. 316L 不锈钢耐蚀性能的回归正交试验研究[J]. 热加工工艺, 2017, 46(22): 71-74.

[25] An J, Geng J, Yang H, et al. Effect of Ridge Height, Row Grade, and Field Slope on Nutrient Losses in Runoff in Contour Ridge Systems under Seepage with Rainfall Condition[J]. International Journal of Environmental Research and Public Health, 2021, 18: 2022.

[26] Jiyane P C, Tumba K, Musonge P. Production of Biodiesel From Croton gratissimus Oil Using Sulfated Zirconia and KOH as Catalysts[J]. Frontiers in Energy Research, 2021, 9: 646229.

[27] Nagalingam A, Palanivel I, Ramanathan T. Assessment of Optimum Mechanical Properties for Friction Stir Welding of Pure Copper and Aluminium Bronze[J]. Chiang Mai Journal of Science, 2022; 49(4): 1164-1183.

[28] 熊孟雪, 杨敏, 陈前林. 基于 Box-Behnken 响应面法的钠离子吸附剂的制备工艺条件优化[J]. 硅酸盐通报, 2022, 41(7): 2360-2367.

[29] Jeswani G, Chablani L, Gupta U，et al. Development and optimization of paclitaxel loaded Eudragit/PLGA nanoparticles by simplex lattice mixture design: Exploration of improved hemocompatibility and in vivo kinetics[J]. Biomedicine & Pharmacotherapy, 2021, 144: 112286.

[30] Boudina T, Benamara D, Zaitri R. Optimization of High-Performance-Concrete properties containing fine recycled aggregates using mixture design modeling[J]. Frattura ed Integrità Strutturale, 2021, 57: 50-62.

[31] 江旭, 李杰, 冯程, 等. 基于单纯形格子混料设计的难选胶磷矿浮选工艺优化[J]. 现代矿业, 2023(1): 156-159.

[32] Ángel Emilio G D, Gilberto T T, Juan Carlos A P, et al. Urea assisted synthesis of TiO$_2$–CeO$_2$ composites for photocatalytic acetaminophen degradation via simplex-centroid mixture design[J]. Results in Engineering, 2022, 14: 100443.

[33] 王德法, 丁磊, 许丽影, 等. 基于单纯形重心设计法的地聚物混凝土配合比设计研究[J]. 施工技术, 2022, 51(14): 97-104.

[34] Meskini S, Remmal T, Samdi A. Formulation and optimization of a phosphogypsum-fly ash-lime composite for road construction: A statistical mixture design approach[J]. Construction and Building Materials, 2022, 315: 125786.

[35] 王冠, 王旭林, 寇琳媛, 等. 基于多因子交互作用的 PP/EPDM 复合材料注射成型工艺优化[J]. 机械工程材料, 2018, 42(3): 87-94.

[36] 郭衡, 肖小亭, 陈名涛, 等. 基于响应曲面法的并列双支管内高压成形加载路径的优化[J]. 锻压技术, 2019, 44(2): 87-92.

[37] 朱泽华, 吴笑宇, 张恒运. 锂离子电池模组热扩散结构的优化[J]. 机械设计与制造, 2023(1): 257-263.

[38] Gao M, Wang Q, Li L, et al. Energy-Economizing Optimization of Magnesium Alloy Hot Stamping Process[J]. Process, 2020, 8: 186.

[39] 尹林志, 朴钟宇, 李攀星, 等. 基于均匀设计和遗传算法的液动压悬浮抛光工艺参数优化研究[J]. 机电工程, 2018, 35(12): 1285-1290.

[40] 邬斌扬, 周天意, 于洋洋, 等. 基于响应面和 ASA 的抑爆球注塑质量多目标优化[J]. 塑料, 2021, 50(5): 147-155.

[41] 肖石洪, 练国富, 黄旭, 等. 激光熔覆原位合成 WC 单道成形控制方法[J]. 金属热处理, 2022, 47(6): 222-231.

[42] Bhushan R K. Multi-Response Optimization of Parameters during Turning of AA7075/SiC Composite for Minimum Surface Roughness and Maximum Tool Life[J]. Silicon, 2021, 13(9): 2845-2856.

[43] Montgomery D C. 实验设计与分析[M]. 6 版. 傅珏生, 张健, 王振羽, 等译. 北京: 人民邮电出版社, 2009.

[44] 方开泰，刘民千，周永道. 试验设计与建模[M]. 北京：高等教育出版社，2011.

[45] 郁崇文，汪军，王新厚，等. 纺织试验设计及最优化[M]. 南京：东南大学出版社，2019.

[46] 庞超明，黄弘. 实验方案优化设计与数据分析[M]. 南京：东南大学出版社，2018.

[47] 刘文卿. 实验设计[M]. 北京：清华大学出版社，2005.

[48] 李云雁. 试验设计与数据处理[M]. 3 版. 北京：化学工业出版社，2017.

[49] 张霞，张德聪. 实验设计与数据评价[M]. 广州：华南理工大学出版社，2014.

[50] 张新平，詹晓非，江金国，等. 材料科学与工程实验设计与数据处理[M]. 北京：化学工业出版社，2021.

[51] 杨华明. 材料试验设计[M]. 北京：电子工业出版社，2020.

[52] 刘方，翁庙成. 实验设计与数据处理[M]. 重庆：重庆大学出版社，2021.

[53] 吕英海，于昊，李国平. 试验设计与数据处理[M]. 北京：化学工业出版社，2021.

[54] 易泰河. 实验设计与分析[M]. 北京：机械工业出版社，2022.

[55] 刘振学，王力，等. 实验设计与数据处理[M]. 2 版. 北京：化学工业出版社，2024.